图说

中央空调系统及控制技术

TUSHUO ZHONGYANG KONGTIAO XITONG JI KONGZHI JISHU

张少军　杨晓玲　编著

中国电力出版社
CHINA ELECTRIC POWER PRESS

内 容 提 要

本书的主要内容包括空调基础知识；中央空调系统中常用组件、传感器和执行器；空调系统的自动化控制；新风机组、空调机组和风机盘管及控制技术；中央空调系统冷热源及控制；变风量空调系统及控制技术；中央空调控制系统的通信网络架构；中央空调系统中的智能控制技术及系统集成。

本书在讲述分析中央空调及控制技术的同时，也注重结合中央空调系统的设备运行过程讲述及分析；重点讲述了中央空调控制系统的通信网络架构。本书使用了很多插图帮助读者学习和掌握中央空调及控制系统的相关知识和技能，全书注重理论和工程实践相结合。

本书可作为建筑类高等院校建筑电气与智能化、电气工程与自动化、自动化、电气工程、暖通空调等专业的教材，也可供建筑弱电技术、暖通空调技术及相关的设计人员及施工企业的技术和管理人员参考。

图书在版编目（CIP）数据

图说中央空调系统及控制技术/张少军，杨晓玲编著. —北京：中国电力出版社，2016.6（2017.5重印）

ISBN 978-7-5123-9056-0

Ⅰ.①图… Ⅱ.①张… ②杨… Ⅲ.①集中空气调节系统-图解 Ⅳ.①TB657.2-64

中国版本图书馆CIP数据核字（2016）第048303号

中国电力出版社出版发行

北京市东城区北京站西街19号 100005 http：//www.cepp.sgcc.com.cn

策划编辑：周娟 责任编辑：杨淑玲 责任印制：单玲 责任校对：李楠

北京市同江印刷厂印刷·各地新华书店经售

2016年6月第1版·2017年5月第2次印刷

787mm×1092mm 1/16·16.25印张·387千字

定价：**48.00**元

版权专有 侵权必究

本书如有印装质量问题，我社发行部负责退换

前　言

随着社会经济的快速发展和工业技术的进步，空调技术也呈现了快速发展的特点，一些新的技术和产品不断涌现出来，家用中央空调系统越来越多地挤占家用空调和中央空调系统的市场。

作为从事中央空调及控制系统的不同专业工程师，需要进行很好的专业协同和配合，才能将实际的中央空调应用系统设计好、安装好、调试好、运行好和管理好。除此而外，不同专业的工程师从专业知识结构上，还要注重掌握部分专业交叉的内容。例如，暖通空调工程师缺乏控制系统和通信网络架构的知识，楼控工程师对中央空调系统的运行工况、运行工艺、设备的知识了解和掌握得不够深入，从事中央空调系统运行、维护和管理的工程师对中央空调系统的设备和控制比较生疏等，都会极大地影响实际工程中中央空调系统的正常使用及使用效能。因此，应该提倡不同领域的专业工程师注重学习和掌握专业交叉部分的相关知识与技能。

本书清晰地说明了作为楼控弱电工程师和暖通空调工程师哪些工作是交叉的，应该怎样去学习和掌握这些交叉性的专业知识与技能。无论是新学习中央空调及控制系统的读者，还是具有一定基础的读者，或是行业内的工程技术人员，都可以随时翻看书中的相关知识点，起到答疑解惑的作用；对于一些重要且实用性强的工程技能性知识和技能，用图说的方式引导读者快捷地掌握。

全书共分 9 章，第 1 章简要地介绍了家用空调、家用中央空调、VRV 空调系统和中央空调系统；第 2 章重点介绍了 DDC 直接数字控制器，还介绍了部分传感器和执行器的接线；第 3 章主要讲述了中央空调控制系统中的闭环控制以及广泛使用的 PID 控制；第 4 章详细阐述了新风机组、空调机组和风机盘管的工作原理、控制原理和控制过程；第 5 章主要讲述了中央空调系统制冷站的运行原理，尤其是详细地分析了制冷站和空调机组、新风机组和风机盘管之间的协调运行及控制；第 6 章强调实际工程中要选择好不同组态变风量空调系统和进行相应的系统设置；第 7 章对管理网络、控制网络，尤其是各种不同结构测控网络的应用情况做了深入的解析；第 8 和第 9 章重点讲述了中央空调系统中的智能控制技术和系统集成。

本书可以作为建筑类高等院校建筑电气与智能化、电气工程与自动化、自动化、电气工程、暖通空调等专业的教材，也可供建筑弱电技术、暖通空调技术及相关的设计人员及施工企业的技术和管理人员参考。

本书由北京联合大学杨晓玲副教授和北京建筑大学张少军教授共同撰写。其中第 1 章、第 2 章、第 4 章、第 5 章、第 7 章、第 8 章由张少军教授撰写；第 3 章、第 6 章、第 9 章杨晓玲副教授和张少军教授共同撰写。在此对为本书编写提供帮助的周渡海、李一力等老师表示感谢！

由于编者学识有限，加之时间仓促，不足之处恳请广大读者批评指正！

编　者

目　　录

第1章 空调基础知识

1.1 描述空调系统制冷能力和功率的物理量

1.1.1 制冷量单位冷吨和匹

1. 冷吨（RT）

冷吨是一个英制的制冷量单位。1冷吨就是在24小时内将0℃液态的1吨水冻结成0℃的固态冰，所需要的冷量。

由于美国暖通空调产品市场上占有率较高，因此工程中常说的冷吨是指美制单位冷吨，而日系产品更喜欢用“匹”。

1美国冷吨＝3024kcal/h（千卡/小时）＝3.517kW（千瓦）

这里注意：英制的吨-磅关系是不同的，如：1美吨＝2000美磅＝907.2kg；而1英吨＝2000英磅＝1016kg

1RT（冷吨）＝3.517kW（千瓦）

2. 匹（HP）

在电工学上，匹是功率单位，1匹＝1马力＝735W，但要注意功率单位并不指制冷量。

空调中1匹的定义就是输入1马力（735W）的功率所能产生的制冷量大小。输入1马力（735W）的功率，再乘以一个3.4的系数，就是所能产生的制冷量。因此

1匹（HP）的制冷量等价于1马力(735W)×3.4＝2499W≈2500W。

1HP（匹：马力）＝735W＝0.735kW

1.5HP＝（1.1kW）

2HP＝（1.5kW）

1匹的制冷量等于2500W。

经常还有所谓“小1匹”和“大1匹”的说法：小1匹一般为2200W，大1匹一般为2800W。

在这里注意，马力这个单位在我国法定计量单位中已废除，但是在空调行业中作为一个特例还在一定范围内使用。

1.1.2 大卡和度

1. 大卡（kcal）

大卡是能量单位，在标准大气压下，1kg水温度升高1℃所吸收的热量就是1大卡（kcal）。在暖通空调中，大卡用来表示制冷量或制热量，并用来做功率单位，即kcal/h。

1cal（卡）＝4.184J（焦耳）

1kcal＝4.18kJ

1kcal/h＝1.163W

1W＝0.86kcal/h

1kW＝860kcal/h

2. 度

度是能量单位，表示千瓦·小时（kW·h），是指 1kW 的电器设备 1h 消耗的电量。

1 度＝3600kJ

【例 1】某台冷水机组的制冷量为 1200RT，相当于制冷量 4212kW。

【例 2】一个典型的 186m² 的房间需要使用 5 冷吨（17 580W）的空调系统，换算成多少千瓦？相当于每个平方米需要多少瓦的冷量？

5 冷吨的空调系统，换算成 17 580W，每个平方米的冷量供给约 94W。

【例 3】某个 1.5HP 的空调相当于多少千瓦的？对应的制冷量是多少？

1.5 匹的空调相当于 1.103kW；对应的制冷量是 3500W。

【例 4】某住宅客厅使用面积为 15m²，若按每平方米所需制冷量 160W 考虑，则所需空调制冷量为 160W×15＝2400W。这样，就可根据所需 2400W 的制冷量对应选购具有 2500W 制冷量，功率为 1 匹（HP）的分体壁挂式空调器。

1.2 空调的能效比和评价空调质量的标准

1.2.1 空调的能效比 EER

空调的“能效比”EER（Energy Efficiency Ratio，EER）是指空调匹数对应的功率值与电功率值的比值。如一台 2HP 空调的功率为 1500W，它的能效比 EER 就是 3.3（5000W/1500W）。一般来讲，能效比 EER 值越高的空调价格也越高。通常空调器的能效比接近 3 或大于 3 为佳，就属于节能型空调器。比如，一台空调器的制冷量是 2000W，额定耗电功率为 640W，它的能效比为 2000W/640W＝3.125；另一台空调器的制冷量为 2500W，额定耗电功率为 970W，它的能效比为 2500W/970W＝2.58。这样，通过两台空调器能效比值的比较，可看出第一台空调器为节能型空调器。

如果要在两台 2 匹空调间做一个选择。一台空调的能效比 EER 为 3.3，功率为 1200W；另一台的能效比 EER 为 5，功率为 1000W。假设第一台空调价格较第二台空调低 100 元。怎样选择才是较为经济的选择？

进行选择时，要基于两个因素：

（1）每年使用空调的估计小时数。

（2）所在地区的电价（kW·h 的电费是多少）。

设定：仅在整个夏季和秋季的一个时段总共四个月使用空调，每天使用大约 6h；用户所在地区每度电的费用是 0.8 元。

两台空调共计使用时间为：4×30×6h＝720h

1200W 的空调总电费支出为：1.2kW×720h×0.8 元/（kW·h）＝691.2 元

1000W 的空调总电费支出为：1kW×720h×0.8 元/（kW·h）＝576 元

价格较贵的 1000W 空调（能效比 EER 为 5 的空调）在每年的电费支出上还是要比 1200W 空调（能效比 EER 为 3.3 的空调）要低 115.2 元，综合考虑购买时的价格差异，选择购买能效比 EER 为 5，功率为 1000W 的空调是较经济选择。

1.2.2　评价空调性能和质量好坏的几个参量

1. 制冷（热）量

空调器在制冷（热）运转时，单位时间内从密闭空间中移除的热量，计量单位 W（瓦）。国家标准规定空调实际制冷量应不小于额定制冷量的 95%。

输入功率：空调器在额定工况下进行制冷（热）运转时，消耗的功率，单位 W。

2. 能效比

能效比又称性能系数，是反映空调器制冷运转时的制冷量与制冷功率之比，单位 W/W。

国家标准规定，2500W 空调的能效比标准值为 2.65；2500～4500W 空调的能效比标准值为 2.70。

3. 噪声

空调器运转时产生的噪声，主要由内部的蒸发器和外部的冷凝器产生。国家规定制冷量在 2000W 以下的空调室内机噪声应不大于 45dB，室外机不大于 55dB；2500W 的分体空调室内机噪声不大于 48dB，室外机不大于 58dB。

1.3　空调系统分类及工作原理

1.3.1　舒适性空调和工艺性空调系统

空调是空气调节的简称，是指利用设备和技术对建筑、构筑物内环境空气的温度、湿度、洁净度及气流速度等参数进行调节和控制，满足建筑物及室内的用户对温度、湿度及空气质量的要求，使用户拥有温度适宜、湿度适宜和空气质量满足国家卫生标准的生活和工作环境。

以建筑热湿环境为主要控制对象的空调系统，按其用途或服务对象不同可分为两类：舒适性空调系统和工艺性空调系统。

工艺性空调系统也叫工业空调。部分对生产工艺过程和环境要求较高的场所，装备的空调系统对环境的温湿度、空气质量、空气中杂质气体或含尘浓度都有较高的控制精度，具备这样性能的空调系统就是工艺性空调系统。

1.3.2　舒适性空调系统

舒适性空调系统简称舒适空调，为室内人员创造舒适健康环境的空调系统。舒适健康的环境令人精神愉快、精力充沛，工作学习效率提高，有益于身心健康。办公楼、旅馆、商店、影剧院、图书馆、餐厅、体育馆、娱乐场所、候机或候车大厅等建筑中使用的空调都属于舒适空调。由于人的舒适感在一定的空气参数范围内，所以这类空调对温度和湿度波动的要求并不严格。

对于舒适性空调的温湿度等参量要求：夏季空气温度为 26～27℃，相对湿度为 50%～60%，空气流速为 0.2～0.5m/s；冬季空气温度为 18～22℃，相对湿度为 40%～50%，空气流速为 0.15～0.3m/s。

舒适性空调又分为家用空调和商用空调。国际标准规定，商用空调是 3HP 以上空调机组的统称，因此商用空调种类颇多，包括风冷热泵型中央空调机组、水冷螺杆式冷水机组、离心式冷水机组等。

1.3.3 家用空调中的窗式空调

根据使用场所和制冷量的不同，家用空调可分为家用空调器和家用中央空调。

家用空调器有窗式空调和分体空调，适合于建筑面积小，需要制冷量不是很大的房间。

1. 窗式空调的结构

窗式空调是把整个空调器作为一个整体，也叫窗机。窗式空调的外观如图 1-1 所示，内部结构如图 1-2 所示。

图 1-1 窗式空调的外观

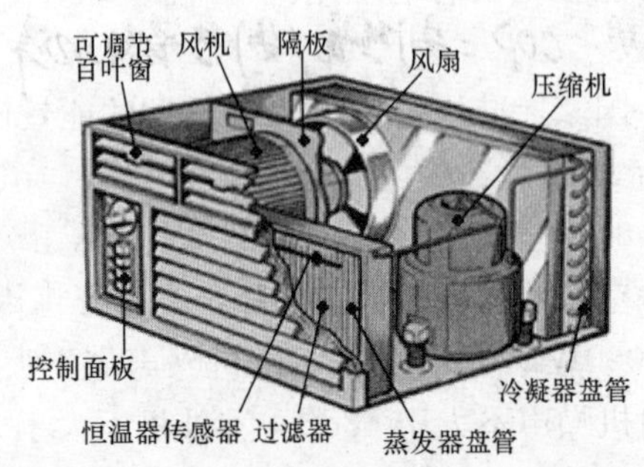

图 1-2 窗式空调的内部结构

组成窗式空调的主要组件有压缩机、膨胀阀、冷凝器、蒸发器、换热盘管（位于室外）、蓄冷盘管（位于室内）、离心式通风机、轴流式风扇、电动机、进风栅、过滤网、出风栅、通道、摇风装置及新风调气门和控制部件等。这里的轴流式风扇指的是换气扇是旋转螺旋桨形的叶片，风从轴的方向送出的风扇。

控制部件还包括起动继电器、过载保护器和自动温控器等。

2. 窗式空调的工作原理

为什么要了解和掌握窗式空调的工作运行原理？因为理解窗式空调、独立式空调设备的工作运行原理是理解中央空调系统工作运行原理的基础。

窗式空调或分体式空调中常用氟利昂作为制冷剂。窗式空调中的制冷过程如图 1-3 所示。空调中的制冷过程如下：

（1）压缩机压缩氟利昂气体，使之变成高压高温氟利昂气体（图中左侧部分）。

（2）高温高压气体流经一组盘管，散热后凝结成液体。

（3）液态氟利昂流过膨胀阀，在此过程中蒸发为低压低温氟利昂气体（图中右侧部分）。

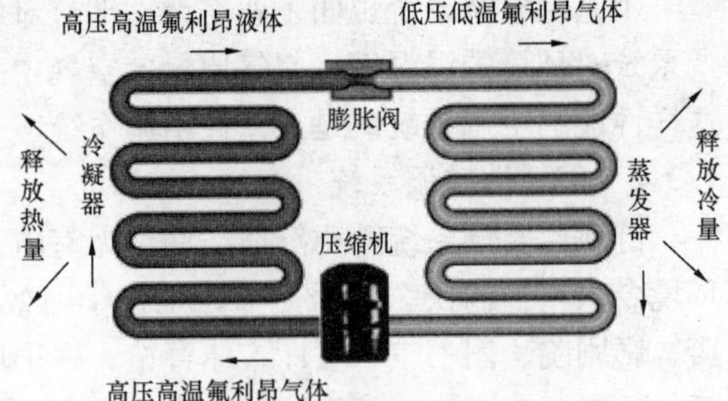

图 1-3 窗式空调中的制冷过程

（4）低温气体流经一组盘管，在此过程中吸收热量，从而使室内温度降低。

窗式空调的整体工作运行如图 1-4 所示。

在介绍窗式空调的整体工作运行原理之前，对照图 1-4，看到室内和室外两路风道：

（1）室内风道：从室内进风口开始，穿过蒸发器，通过离心风机，一直到室内出风口。

（2）室外风道：从室外进风口开始，经过压缩机，再通过风扇电动机和轴流风扇，再穿过冷凝器，一直到室外出风口。

空调的工作原理：

（1）室内风道（室内部分）：室内空气从室内进风口开始流动，经过滤网，穿过蒸发器，由于蒸发器大量释放冷量，穿过蒸发器的空气流被降温，冷却除湿形成低温气流，低温气流通过离心风机，再通过室内出风口送出，向室内供给冷空气。

（2）室外风道（室外部分）：室外空气从室外进风口开始流动，由旁边经过百叶窗吸入，经轴流式通风机，穿过冷凝器，由于冷凝器释放大量热量，气流被加热成热气流，从室外出风口将热空气排至室外。

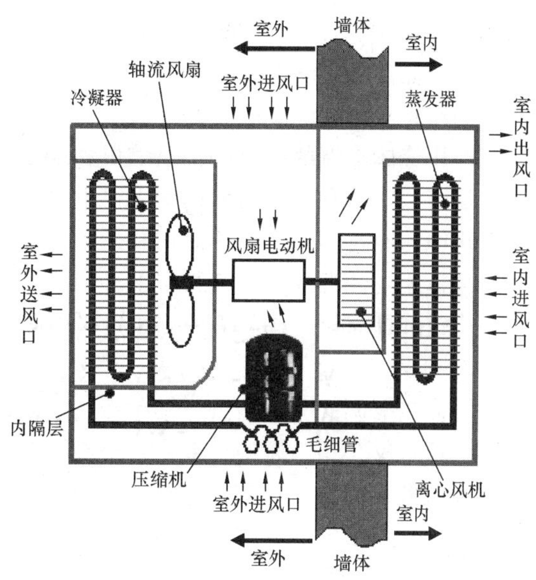

图 1-4 窗式空调的整体工作运行

窗式空调器的制冷循环系统包括全封闭压缩机、紧凑式换热器-蒸发器和冷凝器、毛细管、干燥过滤器、管路等。为了提高蒸发器和冷凝器的传热效果，减小其尺寸和重量，多采用翅片式换热器，它由直管、弯头套管、翅片套片等组成，使这两种热交换器的传热效率得到较大的提高。

1.3.4 家用空调中的分体式空调

1. 分体空调的结构

分体空调由室内机组和室外机组组成，两者通过电缆和管道连接，某型号分体式空调的室内机和室外机的结构与外观如图 1-5 所示。

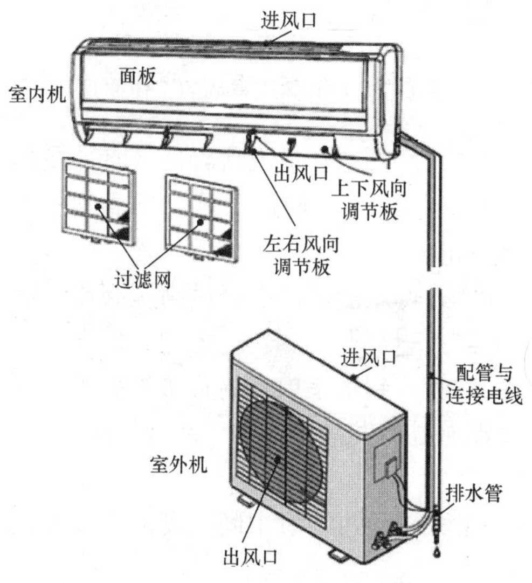

图 1-5 某型号分体式空调的室内机和室外机

配管中包括连接电线、制冷剂管道、排凝结水管等。

室内机和室外机之间的管道采用铜管接头连接，即在两个系统连接的进出口管上装有手动开闭阀门，在冷凝器、蒸发器及压缩机的制冷剂循环通道内按规定量充入制冷剂，制冷剂由进、出口的两个手动阀门封闭在系统里。室内、室外机组用软管连接起来，构成一完整的制冷系统。连接软管中的导线将室内、室外机组控制电路连接起来，使得置于室内的主控开关能同时控制室外机组。

如图 1-5 所示，注意“制冷”、“除湿”运转时，会有冷凝水流出。

室外机包括压缩机、冷凝器、消声器、风扇电动机、风扇、支架、电动机保护器、继电器、运转电容器、压缩器保护器、四通换向阀、缓冲器、单向阀、干燥过滤器、毛细管等。室内机包括蒸发器、送风机、干燥过滤器、毛细管、单向阀等。

中小型分体式空调器的压缩机为全封闭式压缩机，多放在室外机组。制冷剂多使用冷媒

R22，R22 也是我们常讲的空调机冷媒氟利昂的一种。氟利昂在常温下都是无色气体或易挥发液体，低毒，化学性质稳定，主要用作制冷剂。但氟利昂也是一种对大气臭氧层产生破坏作用的冷媒。

使用分体空调的优点是：压缩机和冷凝器封装在室外机内并置于室外，离房间较远，降低了噪声；安装和检修方便；室内机组占地面积小，布置方便，造型美观；还可以使装置在室内机中的冷凝器加大传热面积和送风量。

分体式空调器的室内机组有多种形式，如壁挂式、吸顶式、立式等，不管外形如何不同但制冷道理是完全一样的。图 1-6 为几种常用的分体式空调机室内机的外观。

2. 分体式空调的工作原理

分体式空调又分为冷风型（单冷）空调、电热型空调和热泵型分体空调器等，由于篇幅有限，这里仅介绍冷风型（单冷）空调。

冷风型（单冷）分体式空调的工作原理如图 1-7 所示。制冷是一个循环不断进行的过程，我们从图中安装在室外机中的压缩机开始分析分体式空调的运行过程：

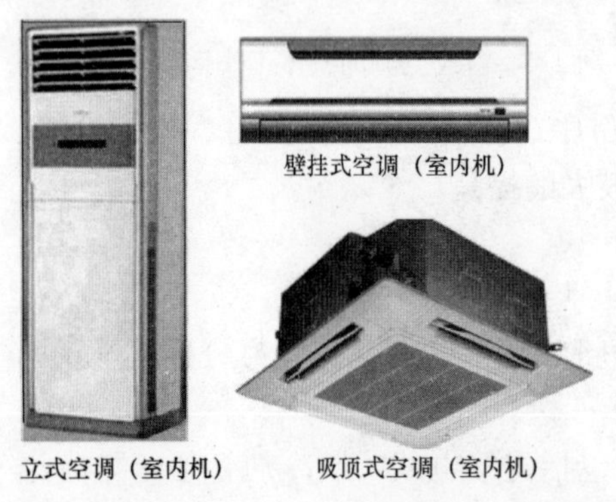

图 1-6　分体式空调的几种形式

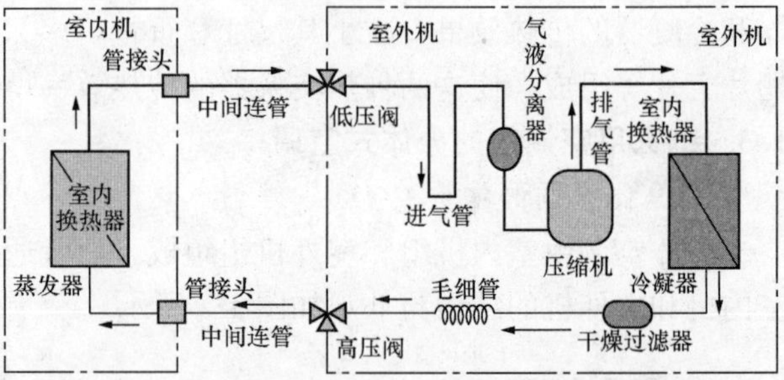

图 1-7　冷风型（单冷）分体式空调的工作原理

（1）压缩机将冷媒（制冷剂）压缩成高压汽态；由高压汽态冷媒进入冷凝器（室外换热器），通过冷凝器冷却放热变成高压液体，从冷凝器流出；再经过干燥过滤器，对高压液态冷媒进行干燥过滤处理。

（2）高压液态冷媒进入毛细管，将冷媒变成低压液体；低压液态冷媒经过高压阀流出室外机。

（3）低压液态冷媒通过连接室外机和室内机的中间连管，到达室内机的管接头后进入室内机内的蒸发器（室内换热器）；蒸发器将低压液状冷媒通过蒸发又将冷媒变回到低压汽态，同时放出大量冷量。

（4）低压汽态冷媒从蒸发器中流出，再经室内机的管接头，再通过中间连管流进室外机的低压阀。

（5）低压液体冷媒经过室外机的低压阀，再经过进气管，进入气液分离器。

（6）低压液体冷媒进入压缩机，经压缩，变成高压气态冷媒。

以后的过程，继续重复着以上的步骤。

可以用图 1-8 来补充说明分体式空调的工作运行过程。图中的室内机部分，蒸发器（是内容交换器）工作时大量地放出冷量，室内循环气流经过蒸发器盘管后，温度降低，向室内

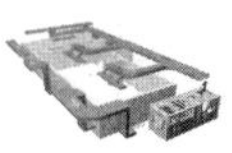

送出冷风。室外机部分中的冷凝器（室外热交换器）工作时大量放出热量，通过风系统将所放出的热量散发到室外机的空间中。分体式空调和窗式空调的工作运行原理基本是一样的。

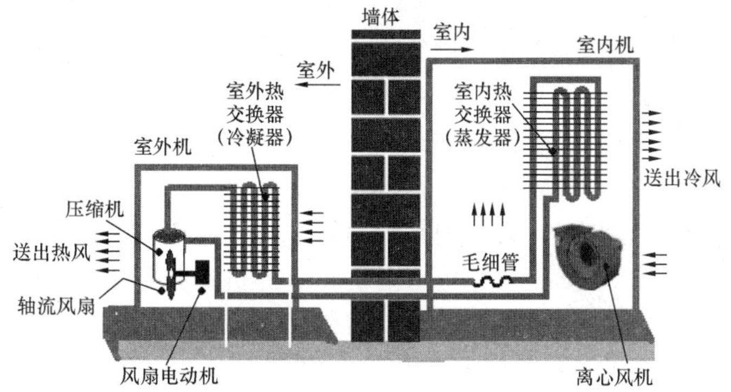

图 1-8　分体式空调系统的工作运行辅助说明

3. 分体式空调的安装使用

（1）室内机和室外机的安装位置。分体式空调的安装要按照产品说明书中的要求进行。

1）室内机的安装位置：①吹出的冷气应流过人活动的主要场所，进、出风口远离障碍物，确保气流不会被挡住。②室内机安装位置附近不能有电源（如电热器、燃气炉灶等）。③主机及遥控器要距离电视、音响等 1m 以上，以免互相产生干扰。④避免安装在阳光可以直射到的地方。⑤选择容易排出冷凝水、易于室外机组连接的地方。⑥不要靠近高频设备、高功率无线装置的地方，以免干扰空调的正常工作。⑦尽可能远离荧光灯、白炽灯处（否则会导致遥控器不能正常地操作控制）。⑧选择可以承受室内机重量且不会使其剧烈振动的坚固墙壁。⑨分体式室内机不得安装在其他电器的上方。⑩室内机组与室外机组间高度满足使用说明书的要求。

2）室外机的安装位置：①室外机安装位置选择尽可能离室内机较近的室外，且通风良好。②选择能承受室外机组重量且不会产生剧烈振动的地方。③要避免安装在有可燃性气体泄漏的地方。④安装位置不仅通风好而且要保持灰尘少，在不易被雨淋和被阳光直射的地方，如有必要配上遮阳板，单不能妨碍空气流通。⑤为保持空气流畅，外机的前后、左右应留有一定的空间。⑥运行噪声和吹出热风不会影响邻居的地方。⑦室外机组附近没有阻碍自身进风和出风的障碍物。⑧没有易燃气体、腐蚀性气体泄露的地方。⑨饲养动物或种植花木的场地不宜安装，因为排出的热气对它们有影响。

（2）关于配管。室外机组和室内机组的连接管及配管如图 1-9 所示。

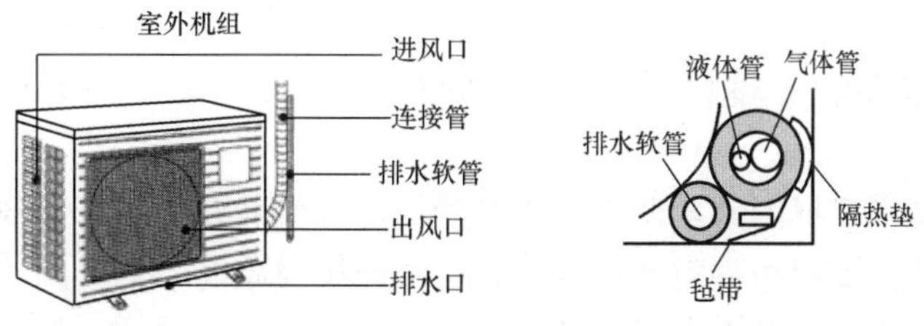

图 1-9　室外机组和室内机组的连接管及配管

设置配水软管的时候要做到：①要将排水软管配置在配管的下方。②不要使配水软管隆起或盘曲。③不要拉着排水软管进行包扎。④排水软管通过室内时，使用隔热材料缠绕包裹。⑤用毡带包裹配管和排水软管，并在接触墙面的地方贴上隔热垫。

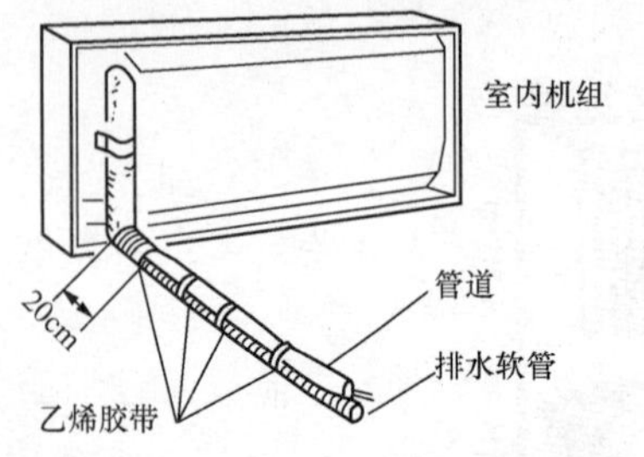

图 1-10　室内机管线连接示意图

将连接线连同连接管、排水软管捆扎在一起，并确定好与室内机的连接长短距离。用包扎带将其均匀地包扎好，包扎方向应由室外机向室内机包扎，以防雨水进入管路而影响管温和绝缘。此时应注意：电源线、控制线应不交叉缠绕，连接线放在上面，排水软管放在下面，配置在冷媒管道的下方，如图 1-10 所示。

连接室内机和室外机的配管安装时，需要在墙上开孔，根据机种和室内机组的安装位置，要求室外墙孔应略微向下 0.2～0.5cm，以防外部雨水沿管子侵入室内。

4. 变频型分体式空调

分体式空调中有变频分体式空调。所谓变频，是指压缩机转速可根据环境的实际负荷的变化相应地调节，使用一个小型变频器为压缩机电动机提供驱动电源，变频器输出频率发生变化控制压缩机电动机转速变化，调节制冷量或制热量。传统的分体式空调，通过选择开关调节风扇的转速，因此不适合环境变化，耗电量大，为了省电，只有靠压缩机时开时停来操作，增加空调机的起动功耗，同时还将使空调机寿命缩短，并使室温波动大。而变频空调机的耗电量比传统的空调机耗电量少。

某型号的变频空调机的一些技术参数如下：

（1）功率：1.5 匹，能源消耗量 3.89。

（2）触摸式按键操作，壁挂式结构，在机体上设有显示屏，方便用户了解空调工作情况及室内温度。

（3）0.5℃精确控温。

（4）制冷面积 11～18m^2；制热面积 13～17m^2。

（5）冷暖类型：冷暖电辅。

（6）是否变频：是。

（7）制冷功率：1120W。

（8）制热功率：4400W。

（9）抗菌过滤网。

1.4　家用中央空调

1.4.1　家用中央空调的概念和家用中央空调分类

1. 家用中央空调的概念

家用中央空调是指根据国家空调设计规范的设计参数和要求进行选型设计、安装的、并用于家庭的空调系统。家用中央空调也叫户式中央空调或家庭中央空调（又称为家庭中央空调、户式中央空调、单元式可调中央空调）。家用中央空调是一个小型化的独立空调系统，在制冷方式和基本构造上类似于大型中央空调，由一台主机通过风管或冷热水管连接多个末端出风口，将冷暖气送到不同区域，来实现室内空气调节的目的。家用中央空调将大型中央空调的便利、舒适、高档次和传统小型分体机的简单灵活结合起来，成为一种应用越来越广泛的空调形式。即家用中央空调和中央空调的主要组成结构非常类似，都是一台主机通过风道或冷媒管接多个末端设备的方式来控制不同的房间以达到室内空气调节目的。

2. 家用中央空调的分类

家用中央空调按工作原理可分为两种：一种是由大型中央空调系统的设备演化而来的空调系统，如暖通空调制造商提供的户型中央空调，如各种款式的风冷式冷热水机组；另一种是由分体壁挂空调设备演化而来的空调系统，如一拖多等。

从热输送介质方式看，家用中央空调产品可划分成三种类型，第一种是以制冷剂为热输送介质的氟利昂制冷系统，如一拖多空调；第二种是以水为冷热媒向室内的末端装置供送冷热源，属于以水系统换热的空气—水热泵机组；第三种是以空气为热输送介质的全空气系统，如风管式空调等。

家用中央空调是适用于别墅、公寓、家庭住宅和各种工业、商业场所的空调系统。

家用中央空调由一个室外机产生冷（热）源进而向各个房间供冷（热），属于（小型）商用空调的一种。家用中央空调可以分为风系统和水系统。风系统由室外机、室内主机、送风管道以及各个房间的风口和调节阀等组成；水系统由室外机、水管道、循环水泵及各个室内的末端（风机盘管、明装等）组成。

1.4.2　家用中央空调系统的水系统和氟系统

家用中央空调的市场占有率比传统空调的市场占有率要低得多，原因之一是人们对家用中央空调系统计及产品的认知程度还不高。

家用中央空调系统分为水系统和氟系统。水系统包括水冷离心机组、水冷螺杆机组、风冷螺杆机组、水/地源热泵中央空调机组、风冷模块中央空调机组。氟系统包括单元机和多联机。单元机有一拖一风管机、一拖一天花机、一拖一家用柜机等，多联机应用情况更多，现在最常用的大型家用中央空调都是直流变频多联中央空调机组。

对于水系统和氟系统两类家用中央空调，各有特点，市场占有率相差不大。水系统中央空调以美国四大品牌为主：特灵、开利、约克、麦克维尔等；氟系统中央空调以日本品牌为核心，如大金、日立、三菱重工等。这些品牌基本上占据了我国大部分家用中央空调市场，除此之外，国产家用中央空调也占据了一部分市场。

选特灵家用中央空调（水系统）和大金中央空调（氟系统）为代表，列出两类产品的主要特点比较，见表 1-1。

表 1-1　水系统和氟系统家用中央空调的主要特点比较

项目	家用中央空调水系统	家用中央空调氟系统
能效比	适合大面积使用，使用率越大越节能（水的热容比较大）	小户型使用（变频技术，使用率较低的情况下有优势）
舒适性	水分不容易丢失，温差梯度小	使用时间长，室内空气干燥，有不舒适感
循环系统	水机（水循环系统）	氟机（氟利昂等冷媒循环系统）
辐射	不会产生高频谐波，具有优越的电磁兼容性，电气设备零干扰	高频电磁谐波、辐射对人体、精密电器产生干扰

续表

项目	家用中央空调水系统	家用中央空调氟系统
可靠性	双回路设计，多个压缩机，即使一个压缩机回路故障仍能继续工作，可靠的涡旋式压缩机，机组运行寿命长	一台变频压缩机，室外机和室内机的控制全部连接，一旦某台机出现故障，整个系统不能使用，只有一台压缩机，需长时间运行
安全性	制冷系统集中于外机，安全可靠	冷媒遍布于系统各部，泄漏概率相对水系统较高
使用寿命	水机的设计寿命是20年	氟机是15年
售后服务	性能比较稳定，后期维修成本低	前几年使用较好，7～8年后易出问题，维保费用较高
制热效果	水系统制热范围可在－10℃，另水系统可以加壁挂炉辅助供暖	氟系统制热在－5℃以下较差
热效率	升温较慢	升温很快

1.4.3 家用中央空调的使用特点和家用中央空调风管式系统

1. 家用中央空调的使用特点

对于多个房间同时配置空调，选择什么形式的空调配置最为经济？如果每个房间装一台空调，不仅影响房屋美观，而且几个空调一起使用，耗电量大。与普通分体式空调相比较，使用家用中央空调是较为经济的空调配置方式。

家用中央空调将全部居室空间的空气调节作为一项整体工作来实现，克服了分体式空调对居室分割的局部处理和不均匀的空气气流等不足之处，能达到居室内的温度均匀，波动小，给用户带来更好的热舒适感。

家用中央空调可以通过巧妙的设计和安装，实现与整体装修一致的和谐统一。其主机安置于阳台的隐蔽处，室内机的安装有多种选择方式，可根据户型装修的喜好，选择侧送风或下送风的方式，利用吊顶将室内机安置于天花板内，家用中央空调不会影响居室内装潢的整体协调型；也没有要同时安装多台室外机而影响建筑物外观的情况。

家用中央空调在西方工业化国家中已经广为使用，但在我国国内的使用还不是主流应用的情况，但趋势是家用中央空调应用会越来越深入和广泛。

家用中央空调在应用中也存在着一些需要配合解决的问题，如：需进行设计与专业性安装；家用中央空调要求电负荷较大，在选购前应该重点考虑安装空间的供电负荷是否满足要求等。

工程应用中，家用中央空调主要有家用中央空调风管式系统、冷/热水机组和多联机系统。

2. 家用中央空调风管式系统

风管式系统的家用中央空调是以空气作为输送介质，利用冷水机组集中制冷，将新风冷却或加热，而后与回风混合后送入室内。如果没有新鲜风源，风管式系统类型的家用中央空调就只能将回风冷却或加热了。某品牌的几款风管机如图 1-11 所示。

风管式系统成本较低，且新风系统能够更好地提高空气质量。

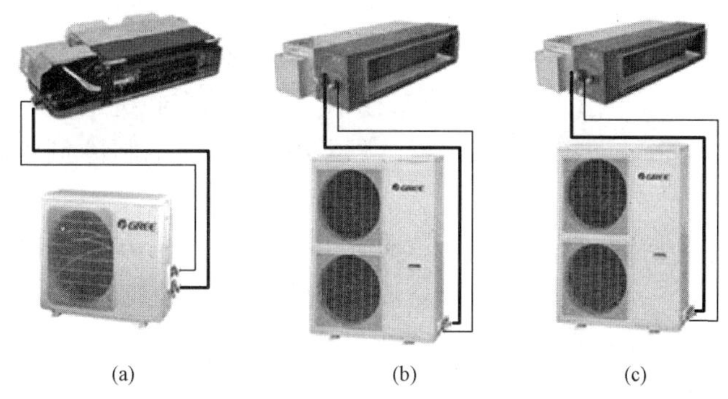

图 1-11　风管机的外形

（a）超薄型风管机；（b）风管机；（c）直流变频风管机

1.4.4　家用中央空调中的冷/热水机组和多联机型系统

1. 冷/热水机组

家用中央空调的冷/热水机组是指输送介质选用乙二醇溶液或选用水。通过室外主机产生出空调房间内的末端装置所需的冷/热水（冷源或热源），由管路系统输送到室内的各个末端装置，并与室内空气进行热交换，为空调房间供送冷、热风。

冷/热水机组的风机盘管可以调节风机转速，对每个空调房间都能进行单独调节，因此节能效果好。

通过冷/热水机组将冷或热水送到每一个空调房间供冷或供热的情况，如图 1-12 所示。

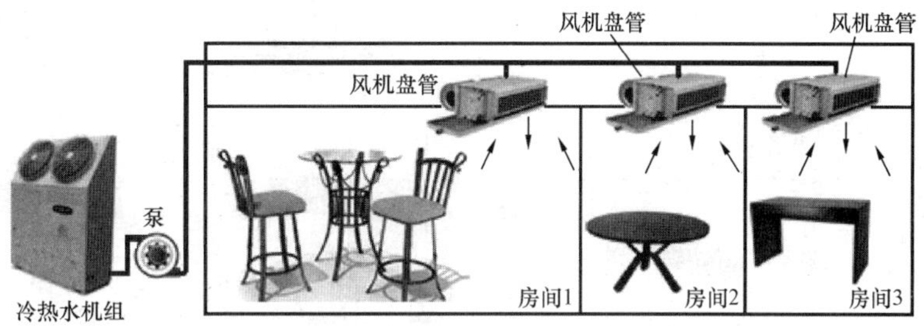

图 1-12　通过冷/热水机组向房间供冷或供热的情况

一个直流变频多联热水机组为多个房间同时供暖和为热水器及水箱加热，如图 1-13 所示。

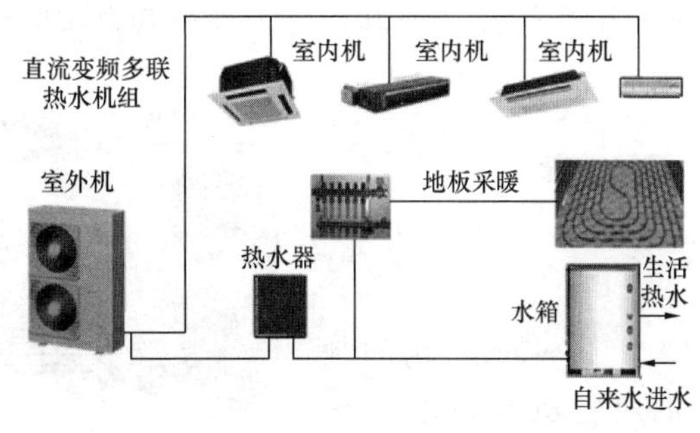

图 1-13　一个直流变频多联热水机组为多房间供热的情况

2. 家用中央空调中的多联机系统

多联机系统就是常用的一拖多系统，由一台或数台室外机带动服务区中不同空调房间的室内机末端装置。图 1-14 给出了室内机分布在不同楼层的多联机系统。

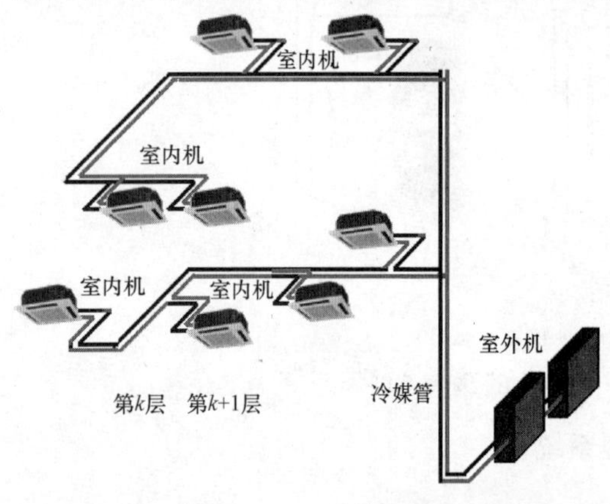

图 1-14　室内机分布在不同楼层的多联机系统

多联机系统是制冷剂流量系统。此类家用中央空调变冷媒流量的方式向空调房间输运不同流量的冷媒，一方面由冷媒携带的供冷量和房间的负荷相匹配，另一方面用“一对多”的方式为多个室内机供送冷量。

这类系统中，以压缩制冷剂为循环输运的冷媒，一台压缩机就可带动多台室内机，室外主机包括换热器、压缩机等组件组成。而室内机则由直接蒸发式换热器和风机组合而成。制冷剂通过管路由室外机送至室内机，通过控制管路中制冷剂的流量以及进入室内各散热器的制冷流量，来满足各个房间实际负荷对冷量的需求。多联机系统节能性能优良。一个多联机系统如图 1-15 所示。

多联机系统中，输运冷媒的是铜管，如果出现冷媒分路，则使用分歧管，实现一拖多的结构，其结构如图 1-15（b）所示。

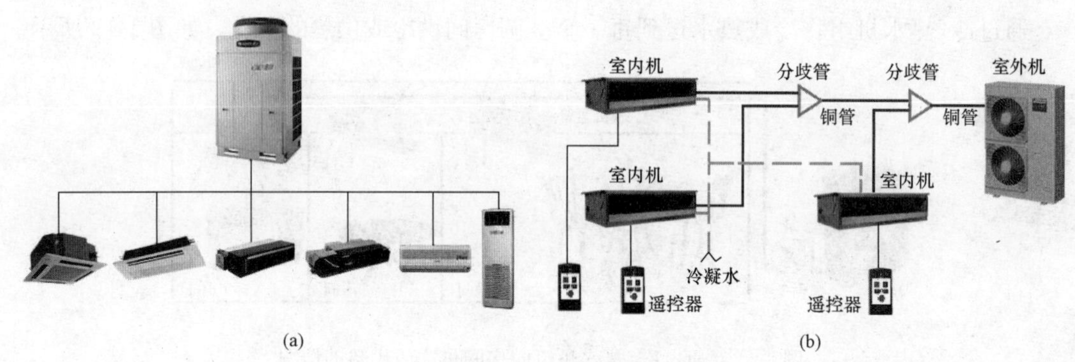

图 1-15　多联机系统

（a）一拖多；（b）结构

某国产智能变频中央空调的结构是一拖五，一个外机和五个暗藏式内机（风管机），如图 1-16 所示。

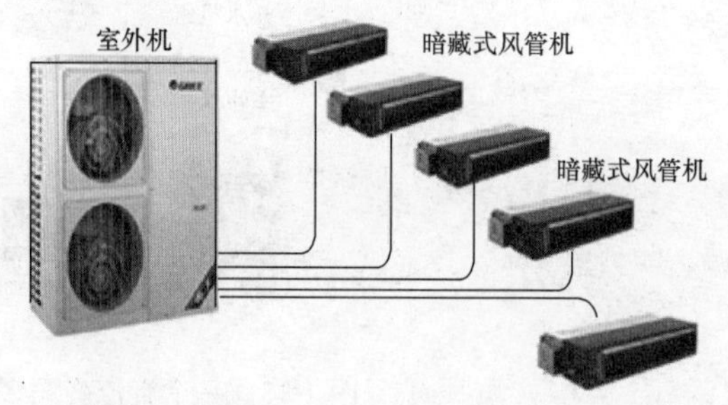

图 1-16　某国产一拖五智能变频中央空调

功率：5 匹

功能：制冷、制热

功耗范围：800～3800W

内机型号：一拖五

1 台 2 匹的风管机能够为 25～40m² 房间制冷和供热；1 台大 1.5 匹的风管机能够为 18～28m² 房间制冷和供热；3 台 1 匹的风管机能够为 7～16m² 房间制冷和供热；整个一拖五系统

能够为 65～130m² 房间制冷和供热（根据使用场所而定）。

1.5　VRV 空调系统

VRV（Variable Refrigerant Volume）空调系统就是变冷媒容量系统，如图 1-17 所示。

VRV 系统是氟系统家用中央空调，主要以一拖多方式应用于工程中，其中大金、日立、三菱重工的产品在国内市场上占有不小的份额。

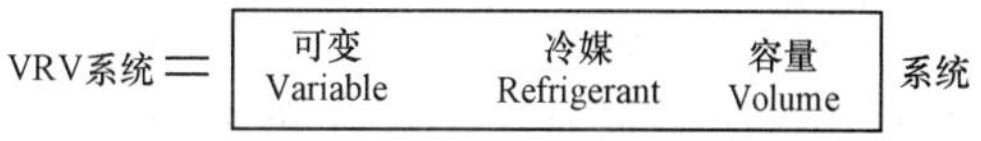

VRV系统＝ 可变 Variable　冷媒 Refrigerant　容量 Volume　系统

图 1-17　变冷媒容量系统

此处要强调一下，VRV 空调系统是一种典型的家用中央空调系统，不要被误认为是家用中央空调系统以外的一种新型空调系统。

1.5.1　VRV 系统的结构和工作原理

1. VRV 系统的结构

VRV 空调系统的制冷或供热基本原理与家用空调系统相似，为制冷循环—逆卡诺循环。VRV 系统的四个主要部件有压缩机、冷凝器、蒸发器和膨胀阀。其中，压缩机是用于提供动力，冷凝器用于排放热量，蒸发器用于提供冷量，膨胀阀用于调节冷媒流量和降低压力，这四个主要部件的连接关系如图 1-18 所示。

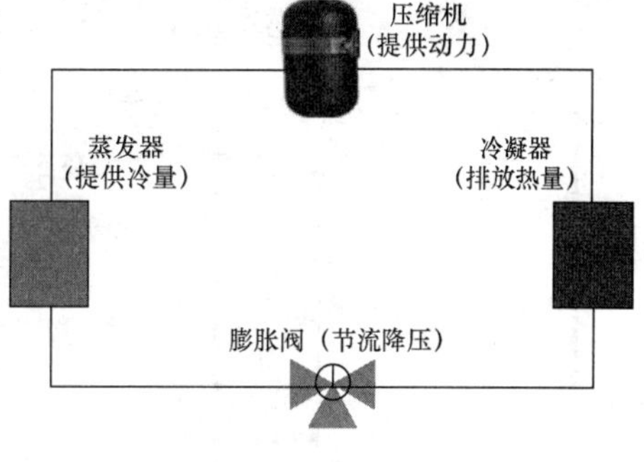

图 1-18　VRV 空调系统中几个主要部件的连接关系

2. 压缩机

压缩机是 VRV 空调系统的“心脏”。压缩机在制冷或制热过程中的作用在于：将从蒸发器输送来的气态制冷剂的温度和压力都提高后，送入到冷凝器中。压缩机的作用如图 1-19 所示。压缩机和冷凝蒸发器及膨胀阀的配合如图 1-20 所示。

从图中看到，压缩机将来自蒸发器输的气态冷媒的温度和压力都提高后，将高温高压的气态冷媒继续送往冷凝器。

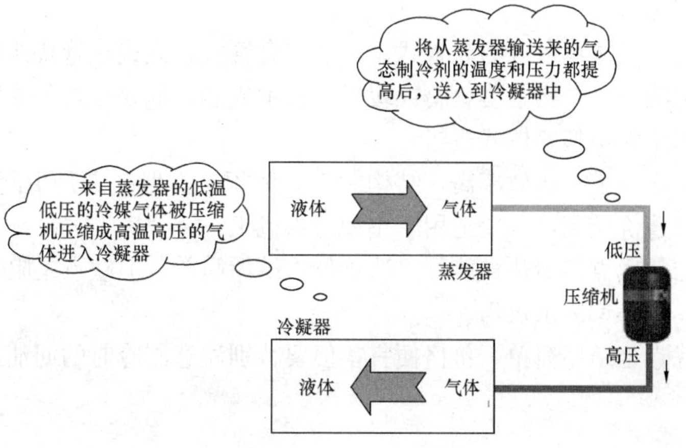

将从蒸发器输送来的气态制冷剂的温度和压力都提高后，送入到冷凝器中

来自蒸发器的低温低压的冷媒气体被压缩机压缩成高温高压的气体进入冷凝器

液体　气体　蒸发器

低压　压缩机　高压

冷凝器　液体　气体

图 1-19　压缩机的作用

3. 蒸发器

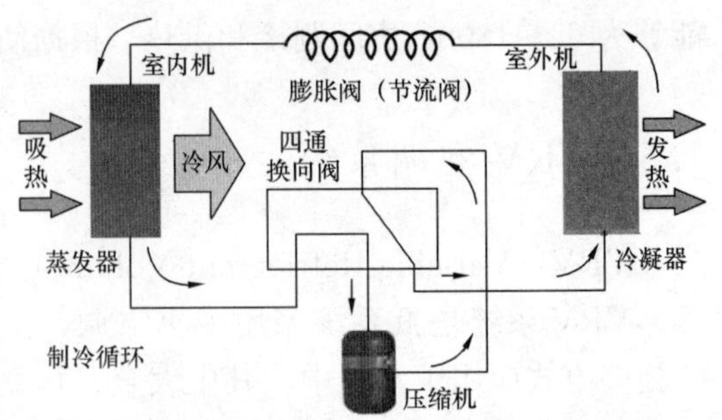

图 1-20　压缩机和冷凝蒸发器及膨胀阀的配合

在制冷或制热过程中需要有热交换设备，VRV 空调系统中的制冷剂就是在蒸发器中来实现热量交换的。在蒸发器中，制冷剂液体在较低的温度下吸收被冷却的物体或介质的热量转变为蒸汽。可见，蒸发器是制冷装置中产生和输出冷量的设备。蒸发器是室内机的重要组成部分，即蒸发器位于室内机中，蒸发器中的液态冷媒吸收周围空气的热量，使空气温度下降，其过程如图 1-21 所示。具体实现的过程是：通过风机使室内空气流穿过蒸发器，生成室内需求的冷风，蒸发器工作工程中，空气被冷却时会产生冷凝水，需要通过排水管排走，如图 1-22 所示。

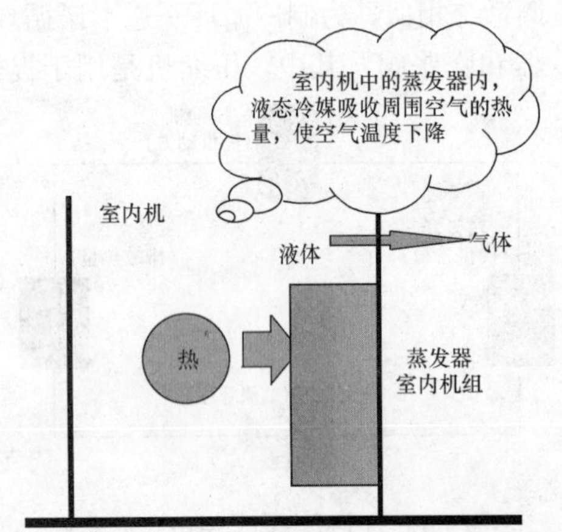

图1-21　蒸发器中冷媒吸收周围热量使室内降温

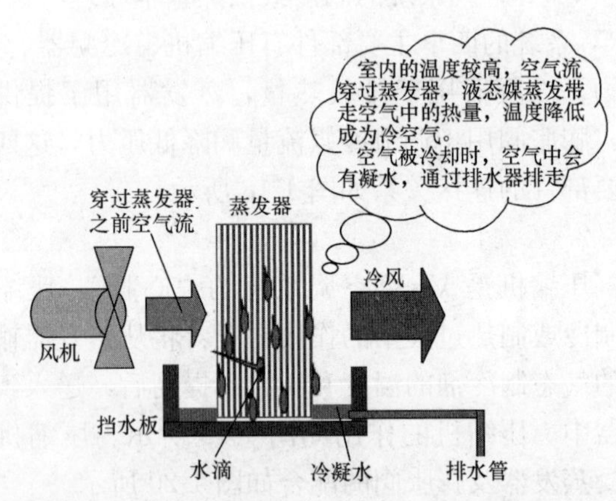

图 1-22　蒸发器工作实现室内空气降温的过程

蒸发器在制冷系统中所起的作用非常重要，它的工作反映着传热效果的优劣，直接反映着制冷剂性能的好坏。

蒸发器按其制作工艺也可分为壳管式、板式、套管式、立式盘管式四种。壳管式蒸发器的优点是冻结的危险小，结构紧凑，腐蚀缓慢，技术成熟，但缺点是冬季管内易冷凝，传热系数小，主要适用于大中型整体式机组。

板式蒸发器的优点是换热效率高，结构紧凑，体积小，但缺点是板间间距小，易结垢、结冰、冻裂，并且造价较高，主要适用于小型冷水机组。

套管式蒸发器的优点是传热性能好，造价低，结垢简单，但缺点是阻力损失大，水垢不易清除，主要适用于小型冷水机组。

立式盘管式优点是结垢简单，价格便宜，但要特别注意制冷时的回油问题，主要适用于小型冷水机组。

4. 冷凝器

冷凝器是完成制冷或制热过程的另一个关键的换热设备，在系统中的作用是将冷媒向系统外部排放热量的换热器。来自压缩机内过热的蒸汽态冷媒流进冷凝器后，将热量传递给冷却介质，制冷剂随之而冷却为液体。

冷媒在冷凝器中的冷却过程会经历三个阶段：首先把蒸汽由过热状态转变为冷凝压力下的饱和态，然后将气体转换为液体，最终可以将饱和态的液体冷却为过冷的液体。

冷凝器装置在室外机中，其工作过程如图 1-23 所示。

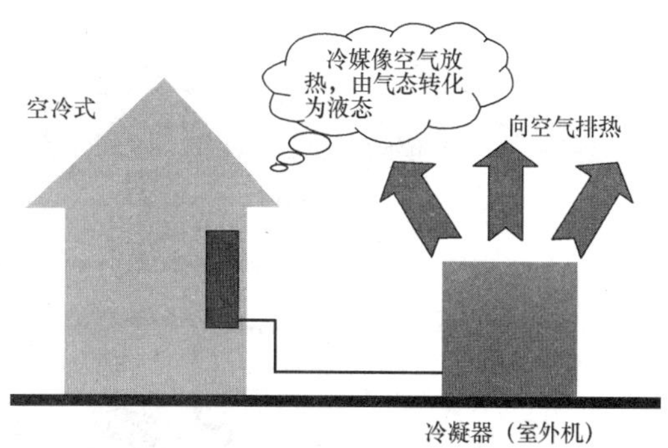

图 1-23　室外机中冷凝器的工作

常用的冷凝器有立式壳管式、卧式壳管式、蒸发式和空气冷却式，它们各自的特点是：立式壳管式冷凝器适用于温度高，水质差，水量丰富的地区；卧式壳管式冷凝器适用于温度低，水质较好的地区；蒸发式冷凝器适用于室外空气湿球温度较低，缺水的地区；空气冷却式冷凝器适用于缺水或当地室外空气干球温度较低的小型制冷装置。

5. 膨胀阀

膨胀阀是制冷系统的主要元件之一，它在空调制冷系统中有两个主要的作用：对流进的高压液体冷媒降压并节流，确保给冷凝器和蒸发器之间留有一定的压差值，进而满足进入蒸发器的冷媒的低压要求，使其蒸发吸收周围的热量来完成制冷的目标。同时也是为了适应蒸发器的负荷变化，通过节流来调节蒸发器内的制冷剂流量，以保证系统安全可靠地运行。膨胀阀位于蒸发器和冷凝器之间，对冷媒的压力和流量进行调节，如图 1-24 所示。

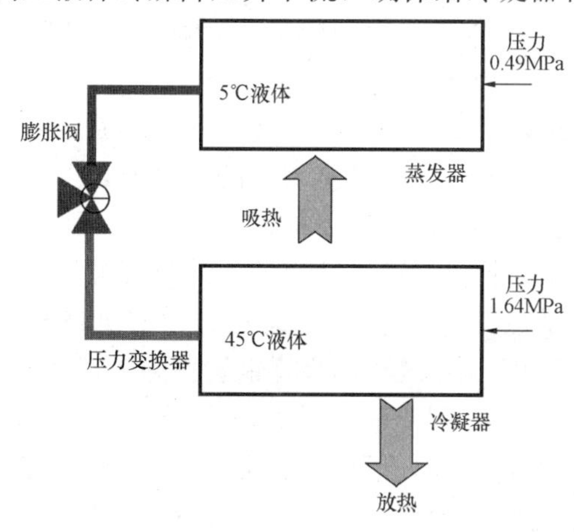

图 1-24　膨胀阀对冷媒的压力和流量进行调节

VRV 空调系统中使用的膨胀阀有电子膨胀阀和热力膨胀阀，在节流降压的调节过程中，电子膨胀阀具有调节负荷变化范围大，过热度控制偏差小，调节制冷剂流量性能强等优点。电子膨胀阀按驱动方式可分为电磁式电子膨胀阀和电动式电子膨胀阀两类。

6. VRV 空调系统的工作原理

VRV 空调系统是由一台或多台室外机与多组室内机组成，通过制冷管道将室内机与室外机连接构成一个闭合的系统，同时采用歧管以及电子膨胀阀的共同作用来控制冷媒的分配，一个三台室外机的 VRV 空调系统的结构如图 1-25 所示。

VRV 系统具有简单、结构紧凑、便于施工、节能、舒适、各房间可独立调节控制；任意一台室内机可直接起动主机运行。VRV 空调系统的制冷的实现过程如图 1-26 所示。

制冷的具体过程：首先是低温低压的液态冷媒在蒸发器中吸收热量，即发生热量交换，使液态冷媒转换为低温低压的气态冷媒；汽化成低温低压的气态冷媒后，低温低压的气态冷媒被送进压缩机，被压缩成高温高压的气体后，再经四通阀送至冷凝器中，在冷凝器出来的高温高压液态冷媒再由膨胀阀膨胀为低压低温的液态冷媒，再次进入蒸发器吸热汽化，如此循环反复，以达到循环制冷的效果。这样，冷媒在整个系统中经历了

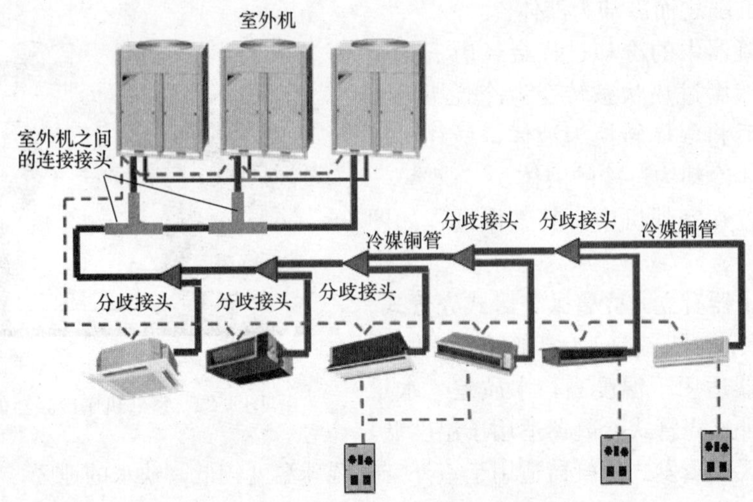

图 1-25　一个三台室外机的 VRV 空调系统

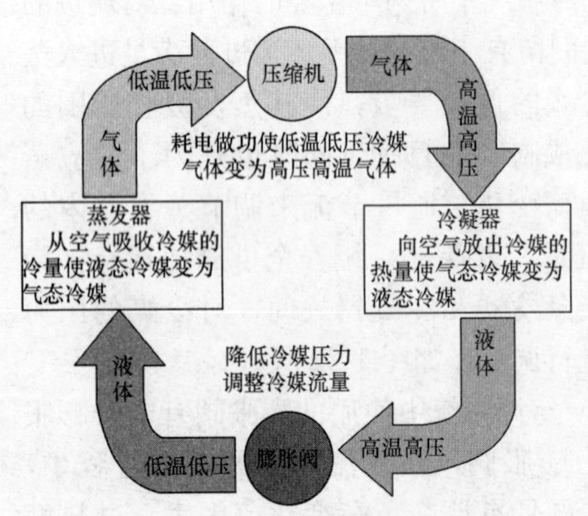

图 1-26　VRV 空调系统的制冷过程

蒸发、压缩、冷凝、膨胀四个环节，完成了一个完整的制冷循环。因为制热原理与制冷原理的过程正好相反，不再累述。

由此可以看出，在整个制冷工况下，通过电子膨胀阀的节流调压，控制室内机的热交换，以及冷媒的过热度，实现室内温度的调节。另外，系统以压缩机耗功为补偿，通过冷媒的上述过程循环，实现制冷及供热。VRV 空调系统中的歧管如图 1-27 所示。VRV 空调系统中的冷媒铜管如图 1-28 所示。VRV 空调制冷过程原理如图 1-29 所示。

VRV 空调的室外机机身紧凑，1 台室外机可连接多台室内机；节约室外安装空间，还可以美化建筑外墙面。室外机安装实例如图 1-30 所示。

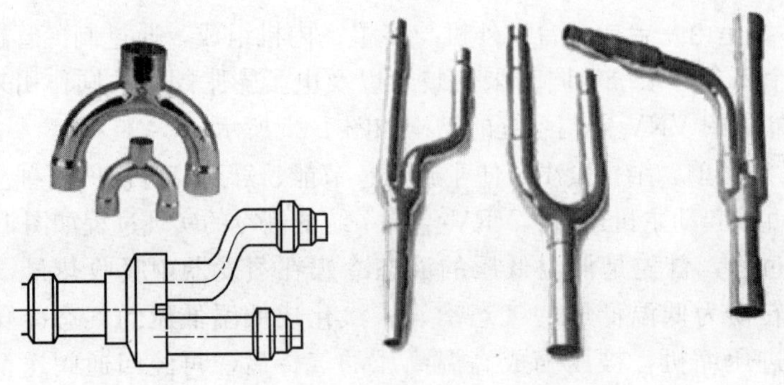

图 1-27　VRV 空调系统中的歧管

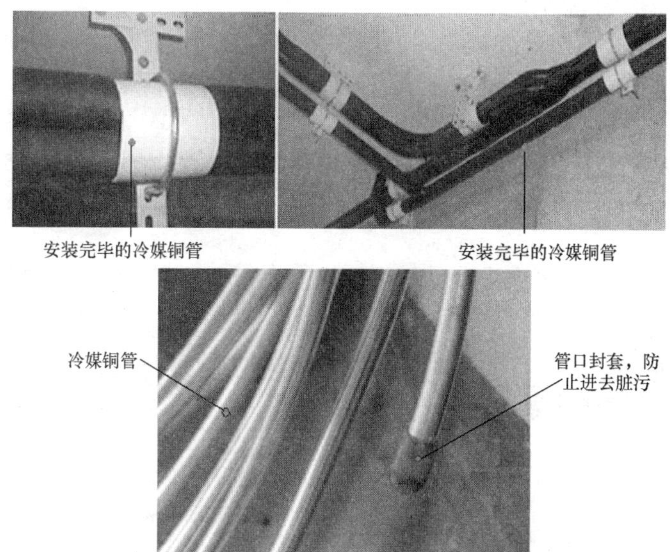

图 1-28　VRV 空调系统中的冷媒铜管

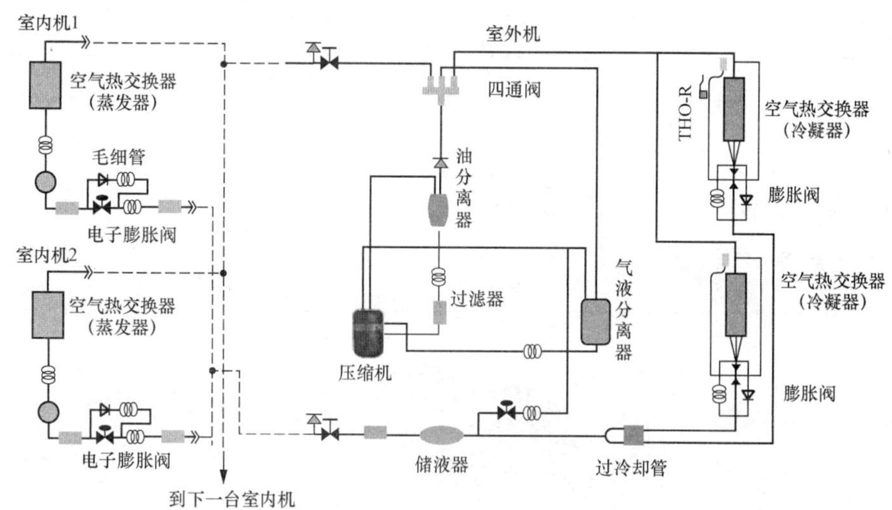

图 1-29　VRV 空调制冷过程原理图

图 1-30　室外机安装实例

1.5.2 VRV 空调系统的室内机种类

VRV 空调系统的室内机种类较多，适用于多种不同的应用环境，几种较为常见的 VRV 空调系统的室内机如图 1-31 所示。几种常见的室内机设备特点见表 1-2。

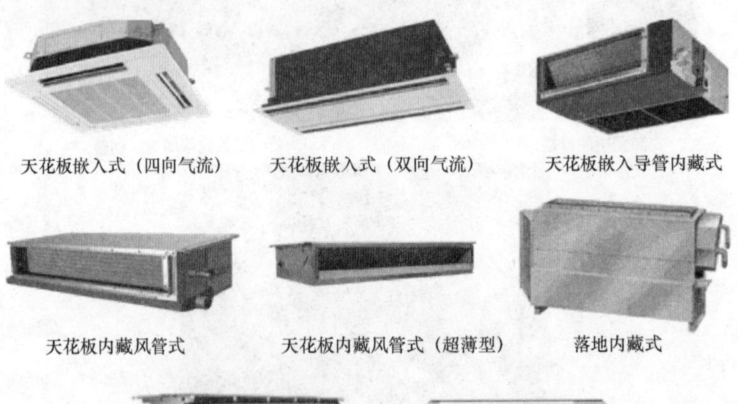

天花板内藏直吹式（超薄型）

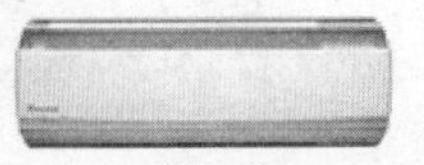

壁挂式

图 1-31 几种较为常见的 VRV 空调系统的室内机

表 1-2 几种常见的室内机设备特点

室内机名称	外形	设备特点
天花板嵌入式（四向气流）		四向出风，气流舒适，机身薄，节省空间
天花板嵌入式（双向气流）		两向出风，气流舒适，机身薄，节省空间
天花板内藏风管式		低静压，短风管，设备经济，与装潢很好地融合
天花板嵌入导管内藏式		中静压，较长风管，与装潢很好地融合

续表

室内机名称	外形	设备特点
天花板内藏风管式（超薄型）		低静压，机身超薄
壁挂式		气流舒适，不需要天花板

1.5.3　VRV 系统的设计步骤及设计限制

1. VRV 系统的设计步骤

VRV 室内机选型→VRV 室外机选型→VRV 系统划分→VRV 冷媒管设计→VRV 衰减核算→VRV 室内机摆放→VRV 排水管设计→VRV 新风设计→VRV 风管设计→VRV 控制线路设计→VRV 系统图设计→VRVI-manager 设计→VRV 配电设计

2. VRV 系统的设计限制

在 VRV 系统的设计中，室内机和室外机的安装高度差、室内机的安装高度差、连接室内机和室外机的单程总管长度等，都受到限制其设计限制如图 1-32 所示。

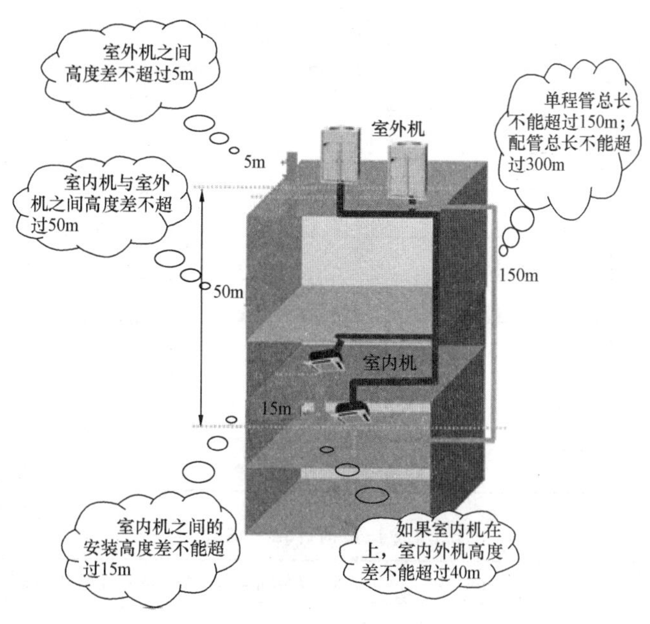

图 1-32　VRV 系统的设计限制

1.5.4　应用 VRV 系统时的建筑负荷计算

选择 VRV 系统室外机、室内机及系统总容量一般是基于较精细负荷计算基础之上进行的。建筑负荷计算的方法可以使用估算法（经验法）和软件计算法。

这里需要进行说明的是：建筑负荷计算的工作一般由暖通空调工程师来完成，但是，对于从事建筑设备监控系统工程的弱电工程师，应该能够使用估算法（经验法）计算室内使用照明设备和电气设备对室内负荷的负荷贡献值数据。

1. 估算法（经验法）计算建筑负荷

使用估算法（经验法）计算建筑负荷的含义是：根据不同类型、不同用途的房间、不同面积大小以及在不同季节和不同时间段对室内负荷进行估算，及使用经验值估算。如对部分房间的负荷估算参考表见表 1-3，同时给出新风量供给参考值。一些特殊场所的热（冷）负荷计算—估算见表 1-4。

表 1-3　　热（冷）负荷估算参考表

序号	房间类型	人/m	新风量/m^3(人×h)		负荷/(W/m^2)
			适当	最小	一般
1	旅游旅馆：客房	0.063	50	30	135
2	中餐厅	0.67	25	17	430
3	中厅、接待室	0.13	18	9	230
4	小会议室	0.33	40	17	280
5	大会议室	0.67	40	17	430
6	办公室	0.1	25	18	160
7	商店、小卖部	0.2	18	9	180
8	科研、办公楼	0.2	20	18	180
9	商场：底层	1	20	10	430
10	二层	0.83	20	12	360
11	三层及三层以上	0.5	20	12	270
12	影剧院：观众席	2	12	9	530
13	体育馆：比赛馆	0.4	15	9	245
14	看台、观众休息厅	0.5	40	25	245
15	贵宾室	0.13	50	40	210
16	图书馆：阅览室	0.1	25	17	145
17	展览厅：陈列室	0.25	25	18	210
18	会堂：报告厅	0.5	25	18	320
19	公寓，住宅	0.1	50	20	190

表 1-4　　热（冷）负荷计算—估算

房间类型	面积/m^2	热负荷系数/(W/m^2)(经验数据)	热负荷/W
总经理室	40	180	7200
图书室	20	150	3000
接待室	30	180	5400
会议室	40	280	11200

2. 软件计算法

暖通空调工程师在考虑房间功能、朝向、楼层高度、围护结构情况、新风量及新风处理方式，使用软件计算法计算建筑负荷。对于做建筑设备监控系统的弱电工程师来讲，应该熟悉空调负荷是由哪些因素决定的，影响情况怎么样，还应该能够使用估算法（经验法）估算

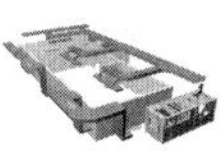

与电气设备、照明设备使用产生的部分负荷值。

在 VRV 空调系统的设计、设备选型而使用软件计算法时，可以使用大金负荷软件、天正负荷软件和鸿业负荷软件等。

在各个不同朝向的区域达到最大负荷的时间不同，因此许多大型项目必须要使用热负荷计算软件来逐时计算热负荷，进而确定整个系统的最大负荷。

整个系统的最大负荷一定小于各区域最大负荷之和。因此，室外机容量一般选比室内机容量之和要小一些。还要考虑室内机的同时使用系数来选用容量。

在使用软件逐时计算热负荷时，要考虑空调区域在不同位置、朝向时的最大负荷出现在不同的时间。

（1）在进行建筑分区的情况下，夏季内区的冷负荷最大值出现在下午 2 时左后，而在冬季无须制热。

（2）西向房间的最大负荷一般出现在下午 3～4 时之间。

（3）北向房间的最大负荷一般出现在下午 1 时。

（4）东向房间的最大负荷一般出现在上午 9～10 时左右。

（5）南向房间的最大负荷一般出现在中午 12 时～下午 1 时。

使用大金热负荷计算软件的一个界面如图 1-33 所示。客户端软件界面上有项目概要、房间数据、项目名称、所在城市、外墙种类，如是普通混凝土结构还是玻璃幕墙等信息。

图 1-33　使用大金热负荷计算软件的一个界面

1.5.5　VRV 室内机室外机选型

1. VRV 室内机选型

根据估算的热（冷）负荷选择室内机型号；配合室内装修、天花板装修情况和用户要求选择室内机形式。

VRV 室内机选型注意事项：①室内机形式的选择贴合天花装修；选择风管型室内机，应充分考虑室内噪声，送、回风管的长度、转弯引起的压力损失。②室内机壁挂型尽量不要选配在卧室、书房等对噪声要求比较高的环境。原因：壁挂机的噪声比较低。但机器内部安装了电子膨胀阀，运行时，冷媒流动的声音在噪声要求比较高的环境里特别明显，所以，尽量避免将壁挂机安装在噪声要求高的室内。

2. VRV 室外机选型

(1) 容量系数是制冷能力的指数。室内机容量系数根据风口型号确定，如 FXYF50 的容量系数=50；主机容量系数根据匹数确定，如 8HP 容量系数=200；10HP 容量系数=250；16HP 容量系数=400。

(2) 系统连接率是室内机的容量系数之和；VRV 系统连接率为 50%～130%。

3. 工程应用的部分补充情况

由于 VRV 空调系统具备许多优点，到目前为止，已广泛应用于设备用房、别墅、公寓、办公楼、商场、酒店、医院和学校等民用建筑中。对于工程应用的部分补充情况做一些说明。

(1) 房间的朝向、外墙结构、屋顶结构、使用人数和室内热源（如电器等）将在很大程度上影响冷负荷量。另外，顶层房间的耗冷量要比其他层房间耗冷量大。

(2) 安装设计一体化。户式中央空调系统功能 30%在于设计合理，20%在于机组质量，50%在于安装质量。因此相比于普通家庭空调，户式中央空调服务更强调安装与设计，这就要求企业必须有专业技术开发、设计和服务能力。现在很多企业并不具备这种专业素质水平，导致系统安装后不能正常运行。所以安装与设计将成为行业一道门槛。所以业内企业用“方案制定、方案设计、工程施工、项目调试”四个阶段的紧密结合来为用户提供更为专业、标准的服务，即设计与安装一体化的服务。

(3) 家用中央空调系统的市场开拓。家用中央空调 80%以上的销量要靠设计院、工程投标方等渠道获得。日本一些做多联系统的企业，极为重视市场情报工作，紧盯工程项目，只要是大型工程有暖通系统配套的要求，它们就能做到随时出现。部分国内企业也能够出现在各种大型工程招标会上。由于目前家用中央空调的销售大都走工程渠道，并非完整意义的终端消费品，决定采购中央空调的并不是最终用户，而是地产开发商和建筑设计院的工程师，这种情况对于要开拓市场的业内企业是要注意的。

(4) 部分学校环境 VRV 空调系统的使用。由于 VRV 空调技术先进，能效比高，室外机可根据空调房间负荷的变化自动调节冷量的输送，非常适合于学校的教学环境；VRV 空调室内机具有嵌入式、管道式、挂壁式、落地式、悬吊式等，可以给学校提供了很多的选择，又由于室内机可以很好地结合学校现有的建筑物吊顶格局；节约运行费用和资源；VRV 在无大故障运行时，可运行达 10 年以上；VRV 系统控制简单、质量可靠，室内机和室外机采用无缝铜管焊接，并经高压氮气测试，可靠性高，不需专人维修，只需定期清洗室内外机即可；VRV 室内机噪声低；室外机只有 50～65dB，完全能够达到办公、学习、休息对环境的要求。

由于 VRV 空调系统具有半集中式的单元式结构，使得整幢教学楼内可以分层进行安装和使用，施工中，可以逐层安装、逐层调试，逐层运行，这对于工期和资金都很紧张的学校工程而言，可以说是一个很有利的条件，这是普通的中央空调无法做到的。

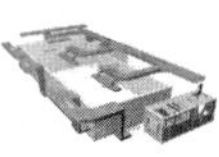

VRV 空调系统可采用频率可调的压缩机，相对于定转速系统具有明显的节能、舒适的效果。VRV 空调系统可根据室内负荷的变化连续调节压缩机的转速，减少压缩机因频繁启动、停止而造成的电能损失。空调系统的能效比随着频率的降低而升高，由于压缩机长期工作在低频区域，整个空调系统的能效比远高于传统的中央空调，同时，采用变频启动压缩机，降低了启动电流，对电气设备的损耗相对较小，延长使用寿命并节约电能，减弱了对电网内其他设备的冲击。

根据学校的环境特点，主要采用吸顶结构的四面出风式室内机，室内机设置在教室中部，可以更好向周围送风，空气流动适宜，气流组织形式好，制冷或制热的效率会较高。

1.6　什么是中央空调系统

1.6.1　中央空调系统和家用空调系统的主要区别

前面我们已经介绍了家用空调系统和中央空调系统对于建筑设备监控系统来讲，中央空调系统是重要研究对象。中央空调系统与家用空调系统的主要区别在于：中央空调系统的末端设备不自带冷热源，家用空调系统是自带冷热源的。

家用空调系统的最主要代表就是分体式空调，通过冷媒的外力做功发生相变，在蒸发器的位置处大量吸收周边空气介质的热量，进行制冷；在冷凝器的位置处冷媒放出大量的热送出热风，冷媒在室内机与室外机的冷媒输运管内循环流通，实现制冷或制热的过程。换句话讲，家用空调系统是自带冷热源的。中央空调系统的末端设备，空调机组、风机盘管、新风机组和变风量空调机组是不自带冷热源的，中央空调系统的冷源和热源是由专门的设备来提供的，如冷源是由冷水机组提供的，热源则是由诸如热交换站、热锅炉提供的。

中央空调系统的组成＝末端设备＋冷热源

（1）中央空调系统的末端设备（空气处理设备）有新风机组、空调机组、风机盘管及变风量空调机组。

（2）中央空调系统的冷源有冷水机组等。

（3）中央空调系统的热源有热交换站或热锅炉等。

分体式空调与中央空调的主要区别如图 1-34 所示。

从图中看到：中央空调系统的空气处理设备自身没有冷热源，需要有冷热源设备供给，常见的空气处理设备是空调机组、新风机组和风机盘管，冷源多为冷水机组。中央空调系统适合装备较大或中型的建筑物。

中央空调一般使用寿命在 15～25 年，而普通空调不超过 10 年，如果保养维护正常，中央空调的寿命还可以更长。

1.6.2　中央空调系统各个组成部分的功能

更具体地讲，一个中央空调系统包括冷热源设备、空气处理设备、空调风系统、空调水系统及控制调节装置。

1. 冷热源设备

冷源设备是夏季用来给空调系统提供冷量来冷却送风空气的设备，也就是空调主机，如风冷冷水机组（风冷模块机组、风冷螺杆机组以及户式中央空调机组等）和水冷冷水机组（水冷螺杆机组）；热源设备是冬季给空调系统提供热量来加热送风空气的设备，如风冷热泵

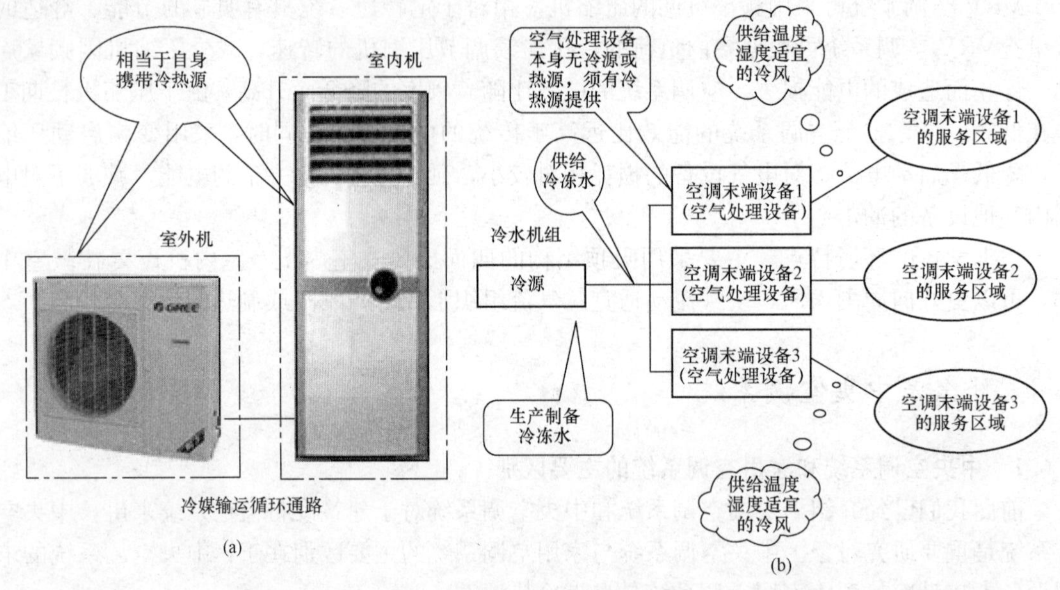

图 1-34　分体式空调与中央空调的主要区别

(a) 分体式空调；(b) 中央空调

空调机组和锅炉等。

2. 空气处理设备

空气处理设备的作用是将送风空气处理到所需要的状态，主要是风机盘管、空调柜和新风机组等，属于空调系统的室内末端设备。

3. 空调风系统

空调风系统的作用是将空气处理设备产生的冷风通过风管系统（送风管）送到空调房间内，同时将空调房间内的回风引回空气处理设备循环制冷或加热。

4. 空调水系统

空调水系统的作用是将冷源设备产生的冷量输送到室内空气处理设备，再将发生过热交换后损失冷量的媒质水送回冷源设备处理，循环往复，还有冷却水系统，将冷源设备的部分热散发到空间中去，以保证冷源设备始终能够正常地制冷。还有将空气处理设备在制冷运行中产生的冷凝水集中有组织排放的冷凝水系统。

5. 控制调节装置

由于空调房间的负荷始终在动态变化，因此必须要对空调系统的工况随着负荷的变化而变化，即进行控制调节。完成控制调节的装置在空调的正常运行中发挥着极为重要的作用。

1.7　空调系统的分类

1.7.1　按空气处理设备的集中程度分类

按照空气处理设备的集中程度，可以将空调系统分为集中式空调系统、半集中式空调系统和局部式空调系统。集中式空调系统在空调房间里没有空气处理设备，只有送风口和回风口，空气处理设备全集中在机房里，如图 1-35 所示。半集中式空调系统如图 1-36 所示。空

气处理设备直接安装在空调房间，冷源则由专门的冷源设备如冷水机组从外部提供，风机盘管就是典型的半集中式空调系统。

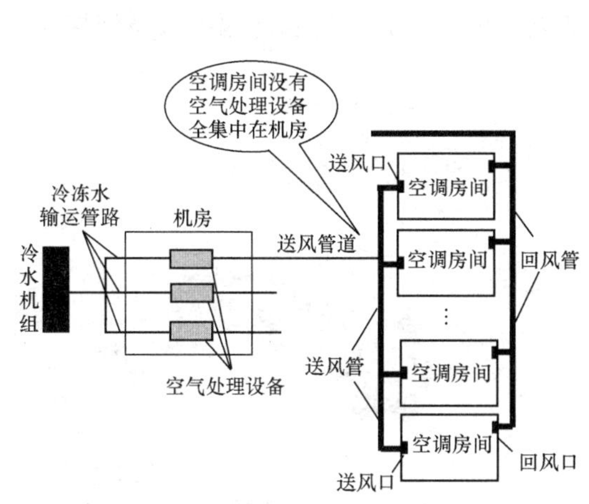

图 1-35　集中式空调系统

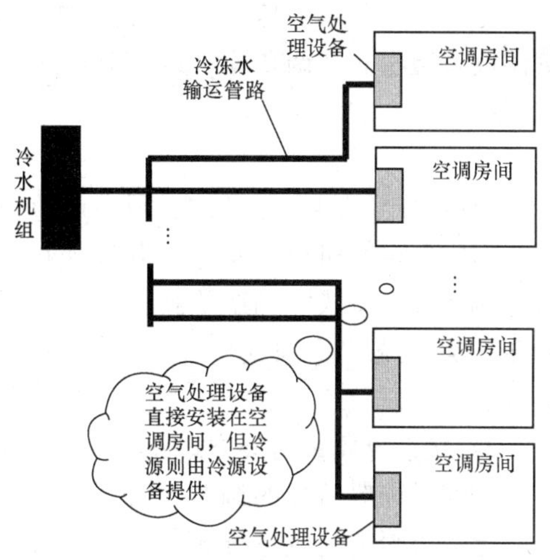

图 1-36　半集中式空调系统

1.7.2　按承载空调负荷使用的工作媒质分类

以承载空调负荷时使用的工作媒质不同，又可以将空调系统分为全空气式空调系统、空气-水式空调系统、全水式空调系统和冷剂式空调系统。

1. 全空气式空调系统

由经过处理的空气作为承载室内全部空调负荷的工作媒质，构成的空调系统就是全空气式空调系统。单风道集中式空调系统、双风道集中式空调系统、全空气诱导系统和变风量集中式空调系统都属于全空气式空调系统。

用通俗的话讲，全空气式空调系统是通过通风管路将冷风（或热风）送到空调房间的一种空调系统，简言之，就是直接向空调房间通过送风管道输送冷风（或热风）的空调系统，如图 1-37 所示。国内中央空调系统大量地使用全空气式空调系统。

2. 空气-水式空调系统

由经过处理的空气和水共同作为承载室内空调负荷的工作媒质，构成的空调系统就是空气-水式空调系统。以风机盘管加新风系统为例，水作为工作媒质的风机盘管向室内提供冷量或热量，承担室内部分冷负荷或热负荷，同时有一新风系统向室内提供部分冷量或热量，而又满足室内对室外新鲜空气的需要，风机盘管加新风系统及典型的空气-水式空调系统。再热系统加诱导器系统也属于这类系统。

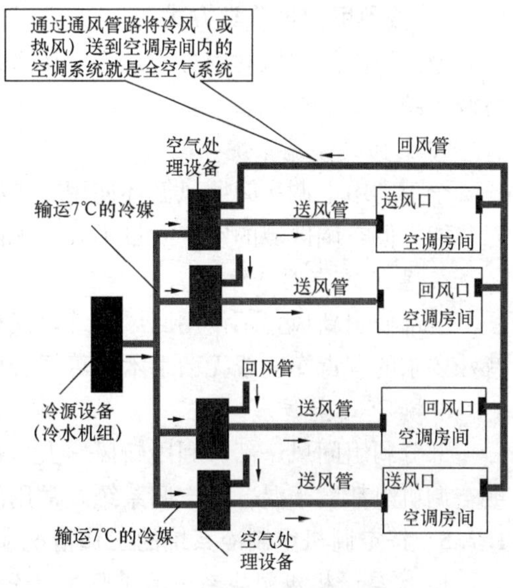

图 1-37　全空气式空调系统

3. 全水式空调系统

承载室内空调负荷所用工作媒质是水介质，这类空调系统就是全水式空调系统。换言之，全水式空调系统是将冷水或热水持续地送到空调房间内的空气处理设备，调节室内的空气温度及湿度的空调系统，如图 1-38 所示。无新风的风机盘管系统和冷辐射板系统属于这类系统。

4. 冷剂式空调系统

直接以制冷剂作为吸收房间空调负荷的介质，对室内空气进行冷却、去湿或加热。单元式空调系统、窗式空调系统和分体式空调系统属于这类系统。冷剂式空调系统又称机组式系统。

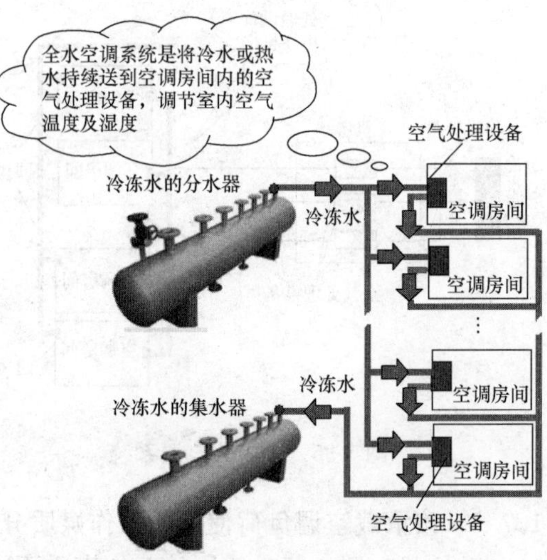

图 1-38　全水式空调系统

1.7.3　按系统风量调节方式分类

按照系统对风量的调节方式，空调区域送风口是采用固定送风量方式还是采用可以调节变化的送风量方式可以将空调系统分为定风量空调系统和变风量空调系统。

1. 定风量空调系统

通常的集中式空调系统，送风机转速恒定且保持送风量一定，通过调节流经冷水盘管中的冷冻水流量来改变送风温度来调节室内的温湿度，这类空调系统就是定风量空调系统。定风量空调系统的送风口处的送风量是不调节的。

2. 变风量空调系统

在保持一定的送风温度的条件下，通过调节变风量送风口的送风量实现对室内温度和湿度的调节，满足室内冷负荷、热负荷及湿度的需求，这类空调系统就是变风量空调系统。

1.7.4　按利用回风分类方式

通过不同的回风利用方式，将空调系统分为封闭式空调系统、直流式空调系统和混合式空调系统。

1. 封闭式空调系统

全部利用空调房间回风循环使用，不补充新风，又称再循环空气空调系统。这类系统可以节能，但空调区域的空气质量不好。无配套新风机组的风机盘管就是这类系统。

2. 直流式空调系统

全部使用新风，不使用回风系统，又称为全新风系统。这种系统能量损失很大，只在有特殊要求的有毒车间或无菌手术室等场合应用。新风机组就是直流式空调系统。

3. 混合式空调系统

部分利用回风，部分利用新风。大多数空调系统属于这类系统，常见的空调机组、变风量空调机组都属于混合式空调系统。常用的有一次回风系统和二次回风系统。

1.7.5　按空调机组制冷系统的工作情况和冷凝器形式分类

1. 按空调机组制冷系统的工作情况分类

可分为热泵式空调机组和单冷式空调机组。热泵式空调机组能够通过换向阀的切换，在

冬季实现制热循环，在夏季实现制冷循环。单冷式空调系统仅在夏季实现制冷循环。

2. 按空调机组中制冷系统的冷凝器形式分

按空调机组中制冷系统的冷凝器形式，可将空调机组可分为水冷式和风冷式空调机组。水冷式空调机组中的制冷系统以水作为冷却工作媒质，使用冷却循环水带走其冷凝器的产热。水冷式空调机组一般要设置冷却塔，使通过冷凝器的冷却水被循环使用。

风冷式空调机组中的制冷系统以空气作为冷却工作媒质，使用空气带走冷凝器工作时的产热。风冷式空调机组无须设置冷却塔和循环水泵等，安装与运行简便。

第2章　中央空调系统中常用组件、传感器和执行器

中央空调系统的常用组件是构成系统的基础，传感器则用来监测空调房间内温度、湿度、二氧化碳浓度、压力、压差等物理参数；执行器是实现控制调节的装置。

2.1　中央空调系统中常用组件

2.1.1　过滤器

在空调系统中，用来过滤空气（尤其是新风）中的尘埃粒子的装置就是过滤器。工程应用中的中央空调系统使用的过滤器有：粗效、中效及高效过滤器。一种中效过滤器和高效过滤器产品如图 2-1 所示。

1. 初效过滤器

初效过滤器适用于空调系统的初效过滤，主要用于过滤 5μm 以上的尘埃粒子。过滤材料有无纺布、尼龙网、活性炭滤材、金属孔网等。

2. 中效过滤器和高效过滤器

中效过滤器适用于空调系统的中级过滤，主要用于过滤 1～5μm 的尘埃粒子，具有阻力小、风量大的优点。高效过滤器过滤尘埃粒子可以达到 0.1μm 的量级。

(a)

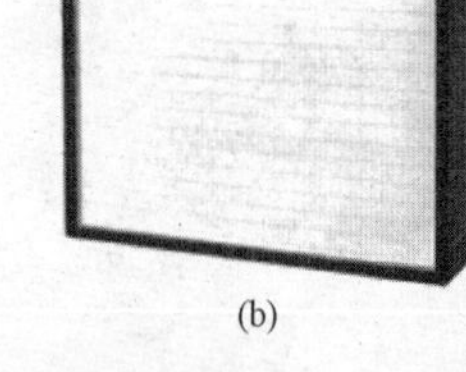

(b)

图 2-1　一种中效过滤器和高效过滤器产品外观
（a）中效过滤器；（b）高效滤器

2.1.2　表冷器和盘管

中央空调系统中的新风机组、空调机组、风机盘管及变风量空调机组中的核心部件之一就是表冷器。表冷器的功能是对流动和穿过表冷器的空气进行制冷处理或制热处理。

1. 表冷器的结构

表冷器的外观和结构如图 2-2 所示。

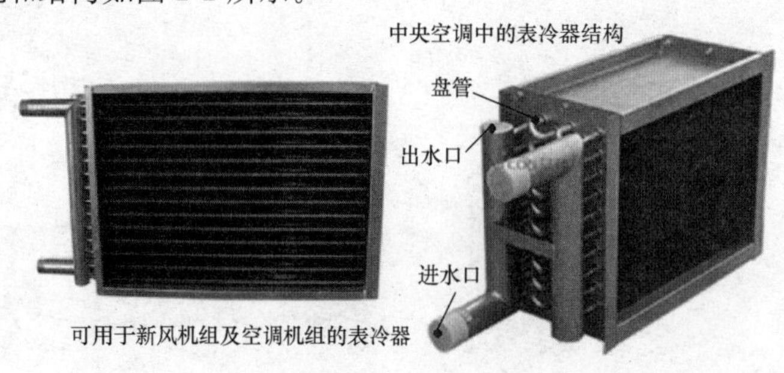

图 2-2　表冷器的外观和结构

从图中看出：表冷器实际上是嵌入了盘管热交换器，盘管的结构如图 2-3 所示。

盘管热交换器中的盘管采用铜材料制作，为提高热交换效果，应该扩大铜管的有效面积，盘管外部安装了散热片（翅片），其表面积比裸管大了很多，如图 2-4 所示。

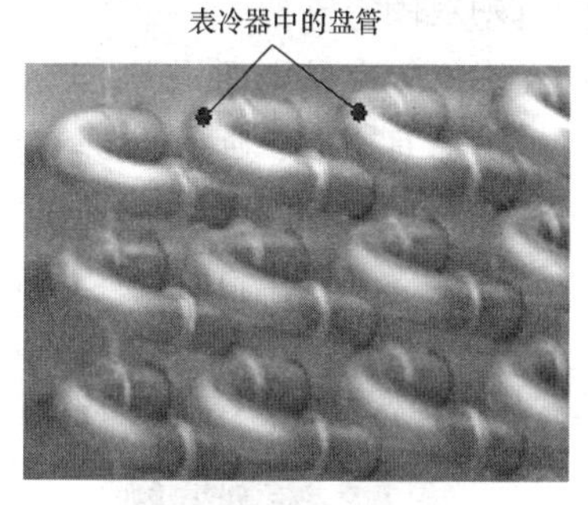

图 2-3　盘管的结构

铜管
冷媒流入
冷媒流出
金属翅片
气流通道

图 2-4　提高热交换效果的带翅片盘管

2. 表冷器的工作原理

在夏季，将 7℃冷冻水注入盘管，盘管外面通过散热性能优越的铝翅片，与进水管道及出水管道一起组成表冷器，7℃冷冻水在盘管内流动，此时的表冷器温度很低，当有空气穿过表冷器细密的金属孔洞时，温度被降低，完成制冷的过程。

在冬季，将 60℃的热水注入盘管，热水在盘管内流动，此时表冷器的温度较高，表冷器的铝翅片使其散热能力大为强化，当流动的空气穿过表冷器时，温度升高，完成空气制热过程。

在图 2-2 所示的表冷器用于新风机组的环境中，有不同排数的盘管、不同的表面管数及管长。其主要技术参数有迎风面积、传热面积、总通水面积和通风净面比等。

2.1.3　百叶窗式送风口

在中央空调系统中，通过分布在大量不同空调房间内的送风口和回风口，将冷风或热风送入空调区域，为用户输送温度适宜和湿度适宜的冷、热风。大量风口采用了百叶窗式结构，如图 2-5 所示。

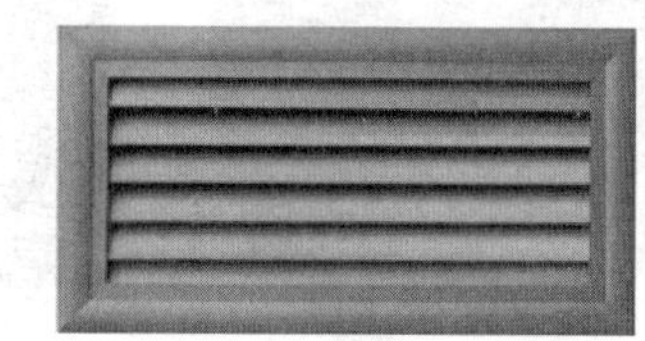

图 2-5　百叶窗式送风口

百叶窗式送风口的主要功能是让气流分布均匀，使空调室内的温度区域分布尽量稳定。百叶窗式送风口还有不同的结构，如双层百叶窗式送风口和单层百叶窗式送风口，如图 2-6 所示。

双层百叶风口，广泛应用于空调系统中作送风口，风口后面可配制铝制风量调节阀，双层百叶风口具有两层相互垂直页片调节水平和垂直页片的角度，调整气流扩散面，以改变送风距离。

双层百叶风口通常安装于管道或侧墙上做侧送风口，双层百叶风口两层可调节角度的活动叶片，短叶片用于调节送风气流的扩散角，也可用于改变气流的方向；而调节长叶片可以使送风气流贴附顶棚或下倾一定的角度（当送暖风时）。

单层百叶风口可调上下风向，叶片角度可以调节，叶片间有塑料固定支架。

为了使空调系统的送风口出风方向成多方向流动，一般用在大厅等有较大面积需要供送冷风或热风的区域，以便使送风分布均匀，还要用到散流器。散流器有矩形、圆形、多层锥面散流器等。矩形散流器送风口如图 2-7 所示。

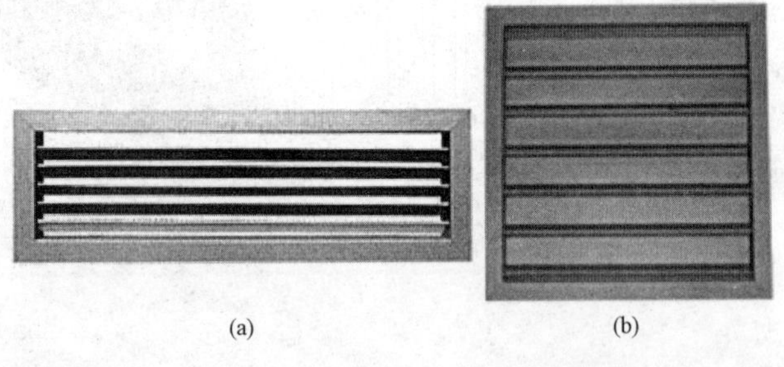

(a)　　(b)

图 2-6　双层百叶窗式送风口和单层百叶窗式送风口
（a）单层百叶窗送风口；（b）双层百叶窗送风口

图 2-7　矩形散流器送风口

2.1.4　空调风机

1. 空调风机的使用

对制冷的情况来讲，在新风机组、空调机组和变风量空调机组中，当空气流从新风口、混风室经过过滤器滤去空气流中的尘埃颗粒后，穿过表冷器的细密规则的金属孔洞后，温度降低后，要送往空调房间，如果没有空调风机的强力驱动，整个空气处理设备及连接的风管系统很强的阻尼将使送往空调房间的冷气流流量很小，因此必须在空气处理设备的主风道上设置空调风机，才能使冷风流通的风道畅通。几种不同空调风机的外观如图 2-8 所示。

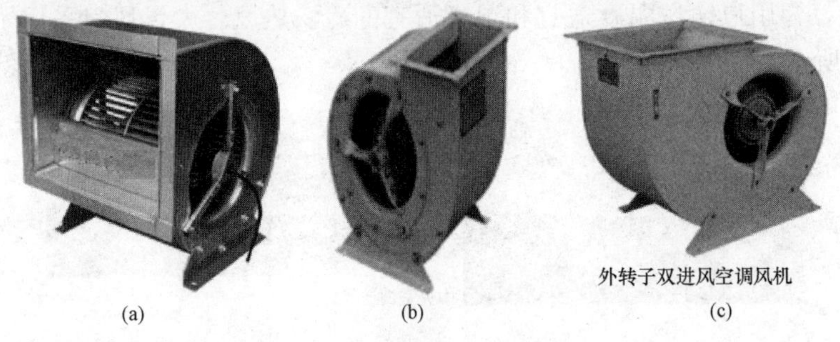

(a)　　(b)　　(c)

图 2-8　几种不同空调风机外观

图中的外转子双进风空调风机是离心式风机，主要由叶轮、机壳、外转子电动机等主要部件组成。叶轮由数十片前弯的叶片与轮盖、中盘铆接而成。各件均采用冲压模具制造，尺寸、型线准确、可靠，空气性能良好，并经静、动平衡校正，运转平稳，噪声低；电动机采用外转子式，内置于机壳与叶轮直联，结构紧凑，并经动平衡校正，运转平稳，噪声低。

外转子离心式空调风机具有风量大、噪声低、结构紧凑、坚固耐用、外形美观、安装使用方便，该风机广泛适用于各种空调机组。

2. 风机系统的稳定运行

流体力学中的伯努利方程解释流体动压和静压的关系：动压减少，静压就升高，空调送风机利用叶轮的旋转，使空气流速度增加，即动压大幅度增加。在送风机运行的过程中，提供使叶轮旋转所需要的能量叫作拖动风机的电动机的轴功率。

送风机的风速与送风机风口的截面积的乘积就是送风量，出口风速与风机叶轮的转速成正比，转速从 N_1 变为 N_2，对应的送风机风口流量分别为 Q_1 和 Q_2，如果我们认定风机叶轮初始转速为 N_1，对应的送风机风口初始流量为 Q_1，则状态二的风机叶轮转速 N_2 和送风机风口流量为 Q_2，关系如下

$$Q_2 = \frac{N_1}{N_2} Q_1 \tag{2-1}$$

送风机的送出冷空气的压力与叶轮送出的空气动压 $u^2/2g$ 成正比，所以送风静压与叶轮转速的二次方成正比，设转速 N_1 处对应的送风静压为 p_{s1}，转速 N_2 处对应的送风静压为 p_{s2}，于是有

$$p_{s2} = \left(\frac{N_2}{N_1}\right)^2 p_{s1} \tag{2-2}$$

转速 N_1 处对应的轴功率为 K_{W1}，转速 N_2 处对应的轴功率为 K_{W2}，两个状态的轴功率关系如下

$$K_{W2} = \left(\frac{N_2}{N_1}\right)^2 K_{W1} \tag{2-3}$$

以上三个描述送风机风量和转速的关系，送风静压与转速的关系以及风机消耗轴功率与转速的关系统称为送风机定律。送风机定律使我们研究和定量描述送风机的送风静压、转速、轴功率和流量关系的基本规律。

将送风机的送风流量 Q 作为横坐标，以送风机送风静压 p_s 作为纵坐标，绘制描述送风机性能的曲线，就是送风机的特性曲线。

送风机是空调系统中风系统中的一个环节，将送风机和风管管道连接起来，管路系统对空气流的阻尼与流量之间的关系就是风管的阻力曲线，将该曲线和送风机的特性曲线共同描绘在一个坐标系中，系统平衡运行时，送风机特性曲线和风管系统阻力曲线会汇交在 A 点，这个 A 点就是工作点，如图 2-9 所示。

送风机在工作点上运行。工作点是否合适，标志着系统的工作是否正常。实际的工作点会因为系统中出现的许多实际情况而偏离设计值，此时就应该采取各种相关的有效对策进行改进。一般地，空调系统的送风量设定为某设计值，管路系统的阻力曲线位置给定，送风机特性曲线形状及位置给定，但实际工程中经常出现：管路的阻力增大，导致管路系统的阻力曲线位置移动；导致送风机特定曲线与风管的阻力曲线交点的位置移动，即工作点移动，使送风机实际运行工作点偏离设计工作点，这种偏离值有时较大，导致实际送风量偏离设计送风量较大，影响空调系统的正常运行。为了调节工作点使之基本维持在设计值，采用对送风机调速的方法就

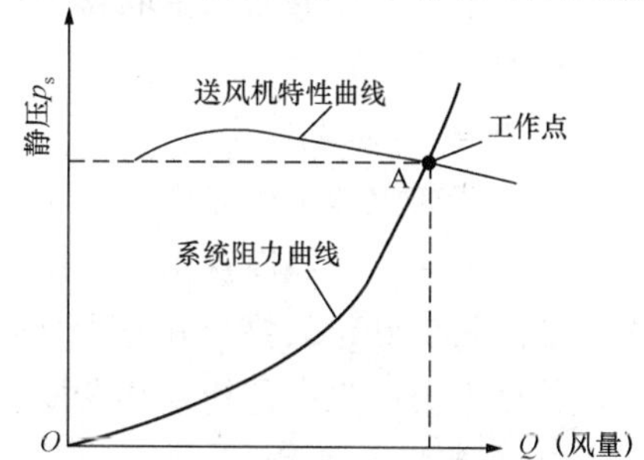

图 2-9　送风机的特性曲线和风管系统的阻力曲线

可以移动送风机特性曲线并较好地实现工作点的调节。采用风挡调节的方法也可以实现工作点的调节，但耗能情况比采取调速调节的方法严重得多。

2.1.5 加湿器

1. 中央空调系统中的加湿器

中央空调系统的空调机组通过对空气的制冷和制热，向空调房间输送温度适宜的冷风或热风，但还需调节送出冷风或热风的相对湿度，使送出风的湿度有适宜的值。对于制冷来讲，夏季的关联温湿度值是：温度 26℃，空气相对湿度为 55%～60%；冬季的关联温湿度值是：温度 20℃，空气相对湿度为 45%～50%。这就需要在空气处理装置中设置有湿度调节装置——加湿器。一个在空调风道中使用加湿器实现湿度调节的情况如图 2-10 所示。经过冷盘管的空气已经实现了降温调节，再经过加湿器后，又经过了湿度调节，经过送风机送出的冷风温度和湿度均实现了有效调节。

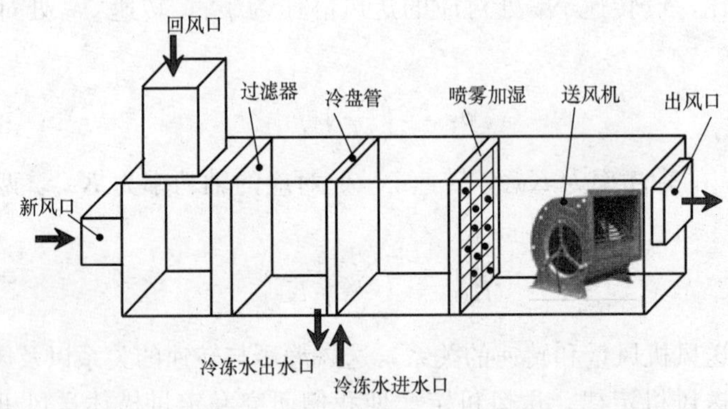

图 2-10　空调风道中的加湿器

中央空调中使用的加湿器种类较多，应用的方法和原理差异较大。常见的空气加湿方法有喷水室加湿、喷蒸汽加湿、压缩空气喷水加湿、高压喷水加湿、湿帘淋水加湿、电极式加湿器加湿、电热式加湿器加湿、超声波加湿器加湿、离心式加湿器加湿等。喷水加湿也叫湿膜加湿；喷蒸汽加湿是利用蒸汽锅炉使水变成蒸汽和空气的混合过程为等温加湿。

中央空调加湿器的种类分为蒸汽加湿和水加湿。其中，蒸汽加湿有电极、电热、干蒸气；水加湿有湿膜加湿器、双次气化、高压喷雾、高压微雾、汽水混合等。

在所有的加湿方法中，按水蒸发时的热源不同可将它们分成等焓加湿和等温加湿两大类。前者水蒸发需要的热量取自空气本身（显热变为潜热），而后者水蒸发需要的热量要由外界热源供给。

2. 超声波加湿器

超声波加湿器工作原理是：水在某特定频率的超声波作用下能大量雾化，特定频率的超声波使水雾化并经风扇吹至空气中，从而达到增加空气湿度的目的。超声波加湿器的功率不大，加湿效果好，只要一开电源立即就能喷雾加湿。使用该加湿器对水质要求高，若水质较硬，使用中会产生白色粉末状杂质，附着在光滑表面的物体上，不易清洗。

3. 电加热加湿器

电加热加湿器是利用电热元件加热，使水由液态变为气态（水蒸气）。此种类型加湿机缺点是耗电量大（一般功率在 300W 以上），加湿慢。

4. 冷雾加湿器

冷雾加湿器是利用风扇强制空气通过吸水介质时与水接触、增加空气的相对湿度。空气相对湿度低时加湿量大，空气相对湿度高时，加湿量低。缺点是加湿量低（比超声波加湿器低），耗能少，噪声低。

5. 湿膜加湿（喷水加湿）器

用于中央空调中的湿膜加湿器如图2-11所示。

在图2-11中，当加湿器工作时，循环水泵将循环水箱中的水输运加湿器顶部的淋水器，淋水器将输运来的水均匀分配到湿膜材料上，水从湿膜材料顶部向下渗透，同时被湿膜材料吸收，形成均匀循环水的水膜；当干燥的空气通过加湿器时，一部分水与空气接触，汽化、蒸发，使空气的湿度增加，即实现了对空气的加湿。

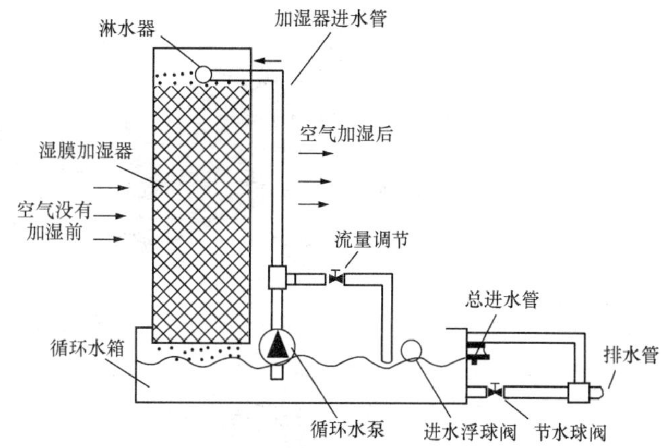

图2-11　用于中央空调中的湿膜加湿器

循环水泵将循环水箱中的水输运到加湿器顶部，还有一部分没有蒸发的水从加湿器底部流回循环水箱；循环水箱中的水通过循环水泵反复循环使用，从而使通过湿膜的空气得到加湿。

湿膜材料是湿膜加湿器的核心，它以植物纤维为基材，经过特殊成分的树脂处理烧结形成波纹板状交叉重叠的高分子复合材料，湿膜材料具有极强的吸水性、很好的自我清洗能力、无毒、耐酸碱、耐霉菌、阻燃及提供水分与空气间最大的接触表面积。

2.1.6　冷水机组和冷却塔

1. 冷水机组

中央空调系统中提供冷源及生产制备冷冻水的设备就是冷水机组。冷水机组的分类情况较为复杂。常用冷水机组分类有以下几种：按压缩机形式、按冷凝器冷却方式、按能量利用形式、按密封方式、按能量补偿不同和按热源不同（吸收式）分类。如：按压缩机形式分类就有螺杆式冷水机组、离心式冷水机组、活塞式冷水机组等；按照冷凝器冷却方式分类有水冷式冷水机组、风冷式冷水机组等。此处不一一赘述。

美的品牌的中央空调离心式冷水机组外观如图2-12所示，冷水机组即冷源设备。

冷水机组有两条循环水路：冷冻水路和冷却水路。冷水机组冷冻水的流通路径是：从冷水机组流出到远端的空调末端设备（空调机组、新风机组、风机盘管和变风量空调机组），提供冷冻水，温度在5～9℃之间，通常是7℃；冷冻水回水经过冷冻水泵，再流回到冷水机组的冷冻水回水口。

冷水机组中的冷凝器工作是会散发出很多热能，必须借助于冷却水系统来冷却冷凝器，冷却水循环通路是：由冷却塔底部流出，流进冷水机组，经过吸收冷凝器的产热，冷却水温度提高，有冷水机组流出留到冷却塔的顶部，经过冷却塔顶部的冷却塔风机将冷却水吹拂，和空气发生热交换降温后的冷却水又从冷却塔底部流回到冷水机组，如图2-13所示。

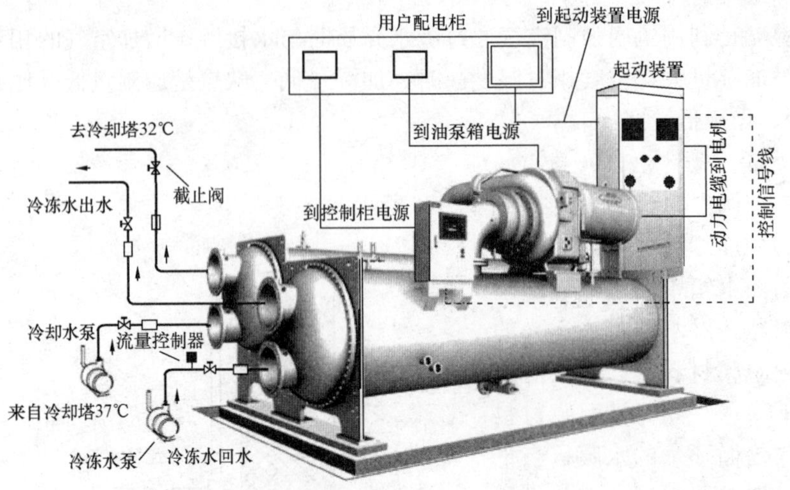

图 2-12　美的中央空调离心式冷水机组

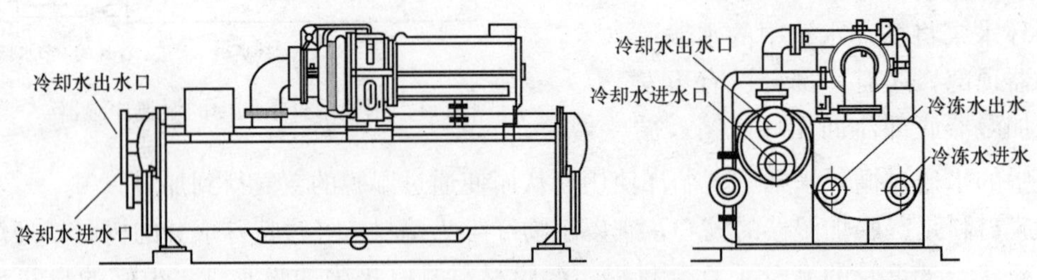

图 2-13　离心式冷水机组的平面图

2. 美的中央空调离心式冷水机组的部分技术参数及安装要求说明

（1）单机制冷量：350～200RT。

（2）适应 380～10 000V 间不同电压等级的离心机组。

（3）采用环保冷媒 HFC-134a 设计（HFC-134a 是对大气臭氧层无破坏作用，臭氧消耗潜能值 0DP＝O 的无氯制冷剂）。

（4）在冷水和冷却水管路系统中必须加装过滤网。

（5）在进出水管上各安装温度计（0～50℃）和压力表（0～1.6MPa 或 2.5MPa）一支。

（6）为保证人身安全和健康，建议机房中安装含氧量检测器，当氧气被部分消耗或置换而造成含氧量低于 19.5％时需报警。

（7）当建筑物或建筑群的制冷需要数台冷水机组时，还要将不同的冷水机组接入同一个测控网络，此时就要应用群控功能。美的中央空调离心式冷水机组的群控系统功能有：

1）机组运行状态设定。

2）机组运行状态实时监控、查询。

3）机组运行故障即时监控。

4）机组运行历史记录查询。

（8）起动柜提供两个无源触点信号，供控制柜检查起动柜工作状态用。

(9) 故障信号正常时触点断开，故障时该触点闭合。

(10) 工作信号。电动机转动时该触点闭合，电动机停止时该触点断开。

(11) 起动柜电流互感器提供一个电流信号供控制柜监视电动机电流用，起动柜应具有过电流、过载、短路及欠电压保护，并应有储能装置，保证在起动控制电流失电时能使一次回路跳闸。

(12) 机组的命名方式如图 2-14 所示。

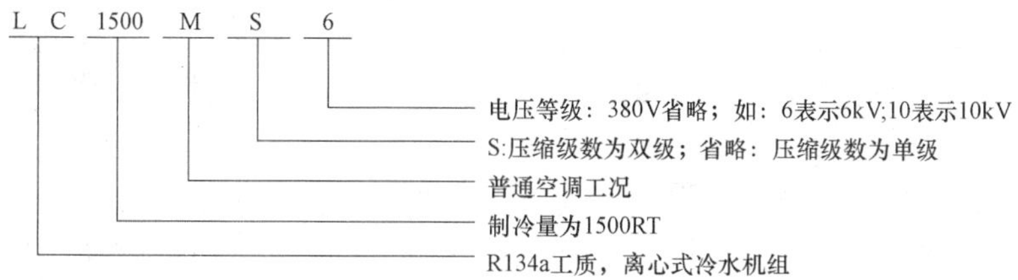

图 2-14　机组的命名方式

3. 冷却塔

冷水机组在运行过程中，冷凝器释放的大量热需要通过冷却水系统将其散发到空间中去，一般情况下，在吸收了冷凝器发热后的 37℃的冷却水从冷水机组流出，经冷却水管路到达冷却塔顶部并流出，装置在冷却塔顶部的冷却塔风机将 37℃的冷却水吹拂成细小的水滴，散落到冷却塔的底部，在这个过程中水滴群和空气发生热交换，温度降低，降低到 32℃，再回到冷水机组中去，往复循环。

中央空调系统中的常见冷却塔外观结构如图 2-15 所示。冷却塔将冷却水降温的过程如图 2-16 所示。冷水机组、冷却塔、冷却水泵、冷冻水泵、分水器和集水器之间的连接关系如图 2-17 所示。

图 2-15　常见冷却塔外观结构

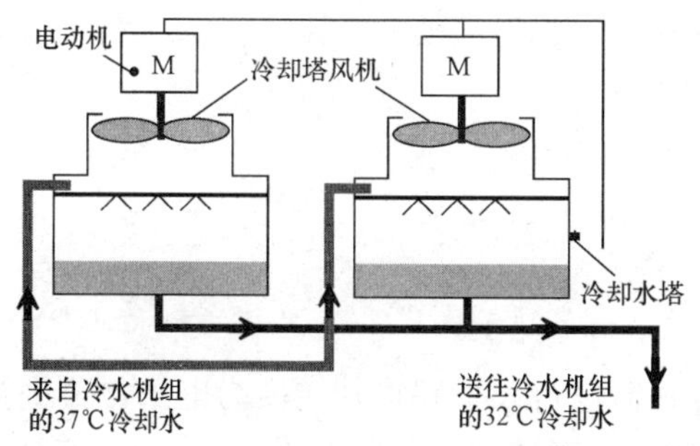

图 2-16　冷却塔将冷却水降温的过程

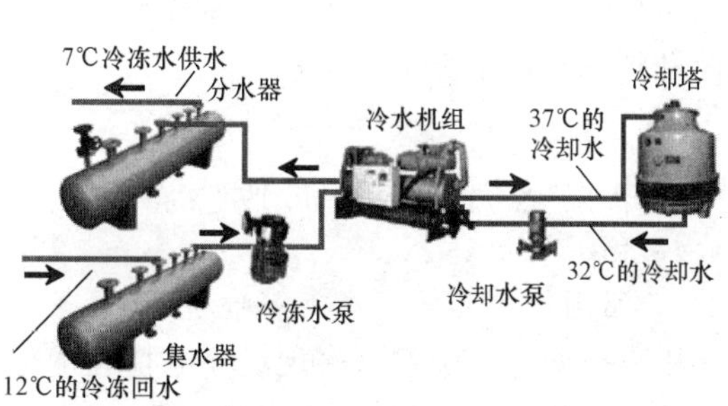

图 2-17　冷水机组、冷却塔的运行

2.1.7 中央空调软化水设备

1. 软化水设备

中央空调软化水设备广泛应用于中央空调系统中。软水器的工作原理：水的硬度主要由其中的阳离子钙（Ca^{2+}）、镁（Mg^{2+}）离子构成。当含有硬度的原水通过交换器的树脂层时，水中的钙、镁离子被树脂吸附，同时释放出钠离子，这样交换器内流出的水就是去掉了硬度离子的软化水，当树脂吸附钙、镁离子达到一定的饱和度后，出水的硬度增大，此时软水器会按照预定的程序自动进行失效树脂的再生工作，利用较高浓度的氯化钠溶液（盐水）通过树脂，使失效的树脂重新恢复至钠型树脂。中央空调软化水设备如图 2-18 所示。

2. 常用全自动软水器的结构和主要技术指标

全自动软水器主要由控制器、罐体部分和设备配件三部分组成。其中，设备配件部分包括上下布水器、中心管、盐阀、盐井、盐管、排污管、过滤器、电磁阀等。全自动软水器的内部结构如图 2-19 所示。

图 2-18 中央空调软化水设备

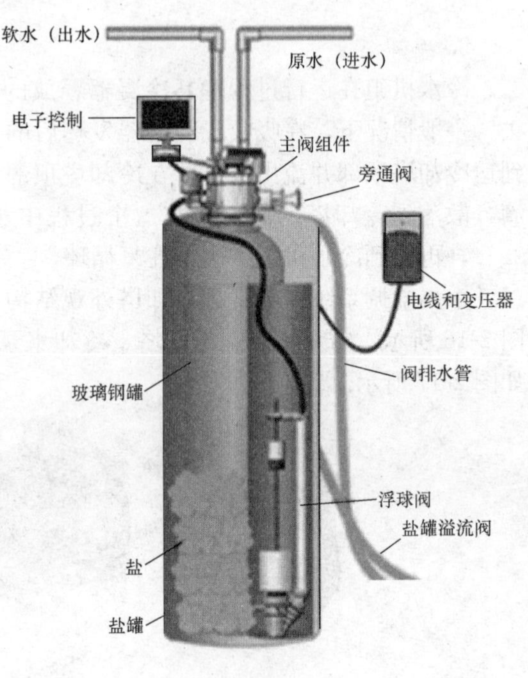

图 2-19 全自动软水器的内部结构

全自动软水器的主要技术指标有进水压力、进水硬度、出水硬度、原水水温、电源的电压值和频率及功率等。

2.2 中央空调系统中的传感器

2.2.1 常用传感器

中央空调系统中的许多现场非电物理量是由传感器进行采集并将其转换为电量，再进行处理的；如果要将各种电量，如电压、电流、功率和频率转换为标准输出信号（电流 4～20mA；或 0～10V 的电压量），还要使用电量变送器。

中央空调系统中常用传感器有温度传感器、湿度传感器、压力传感器、压差传感器、防冻开关、水流开关、液位开关等。

传感器是控制系统实时测控数据的来源，其稳定性及精度直接影响控制系统的控制效果与精度，还会影响到楼宇内机电设备的能耗。

传感器选型时，需要根据测量采集现场实时物理量数据的种类，传感器要求环境、控制器可接受信号的类型、测量范围和测量精度等多方面因素综合考虑。不同的测量对象有水、蒸汽、空气等；要求环境有室内、风道、水道内等。

1. 温度传感器

温度传感器用于测量现场温度。安装形式有室内、室外、风管、浸没式、烟道式、表面式等。常见测温传感器元件有硅材料、镍热电阻、铂热电阻、热敏电阻，将这些元件接成电桥型，一旦温度变化，电桥将电压量信号检出。

由于应用在不同的场合；温度常用传感器也分为室内、室外、风道和水道等类型，传输信号也包括电压（0～10V）电流（0～20mA 或 4～20mA），常见的传感元件有铂电阻、热敏电阻等。图 2-20 是几种常用的温度传感器。

风管温度传感器

房间温度传感器

室外温度传感器

水管温度传感器

图 2-20　几种常用的温度传感器

2. 湿度传感器

湿度传感器主要用于测量空气湿度。安装形式也有室内型、室外型、风道型等。此类传感器如电容式湿度传感器、温度变化引起电容容值变化，可将变化信号送出。阻性疏松聚合物也是一种湿度传感器测量元件。

湿度传感器测量空气的相对湿度时，其输出信号一般通过变送器输出为直流的 0～10V 电压或 4～20mA 的电流信号。图 2-21 是两种常用的湿度传感器的外形图。

房间湿度传感器

风管湿度传感器

图 2-21　两种常用的湿度传感器

3. 温湿度传感器

对于空调系统来讲，温度、湿度的测量经常是成对出现，温湿度传感器就成为一种常用的传感器。图 2-22 给出了几种常用的温湿度传感器的外形图。

室外温湿度传感器及参数：

温度：－50～＋50℃

湿度：0～100％RH

电源：24V±10％　AC/DC

功率：1.5W

输出：0～10V/4～20mA

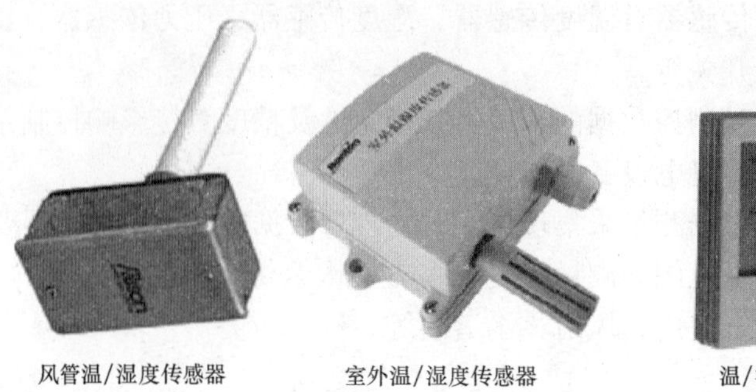

图 2-22　常用的温湿度传感器

如果传感器信号处理电路中包括变送电路，传感器就成了变送器。所谓的变送器，即具有将非标电量转换成标准电量的功能：4～20mA 电流、0～5V，0～10V 的电压。部分温度湿度变送器外观如图 2-23 所示。

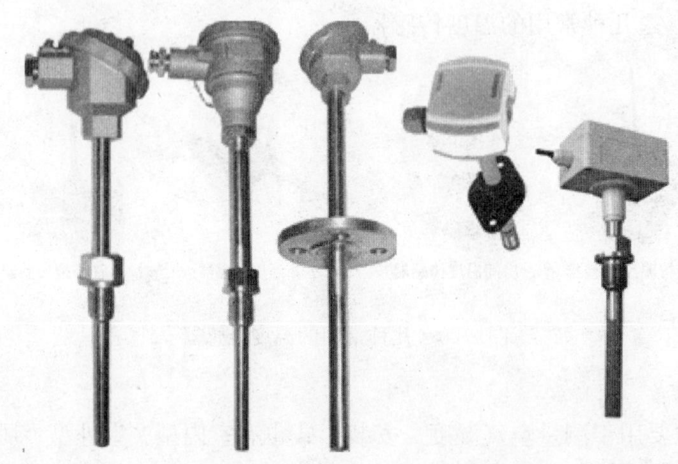

图 2-23　部分温度湿度变送器外观

4. 压力/压差传感器

压力传感器有波纹管式和弹簧管式的区别，前者用测量风道静压，后者用于测量水压、气压。

在通风及空调系统中的气体压差检测中，要用到空气压差开关，用来进行空气过滤网、风机两侧的气流状态的检测。

水压力/压差传感器主要用于冷热源系统中，检测水泵的运行状态和进行压差旁通控制。

例如：HSS-211 系列压差开关，用于空气介质，测量范围 100～700Pa；HSS-221 系列压力变送器，用于水介质，测量范围：相对压力 1～600bar（1bar＝10^5Pa）、绝对压力 0～25bar，输出标准的模拟信号。图 2-24 是压差传感器的外观图。

压差开关的压差范围有 20～200Pa，30～300Pa，50～500Pa，100～1000Pa。

型号命名含义：企业标识—产品标识—产品标号，如 TP-33A（B，C）。

气体差压变送器常用于暖通空调设备的风速、风差压测量及洁净环境的微差压监测，可以方便地用于控制系统中。两种气体差压变送器的外观如图 2-25 所示。

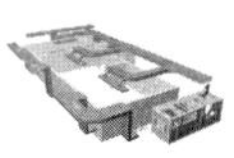

图 2-24　气压差传感器和压差开关

图 2-25　两种气体差压变送器的外观

5. 投入式液位计

投入式液位计主要用于水位测量。投入式液位计产品外观如图 2-26 所示。

该产品系列长度范围：2m～5m～10m～100m。

测量范围：0～2m～5m～10m～100m。

电源：24V/DC。

功率：1.5W。

输出：4～20mA。

6. 其他常用传感器

中央空调系统中其他常用的传感器有流量开关、流量计、防冻开关、液位开关、电量变送器、光照度传感器、人体感应传感器和空气质量传感器等。几种传感器的外观如图 2-27 所示。

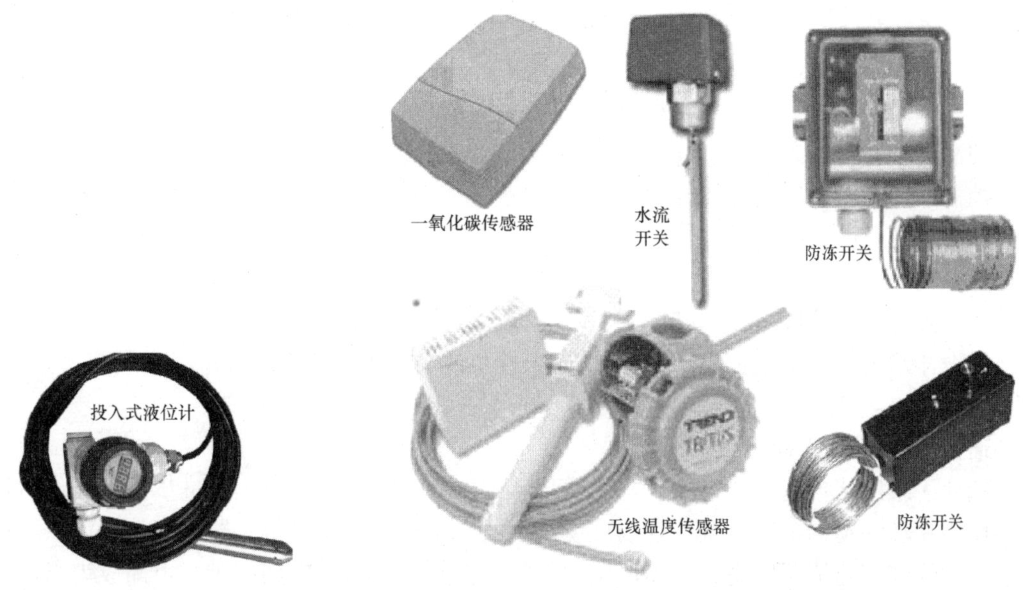

图 2-26　投入式液位计产品外观

图 2-27　几种传感器的外观

（1）防冻开关（低温断路器）的型号和温度设定范围。防冻开关（低温断路器）是一种在空调系统中使用很多的传感器。

防冻开关的型号命名含义：企业标识—产品标识—感温元件长度，如 A-11D-3（6）。

温度设定范围：1.0～7.5℃。

温度回差：2.5～3.5℃。

保护原理：任何200mm长的部位内低于设定点温度，进行报警。

(2) 水流开关

1) 用途：冷冻水、冷却水流量监测；冷冻泵、冷却泵状态监测。

2) 触点容量：220V/5A　AC。

3) 应用难点：高层建筑停泵时易发生水锤现象造成叶片损坏。

7. 网络传感器

下面介绍两种网络传感器和近年来成为应用热点的无线网络传感器。

(1) 网络电量变送器。网络电量变送器是智能型的电参数数据采集模块，可测量三相三线制或三相四线制电路中的三相电流、电压的有效值、功率、功率因数和电耗。如一种型号为HSS-411的网络电量变送器，可直接以三相电压、电流为输入量，输出为RS485数字信号，支持BACnet/MSTP协议。该网络电量变送器用于配电室高低压柜、发电机及控制柜电力参数采集。可代替常规的电流/电压/功率/功率因数/等电量变送器，或是对配电系统进行管理的一些重要传感器。

网络温度传感器：一种型号为HSS-112W的网络温度传感器是带2组3位数字液晶显示的数字化室内传感器，支持BACnet/MSTP协议或BACnet/EIB协议，可使用特定软件的图形编程工具进行编程。该网络温度传感器可连接通用型DDC和VAV控制器的通信接口作为温度传感器。某网络型温控器外观如图2-28所示。

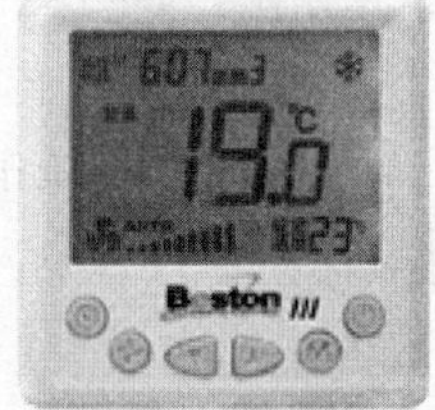

图2-28　某网络型温控器外观

主要参数如下：

电源：AC220V±10%（50～60Hz）。

设定温度范围：10～30℃，设定1℃。

控制精度：±1℃。

控制回差：±0.5℃。

显示范围：0～40℃。

自耗功率：1W。

温度传感器：NTC热敏电阻。

继电器最大接点电流：2A/AC250V（感性负载）；5A/AC250V（电阻性负载）。

通信接口：RS485。

通信协议：MODBUS RTU。

(2) 无线网络传感器。近年来，无线传感器网络技术取得了巨大的进步。无线传感器是在不使用物理线缆的情况下获取现场环境信息的新型载具，无线传感器网络由于可以快速展开、抗毁性强、监测精度高、覆盖区域大等特点而有着广阔的应用前景，由此成为当前信息领域的研究热点。对楼宇自控领域来讲，在许多情况下要对建筑物内一些区域进行重要的物理量进行随机或实时监测，并进而对这些物理量进行控制，无线传感器网络可以发挥重要的作用。

无线传感器网络的体系结构如图2-29所示，整个传感器网络由传感器节点群、网关节点（sink节点）、互联网及移动通信网络、远程监控中心组成。分布在被检测区域的传感器节点以自组织方式构成网络，采集数据之后以多跳中继方式将数据传回sink节点，由sink

节点将收集到的数据通过互联网或移动通信网络传送到远程监控中心进行处理。在这个过程中，传感器节点既充当感知节点，又充当转发数据的路由器。整个传感器网络是一个以数据为中心的网络，网关节点融合的数据相当于来自一个分布式的数据库。

无传感器网络的基本组成单位是节点，它一般由四个模块组成：传感模块、数据处理模块、通信模块及电源。节点都具有传感、信号处理和无线通信功能。节点的电源模块采用只能携带有限能量的电池来实现。图 2-30 给出了几种无线传感器的外观图。

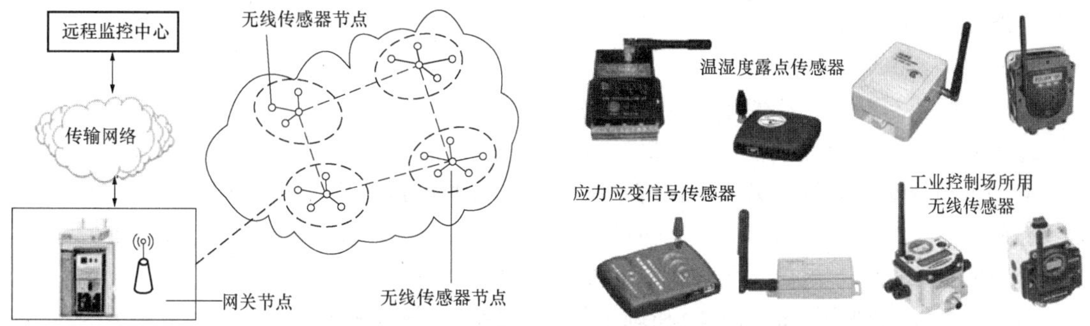

图 2-29　无线传感器网络组成　　　　图 2-30　几种无线传感器的外观图

图中的无线温湿度露点传感器温度测量范围为－40℃～＋123.8℃；温度测量精度为±0.3℃（25℃）；湿度测量范围为 0～100；应力应变信号数采无线传感器体积小，重量轻，耗电省，内置高能锂电池，连续工作可长达数月到数年。

2.2.2　中央空调系统中的常用执行器

执行器也叫执行机构。在自动控制系统中，执行器接收到来自控制器的控制信号，转换为对应的位置移动输出，通过调节机构调节流入或流出被控对象的物质量或能量，实现对温度、流量、液位、压力、空气湿度等物理量的控制。

执行器可分为电动执行器、气动执行器以及液体执行器（动力能源形式不同）。BAS 中多用电动执行器。电动执行器输入信号有连续信号和断续信号。连续信号是 0～10V 的直流电压信号和 4～20mA 的直流电流信号，断续信号是离散的开关量信号。也可用电压为 24V 的 50Hz 的交流同步电动机驱动电动执行器。

电动调节阀是一种流量调节机构。电动调节阀安装在管网管道中直接与被调节介质接触，对介质流量进行控制。电动调节阀分为电机驱动和电磁驱动的两种形式。

1. 电动风门驱动器

常用的电动风门驱动器输出扭矩在几 N·m 到几十 N·m（牛·米）之间；控制信号有：浮点型、比例调节型，反馈信号可选模拟量输出；电源可选 220VAC、24VAC 等。

图 2-31 给出了几个风阀驱动器和电动风阀执行器的外观图。

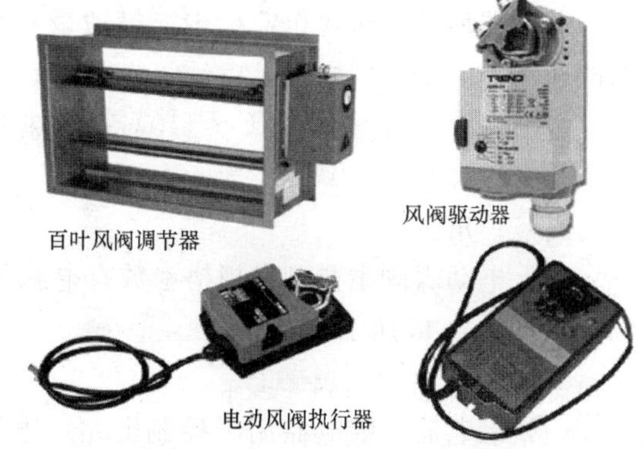

图 2-31　风阀驱动器和电动风阀执行器的外形

电动风门的选型主要依据：由风门面积选择相应转矩；按照控制要求确定控制信号类型，是浮点控制（开、关、停），还是模拟量输出。

电动风阀执行器的型号命名含义：企业标识—模拟量（数字量）—驱动力（N·m）—工作电压，如某型号的电动风阀执行器型号规格是 T-A（D）-10-24。对于上述型号规格的电动风阀执行器驱动力矩选择：9N·m/m，0.4N·m、0.6N·m、10N·m、16N·m、25N·m、40N·m。

工作电压选择：24V　AC/DC。

控制信号：0～10V；4～20mA。

反馈信号：0（2）～10V。

电动风阀执行器，还有使用 220VAC 电源的型号规格。

2. 电动水阀及驱动器

电动水阀及驱动器是中央空调控制系统中很重要的执行机构，可精确调节系统中流量，达到控制温度、湿度、压力等参数。包括控制水系统流量的电动调节阀、电动蝶阀以及风机盘管上用的电磁阀等。电磁水阀驱动器的外形如图 2-32 所示。

电动执行器选型主要根据关闭和调节压力的要求，来选择输出力矩。执行器的输出力矩要合适，过大或过小都会影响控制精度，严重时会导致无法正常打开或关闭阀体。

电动水阀的选型，首先考虑电动水阀的功能，是控制水流的开关还是调节水流的大小，来确定采用蝶阀门调节阀还是电磁阀。

常用电动驱动器输出力矩一般在几千牛之间；常用电动水阀有二通阀、三通阀，蝶阀，连接方式有螺纹连接、法兰连接；可应用于蒸汽、热水、冷冻水等不同的介质。风机盘管电动阀也有两通阀、三通阀，工作介质可以：蒸汽、热水或冷冻水。

图 2-32　电磁水阀驱动器外形

电动两通阀、电动三通阀、蝶阀及驱动器外形如图 2-33 所示。

（1）电动两通阀与驱动器（座阀）。其主要型号规格参数如下：

型号规格：包含企业标识、驱动力（N）、数字量（模拟量）。

驱动力：500～1000N。

流量特性：等百分比或等线性。

特点：直行程。

（2）电动两通阀与驱动器（球阀）。电动两通阀与驱动器（球阀）外观如图 2-33 所示。

驱动器型号：包含企业标识、模拟量（数字量）驱动力（N）、工作电压，如某电动两通阀驱动器的型号规格：TA（D）04、06、10-24。

介质温度：普通型－5℃～110℃；散热型－5℃～180℃。

控制信号：0～10V/4～20mA。

特点：角行程。

（3）电动蝶阀主要型号规格参数有电源、功率、数字式或模拟式和两通方式。电动蝶阀的外形如图 2-33 所示。

3. 继电器和交流接触器

（1）继电器。继电器用于控制电路，电流小，没有灭弧装置，可以在电量的作用下动作。继电器触点容量小，触头只能通过小电流。中央空调系统的控制系统中，有许多数字输

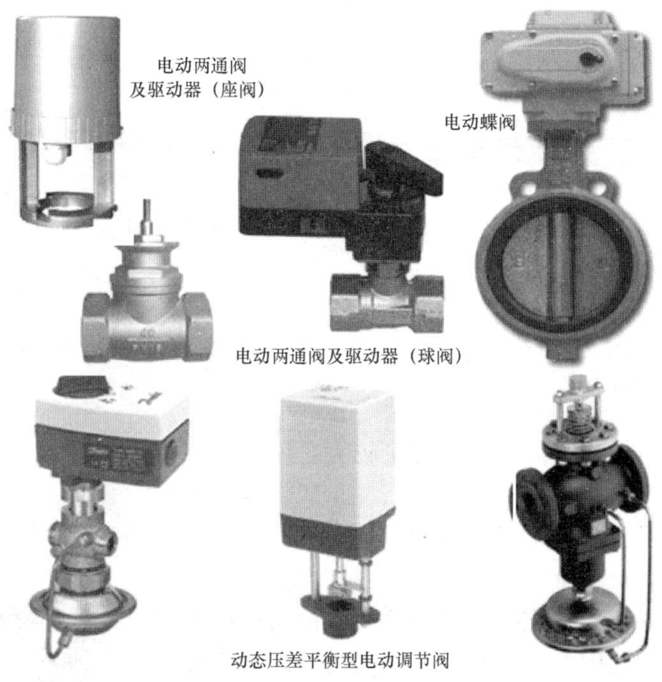

图 2-33　电动两通阀、电动三通阀、蝶阀及驱动器外形

出点（DO 点：Digitaloutport），需要通过小型继电器控制设备的通电及断电，如空调机组、新风机组中的送风机的起停控制。小型继电器的外形如图 2-34 所示。

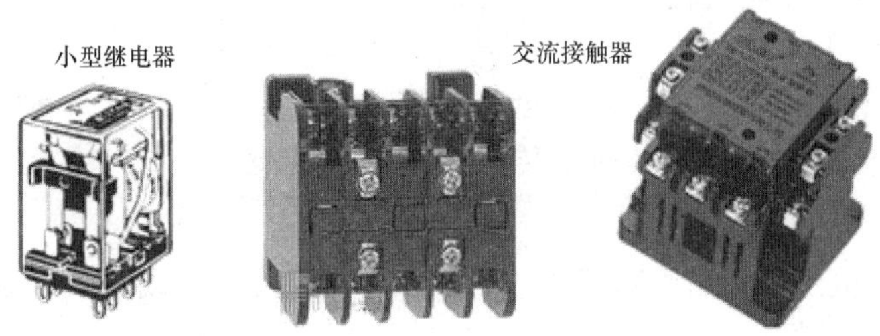

图 2-34　继电器和交流接触器

（2）交流接触器。交流接触器是指使用交流电源，容量较大，触头可以通过较大电流。用于主回路，控制 380V、220V 交流强电电路。中央空调系统中的控制器数字输出口可以控制送风机的起动和停止，但控制器数字输出口只能直接在低电压回路接通，不能直接接入 380V 强电交流回路，因此需要用小型继电器控制交流接触器的控制回路的通断，交流接触器再控制 380V 的交流主回路的通断，实现对送风机的起停控制。继电器和交流接触器时中央空调控制系统中用很多的执行器。交流接触器的外形如图 2-34 所示。交流接触器的线圈、主触头和辅助触头的关系如图 2-35 所示。

通过一个小型继电器控制一个单相 220V 的主回路通断的情况如图 2-36 所示。使用交流接触器控制一台 380V 三相交流电动机的控制线路如图 2-37 所示。断路器引入三相电源，用单相电控制交流接触器的控制线圈的通断，控制 380V 三相交流电压的接入实现三相电动机的起停。

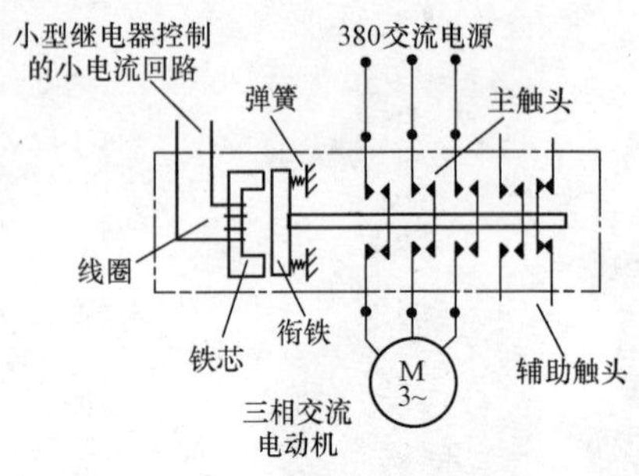

图 2-35 交流接触器线圈、主触头和辅助触头的关系

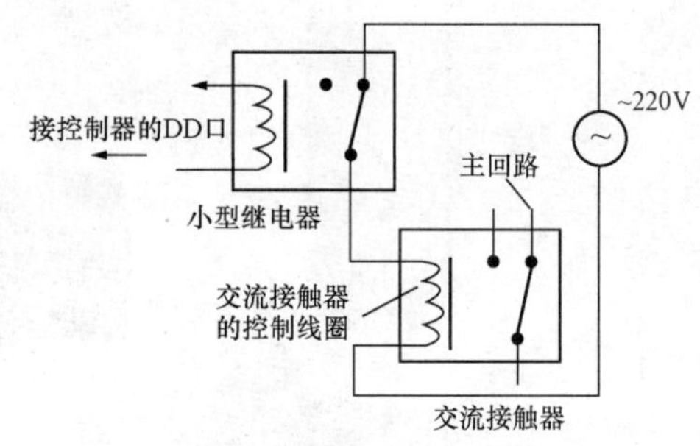

图 2-36 小型继电器控制 220V 主回路通断的情况

交流接触器是指使用交流电源，容量较大，触头可以通过较大电流。用于主回路，控制 380V、220V 交流强电电路。接触器控制对象是电动机及其他电力负载，其辅助触头流过的电流小，无需加灭弧装置，用于控制电路。

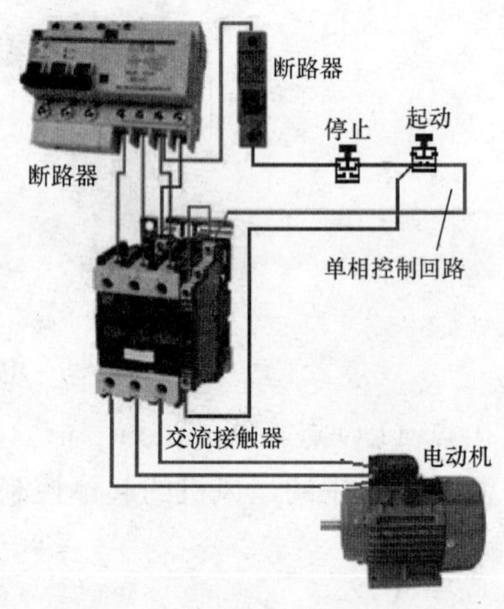

图 2-37 使用交流接触器控制一台交流电动机起停

2.2.3 中央空调控制系统中控制器接入和接出的信号种类

中央空调控制系统中控制器必须要和现场的许多传感器或传感变送器连接，对现场的许多物理量进行监测；控制器还要和现场许多的执行器连接，实现部分物理量的控制，因此对常见的传感器和执行器，熟悉他们使用的信号种类是很重要的，这样才能将传感器和执行器和控制器进行正确的接线连接。

AI（Analog Input：模拟输入）：温度传感器、湿度传感器、压力传感器、流量传感器、速度传感器、液位传感器和阀位传感器（或变送器）等。

DI（Digital Input：数字输入）：防冻开关、流量开关、过载保护、设备工作状态、压差开关等。

AO（Analog Output：模拟输出）：电动两通阀的控制调节、电动三通阀的控制调节、电动风阀执行器、变频器的控制、阀门开度的控制。

DO（Digital Output：数字输出）：接触器的控制、电磁阀的控制、开关式电动两通阀的控制等。

2.3 DDC 直接数字控制器

2.3.1 直接数字控制器 DDC

直接数字控制器 DDC（Direct Digital Controlor）不借助于模拟仪表，而将系统中的传感器或变送器的输出信号输入到微处理器中，经计算后直接驱动执行器。

DDC 安装在被控设备附近。各种被控变量（温度、湿度、压力等）通过传感器、变送器按一定时间间隔采样读入 DDC。读入的数值与 DDC 记忆的设定值比较，出现偏差，按预

先设置的控制规律，计算出为消除偏差执行器需要改变的量，来直接调整执行器的动作。DDC中的CPU速度很快，能在很短时间内完成一个回路的控制，可以在不同的微小时间间隔内控制多个回路。所以一个DDC可以代替多个模拟控制仪表。图2-38是几种楼宇自控系统中用到的DDC。

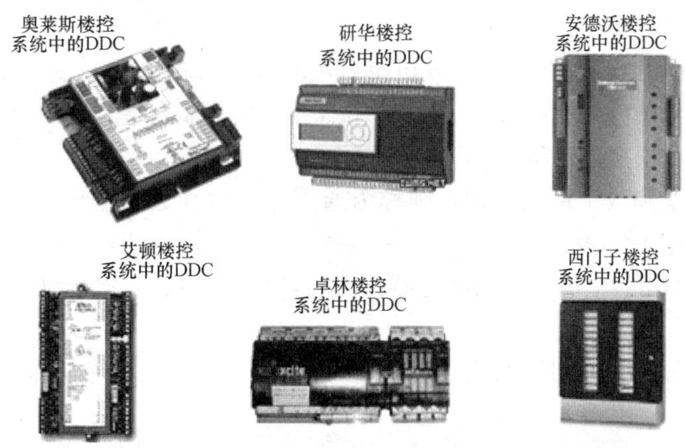

图2-38　几种楼宇自控系统中用到的DDC

DDC型号、规格不同，输入输出总点数不同，可完成不同种类建筑电气设备的控制。DDC体积小、连线少、功能齐全、安全可靠、性价比高。集散型控制系统（DCS）通过通信网络将不同数量的DDC与中央管理计算机连接起来，完成各种采集、控制、显示、操作和管理功能。

DDC分为专用控制器和通用控制器两大类，前者是为专用设备配置的控制器，后者可控制多种设备。空调机DDC控制器、灯光控制器等是专用DDC控制器。通用DDC具有模块化的结构，实际工程应用时，可选用不同模块进行DDC配置，结构灵活，功能随要求而定。DDC安装在控制设备附近，具有防尘、防潮、防电磁干扰，耐高温和耐低温环境的能力。

2.3.2　直接数字控制器DDC的功能

在集散型控制系统（DCS）中，由传感器、变送器等现场检测仪表送来的测量信号送给DDC，DDC对这些信号进行实时数据采集、滤波、非线性校正、各种补偿运算、上下限报警及累计量计算等。DDC再将测量值、状态检测值送入中央管理计算机数据库，进行实时显示、优化计算、数据管理、报警打印等。

DDC控制器可直接完成对现场传感器和执行器的控制，它是一种多回路的数字控制器，它将现场测量信号与设定值进行比较，按照产生的偏差完成各种开环控制、闭环控制，并控制和驱动执行机构完成对被控参数的控制。

DDC控制器中的多路取样器按顺序对多路测控参数进行取样，经过A/D转换输入微处理器，微处理器按预先确定的控制算法，对各路参数比较、计算和分析，将处理后的数字量再经D/A转换，按顺序输送到相应各执行机构，实现对过程中的参数控制，使其保持预定值。DDC控制器基本组成如图2-39所示。

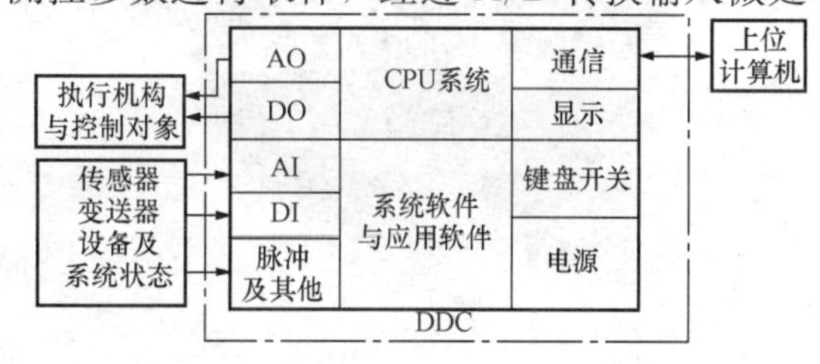

图2-39　DDC控制器基本组成框

DDC控制器可直接接受来自中央管理计

算机（站）发出的操作命令，对控制设备和控制参数进行直接控制。任何一个DDC都有与其他DDC进行通信的功能。在集散型控制系统（DCS）中，显示和操作功能集中在中央管理计算机，对于DDC来讲，可通过便携式计算机或现场编程器对DDC进行编程和对系统参数进行修改。现场编程器一般配置小型显示器、小型键盘及按钮，组成人机界面，可在现场对DDC进行变量调整，参数设置等较简单操作，还可以使用现场编程器对检测参数给予显示。

在DDC独立使用时，选配合适的人机接口，对系统现场测试、编程和参数调整是非常便利的。DDC控制器的主要参数有输入、输出点数。数字输入量（DI）、模拟输入量（AI）、数字输出量（DO）、模拟输出量（AO）等。

若能完成模拟量和数字量的处理，则称为通用输入量和通用输出量。通用输入量用UI表示，通用输出量用UO表示。

如果UO表示模拟量输出，使用继电器模块后，转换为数字输出。DDC能处理交、直流电压信号，当电压大于或等于DC 5V时，为高电平，当电压小于或等于DC 2.5V，为0电平。每一个DDC都通过输入程序进行特定或多功能的控制，一旦输入程序，即可投入运行。

2.4 中央空调控制系统中部分传感器和执行器的接线

2.4.1 压差开关的应用及接线

压差（差压）开关是用于探测空气压力、空气压差的设备，由两个导气孔检测不同位置压力，作用于控制器薄膜的两面。当两侧压差大于设定值，弹簧承托的薄膜移动并起动开关；当探测微量正压时，只需使用高压连接端而不用低压连接器，若探测真空度时，则只需使用低压连接端，而高压连接端则连通大气。

1. 压差开关在中央空调系统中的主要应用

压差开关在楼宇自控系统中常用于感知管道中非腐蚀性气体的压力差、过压和气流差等参数。在中央空调系统中，主要应用于：①监测过滤网阻塞报警装置；②风机运行状态监测；③通风管道中气体监测；④初效、中效过滤网、亚高效、高效过滤器阻塞报警监测。

2. 压差开关的接线

605型号带指示灯气体压差开关的安装接线，该型号的压差开关量程范围有20～300Pa、50～500Pa、100～1000Pa、500～2000Pa、500～2500Pa五种规格可选。

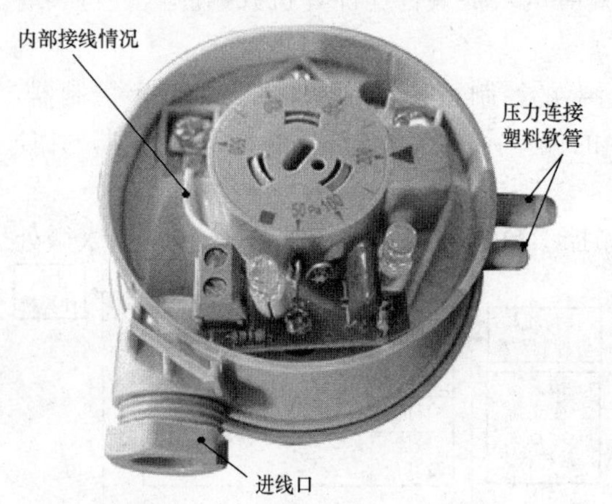

图2-40 某型号带指示灯气体压差开关的内部结构

通过旋钮自由设定，完全满足空调机组滤网压差报警要求；气膜材料，保证了在微小压差下的灵敏动作；单刀双掷开关，用户可自由选择使用常开或常闭节点。

两根塑料管（P1和P2）：P1塑料管连接高压端（标记为“+”）；P2根塑料管连接低压端（标记为“-”）。某型号带指示灯气体压差开关的内部结构如图2-40所示。该型压差开关的安装接线图如图2-41所示。

安装接线部分注意事项：

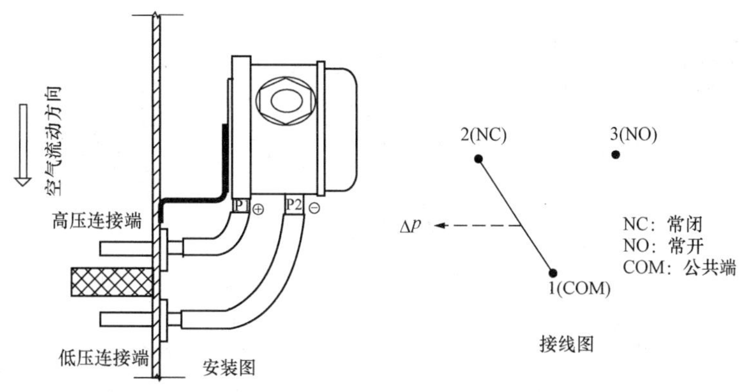

图 2-41　压差开关的安装接线

（1）当实际压差小于设定值，触点 1-2 导通。实际压差大于设定值，触点 1-3 导通；压力连接：压力连接位置标不可接错。

（2）使用前应完成电线连接并检查连接状态。不正确的连线可能导致此设备永久性损坏。

（3）压力连接位置标注：＋(高压)和－(低压或静压)。

（4）用塑料导压管将被测点压力源连接至表体测量孔，按接线图接上控制电线即可。

（5）正压测量：用塑料导管将被测压力接至表体正压侧取压孔 P＋，负压侧取压孔 P－通大气即可。

（6）负压测量：用塑料导管将被测压力接至表体负压侧取压孔 P－，正压侧取压孔 P＋通大气即可。

2.4.2　温度、湿度传感器和变送器的分类及安装接线

1. 传感器与变送器

温度或湿度传感器通常指不含变送电路的传感器，而温度或湿度传感变送器则包含了电压、电流等变送电路输出。温度或湿度传感器、变送器的分类情况如下：

（1）按输出形式分有：电压输出 0～10V、0～5V；电流输出 4～20mA；电阻（温度）输出；网络信号输出（RS232 通信输出、RS485 通信输出、以太网 RJ45 口通信输出）；数字编码输出；无线信号输出；开关量输出。

开关量输出：温度（或湿度）达到设定点，传感器给出一个（一般为无源）常开或常闭信号供相应设备起/停。如电子式风机盘管温控器的电磁阀温度控制，柜式加湿机的湿度控制等。

（2）按照安装方式分类有室内型、室外型、风道型、水管型、平均温度型、泳池型、气象型、水井测温型等多种类型。几种常用类型的传感器外观如图 2-42 所示。

水井测温型产品目前常用于水源热泵、地源热泵的井水测温，其测温距离长（井深有时达 150m），要求高（需防水、防高压渗透）、多点测温时为减少占用井内位置，尽量不对系统造成影响，设计上宜采用由半导体温度传感器构成的一总线测温方式。

（3）按显示形式分类有无就地显示型、带就地显示功能型。无就地显示型和带就地显示功能型的温度传感器如图 2-43 所示。

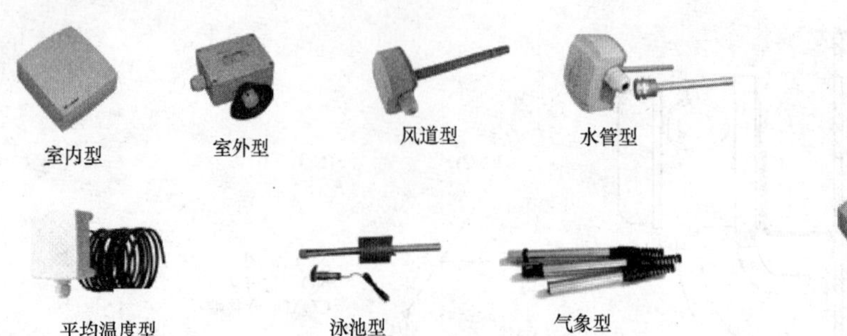

图 2-42　几种常用类型的传感器外观

图 2-43　无就地显示型和带就地显示功能型传感器

(4) 平均温度传感器。平均温度传感器长度在 0.4～6m，内有 4～8 只温度探头，其输出直接给出各点探测后的平均温度值，简化了大空间多点温度平均值的测量。

2. 温度（湿度）传感变送器测量范围及精度要求

(1) 楼宇自控系统温湿度传感器常用的测量范围

1) 温度测量范围。

室内型：0～50℃。

风道型：0～50℃、−20℃～60℃。

室外型：−20℃～60℃、−50℃～50℃。

管道型：0～50℃（冷冻水、冷却水）、0～100℃（热水）、0～150℃（蒸汽）。

需注意的是，测温范围并不是越宽越好，在同样的输出下，传感器测温范围越宽，分辨率越低，测量精度越差。所以选型时满足应用要求就可以了。

2) 湿度测量范围。湿度传感器的相对湿度检测范围为 0～100％RH。

受探头非线性特性影响，楼宇自控使用的湿度传感器满足有效精度的范围一般在 20％～80％RH 之间，在低于 20％RH 或高于 80％RH 的区间工作误差会很大。

(2) 中央空调系统常用传感器的精度。主要以室内型/铂电阻传感器为准，楼宇自控系统常用传感器的精度要求如下：

温度传感器：±0.5℃（0～50℃）。

±0.3℃（23℃±5℃）。

湿度传感器：±5％RH（23～25℃，20％～80％RH），用于常规情况下。

±3％RH（23～25℃，20％～80％RH），高精度情况下。

电子厂、制药厂、实验室、军工行业常有对温度±0.1℃，湿度±2％RH 的测量或控制精度要求，此时需采用专用传感器探头及采用特殊变送器电路。

(3) 温度（湿度）测量对灵敏度的要求。工程实际中对温湿度测量灵敏度的要求是不一致的，一些场合要求传感器对环境温湿度变化能做出迅速反映，例如实验室等温度控制精度要求±0.1℃，湿度控制精度要求±2％RH 的场合，传感器反映不及时，则精度无法保证。

但用于无人值守的机房遥控遥测系统时，由于对机房环境温度的精度要求不高，在远方观察信号希望感觉表现平稳，此时反应较慢的传感器反而更受用户欢迎。

3. 常用温（湿）度传感器的输出类型和实用产品

(1) 常用温（湿）度传感器的输出类型。

常用温度传感器的输出类型有电压型、电流型、电阻型、网络型。

常用湿度传感器的输出类型有电压型、电流型、网络型。

1）电压型。常用的输出标准为 0～10V 输出，亦有 0～5V 输出类型，可根据负载要求选择。

2）电流型。常用的输出标准为 4～20mA 输出。

3）电阻型。市场上常用的输出标准为：

铂电阻：100PT(Pt100)、1KPT(Pt1000)。

热敏电阻：10KT(Rt10K)、10KT-3(Rt10K-3)、20KT(Rt20K)、100KT(Rt100K)。

4）网络型。将传感器的测量信号转换为数字电信号，通过 RS485 通信方式与其他设备交换信息，因其可较大减少现场施工线材成本及施工工作量，越来越受到弱电工程商的关注。

（2）实用产品举例。以柏斯顿（BESTON）公司的部分产品为例。

1）BR-2000 系列室内温湿度传感变送器。BR-2000 系列室内温湿度传感变送器采用了温湿一体化集成探头，保证了元件可靠性；且其标定在生产厂家完成，保证了产品测量的一致性。

部分通用型、就地显示型和网络型 BR-2000 系列室内温湿度传感变送器如图 2-44 所示。

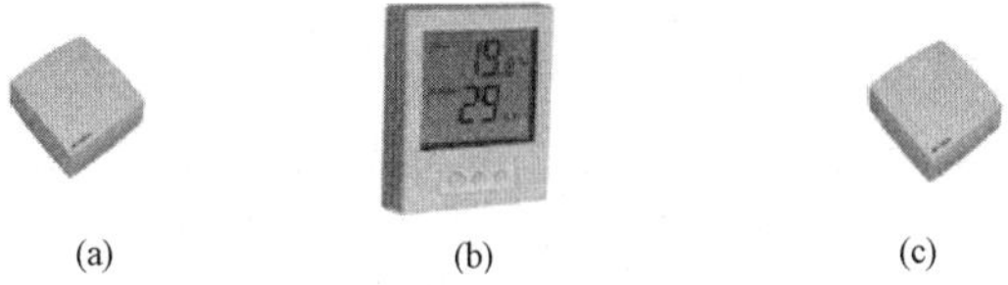

(a)　(b)　(c)

图 2-44　部分 BR-2000 系列室内温湿度传感变送器

(a) 通用型；(b) 就地显示型（—D 型）；(c) 网络型（—485）

BR-2000 系列室内温湿度传感变送器测量范围 0～50℃（－20℃～60℃），可通过跳线选择，并可由用户现场自行设定。用户可根据现场情况及控制器输入端的匹配要求选择温度传感器的输出类型。

2）BU-2000 系列室外温湿度传感变送器。BU-2000 系列室外温湿度传感变送器外观如图 2-45 所示。

BU-2000 系列室外温湿度传感变送器，其内核与 BR-2000 系列室内温湿度传感变送器完全相同，只是在防护形式上较为坚固，探头加有防水罩，同时，由于用于测量室外环境，其温度测量范围为－20℃～60℃（－50℃～50℃）可选，可由用户现场自行设定。其可根据现场情况及控制器输入端的匹配要求决定温度传感器的输出类型。

3）BFM20××、BFM21××风道式湿度传感器。这种系列里的风道式湿度传感器外观如图 2-46 所示。

图 2-45　BU-2000 系列室外温湿度传感变送器

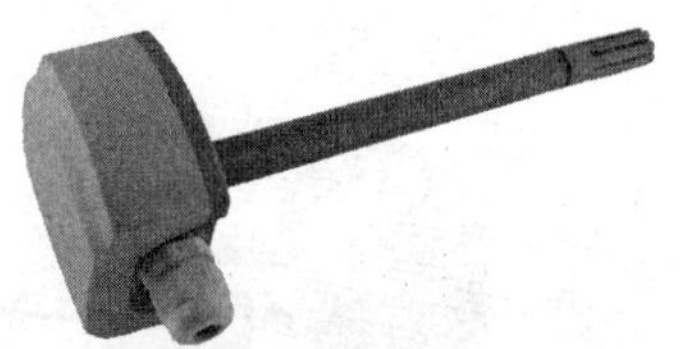

图 2-46　BFM 系列风道式湿度传感器

风道温湿度传感器被广泛应用于楼宇自控系统中对组合式空调机组，新风机组等新风、

送风、回风温湿度的测量与控制。

（3）跳线设置。

1）电压型、电流型：电路板上有 3 组跳线设置 J1、J2、J6。J1 用于厂内生产调校，与客户无关。J2 是预留的 LCD 显示功能。J6 用于选择传感器的温度量程。

2）J6 设置方法：两针断开时量程为 0～50℃，两针插头短路连接时量程为-20～60℃。跳线设置情况如图 2-47 所示。

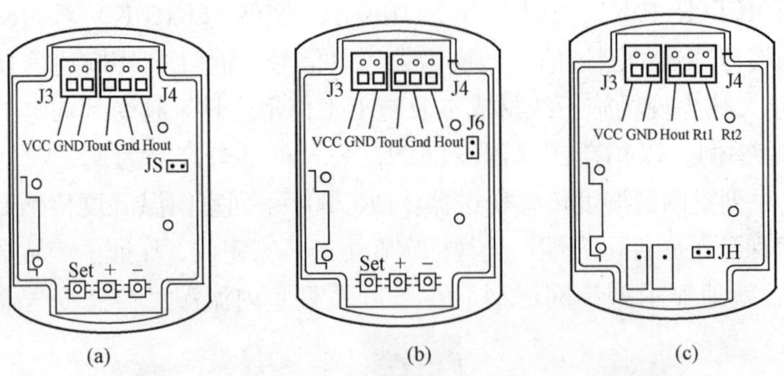

图 2-47　电压型、电流型和湿度电阻型传感器

（a）电压型；（b）电流型；（c）湿度电阻型

3）接线端子：接线端子 J3（橙色）、J4（绿色）并列于电路板正上方，从左向右分别标识 J3 的电源 VCC 端和 GND 接地端，J4 传感器输出端。

传感器在接入工作电源前，要先检查并确保接线正确。温度测量范围须先在传感器 J6 上跳线选择，出厂默认 0～50℃。

4）BW-2000 系列管道温度传感变送器。该型号的系列管道温度传感变送器如图 2-48 所示。

管道温度传感器主要用于水路管道测温，常用在冷站冷冻水供回水及冷却水供回水温度测量或换热站一次侧蒸汽（热水）温度测量及二次侧水温测量与控制。为安装及维修方便，管道温度传感器一般均配有安装套管。

BW-2000 系列管道温度传感器专为管道测温所设计，可根据现场情况及控制器输入端的匹配要求决定温度传感器的输出类型（电压型、电流型、电阻型），并应根据被测量管道管径选取管道温度传感器长度（50mm、100mm、150mm、200mm、500mm），长度的选取原则一般为大于管径的 50%，并使感温头正处于管道中心位置。

5）平均温度传感器。平均温度传感器的外观如图 2-49 所示。

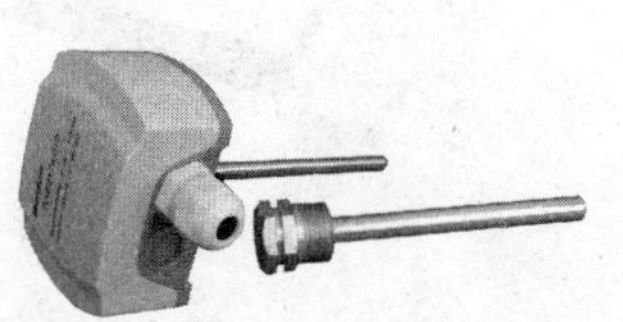

图 2-48　BW-2000 系列管道温度传感变送器

图 2-49　平均温度传感器

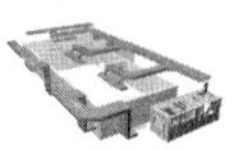

适用于对较大空间环境进行多点温度检测，但只需测量其平均温度的场合。平均温度传感器由装在一根主干缆上的多点温度传感器（4 点或多点）通过串并联实现多点温度测量后仍汇总为一个标准值（Pt1000 或 Pt100）输出。亦可附加变送电路实现 0～10V 电压输出或 4～20mA 电流输出。

平均温度传感器长度有 0.4m、2m、6m（Pt1000/P-0.4/-2.0/6.0）等多种规格，亦可特殊定制。传感器的安装方式和接线方式如图 2-50 所示。

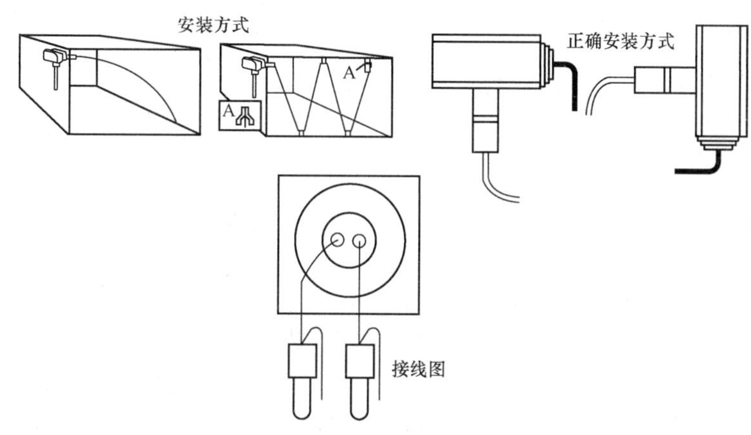

图 2-50　传感器的安装方式和接线方式

2.4.3　温湿度传感器、变送器的接线

1. 管道温度传感器的接线

电压型、电流型、电阻型和网络型传感器的接线情况如图 2-51 所示。

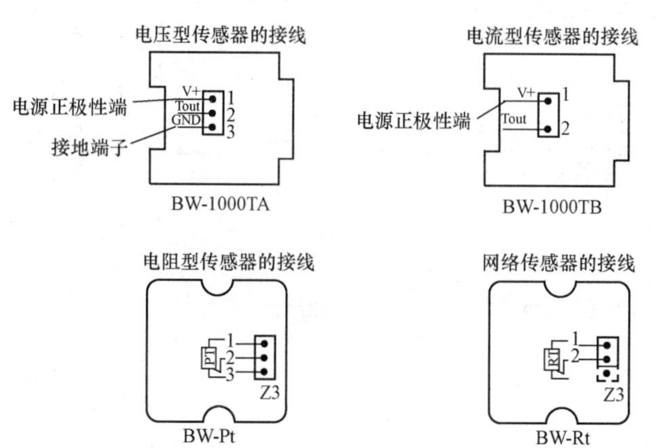

图 2-51　电压型、电流型、电阻型和网络型传感器的接线

2. 风道（室内、室外）型温湿度传感器的接线

（1）电压型传感器的接线。电压型温湿度传感器的接线如图 2-52 所示。

（2）电流型传感器的接线。电流型温湿度传感器的接线如图 2-53 所示。

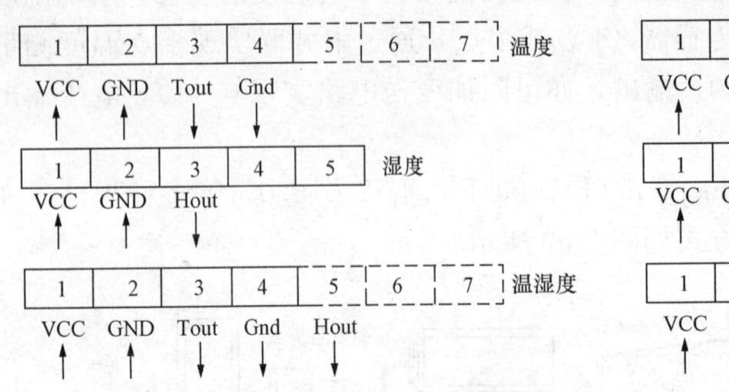

图 2-52　电压型温湿度传感器的接线

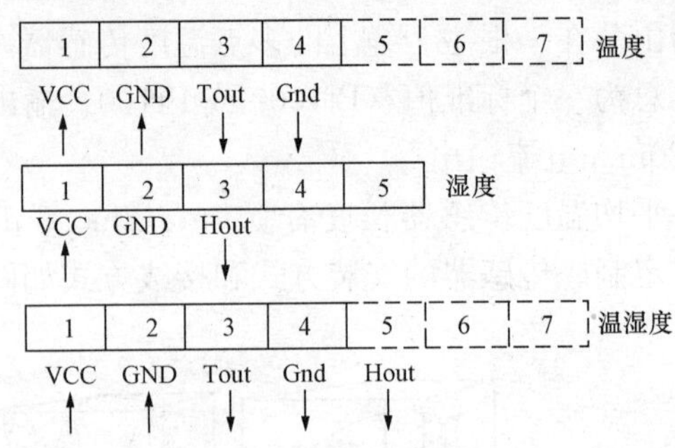

图 2-53　电流型温湿度传感器的接线

（3）电阻型传感器的接线。电阻型温度传感器的接线如图 2-54 所示。

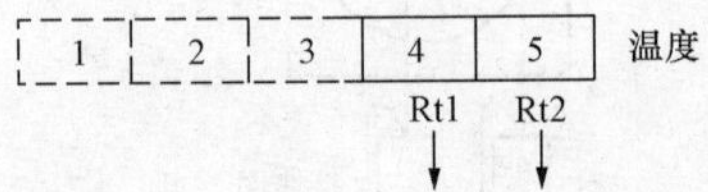

图 2-54　电阻型温度传感器的接线

2.4.4　一个温湿度传感器与控制器的接线举例

温湿度传感器与控制器（SIEMENS PLC-200）接线如图 2-55 所示。

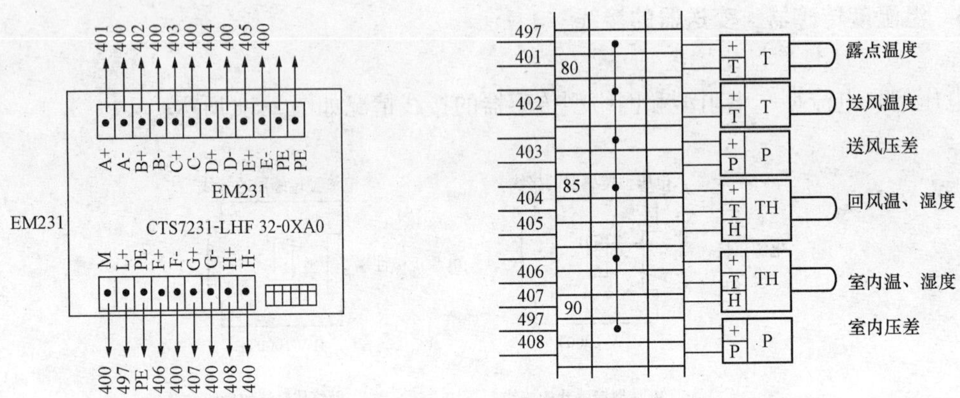

图 2-55　一个温湿度传感器与控制器的接线举例

第 3 章　空调系统的自动化控制

中央空调系统的控制系统就是通常所说的楼宇自控系统，在 2003 年颁布的国家标准 GB 50339—2003 中，又称为建筑设备监控系统。下面讲到的空调系统的自动化控制指的是就是中央空调系统的自动化控制。

空调系统的自动化控制是工业控制技术在建筑领域内的延伸。空调系统的自动化控制技术与工控领域的自控技术基本上是相同的，但同时又有很强的行业性特点。

3.1　空调系统自动化控制的基本原理及自控系统组成

3.1.1　空调系统自动化控制的内容

一个完整的空调工程包括空调区域内的空气热、湿处理及空气净化处理系统，冷源及热源及其他辅助设备，还包括必须配备的自动控制系统。空调自动化控制的主要任务是对以空调房间为主要调节对象的空调系统的温度、湿度及其他有关参数进行自动检测、自动调节，对部分信号进行报警，实现连锁保护控制，使空调系统运行在最佳工况点或尽可能靠近最佳工况点运行，满足不同环境中的正常应用。由于中央空调系统在建筑设备电耗中占比很高，是耗电大户，因此空调自动化控制的内容还应该包括降低空调系统的运行电耗，实现节能。从更高的层面讲，空调系统自动化控制的主要目的有：为用户提供舒适的工作和生活环境，实施节能，降低中央空调系统中的设备管理及运营成本，实现设备安全保护等。

基于空调系统自动化控制的主要目的，空调系统自动化控制的基本内容有：

（1）空调房间的温度、湿度、静压的监测与控制。

（2）新风温度、湿度、新风干、湿球温度的检测。

（3）送风温度、湿度的检测与调节。

（4）回风温度、湿度的检测。

（5）新风和回风的混风比控制。

（6）冷冻水的流量控制。

（7）空调房间内的二氧化碳浓度检测与控制。

（8）空调系统运行工况的自动转换控制。

（9）冷源系统的起停控制、群控控制、自动连锁与保护。

（10）热源系统的监控。

（11）制冷系统中温度、压力（如冷凝温度，冷凝压力，蒸发温度，蒸发压力，蒸发器进、出水口处的水温与水压，冷凝器冷却水进、出口处的冷却水温与水压）参数的检测、控制、信号报警、联锁保护等。

（12）新风机组、空调机组的过滤器（的监测与报警使用压差开关）。

（13）空调区域的湿度监测与控制调节。

(14) 空调系统各组成设备的常规控制，如顺序控制、逻辑控制、通过传感器采集信号并遵循给定控制逻辑的实时控制。

(15) 中央空调系统中部分运行控制较为复杂的设备，使用常规控制方法，系统运行的性能、控制性能不理想，采用各种有效的智能控制方法进行控制，如使用神经网络、模糊控制、预测控制或不同方法组合实现的智能控制，比如对于变风量空调机组的控制，由于涉及的系统较为复杂，使用常规的 PID 控制方法，控制系统的超调量大、震荡周期较长，而且随着工况的移动，给定的 PID 参数会发生较大的偏移，导致控制系统性能大幅下降，代之以使用智能 PID 控制器，就能较好地处理这些实际工程中的棘手问题。

(16) 中央空调系统与火灾报警系统的联动控制。

(17) 由于中央空调的控制系统就是楼控系统，楼控系统必须要架构在一个通信网络上工作，因此还要完成在特定的一种测控网络或几种不同的测控网络基础上的协同控制。

(18) 变风量空调系统送风管路静压检测及风机风量的检测、连锁控制；送、回风机的风量的平衡自动控制等。

(19) 对中央空调系统风管系统的实时监测和相应的控制。

(20) 除了对空调系统的各个单元设备及环节的自动控制以外，还要在特定功能的通信网络架构上，对许多不同的单元设备及环节进行联合自动控制。

3.1.2 空调自动控制的基本原理

1. 空调自动化控制概述

在空调系统中，为了使系统正常工作并达到所要求的指标，有许多热工参数需要进行控制，如温度、湿度、压力和流量等。

一个能够稳定工作的空调自动控制系统，是指在无人直接参与下，能使空调设备的被调参数达到给定值或按预先给定规律变化的系统。同工控领域一样，空调自动化控制系统也是由被控对象、控制器和执行器组成的闭环系统。

(1) 被控对象、执行器和控制器。被控对象是控制系统中的被控主体，它能完成特定的动作或实现特定的功能，被控对象的输入、输出及外干扰的关系如图 3-1 所示。

自动化控制系统中，控制器的基本功能是通过其输出量控制某一目标参数的变化，控制调节被控参数使之恢复到给定值。在控制器内部备有引入测量值的测量元件、引入给定值的给定元件和得到偏差的比较元件。控制器有自己的特定控制逻辑和特定的程序控制算法，如双位、比例、积分、微分、自适应模糊控制逻辑及算法。每个不同的控制器都有自己的控制逻辑和运行控制的算法。简单的控制器原理框图如图 3-2 所示。

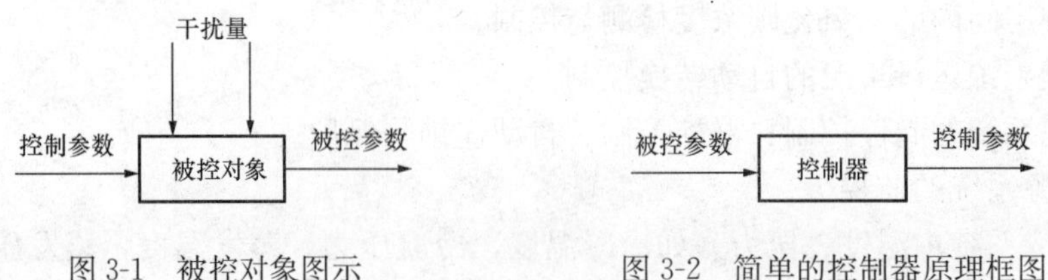

图 3-1 被控对象图示　　图 3-2 简单的控制器原理框图

控制器只有通过执行器才能将控制作用在系统中实现，具体实现的方式是：控制器对参量的控制通过执行器操作被控对象，使被控对象的运行参量发生变化，达到控制的目的。执行器的结构型式取决于控制参数的种类，可以是电动调节水阀，也可以是交流接触器的控制

线圈等。执行器总是由调节机构（如阀门）及驱动它的执行机构（如步进电动机、驱动活塞等）组成。

（2）控制系统。将被控对象、执行器与控制器组成一个闭环的控制回路，就形成一个控制系统。当然，控制系统也可以是开环系统，但较为复杂的控制系统绝大多数都是闭环系统，因为只有通过系统输出量的负反馈，才能较精细地控制输出量，有负反馈的系统构成一个闭合环，所以被称为闭环控制系统。反馈系统是按偏差进行的，因此产生偏差是反馈控制系统进行自动控制的必要条件。

被控参量是被控对象的输出物理参量，如阀门开度和温度等。只要不是控制器的控制作用，凡是可能引起被控参量波动的系统外作用都称为系统外干扰，如空调房间外面的光照、气候温度的变化，对空调自控系统来讲都属于干扰。控制作用于系统的信号传递通道叫控制通道；干扰作用于系统的信号传递通道则是干扰通道。

干扰作用能够驱动控制系统偏离平衡状态，不稳定的系统在偏离平衡状态后，系统正常的运行状态被破坏。现代控制理论告诉我们：大范围渐进稳定的系统是最稳定的系统，当遇有扰动，系统离开平衡状态或平衡点，但最终必然又会自动回到平衡状态上来，最后到稳定状态，大范围渐进稳定的意义如图 3-3 所示。

设定系统的平衡状态为 $x_e = \mathbf{0}$，$\dot{x}_e = \mathbf{0}$，在状态空间的原点。

在 t_0 时刻，外界扰动使系统的状态偏离平衡状态，此时 $x(t_0) = x_0$，在 $t > t_0$ 后，系统的状态 $x(t)$ 随时间变化。

任取一个很小的正值 $\varepsilon > 0$，$S(\varepsilon)$ 表示一个以 ε 为半径的球域，无论 $\varepsilon > 0$ 如何小，总存在一个 $\delta > 0$ 的数，并确定一个球域 $S(\delta)$，只要系统的初始状态 $x(t_0)$ 在球域 $S(\delta)$ 内部，在 $t > t_0$ 的任何时刻，系统的状态轨线 $x(t)$ 都被封闭在球域 $S(\delta)$ 内，这种系统就是稳定系统，如图 3-3 所示。

如果对于任意小 $\varepsilon > 0$，总存在一个对应的 $\delta > 0$ 的数，由球域 $S(\delta)$ 发出的状态轨线会逸出球域 $S(\delta)$，则这样的系统是不稳定的系统，如图 3-4 所示。

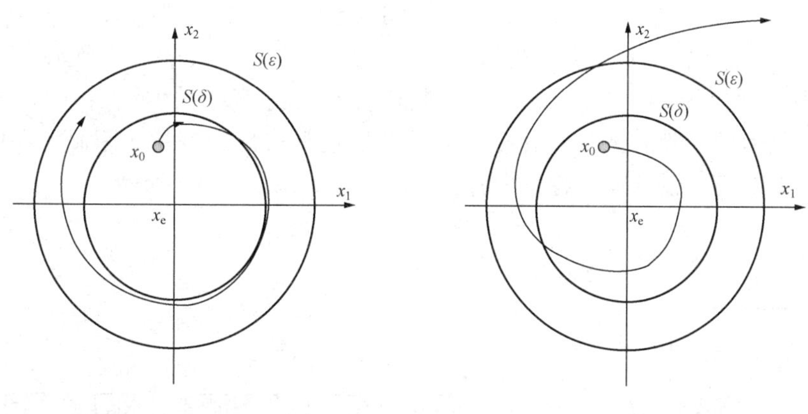

图 3-3　稳定系统　　图 3-4　不稳定的系统

还有一种李雅普诺夫意义下的稳定，这是一种有条件的受限制的稳定，即扰动使系统偏离平衡状态范围不超出与 $\varepsilon > 0$ 关联的球域 $S(\delta)$，系统能够稳定，否则系统不稳定。李雅普诺夫意义下的稳定如图 3-5 所示。

以上的结论对空调自控系统一样适用。不稳定的空调自控系统是没有意义的。有效的控制作用应该能够消除干扰作用对被控参数的影响，使被控参量恢复到给定值。

2. 空调自控系统的基本控制方式

中央空调系统的组成：核心控制器、各类相关的传感器、各类相关的执行器、动力机（如风机、水泵）等。核心控制器可以使用DDC直接数字控制器、PLC可编程控制器、嵌入式控制器、单片机等。但目前主流应用和大规模应用的核心控制器是DDC直接数字控制器。

传感器、执行器和DDC控制器通过信号线缆实现连接，信息流向是确定的，如图3-6所示。

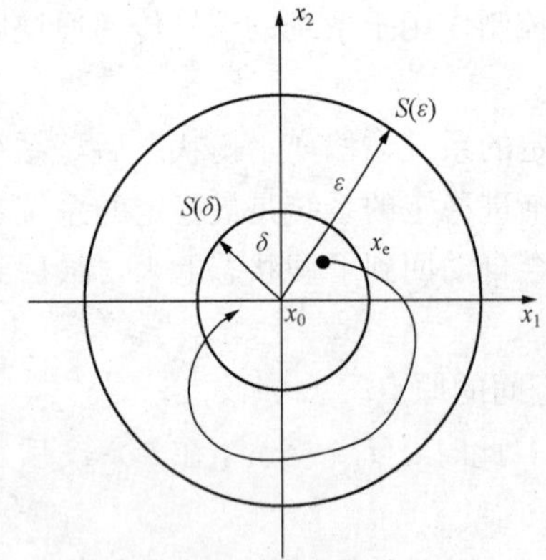

图3-5　李雅普诺夫意义下的稳定

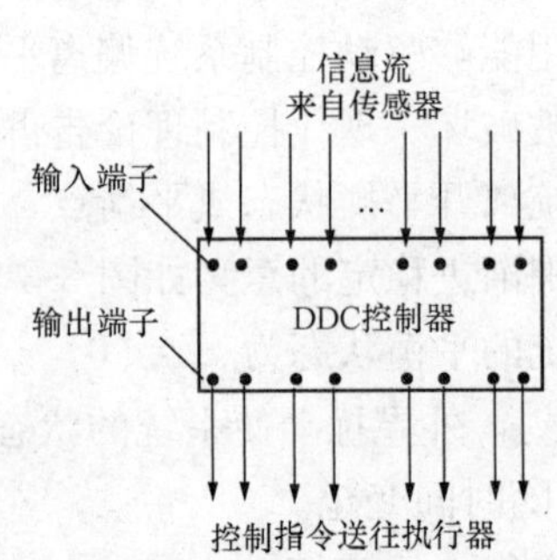

图3-6　传感器、执行器和DDC的连接

在中央空调系统中，传感器采集现场物理数据，传送给DDC控制器，信息流向是自传感器到DDC控制器，这一侧的信息流具有实时或按特定时间规律性传送的特点；DDC控制器对传感器采集的信息进行给定逻辑、算法的综合处理，向执行器发出控制指令，信息流向确定：自DDC控制器到执行器，这一侧的信息一般都是较短的信息或数据流。

DDC控制器的输入端有AI（模拟输入）、DI（数字输入）两类输入信号；DDC控制器的输出端有DO（数字输出）、AO（模拟输出）两类输出信号，如图3-7所示。

DDC控制器送出的DO数字输出信号控制执行器完成开关量的操作；DDC控制器送出的AO模拟控制信号一般情况下是通过PID调节器运算得出控制量。因此，在中央空调系统中大量使用PID算法的控制，控制中各环节的连接关系如图3-8所示。

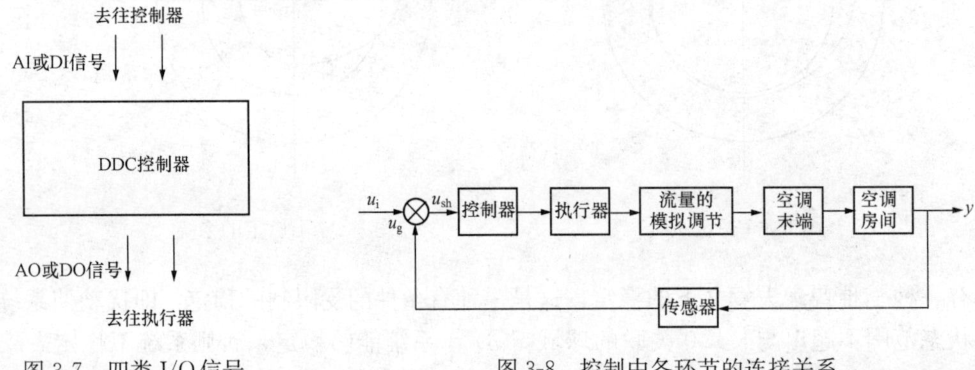

图3-7　四类I/O信号

图3-8　控制中各环节的连接关系

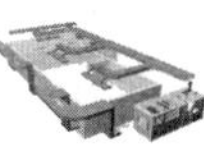

图中的各量如：u_i 为温度传感变送器采集的现场温度值转换的电量；u_{sh} 为设定值；$u_g=u_i-u_{sh}$ 为输入量和设定值的偏差；y 为控制器根据特定的控制逻辑和控制算法得出的输出指令。

在图 3-8 中，设定该控制系统是一个温度控制系统，传感器变送器检测出空调房间的温度，并将检测信号 u_i 送给控制器的输入端，与设定的信号 u_{sh} 进行比较，取差值 $u_g=u_i-u_{sh}$，控制器根据给定的控制逻辑和控制算法（如 PID 算法）对偏差量 u_g 进行运算，输出 y 去控制执行器（驱动电动阀门或风阀阀门的电动机），对被控物理量 Q（模拟调节冷冻水的流量）进行调节。当空调末端设备（空气处理设备）调节了介质流量 Q，也就是调节了空调房间内的温度。

在有外部干扰 u_f 的情况下，比如室外气候的随机变化，外围护结构在不同时间段对室内负荷的影响等。空调控制系统一般情况下是一个闭环控制系统。

中央空调系统中的空调机组、新风机组中的冷冻水供给流量控制都属于上述的模拟控制，实际工程系统中控制器多采用 PID 算法来处理上述讲到的偏差量 $u_g=u_i-u_{sh}$，在变风量空调及控制系统中的送风机调速也是采用 PID 算法来计算出变频器的控制输入，再实现送风机变频调速的。

空调控制系统具有许多自动控制系统一样的属性，一般来讲也是由被控对象、检测仪表/传感器或装置、调节器/控制器和执行器几个基本部分组成。

检测仪表或传感器对被控对象的被控参数进行测量，调节器或控制器根据给定值与测量值的偏差并按一定的调节规律发出调节命令，控制执行器对被控对象的被控物理参量进行控制，使被控物理参量满足用户及环境应用的要求，性能较为优良的自控系统，如图 3-9 所示。

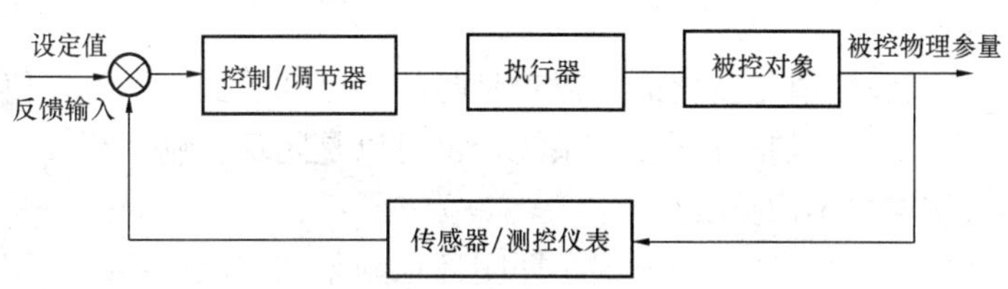

图 3-9　闭环控制系统

3. 空调自控系统的数字量控制

空调系统的数字量控制较模拟量控制实现起来较为容易，送风机的起停控制，开关式电动两通阀的控制，都属于数字量的控制。控制器的输出为逻辑 1，即输出高电平，接通小型继电器，小型继电器再接通电控箱中的交流接触器的线圈，进而控制 380V 主回路的通断，实现送风机的起动和停止。控制关系如图 3-10 所示。

4. 补偿控制

空调系统中应用的补偿控制，按自动控制原理来讲，实际上就是前馈控制。我们前面讨论的控制系统，都是按偏差来进行控制的反馈控制系统。不论是什么干扰引起被调参数的变化，控制器均可根据偏差进行控制，这是其优点。但它也有一些固有的缺点：对象总存在滞后惯性，从干扰作用出现到形成偏差需要时间，从偏差产生到通过偏差信号产生控

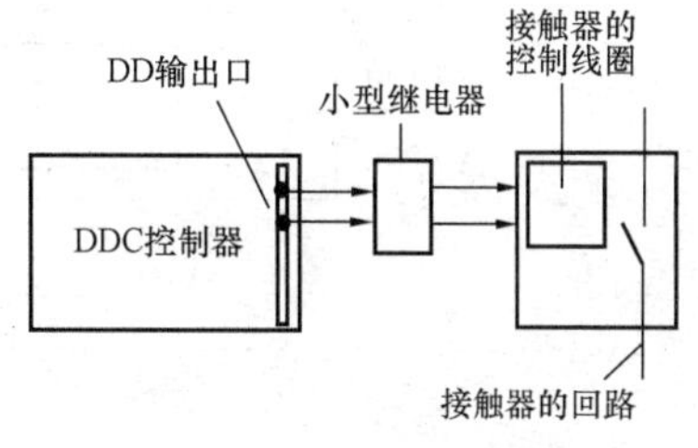

图 3-10　数字量控制

制作用去抵消干扰作用的影响又需要一些时间。也就是说，控制作用总是不及时，在被控量偏离其给定值之前，反馈控制根本无法将干扰克服，限制了控制质量的进一步提高。

前馈控制（补偿控制）与反馈控制原理不同，它是按照引起被控参数变化的干扰大小进行控制的。在这种控制系统中要直接测量负载干扰量的变化。当干扰刚刚出现且能测出时，控制器就能发出信号使控制量作相应变化，使两者抵消于被控量发生偏差之前。因此，前馈控制对干扰的克服比反馈控制快。

3.2 空调自控系统的分类

空调自控系统有多重不同分的分类，如按照给定量运动规律的分类、按照组成结构的不同分类和按系统的反应特性分类等。

3.2.1 按给定量的运动规律分类

这类系统中有恒值系统、随动系统和程序控制系统等。其中恒值系统是指给定量恒定不变，如恒速、恒温、恒压等自动控制系统，这种系统的输出量也是恒定不变的，换句话讲，控制系统的输入量是一个常值，要求被控量也是一个常值，如果被控量是生产过程的参量时，称为过程控制系统。单一的恒值系统在空调控制中应用很少。

1. 随动系统

随动系统也叫伺服系统。在这种系统中，控制量（系统的输出量）是机械位移或位移速度、加速度，并且具有反馈结构，其作用是使输出的机械位移（或转角）准确地跟踪输入的位移（或转角），其结构组成和其他形式的反馈控制系统没有原则上的区别。

2. 程序控制系统

程序控制系统，其设定值是变化的，但它是时间的已知函数，即设定值是按照特定程序变化的。程序控制系统既可以是开环控制系统，也可以是闭环控制系统。

3.2.2 按系统组成结构的不同分类

由于控制系统多采用负反馈控制方式，即闭环控制系统，此类系统按照不同的结构可以有不同的分类：单回路系统、多回路系统、比值系统、复合控制系统等。

1. 单回路控制/调节系统

单回路调节系统一般指对一个被控制对象使用一个调节器来保持一个参数恒定。调节器只接受一个测量信号，输出只控制一个执行器，系统如图 3-11 所示。

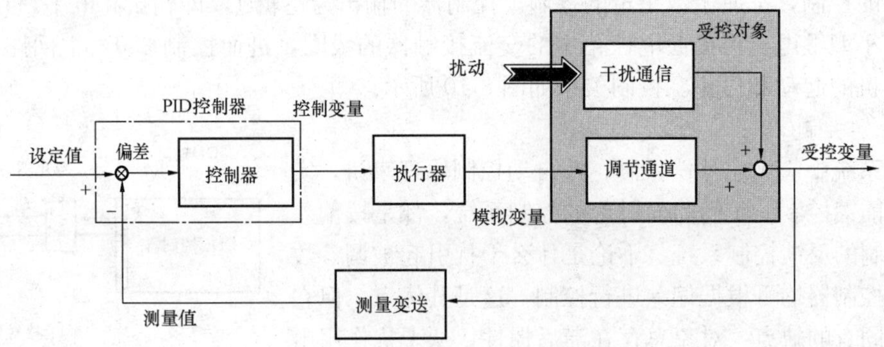

图 3-11 单回路控制/调节系统典型结构

单回路控制/调节系统中的控制器可以使用PID调节器，也可以使用其他算法的控制器或调节器。在中央空调的自动控制系统中，单回路控制/调节系统应用非常多，电动两通阀冷冻水流量调节系统、新风阀、回风阀阀门开度控制系统都属于单回路控制/调节系统。单回路控制/调节系统的功能能够满足空调控制系统中许多控制单元的控制要求。单回路系统结构简单、工程上易于实现，只要系统设计合理、选择合适的调节器和适当的调节规律，就使系统满足控制要求。

单回路控制/调节系统中，调节器参数整定是一个重要的环节，调节器参数整定的实质就是选择合适的调节器参数，使其闭环控制系统的特征方程的每一个根都能满足稳定性的要求。

2. 多回路控制/调节系统

在被控对象的动态特性较复杂及惯性大的情况下，构建单回路控制系统往往不能满足要求时，需要构建多回路控制系统来实现控制要求。构建多回路控制系统的方法是：使用某一惯性较小且能够及时反映干扰影响的中间变量作为辅助控制变量，依托辅助回路对辅助变量的控制，共同完成对主要被控参量的调节与控制，控制系统在结构上看具有多个回路，其中有主回路，还有辅助回路，这就组成了多回路系统。

要选取与主要被控参量关系密切的参量做辅助变量，出现扰动时，辅助变量的变化比主要被控参量的变化更快，并且易于被检测。多回路控制系统中使用较多的有一种串联多回路调节系统，由主、副两个控制回路构成，主、副两个控制回路的调节器相串联，所以也被称为串级控制/调节系统。一个串级控制/调节系统的结构图如图3-12所示。

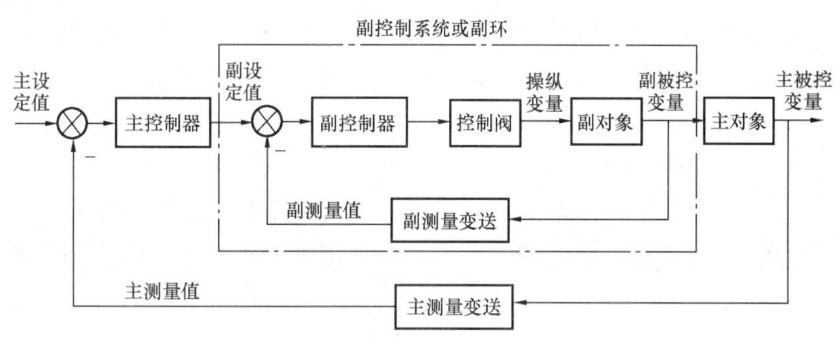

图3-12　一个串级控制/调节系统的结构图

与简单控制系统明显不同，串级控制系统有两个对象，即主、副对象；两个控制器，即主、副控制器；两个测量变送器，即主、副测量变送器；一个执行器。串级控制系统由主控制回路和副控制回路串接组成。主控制器的输出信号，作为副控制器的给定值，因此主控制器所形成的系统是定值控制系统；而副控制器的工作是随动控制系统。利用副控制回路的快速控制作用，以及主副回路的串级作用，可以大大改善控制系统的性能。

3. 比值控制系统

比值控制系统是指凡是用来实现两种或两种以上物料量按一定比例关系以达到某种控制目的的控制系统。在比值控制系统中，有一个被控变量处于主导地位，称为A变量或主变量；另外一个或几个被控变量作为辅变量，也叫B变量。主变量与辅变量保持一定比例关系。在某些系统中，会遇到两种或多种物料流量，或者两种或多种控制参数保持严格的比例关系。一旦比例失调，就会影响系统的正常运行，浪费原料，消耗能源，甚至造成环境污染，引发事故。

比值控制系统按照功能不同又分为单闭环比值控制系统、双闭环比值控制系统和变比值控制系统。在比值控制系统中，辅变量跟随主变量按一定比例变化，当主变量不要求控制时，可采用单闭环比值控制系统。一个控制流量的单闭环比值控制系统组成如图 3-13 所示。

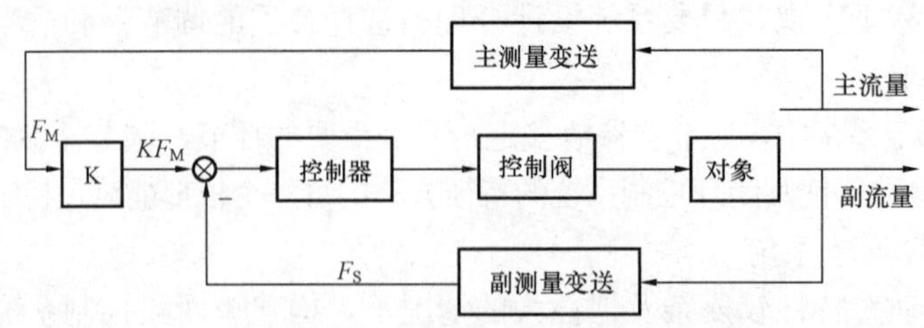

图 3-13　控制流量的单闭环比值控制系统

4. 复合控制系统

前面讲到的单回路控制、多回路控制和比值控制系统，都是利用反馈原理组成的闭环控制系统，除了控制输入以外，系统外加干扰同样会引起被调变量的变化，因此同样通过取用偏差的方式进行控制调节，消除或减弱干扰对系统的作用。但这些控制方式是在干扰信号进入系统以后进行的调节。

复合控制系统中，干扰信号进入前馈通道并直接被检测，按照一定的控制规律，通过前馈控制通道对控制对象进行控制。复合控制系统同时包含按偏差的闭环控制和按扰动或输入的开环控制的控制系统。按偏差控制即反馈控制，它按偏差确定控制作用以使输出量保持在期望值上。用现代控制理论分析就是使用前馈控制来改善系统的控制性能，前馈控制对干扰进行控制，将干扰对被调参量的影响降至最低。一般情况下，一个前馈控制通道只能对一个特定干扰源进行控制，而无法抑制其他的系统外干扰。在复合控制系统中，对主要干扰进行前馈控制，通过负反馈抑制其他可能的干扰，以保证被调参数的控制指标。

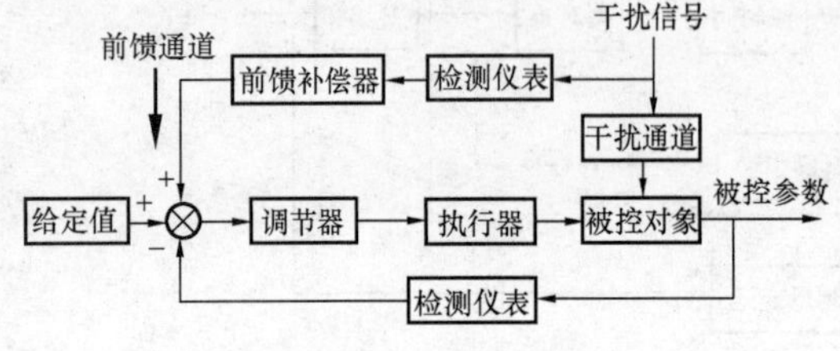

图 3-14　复合控制系统组成

从另外一个角度讲，复合控制系统是有两个及以上的简单控制系统组合起来控制一个或同时控制多个参数的控制系统。除了前馈控制系统以外，串级控制系统、比值控制系统等也属于复合控制系统。复合控制系统组成如图 3-14 所示。

3.3　自动控制系统的技术指标

3.3.1　自控系统的过渡过程

空调自控系统的执行器在接收到控制器的控制指令后，开始动作指导完成指令动作，这个过程要受到机械、电气装置相应的惯性限制，控制电动两通阀的开度为 75％的调节过程并不是控制指令发出的瞬间立即完成的，一般情况下有一个延迟，既要经历一个过渡过程，如图 3-15 所示。该过渡过程可以用表示被控参量与时间坐标的变化关系曲线来描述。DDC

控制器控制水阀开度的控制指令一般情况下是一个阶跃信号，水阀开度的变化是上述阶跃信号的响应，控制系统发出阶跃控制指令后，水阀开度从一个稳定状态变化到另一个稳定状态，从图上看到，设初始时刻水阀开度为 0，调节阀门开度为 75%的指令发出后，经过一段过渡过程后，水阀开度稳定在 75%的状态上。从图 3-15 中看到，过渡过程的水阀开度随时间变化的曲线是一个衰减振荡曲线。

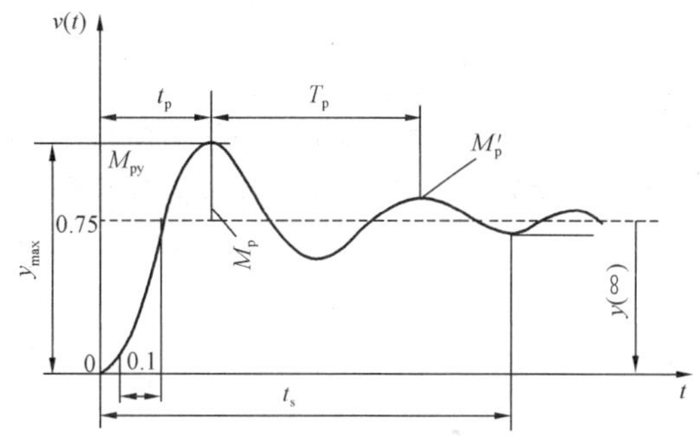

图 3-15　控制系统过渡过程

自动控制系统的过渡过程曲线形状能够描述控制系统的技术指标。下面讨论和介绍自动控制系统几个主要的技术指标。

3.3.2　用衰减率来描述自动控制系统的稳定性

对空调控制系统的基本要求就是控制系统是稳定的。从控制系统过渡过程曲线上的一些特殊点上定义出的过渡过程衰减率可以来描述自动控制系统的稳定性。

控制系统过渡过程衰减率

$$\zeta=\frac{M_p-M_p'}{M_p}$$

式中：M_p 为控制系统过渡过程曲线中的第一个波峰值；M_p' 为控制系统过渡过程曲线中的第二个波峰值。

控制系统的过渡过程衰减率需满足 $\zeta>0$，过渡过程才是减幅振荡，才能满足稳定条件，如果 $\zeta<0$，则过渡过程才是增幅振荡，系统不可能稳定。当然采用适宜的过渡过程衰减率对稳定系统是重要的，实际工程中多将过渡过程衰减率取为 $\zeta=0.75$。

3.3.3　最大超调量 M_p 和静态误差 e (∞)

1. 最大超调量 M_p

系统对控制指令响应的过渡过程中，第一个最大峰值与稳态响应值 y (∞) 之间的差值 $M_p=M_{py}-y(\infty)$，称为最大超调量，此处的 M_{py} 为第一个波峰点的纵坐标值。图 3-15 中的过渡过程曲线中的稳态响应值 $y(\infty)=0.75$。对一个控制系统来讲，超调量越大，品质越差。

2. 静态误差 e (∞)

控制系统受干扰后，达到新的平衡态时，被控参数的新稳态值 $y(\infty)$ 与给定值 y_g 之差叫作静态误差 $e(\infty)$，即 $e(\infty)=y(\infty)-y_g$。

如果静态误差 $e(\infty)=0$，表示控制系统受到干扰后，被调参数能回到给定值，这种系统称为无差系统；若 $e(\infty)>0$，则控制系统是有差系统。

3.3.4　振荡周期 T_p 及过渡过程时间 t_s

1. 振荡周期 T_p

控制系统过渡过程中，振荡一周所需的时间，称为振荡周期 T_p。控制系统过渡过程曲线上看，振荡周期 T_p 就是相邻两个波峰所经历的一段时间。

2. 过渡过程时间 t_s

过渡过程时间 t_s 是指系统进入过渡过程后，被控参数开始波动到进入新稳态 $y(\infty)$ 的

±5%（或±2%）范围内所需要的时间。过渡过程时间 t_s 越短，系统过渡过程结束的越快，系统控制性能越好。

过渡过程时间也称为控制过程时间，它是指控制系统受到干扰作用后，一般希望控制过程时间 t。时间短些好，通常期望值为控制系统过渡过程的振荡周期 T_p 的三倍：$t_s = 3T_p$。

空调控制系统中的稳定性和静态偏差是两个最重要的指标。

3.4 闭环控制和位式调节器

3.4.1 闭环控制系统

在开环控制系统中，不需要对被控量进行测量，只根据输入信号进行控制。开环控制系统的控制精度低，抗干扰能力差，还容易产生振荡，故多用于干扰不强烈、控制精度要求不高的地方。将系统的输出信号反馈到输入端和外加输入信号一同来实现控制，即由输入信号和输出信号的偏差信号对系统进行控制，就是闭环控制系统，也称为反馈控制系统。

由于闭环控制的特点是在控制器与被控对象之间，不仅存在着正向作用，而且存在着反馈作用，即系统的输出量对控制量有直接影响。将检测出来的输出量送回到系统的输入端并与输入信号比较的过程称为反馈。输入信号（又称给定值）与反馈信号（又称测量值）之差称为偏差信号，简称偏差。偏差作用在控制器上，使系统的输出量趋近于给定值。闭环控制的实质就是利用负反馈的作用来减小系统的偏差。

空调系统的温度、湿度自动控制系统中，多采用闭环控制系统的方式。空调房间的温（湿）度闭环控制由控制对象——空调房间、温（湿）度传感器、温（湿）度调节器、执行器组成。闭环控制系统无论造成偏差的因素是外来干扰（如环境条件等）还是内部干扰（如给定值变化），控制作用总是使偏差趋向下降。因此，它具有自动修正被控量偏离给定值的能力，且精度高、适用面广，是基本的控制系统。

闭环控制系统的特殊性，对前向通道元件的精度要求不高，因而可以使用低成本的元件构成精确的控制系统；闭环控制系统的输入输出特性仅由反馈元件决定，因而反馈元件的不稳定将会直接引起输出的误差；闭环控制系统是根据偏差进行控制的，而偏差是借助测量元件得到的，如果测量元件本身不稳定，那么控制系统的准确性就很难保证。

如果一个系统的开环控制是不稳定的，在闭环控制系统中，如果参数选择得不合适，它也可能是不稳定的，甚至会完全失去控制。因此，如果一个系统的输入信号是预先知道的，而且又不受到外部干扰，一般多采用开环控制系统；如果构成系统的元件参数不稳定，又存在无法预计的干扰，则一般多采用闭环控制系统。

3.4.2 位式调节器和双位控制

1. 位式调节器的主要特性

（1）调节范围：被控对象被控参数调节最大值与最小值之间的范围称为调节范围，调节器在这一范围内工作。

（2）呆滞区：呆滞区又称无感区或呆滞带，是指不致引起调节机构产生动作的调节参数对给定值的偏差区间。如果调节参数对给定值的偏差不超出这个区间，调节器将不输出调节信号。呆滞区宽度在一定程度上可以表示调节器的精确度。

（3）调节器的延迟：当调节对象中安装测量元件处的调节参数（如温度传感变送器处的

空气温度）开始变化时，一般需要经过一段时间后调节器才开始相应动作。需要经过的这段时间叫作调节器的延迟。

调节器的时间延迟是调节系统中各主要元件的延迟时间之和。在自动调节系统中，调节系统的延迟是调节对象的延迟（它包括传递延迟和容量延迟）与调节器延迟之和。因此，当对象的负荷发生变化时，要经过一段时间的延迟（称为对象的延迟）之后，在对象的流出侧的容量中的调节参数才开始发生相应的变化。在此之后，还要经过一段时间的延迟（调节器的延迟），调节器才能产生相应的调节动作。在这两段连续的延迟时间内，调节参数对给定值的偏差必然增大，有些情况下偏差甚至超出容许的限度。

2. 位式调节器的特性

位式（二位、三位式）调节规律的称位式调节器，它属于继电器特性的调节规律。

双位调节器因其结构简单、动作可靠、操作和维修方便等特点，广泛地应用在舒适性空调系统的室温调节系统中。

在使用双位调节器的自动调节系统中，当执行器在稳定状态时，只能处于两个极限位置（即全开或全关）之一，控制电路只能是接通或断开，调节阀也相应地处于全开或全闭状态。在全开或全闭之间，电磁阀不会停留在中间的某一位置上。双位调节器的工作过程是一个经常波动的过程，因而使调节对象中的参数（如室温调节系统中的室内温度）经常在上、下两个极限位置之间升降，不可能稳定在中间某一位置上。

3. 双位控制

（1）双位控制的含义。随着控制器的输入信号发生变化，控制器的输出信号只能有两个值，即最大输出值和最小输出值。在制冷、空调自动控制系统中，很多控制单元都采用双位控制方式。

设控制器输出信号为 $m_o(t)$，偏差信号为 $e(t)$，则双位控制器的输出 $m_o(t)$ 为

$$m_o(t)=\begin{cases}M_1 & [e(t)>0]\\ M_2 & [e(t)<0]\end{cases}\tag{3-1}$$

式中，M_1 和 M_2 是两个常量，表示两种状态，换言之是两值状态。

双位控制器的输出 $m_o(t)$ 也可以表示为

$$m_o(t)=\begin{cases}+1(\text{on}) & [e(t)>0]\\ -1(\text{off}) & [e(t)<0]\end{cases}\tag{3-2}$$

式中，双位控制器根据偏差值的正或负，输出 $m_o(t)$ 是两个不同的开关控制信号。on 表示开状态，off 表示关状态。

（2）双位控制的特性。描述双位控制器功能、特性的特性曲线如图 3-16 和图 3-17 所示。

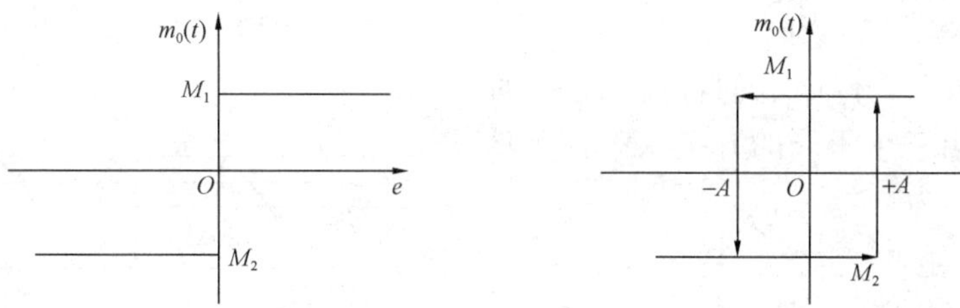

图 3-16　无滞环的双位控制特性　　图 3-17　有滞环的双位控制特性

理论上讲，双位控制的特性根据式（3-1）绘制，当偏差信号 $e(t)$ 为正值时，控制器输出状态 M_1；当偏差信号 $e(t)$ 为负值时，控制器输出状态 M_2。但实际工程应用中存在滞环区，从图 3-17 中看到：当双位控制器的偏差信号 $e(t)$ 在负值区时，输出状态为 M_1，到了 $e(t)$ 的正值区，还继续延迟一个很小的时间段，输出状态继续维持为 M_1；当偏差信号 $e(t)$ 由正值区向负值区移动时，也存在这样一个滞后，形成滞环。

（3）双位控制器的静态特性。双位控制器的静态特性如图 3-18 表示。

当被控参数在正常的变化区间移动时，双位控制器输出信号无变化。当被控参数正向移动到 a 点时，输出信号跳变为一个状态，当被控参数反向移动到 c 点，则向下跳变到另一状态。

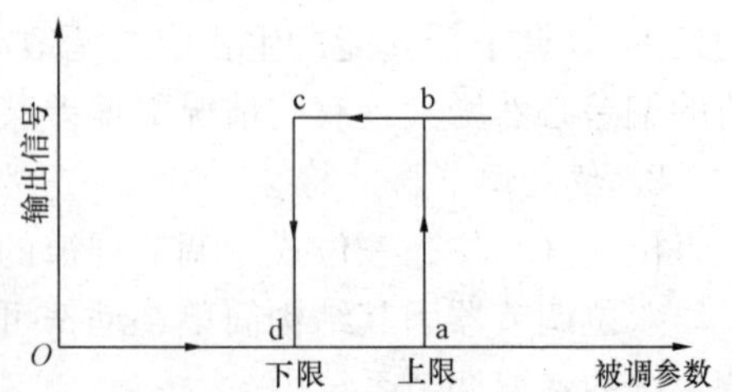

图 3-18 双位控制器的静态特性

（4）双位调节过程。双位控制器有一定的差动范围，改变差动范围可以控制被控参数的波动范围；双位控制器的输出只能是两值状态，如全开和全关（或最大和最小），两值状态很多情况下对应两个位置上，没有中间位置。

双位调节机构简单，动作可靠，所以在空调系统中广泛应用。风机盘管温控器就是典型的双位调节环节。在冬季，风机盘管的温控器工作在加热模式下，当室内温度超过设定值时，调节器立即关闭电加热器或热水电动两通阀，停止供热，使室温上升，实现室温的自动控制。在夏季，风机盘管温控器工作在制冷模式下，当室内温度超过设定值时，调节器立即开通冷冻水电动两通阀，使室温下降；当室内温度低于设定值时，调节器立关闭电动两通阀，停止冷冻水供应，使室温上升，同样达到室温的自动控制作用。电加热器的开关、电动两通阀只有开/关两种状态，所以称其为双位调节。这里注意：电动两通阀有开关式结构的，有模拟调节结构的，风机盘管使用的是开关式电动两通阀。

在双位调节过程中，空调房间内温度 $T_a(t)$ 呈现周期性的变动，温度波动曲线如图 3-19 所示。

空调房间内温度波动范围是 $T_{ad}=T_{amax}-T_{amin}$，其中 T_{amax} 是空调房间内温度的上偏差，T_{amin} 是空调房间内温度的下偏差。空调房间内温度上下偏差的平均值是 $T_{a\delta}=(T_{amax}+T_{amin})/2$。

图中的 T_n 为空调房间内温度的波动周期；T_{nmin} 是室温波动周期的最小值；T_{ad} 是温度的上偏差 T_{amax} 与下偏差 T_{amin} 之间的差值。

（5）三位调节。三位调节的特性就是根据偏差的大小，输出三个不同的开关状态控制信号。调节器的输出为

$$m_o(t)=\begin{cases}+1 & e\geqslant\Delta\\0 & \Delta>e\geqslant-\Delta\\-1 & e\leqslant-\Delta\end{cases}\tag{3-3}$$

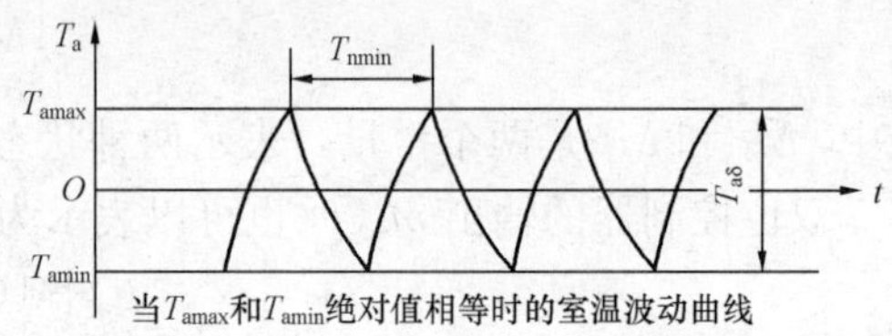

当 T_{amax} 和 T_{amin} 绝对值相等时的室温波动曲线

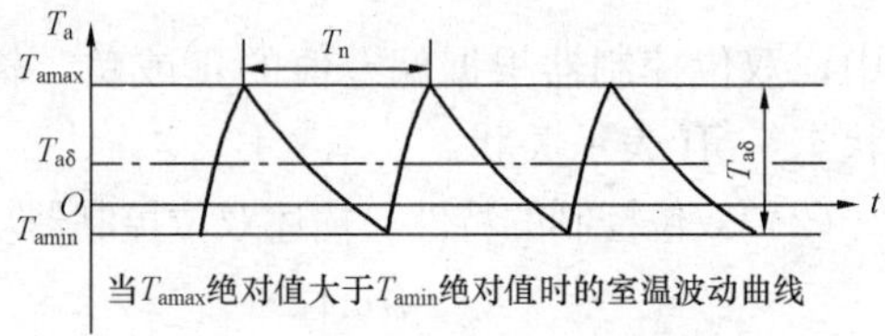

当 T_{amax} 绝对值大于 T_{amin} 绝对值时的室温波动曲线

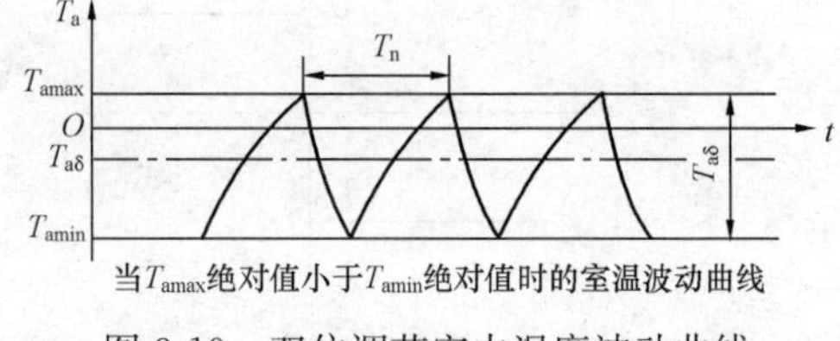

当 T_{amax} 绝对值小于 T_{amin} 绝对值时的室温波动曲线

图 3-19 双位调节室内温度波动曲线

式中：e 为偏差值；Δ 为输出 $m_o(t)$ 取不同值时所对应偏差值的区间间隔。

三位调节器的输出 $m_o(t)$，取+1、0、−1三种状态。控制电动机运行时，可以分别用+1、0、−1三种状态分别对应控制电动机正转、停、反转。系统的工作方式采用大、中、小三种状态时也要应用三位调节器等。许多实际工程应用都要用到三位调节器。

3.5 PID控制

PID调节器是工控系统和楼控系统中应用广泛的控制器。PID是Proportional（比例）、Integral（积分）、Differential（微分）三者的缩写。PID调节是连续控制系统中技术最成熟、应用最为广泛的一种调节方式。PID调节器结构简单、稳定性好、工作可靠、调整方便。当被控对象的结构和参数不能完全掌握，或得不到精确的数学模型时，控制理论的其他技术难以采用时，系统控制器的结构和参数必须依靠经验和现场调试来确定，这时应用PID控制技术最为方便。即当我们不完全了解一个系统和被控对象，或不能通过有效的测量手段来获得系统参数时，最适合用PID控制技术。PID控制，实际中也有PI和PD控制。PID调节器就是根据系统的误差，利用比例、积分、微分计算出控制量进行控制的。PID调节器算法简单实用，不要求受控对象的精确数学模型。

楼控系统中广为使用的冷冻水流量控制、各种风门的开度控制及多种控制环节都要使用PID调节器技术，PID调节器是适用于线性系统的控制器。

3.5.1 比例调节、积分调节和微分调节

1. 比例调节

比例调节中，调节器输出 u 与偏差信号 e 成比例

$$u(t) = K_p e(t) \tag{3-4}$$

式中，K_p 为比例增益。

比例调节是一种按比例控制规律变化的调节；即控制器的输出信号与它的输入信号成比例。比例控制器属于线性控制器，它的控制动作能够连续地进行，且经常能够保持被控参数对给定值的误差与控制机构的位置成一定的比例关系。

2. 积分调节与比例积分调节

在积分控制中，控制器的输出与输入误差信号的积分成正比关系。积分调节是当被控参数与其给定值存在偏差时，调节器对偏差进行积分并输出相应的控制信号，控制执行器动作，一直到被控参数与其给定值的偏差消失为止，因而在调节过程结束时，被调参数能回到给定值，其静态误差（残余偏差）为零，换言之，积分调节的主要作用是消除静态误差。积分调节方程如下

$$u(t) = K_I \int_0^t e(\tau) d\tau \tag{3-5}$$

式中：$u(t)$ 为积分调节输出；K_I 为积分调节器的积分增益；$e(\tau)$ 为调节器的输入，传感器的检测值与给定值之差。

对一个自动控制系统，如果在进入稳态后存在稳态误差，则称这个控制系统是有稳态误差的或简称有差系统。为了消除稳态误差，在控制器中必须引入积分项。积分项对误差取决于时间的积分，随着时间的增加，积分项会增大。这样，即便误差很小，积分项也会随着时

间的增加而加大，它推动控制器的输出增大使稳态误差进一步减小，直到等于零。因此，比例+积分（PI）控制器，可以使系统在进入稳态后无稳态误差。比例积分调节是常用的调节规律，公式如下

$$u(t)=K_{\mathrm{p}}e(t)+K_{\mathrm{I}}\int_{0}^{t}e(\tau)\mathrm{d}\tau \tag{3-6}$$

衡量控制系统的一个指标量为残余偏差或静差，是指过渡过程结束后，被调量的新稳态值与新设定值之间的差值，它是控制系统稳态准确性的衡量指标，残余偏差也称静差。积分调节作用也是在消除系统静差。

3．微分调节与比例微分调节

在微分控制中，控制器的输出与输入误差信号的微分成正比关系。自动控制系统在克服误差的调节过程中可能会出现振荡甚至失稳。其原因是存在有较大惯性组件（环节）或有滞后（delay）组件，具有抑制误差的作用，其变化总是落后于误差的变化。解决的办法是使抑制误差作用的变化超前，即在误差接近零时，抑制误差的作用就应该是零。这就是说，在控制器中仅引入比例项往往是不够的，比例项的作用仅是放大误差的幅值，而目前需要增加的是微分项，它能预测误差变化的趋势，这样，具有比例+微分功能的控制器，就能够提前使抑制误差的控制作用等于零，甚至为负值，从而避免了被控量的严重超调。所以对有较大惯性或滞后的被控对象，比例+微分（PD）控制器能改善系统在调节过程中的动态特性。

比例微分调节：被调参数与其给定值有偏差时，调节器的输出与输入偏差有比例关系，同时还与偏差的变化率有关

$$u(t)=K_{\mathrm{p}}e(t)+K_{\mathrm{D}}\frac{\mathrm{d}e(t)}{\mathrm{d}t} \tag{3-7}$$

式中，K_{D} 为微分系数。

强化微分作用，可以增进调节系统的稳定度，减小动态偏差和静态偏差。微分调节可以较大地改善较大惯性、较大滞后性系统的调节品质。微分系数 K_{D} 选择恰当，会减小控制过程中的超调和过渡时间，但微分调节不能消除静差。微分作用过强，会使过渡过程的后期振荡加剧，从而拖长整个调节时间。

4．比例-积分-微分控制器（PID）

在楼宇自控系统中，PID 控制器是一种常用的控制器。以室温控制为例，如果房间较大而供暖量不太大，则过程将倾向于对控制器的控制进行缓慢响应；如果由于出现开窗或在冷天时调高设置点而使过程变量突然偏离设置点，则 PID 控制器的即刻反应主要由微分作用项而产生，而这又将使控制器对突然偏离零的误差变化启动一次紧急校正，同时设置点与过程变量之间的误差亦将启动自动调温器中的比例作用项。

随着误差随时间的积累，积分项也开始对控制器的输出产生作用。在这种反应较缓的过程中误差增加非常缓慢，故积分作用项将最终在输出信号中占支配地位。基于积分器中所累积的误差量，控制器即使在误差消除后，仍将会继续产生输出，此时过程变量有可能超过设置点而产生反向误差。

如果积分作用不是太强烈，则后来产生的误差将小于最初的误差。而且随着正误差积累中负误差量的增加，积分作用将开始逐渐变小。此过程将重复数次直至误差及累积误差消

除。同时，根据振荡误差信号的微分（导数），微分项将继续增加其在控制器输出中的份额，而比例项也将随误差信号的振荡而上下波动。

假设被控过程是一个由大型采暖炉供热的小房间温度控制过程，则倾向于对控制器的控制进行快速响应。此时，由于误差存在时间很短，故积分作用将不再在控制器输出中起主要作用。另外，当过程为高度灵敏时，由于误差快速改变，故微分作用将在控制器输出中起主要作用。

PID控制器可能施加的控制量将随控制过程的不同而相应变化，因此PID控制器能够较好地完成消除误差的任务，当然只有与每一种具体的应用有良好匹配的情况下才能较好地实现设计功能。

PID控制器的参数整定是控制系统设计的核心内容。它是根据被控过程的特性确定PID控制器的比例系数、积分时间和微分时间的大小。PID控制器参数整定的方法很多，概括起来有两大类：一是理论计算整定法。它主要是依据系统的数学模型，经过理论计算确定控制器参数。这种方法所得到的计算数据未必可以直接用，还必须通过工程实际进行调整和修改。二是工程整定方法，它主要依赖工程经验，直接在控制系统的试验中进行，且方法简单、易于掌握，在工程实际中被广泛采用。PID控制器参数的工程整定方法，主要有临界比例法、反应曲线法和衰减法。以上方法各有其特点，其共同点都是通过试验，然后按照工程经验公式对控制器参数进行整定。但无论采用哪一种方法所得到的控制器参数，都需要在实际运行中进行最后调整与完善。现在一般采用的是临界比例法。利用该方法进行PID控制器参数的整定步骤如下：

（1）首先预选择一个足够短的采样周期让系统工作。

（2）仅加入比例控制环节，直到系统对输入的阶跃响应出现临界振荡，记下这时的比例放大系数和临界振荡周期。

（3）在一定的控制度下通过公式计算得到PID控制器的参数。

3.5.2 连续控制系统中的PID控制

连续控制系统中的PID控制规律为

$$u(t)=K_{\mathrm{p}}\left[e(t)+\frac{1}{T_{\mathrm{I}}}\int_{0}^{t}e(\tau)\mathrm{d}\tau+T_{\mathrm{D}}\frac{\mathrm{d}e(t)}{\mathrm{d}t}\right] \tag{3-8}$$

式中：K_{p} 为比例系数；T_{I} 为积分时间常数；T_{D} 为微分时间常数；$e(t)$ 为偏差；$u(t)$ 为控制量。

一个线性连续系统的模拟PID控制系统原理框图如图3-20所示。

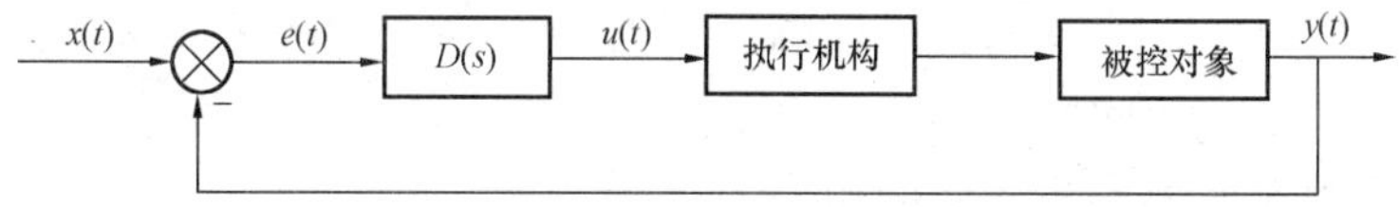

图3-20 模拟PID控制系统原理框图

一个PID调节器的比例系数、积分时间常数和微分时间常数一旦确定，该控制器的性能随之确定。还可以将PID调节器的PID控制规律表述为

$$u(t)=K_{\mathrm{p}}e(t)+K_{\mathrm{I}}\int_{0}^{t}e(\tau)\mathrm{d}\tau+K_{\mathrm{D}}\frac{\mathrm{d}e(t)}{\mathrm{d}t} \tag{3-9}$$

式中：K_{p} 为比例系数；K_{I} 为积分系数；K_{D} 为微分系数。

对时域的PID控制规律取拉氏变换，得到PID调节器的传递函数

$$G(s)=K_{\mathrm{p}}+\frac{K_{\mathrm{I}}}{s}+K_{\mathrm{D}}=K_{\mathrm{p}}\left(1+\frac{1}{T_{\mathrm{I}}s}+T_{\mathrm{D}}s\right) \tag{3-10}$$

工程上经常采用近似的PID调节器传递函数

$$G(s)=K_{\mathrm{p}}\left(1+\frac{1}{T_{\mathrm{I}}s}+\frac{T_{\mathrm{D}}s}{0.1T_{\mathrm{D}}s+1}\right) \tag{3-11}$$

工程实际中常根据受控对象的特性和控制的性能要求，灵活地采用PID调节器的不同组合，构成比例调节器、比例积分调节器和比例积分微分调节器，对应的数学描述如下。

比例调节器 $$u(t)=K_{\mathrm{p}}e(t) \tag{3-12}$$

比例积分调节器 $$u(t)=K_{\mathrm{p}}\left[e(t)+\frac{1}{T_{\mathrm{I}}}\int_0^t e(t)\mathrm{d}\tau\right] \tag{3-13}$$

比例积分微分调节器 $$u(t)=K_{\mathrm{p}}\left[e(t)+\frac{1}{T_{\mathrm{I}}}\int_0^t e(t)\mathrm{d}\tau+T_{\mathrm{D}}\frac{\mathrm{d}e(t)}{\mathrm{d}t}\right] \tag{3-14}$$

PID调节器的控制包括比例控制、积分控制和微分控制。比例控制可以迅速反应误差，并减小稳态误差。比例放大系数如果过大，将导致系统不稳定。积分控制的作用：积分控制可以对系统误差进行积分，输出控制量，以消除误差。如果积分作用太强将导致系统被调参数动态偏离给定值幅度越大，即超调加大，超调加大到一定程度会出现振荡。微分控制可以减小超调量，克服振荡，使系统的稳定性提高，同时加快系统的动态响应速度，即提高系统灵敏度，提高系统的动态性能。因此选择合适的比例放大系数、积分时间常数和微分时间常数，是实时有效PID调节的一个重要内容，并使整个控制系统有良好的性能。

3.5.3 比例调节器的比例带

1. 比例带

比例调节的特点是调节速度快、稳定性好、不易产生过调现象。但此种调节方式在调节结束后仍存在着残余偏差，即调节参数不能回到原来的给定值上。

在实际工程中，常用比例增益的倒数来表示比例调节的输入与输出之间的关系，即

$$u=\frac{1}{\delta}e \tag{3-15}$$

式中的δ叫就是比例调节器的比例带，比例带δ与放大系数K_{c}成反比关系。以电动水阀或风阀的开度控制为例，如果调节器的输出量表示电动水阀或风阀的开度，比例带δ就代表使电动水阀或风阀开度改变100%，也就是开度从0到100%全开情况下被调量的变化范围。在被调量处于范围δ内时，电动水阀或风阀的开度才与偏差成比例。超出这个比例带δ之外，电动水阀或风阀将处于全关或全开的状态，调节器的输入与输出之间的比例关系不再保持。

2. 比例带δ对调节过程的影响

给定一个使用比例调节器对某一参量进行控制的系统，系统给以阶跃输入，系统的被控参量变化有一个过渡过程如图3-21所示。当比例调节器的比例带或比例系数选择较为合适时，图中曲线1为衰减振荡过程，

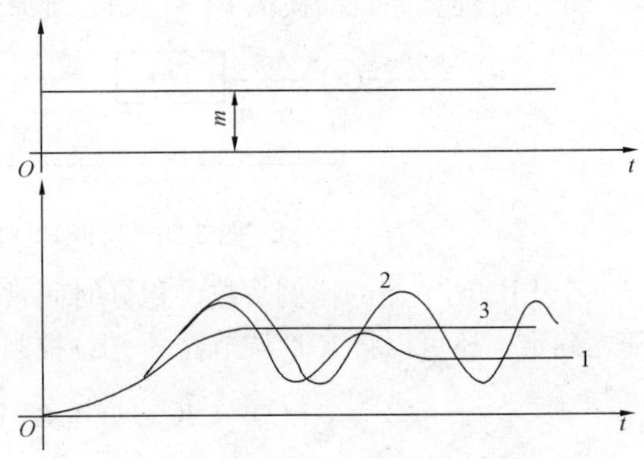

图3-21 比例调节系统的过渡过程

1—衰减振荡过程；2—等幅振荡过程；3—单调过程

这是一个正常的调节过程。当比例带选择过小或过窄，在阶跃输入情况下，被控参量变化如图曲线 2 所示是等幅振荡过程。比例带选择过窄，即比例放大系数过大，比例调节器过于灵敏。如果比例调节系统的放大系数很大，即比例带非常窄，在阶跃输入情况下被控制的参量变化规律是一个等幅振荡。在比例放大系数很小，比例带 δ 过宽，调节器灵敏度低，在阶跃输入情况下，被控参量变化如图曲线 3 所示是一个单调过程。

调节器的比例带越大时，系统则会越稳定，但是静差却也越大。这里的静差，是指过渡过程终了时的残余偏差，也就是被控变量的稳定值与给定值之差，其值可正可负，它是一个表明准确性的重要指标。比例调节系统的比例带越小，则系统的稳定性越差；如果比例带过小，系统就可能出现不稳定现象。

一般情况下，比例带的大致取值范围：温度调节为 20%～60%，压力调节为 30%～70%，流量调节为 40%～80%。

3.5.4 三种调节作用的关系

在控制系统中，微分调节抑制被调量的振荡，具有提高控制系统稳定的作用；在比例微分调节中，当比例带一定而微分时间 T_D 不同时，其调节过程也不同。由于在比例微分调节系统中微分调节只是比例微分调节的一个组成部分，微分作用的加入可以使控制系统更加稳定，因而允许比例带调整得窄一些，从而可使偏差减小到允许的范围内。

比例微分调节增加了微分的作用，可以提高系统的稳定性，同时可使比例带减小、调节时间缩短。

比例积分调节的效果，可以加大最大偏差和超调量，但静差较小，这是由于积分作用倾向于使系统稳定，同时具有减少或消除静差的作用；比例微分调节动态指标较好，这是由于有了微分作用，增加了系统的稳定性，因而可使比例带减小，调节时间缩短。由于无积分作用，因此仍有静差存在，但由于比例带的缩小，故静差可以减小。

对于 PID 调节器来讲，比例调节输出响应快，只要选择好比例带，会有利于系统的稳定；微分作用可减少超调量和缩短过渡过程时间，可以允许使用较窄的比例带；积分作用能够消除静差，但使超调量和过渡过程的时间长。通过组合比例、积分和微分三种调节作用相互，根据对象的特性，正确选用调节规律，恰当地选择调节器参数，能够获得较好的调节控制效果。

3.5.5 离散控制系统中的 PID 控制

1. 时间连续系统和离散数字控制系统的 PID 调节规律

楼宇机电设备的控制系统中如果包含采样环节，一般均视为计算机控制系统，计算机控制系统是离散的数字控制系统。以上 PID 调节器的控制规律描述的是时间连续系统在时间域上的变现规律，还不能直接应用于离散的数字控制系统，因此需要将时间连续系统的 PID 调节规律转换为离散数字控制系统的 PID 调节规律。对于离散的数字控制系统，PID 调节器是通过计算机 PID 控制算法程序实现的。

为了实现将时间连续系统的 PID 调节规律转换成离散数字控制系统的 PID 调节规律，可以用以下的方法来实现：在采样周期很短时，用累加和代替积分求和，用差分代替微分，使 PID 算法离散化，将描述时间连续系统的 PID 算法的微分方程转变为描述离散时间系统 PID 算法的差分方程。

两个替换关系式如下。设采样周期为 T，在第 K 个采样周期，函数 $e(t)$ 的导数近似为

$$\frac{\mathrm{d}e(t)}{\mathrm{d}t}=\frac{e(kT)-e[(k-1)T]}{T} \tag{3-16}$$

在第 K 个采样周期，函数 $e(t)$ 的积分近似为

$$\int_0^{kT} e(\tau)\mathrm{d}\tau = T\sum_{m=0}^{kT} e(mT) \tag{3-17}$$

式中，$k=0, 1, 2, \cdots$。

由式（3-14）得到离散 PID 调节器表达式为

$$u(t)=K_{\mathrm{p}}\left[e(t)+\frac{1}{T_{\mathrm{I}}}\int_0^t e(t)\mathrm{d}\tau + T_{\mathrm{D}}\frac{\mathrm{d}e(t)}{\mathrm{d}t}\right]$$

$$u(kT)=K_{\mathrm{P}}\left\{e(kT)+\frac{1}{T_{\mathrm{I}}}T\sum_{m=0}^{kT} e(mT)+T_{\mathrm{D}}\frac{e(kT)-e[(k-1)T]}{T}\right\} \tag{3-18}$$

简化为

$$u(k)=K_{\mathrm{P}}e(k)+K_{\mathrm{I}}\sum_{j=0}^{k} e(j)+K_{\mathrm{D}}[e(k)-e(k-1)] \tag{3-19}$$

式中，K_{P}、K_{I} 和 K_{D} 分别是 PID 调节器的比例系数、积分系数和微分系数。

积分系数 K_{I}、微分系数 K_{D} 和前面讲到的积分时间常数 T_{I}、微分时间常数 T_{D} 的关系如下

$$K_{\mathrm{I}}=K_{\mathrm{p}}\frac{T}{T_{\mathrm{I}}} \tag{3-20}$$

$$K_{\mathrm{D}}=K_{\mathrm{p}}\frac{T_{\mathrm{D}}}{T} \tag{3-21}$$

2. 位置式 PID 算法

离散 PID 调节器表达式由式（3-19）可写成

$$u(k)=K_{\mathrm{P}}e(k)+K_{\mathrm{I}}\sum_{j=0}^{k} e(j)+K_{\mathrm{D}}[e(k)-e(k-1)]+u_0 \tag{3-22}$$

式中，u_0 是 $k=0$ 时的输入控制量的基值；$u(k)$ 是第 k 个采样时刻的控制量。

式（3-22）也叫 PID 调节器的全量算法。该算法中，为求和，须将系统偏差的全部过去值 $e(j)(j=1,2,\cdots,k)$ 存储起来。这种形式的算法对应了执行机构的位置，如水阀和风阀的开度，因此将这种算法叫作 PID 调节器的位置式算法。

在位置式算法中，PID 调节器的输出 $u(k)$ 与过去所有的偏差信号都有关系，计算机执行算法时需要对 $e(j)(j=1,2,\cdots,k)$ 进行累加，导致工作量较大，因此在实用中应用相对较少。

3. 增量式 PID 算法

位置式 PID 算法需要对偏差进行累加，占用大量的存储单元，也不便于编写程序。可以通过改进的方式得到更为实用的 PID 算法。

对式（3-22）中的等号两端取增量 $\Delta u(k)$，在位置式 PID 算法中，第（$k-1$）次的输出 $u(k-1)$ 为

$$u(k-1)=K_{\mathrm{P}}e(k-1)+K_{\mathrm{I}}\sum_{j=0}^{k-1} e(j)+K_{\mathrm{D}}[e(k-1)-e(k-2)]+u_0 \tag{3-23}$$

由式（3-22）减去式（3-23），可得到

$$\begin{aligned}\Delta u(k) &= u(k)-u(k-1)\\ &= K_p[e(k)-e(k-1)]+K_Ie(k)+K_D[e(k)-2e(k-1)+e(k-2)]\end{aligned} \tag{3-24}$$

从上式看到，PID 控制器的输出是第 k 次与第（$k-1$）次控制器输出的差值。式（3-24）给出的就是增量式 PID 算法。

使用增量式 PID 算法有以下一些显著的优点：

该算法的输出只取决于 $e(k)$、$e(k-1)$ 和 $e(k-2)$，不需要进行累加，控制效果较好。

如果使用位置式 PID 算法，在进行手动模式转换到自动模式时，首先要使计算机的输出值等于阀门的原始开度，才能保证两种模式之间实现无扰动的切换，要做到这点，程序设计较为困难。增量式 PID 算法只与本次偏差值有关，与原始的偏差值无关，在阀门的开度控制中，无须考虑阀门原来的位置，于是就易于实现无扰动的手动模式到自动模式的切换。

从增量式算法中，看不到 PID 控制器的比例、积分和微分运算关系了，计算机的输出仅仅与三个采样偏差值有关。

3.5.6　PID 控制器各参数对控制性能的影响评价

PID 控制器的三个参数：比例系数 K_p、积分系数 K_I 和微分系数 K_D 的数值大小决定了 PID 控制器的比例、积分和微分控制作用的强弱。

1. 比例系数 K_p 变化对系统的影响

当比例系数 K_p 值较小时系统的响应较慢。而当 K_p 取值较大时系统的响应较快，但超调量增加。

2. 积分系数 K_I 变化对系统的影响

当积分系数 K_I 取值较小时系统响应进入稳态的速度较慢。而当 K_I 取值较大时系统的响应进入稳态的速度较快，但超调量增加。

3. 微分系数 K_D 变化对系统的影响

当微分系数取值较小时系统响应对变化趋势的调节较慢，超调量较大。而当取值较大时系统的响应进入稳态的速度较快。但是超调量增加。当微分系数取值过大时，对变化趋势的调节过强，阶跃响应的初期出现尖脉冲。

3.6　连续系统和离散系统的转换

在采样控制系统中，对于控制器的设计经常采用模拟化设计方法，因此需要对所设计的系统进行离散化的转换。可以使用多种方法进行转换，如对离散化处理结构提出具体的转换方式，也可以用 c2d（ ）或 c2md（ ）函数进行，基本格式如下

$$G_d - c2d(G_c, T_s, \text{method}) \tag{3-25}$$

式中：G_c 为连续系统的模型；T_s 为系统采样周期；method 为指定转换方式。

将连续系统转换为离散系统实例：某连续系统的状态空间模型如下

$$\dot{\boldsymbol{X}}=\begin{bmatrix}0 & 1 & 0\\ 0 & 0 & 1\\ -6 & -1 & -6\end{bmatrix}[\boldsymbol{X}]+\begin{bmatrix}1 & 0\\ 2 & -1\\ 0 & 2\end{bmatrix}\boldsymbol{U}$$

$$\boldsymbol{Y}=\begin{bmatrix}1 & -1 & 0\\ 2 & 0 & -1\end{bmatrix}\boldsymbol{X} \tag{3-26}$$

模型中的 $\dot{\boldsymbol{X}}$、$\boldsymbol{U}$ 和 $\boldsymbol{Y}$ 分别为状态变量的导数矩阵、输入矩阵和输出变量矩阵。采样周期为 $T_s=0.1s$，要求将其转换为离散化的系统方程。

采用零阶保持器法将连续系统的模型转换为离散化的系统模型，用 MATLAB 编写的文件如下：$A=[0\ \ 1\ \ 0;\ \ 0\ \ 0\ \ 1;\ \ -6\ \ -11\ \ -6]$;

$B=[1\ \ 0;\ \ 2\ \ -1;0\ \ 2]$;

$C=[1\ \ -1\ \ 0;2\ \ 1\ \ -1]$;

$D=\text{zeros}\ ()$;

$T_s=0.1$;

$G=\text{cc}\ (A, B, C, D)$;

$G_d=c2d\ (G, T)$

计算机运行结果，给出系统的离散化方程为

$$\boldsymbol{X}(k+1)=\begin{bmatrix}0.9991 & 0.0984 & 0.0041\\ -0.0246 & 0.9541 & 0.0738\\ -0.4429 & -0.8366 & 0.5112\end{bmatrix}\boldsymbol{X}(k)+$$

$$\begin{bmatrix}0.1099 & -0.0046\\ 0.1959 & -0.0902\\ -0.1164 & 0.1936\end{bmatrix}\boldsymbol{U}(k)$$

$$\boldsymbol{Y}(k)=\begin{bmatrix}1 & -1 & 0\\ 2 & 1 & -1\end{bmatrix}\boldsymbol{X}(k)$$

第 4 章 新风机组、空调机组和风机盘管及控制技术

新风机组、空调机组和风机盘管是中央空调系统广为使用的末端设备，作为一个楼控工程师、一个能够对中央空调系统在一定程度上进行驾驭的弱电工程师，要进行控制系统的设计、施工和调试；要进行控制系统的通信网络架构设计、施工和调试；要对各种不同应用环境中使用的控制器进行控制程序的编写、调试，必须要对中央空调系统的这些末端设备以及制冷站的运行原理、运行工况有较深的理解和认知。

4.1 新风机组及控制

4.1.1 新风机组的工作原理和应用场所

新风机组也叫空气处理机组，是提供新鲜空气的一种空气调节设备。功能上按使用环境的要求可以达到恒温恒湿或者单纯提供新鲜空气。工作原理是在室外抽取新鲜的空气经过除尘、除湿（或加湿）、降温（或升温）等处理后通过风机送到室内，在进入室内空间时替换室内原有的空气。

新风机组主要功能是：为空调区域提供恒温恒湿的空气或新鲜空气。新风机组的工作原理：室外新风通过新风口进入新风机组，新风机组将进入的室外空气进行过滤，滤去空气中的颗粒状浮尘、然后对空气进行制冷机除湿或加湿处理，再通过送风机将经过处理以后温度适宜和湿度适宜的冷空气送到空调区域。新风机组的外形如图 4-1 所示。

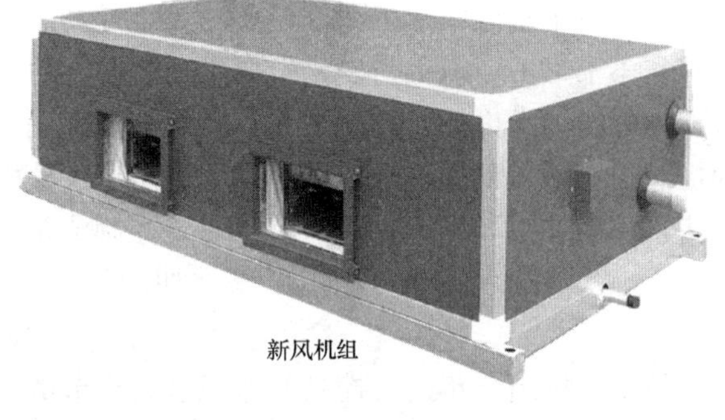

图 4-1 新风机组的外形

新风机组控制包括：送风温度控制、送风相对湿度控制、防冻控制、CO_2浓度控制以及各种联锁控制等内容。新风机组结构和工作原理可以用图 4-2 来说明。

从图中看到，室外新风从新风口进入新风机组，经过新风阀门，再经过过滤器，滤去新风中的尘埃颗粒，到达表冷器，由于表冷器盘管中流动着温度很低的冷冻水（7℃），表冷器的温度也很低，当新风继续穿过表冷器细密的金属孔洞的时候温度被降低了，如果湿度值不合适，再经过加湿或减湿调节，得到了温度适宜和湿度适宜的冷空气，再经过风道中送风机的强力导引，由送风口向空调房间或空调区域送出温度适宜、湿度适宜的冷空气及新风。

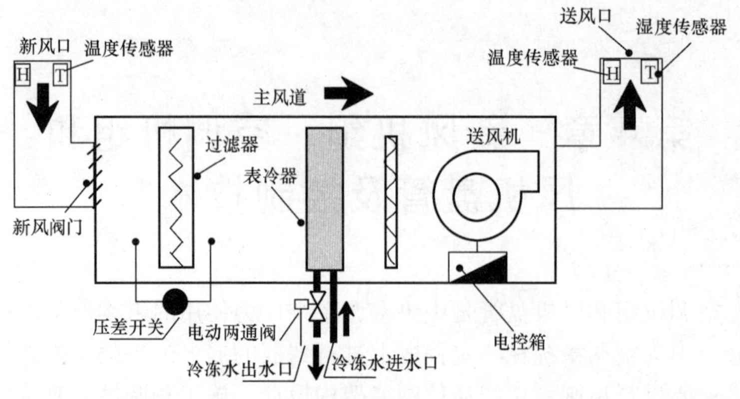

图 4-2　新风机组的结构和工作原理

4.1.2　送风温度控制和室内温度控制

1. 送风温度控制

如果新风机组主要是为满足空调区域的空气洁净卫生的要求，不是作为承载该空调区域的冷负荷或热负荷，就要进行送风温度控制。在送风温度控制方式下，始终保持送风温度以保持恒定值。当然送风温度在夏季有夏季温度控制值，在冬季有冬季送风温度控制值。因此，要保证控制器在夏期和冬季运行工况的正常转换。新风机组夏季送风温度的控制方式主要是通过调节盘管中冷冻水流量来实施控制；冬季通过调节盘管中热水流量来实施控制。

2. 室内温度控制

许多空气调节区域要求新风机组能够承载室内能负荷或热负荷，变现在要对室内温度进行控制。由于室内的冷负荷或热负荷一直是动态变化的，因此仅仅进行送风温度的恒温控制就满足不了室内动态负荷变化的要求，就需要对室内温度进行控制，具体的控制方法是：通过传感器检测室内的实时温度值，并将该温度信号输入给控制器。如果温度高于设定温度，则控制器经过如下处理：检测温度与设定温度值之差作为控制流经盘管的冷冻水或热水流量的基本控制参数，当这个差值较大时，控制流量的电动阀阀门开度加大，反之开度减小，增大了冷冻水或热水的流量，也就是增加冷量或热量的供给，实现了对空调区域温度的实时控制。

从新风机组全年运行控制并考虑过渡季节的运行来讲，应该采用送风温度与室内温度的联合控制方式。

3. 相对湿度控制

新风机组相对湿度调节方法有蒸汽加湿，高压喷雾、超声波加湿及电加湿，循环水喷水加湿等。

(1) 蒸汽加湿。在许多应用环境中，根据被控湿度的要求，自动调整蒸汽加湿量。蒸汽加湿器采用调节式阀门（直线特性），其调节器应采用 PI 型控制器，风管式湿度传感器装置于送风机组的送风管道上。

在一部分应用环境中，也可以采用位式加湿器（配快开型阀门）和位式调节器，使用位式控制方式进行加湿调节。对于双位控制，位式加湿器工作状态是开全关。蒸汽加湿器采用位式控制时，湿度传感器应设于相对湿度变化较为平缓的位置。

(2) 高压喷雾、超声波加湿及电加湿。高压喷雾、超声波加湿及电加湿这几种加湿都采用位式调节方式，湿度传感器应设于相对湿度变化较为平缓的位置。控制器采用位式，控制加湿器起停（或开关）。

还可以使用循环水喷水加湿的方法调节空调区域的相对湿度。

4. 二氧化碳（CO_2）浓度控制

新风机组的设计最大风量是按空调房间内用户人数在满员状况时设定的，而在实际使用过程中，空调房间内用户人数一般情况并非是满员的，所以应该减少新风量以节省能源。该方法特别适合于某些采用风机盘管加新风系统的办公建筑及其他一些区域。

新风机组和空调机组区别在于：在夏季时段，新风机组工作时仅处理和制冷室外的新风；而空调机组不仅使用新风而且还是用回风。新风机组多和风机盘管配合起来构成风机盘管加新风系统来使用。新风机组和空调机组还有一个重要区别：新风机组一般来说不承担空调区域的热湿负荷，主要功能就是送新风，换言之，就是空调机组的主要功能之一是通过调控满足室内的热负荷、冷负荷和湿负荷，而新风机组的主要功能不是承载空调区域的热湿负荷。空调机组对空调区域的空气进行综合处理，控制空调区域的温度湿度，同时还要控制空调区域的空气质量等，工作过程一般比较复杂。空调机组对于空气处理较新风机组在工艺上要相对复杂，所以空调机组多应用在不能安装风机盘管的大范围公共区域，而新风机组多配合安装有风机盘管的小范围空间使用。

4.1.3　新风机组的控制

1. 控制原理

两管制新风机组控制原理图如图 4-3 所示。新风机组的基本控制过程如下：

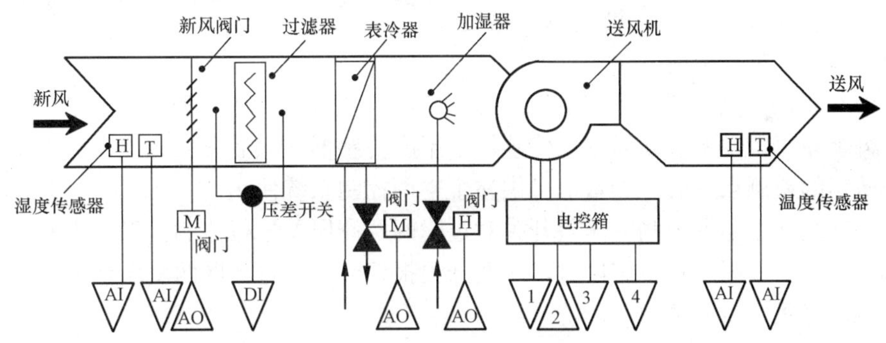

图 4-3　两管制新风机组控制原理

（1）DDC 按设定时间，送出风机起停信号，新风阀与送风机连锁。当风机起动运行时，新风阀打开，风机关闭时，新风阀门同时关闭。

（2）当过滤器两侧压差超过设定值时，压差开关送出过滤器堵塞信号，监控工作站给出报警信号。

（3）温度传感器检测出实测送风温度值，经与 DDC 设定值比较，再经 PID 计算，输出相应的模拟信号，控制水阀门的开启度，控制调节温度趋近并稳定在设定值。

（4）系统中的湿度传感器对送风湿度进行检测，并与 DDC 设定值比较，经 PID 计算，给出设定的相应的模拟调节信号控制加湿阀的开度，控制湿度趋近并稳定在设定湿度上。

（5）对送风机的运行状态进行实时监测，此处主要指对手动控制/自动控制/运行/故障状态进行监控。

（6）按给定时间表控制风机的起停。

（7）空气质量控制。根据新风的温度和湿度、被调节空间的温湿度及作为湿空气的温度和含湿量的函数-焓值计算，还根据具体环境对空气质量的要求，控制调节新风门的开度，使系统向房间提供满足实际需求的新风，同时节能运行。

通过安置在空调房间里的空气质量传感器监测室内的CO_2、CO的真实浓度，并将监测信号输送给DDC，若超过给定值，则DDC输出控制信号，控制新风风门开度增大新风的供给。

（8）过滤器堵塞和防冻保护。当过滤器的过滤网出现积灰积尘、堵塞严重，不进行清洗或清理时，就会影响过滤器及整个新风机组的正常工作。通过压差开关监测过滤器两端压差，如压差超过设定值时，进行保护或报警。

新风机组中还设置有防冻开关，监测换热器出风侧温度。在室外温度过低，防冰开关监测到的换热器侧温度低于给定值时，关闭风门和风机，防止换热器温度进一步降低。

实际工程中新风机组向楼宇不同区域及房间输送冷风的方式如图4-4所示。

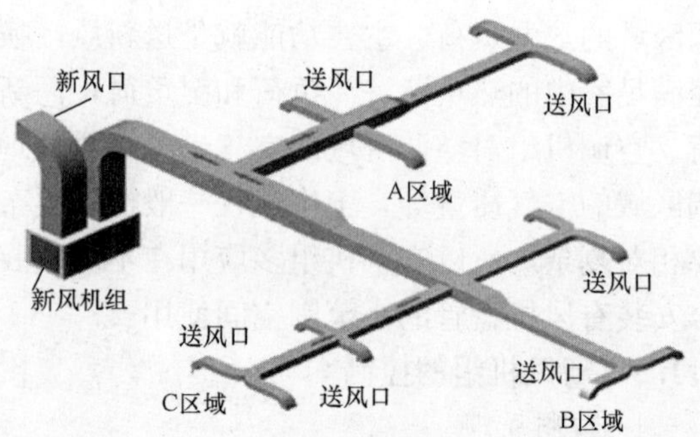

图4-4　新风机组向楼宇不同区域及房间输送冷风

2. 新风机组运行状态及参量监控

新风机组运行状态及参量监控的主要内容有：

（1）由安装在新风口的风管式空气温度传感器对新风温度进行监测。

（2）由安装在新风口的风管式空气湿度传感器对新风湿度进行监测。（在空调控制系统中，不是每个新风口都安装新风温度传感器和湿度传感器，只需要在有代表性的少数新风入口或室外适当的检测点安装，测量值可供整个空调控制系统使用）。

（3）从安装在过滤网两侧的压差开关对过滤网两侧压差进行监测。采用压差开关监测过滤器两端差压，当差压超过整定值时，压差开关报警，表明过滤网两侧压差过大，过滤网积灰积尘、堵塞严重，需要清理、清洗。

（4）从安装在送风管上的风管式空气温度传感器对送风温度进行检测。

（5）从安装在送风管上的风管式空气湿度传感器对送风湿度进行检测。

（6）通过对送风机配电柜接触器辅助触点的断通状态监测风机的运行状态。

（7）通过对送风机配电柜热继电器辅助触点的断通状态，对风机故障进行监测。

（8）从DDC数字输出口（DO）输出到送风机配电箱接触器控制回路，对送风机进行开关控制。

（9）对新风机风门开度的控制。根据新风的温湿度、房间的温湿度及焓值计算以及空气质量的要求，控制新风门的开度，使系统在最佳的新风风量的状态下运行，以便达到既节能又能使空调房间的空气质量符合卫生标准的目的。

（10）DDC模拟输出口（AO）输出到冷热水二通调节阀阀门驱动器控制输入口，对冷水阀/热水阀开度控制调节。

（11）加湿阀门开度控制。

(12) 通过装置在空调区域的 CO_2 传感器对空气质量进行监测。

(13) 通过送风管内的风管式风速传感器检测风速。

(14) 通过安装在送风管靠近表冷器出风侧的防冻开关传感器对表冷器温度进行监测，防止在冬季由于表冷器冷水盘管中有蓄水而将冷盘管冻坏。防冻开关传感器只在冬天气温低于 0℃的北方地区使用。

(15) 新风机组连锁控制。

1) 新风机组起动顺序控制：新风风门开启→送风机起动→冷热水调节阀开启→加湿阀开启。

2) 新风机组停机顺序控制：关加湿阀→关冷热水阀→送风机停机→新风阀门全关。

以上风门与阀门的开度调节可通过 DDC 的 DO、AO 口对驱动器控制电路进行控制。

以某楼宇机房内的几台新风机组监控点为例，见表 4-1。

表 4-1　　某楼宇机房内的几台新风机组监控点表

监测、控制点描述	AI	AO	DI	DO	接口位置
送风机运行状态			√		送风机电控箱交流接触器辅助触点
送风机故障状态			√		送风机电控箱主电路热继电器辅助触点
送风机手/自动转换状态			√		送风机电控箱控制电路，可选
送风机开/关控制				√	DDC 的 DO 口到送风机电控箱交流接触器控制回路
空调冷冻水，热水阀门调节		√			DDC 的 AO 口到冷热水电动阀驱动器控制口
加湿阀门调节		√			DDC 的 AO 口到加湿电动阀驱动器控制口
新风口风门开度控制		√			DDC 的 AO 口到风门驱动器控制口
防冻报警			√		低温报警开关
过滤网压差报警			√		过滤网压差传感器
新风温度	√				风管式温度传感器，可选
新风湿度	√				风管式湿度传感器，可选
送风温度	√				风管式温度传感器
送风湿度	√				风管式湿度传感器
空气质量	√				空气质量传感器（CO_2、CO 浓度）
合　计					

3. 新风机组的温度调节与节能策略

新风机组的控制多以出风口温度或房间温度作为主调参数。室外温度变化对于新风机组控制系统来讲是一个调节系统的扰动量，即新风温度作为扰动信号加入调节系统，可采用线性系统控制理论中的前馈补偿方法来消除新风温度变化对输出的影响。具体地讲，室外新风温度降低，新风温度测量值减小，将该温度变化量（负值）输送给 DDC 按给定算法运算输出一个相应的抵消控制量，使表冷器中的冷盘管上的电动两通阀阀门开度减小，减少房间的冷量供给。

在过渡季节或特别的天气里，室外温度在设定值允许范围内时，可停止对空气温度的调节以节约能源。

4．季节工况的控制

新风机组的控制系统保证新风机组能实现：上述的检测、控制、保护和连锁的功能。另外，送风机还要进行以下三个季节工况切换控制：夏季工况、过渡季工况和冬季工况。在新风机组中，控制器要实现温度控制和湿度控制，还要借助于 PID 比例积分微分调节器。

5．新风机组中的送风机起停控制

新风机组中的送风机拖动电机一般情况下使用三相交流异步电动机，异步电动机结构简单、运行可靠、维修方便、体积小、重量轻，在中央空调中应用广泛。风机的起停实际上就是风机拖动电动机的起停。

对于风机拖动电动机的起停控制主要采用接触器直接起停控制方式。

（1）直接起停控制。直接起停控制的原理如图 4-5 所示。

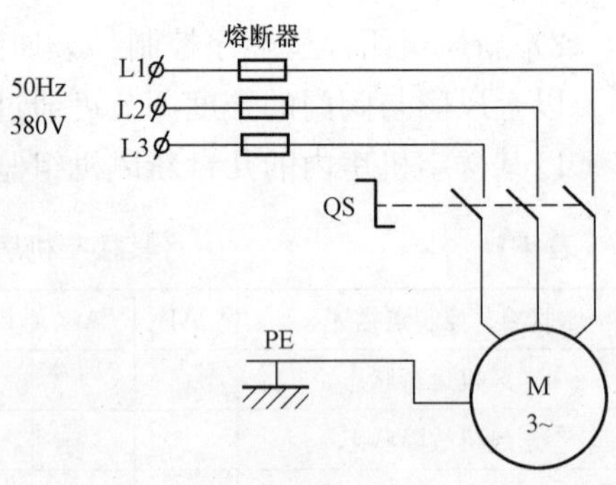

图 4-5　直接起停控制的线路

（2）接触器直接起停控制。中央空调系统中的送风机起停控制是通过控制器（直接数字控制器 DDC）的 DO 数字输出口来控制的。DDC 的 DO 数字输出口直接控制一个小型继电器，再通过该小型继电器控制电控箱中的交流接触器的控制回路的通断来控制 380V 主回路的接通或断开，实现送风机的起停控制。接触器直接起停控制的电气控制线路图如图 4-6 所示。

在图 4-6 所示的电气控制线路中，三相交流异步电动机通过由交流接触器、熔断器、热继电器 FR 和接在 DDC 直接数字控制器的 DO 口上的小型继电器所组成的控制电路进行控制。图中的 XXJ 是小型继电器的工作触点。

起动电机时，DDC 直接数字控制器的 DO 口输出高电平→接在 DO 口上的小型继电器将交流接触器中的 KM 线圈上电接通→KM 线圈得电→主触头 KM 闭合→自锁→电动机连续运行。

合 QS→按 SB2 起动按钮→KM 线圈得电→主触头 KM 闭合，电动机起动。热继电器反映电动机过载、断相可能产生的过流情况进行保护。送风机拖动电动机的停止控制在这里就

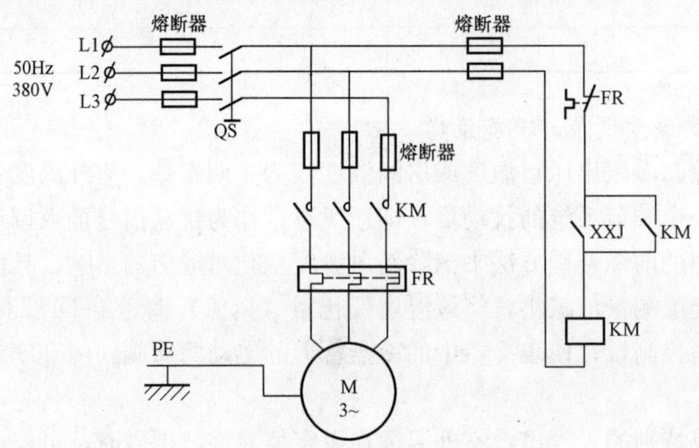

图 4-6　接触器直接起停控制线路

不再赘述了。

4.1.4　新风机组控制设计要点

（1）风机控制（程序设定）：按设定时间程序起停风机，并与进风阀门连锁，累积运行时间。

（2）温度控制（温度、阀门开度、冬夏季转换设定）：根据送风温度与设定值之差，以比例模式控制盘管供水阀开度。冬季时设定阀门最小开度，以维持盘管不冻结最小热水流量。

（3）过滤器控制：测量过滤器两侧气流压差，若超过设定值，更新过滤网。

（4）新风风阀控制：根据室内新风控制CO浓度，控制进风风阀开度。

（5）监测：室外新风温度、送风温度、风机运行状态和过滤网状态。

（6）报警、记录：温度超限、风机故障、过滤器压差超限、更新过滤器和电机故障。

（7）显示、打印：温度参数设定值及测量状态。

4.2　空调机组及控制技术

国家标准规定，符合下列条件之一时，应设置空气调节系统：

（1）采用采暖通风达不到人体舒适标准或室内热湿环境要求的情况。

（2）采用采暖通风达不到工艺对室内温度、湿度、洁净度等要求的情况。

（3）对提高劳动生产率和经济效益有显著作用的情况。

（4）对保证身体健康、促进康复有显著效果的情况。

（5）采用采暖通风虽能达到人体舒适和满足室内热湿环境要求，但不经济的情况。

中央空调系统是这样一类空气调节系统：空调末端装置由统一的冷热源供给冷量和热能。楼宇自控系统主要研究的对象是中央空调系统。

4.2.1　空调机组的结构和组成

1. 中央空调系统的组成

中央空调由冷热源和空调前端设备组成。从具体的组件功能角度来分，中央空调由新风部分、空气的过滤部分、空气的热湿处理部分、空气的输送分配和控制部分和空调系统的冷热源几个部分组成。

（1）空气的过滤部分。新风进入空气处理装置，要经过过滤器，除去空气中较大的灰尘颗粒。一般的空调系统设有两级空气过滤器，即一级空气预过滤器和一级中效空气过滤器。

（2）空气的输送分配和控制环节。空调系统中的风机和送、回风管道称为空气的输送部分；风道中的调节风阀、蝶阀及风口等称为空气的分配、控制部分。

如果空调系统中设置一台风机，该风机既是送风风机同时又是回风风机，该空调系统叫单风机系统。如果空调系统设置两台风机，一台为送风机，另一台为回风机，称为双风机系统。

（3）空调系统的冷热源。中央空调系统中的冷热源为空调系统的前端设备供给冷热源，冷源有冷水机组，热源有：热交换器、锅炉等和城市热网等。冷热源送给空气处理装置对空气进行制冷、加热、加湿和去湿处理后，将温度适宜和湿度适宜空气用风道分别送到各空调房间。

2. 中央空调机组安装的位置关系

中央空调机组安装的位置关系如图 4-7 所示。

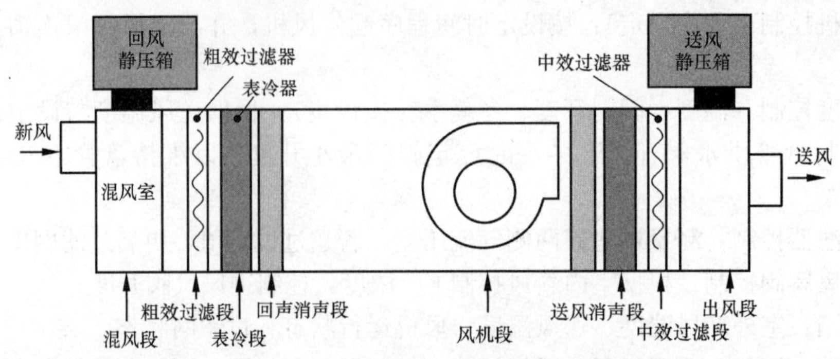

图 4-7　中央空调机组安装的位置关系

3. 两管制和四管制空调机组

空调机组有两管制和四管制系统。两管制空调机组中仅有一个盘管，在夏季可以通过该盘管输运流通冷冻水对空调区域进行制冷，在冬季则通过该盘管输运流通热水对空调区域进行暖风供给。只使用一个盘管或者说一管二用的系统就是两管制空调机组。四管制空调机组中有两个盘管，一个热水盘管，另一个冷水盘管，在夏季是仅为冷水盘管供给冷冻水，对空调区域供冷；在冬季时为热水盘管供给热水，向空调区域供送暖风，使用两个盘管的系统叫四管制空调机组。全年运行的空气调节系统，仅要求按季节进行供冷和供热转换时，应采用两管制水系统；当建筑物内一些区域需全年供冷时，宜采用冷热源同时使用的分区两管制水系统。当供冷和供热工况交替频繁或同时使用时，可采用四管制水系统。两管制的空调机组如图 4-8 所示。

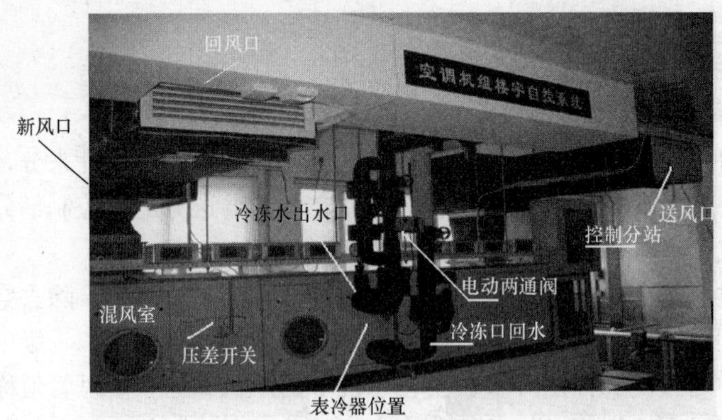

图 4-8　两管制的空调机组

两管制空调机组在夏季供冷运行时，通过嵌入冷水盘管的表冷器输运和流通 7℃冷冻水，对空气进行制冷处理；冬季采暖运行时，有热源供给的热水通过盘管对空气进行加热处理。夏季与冬季工况的转换主要采用手动方式在总供、回水管或集水器、分水器上进行切换，也可以采用电动阀自动切换。系统内制备冷冻水和热水的设备并联设置，它们随着季节的转换交替运行。两管制空调冷、热水系统简单，布置方便，占用建筑空间小，节省投资。因此，成为空调工程中采用的主流应用系统。

四管制的空调机组结构如图 4-9 所示，四管制空调系统中供冷、供热的供、回水管路分别独立设置，冷水和热水管路分别为两套彼此独立的管路系统，各末端装置和空气处理机组可随时自由选择供冷或供热的运行模式。

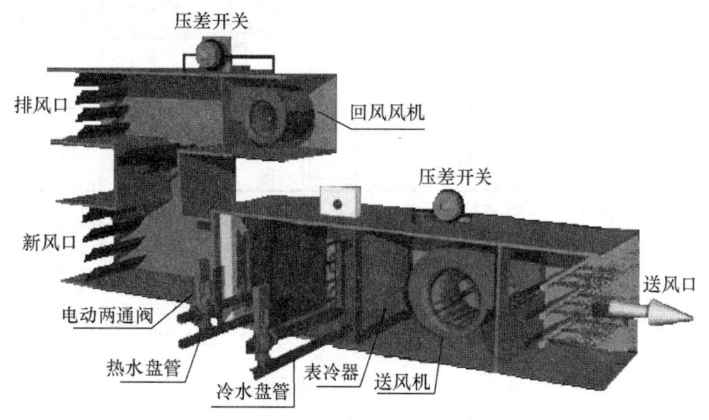

图 4-9　四管制的空调机组结构

四管制空调系统相对于两管制空调系统要复杂，初投资高，占用建筑空间较大，因此在实际的空调工程中较少采用。在少数的高级宾馆中，同时要求供冷和供热时，或冬季在建筑物外区供热的同时内区却存在大量的余热时，才选用四管制空调系统。四管制空调机组的外形如图 4-10 所示。

图 4-10　四管制空调机组的外形

4.2.2　空调机组的工作原理

1. 典型的四管制空调机组控制原理

典型的四管制空调机组中除了包括基本组件之外，还包括一组传感器和执行器以及核心控制器。

传感器将采集到的现场不同物理量信息送给控制器，控制器里的程序根据确定的算法、控制逻辑将控制指令送往执行器，实现对温度、湿度等物理量的控制和调节。一个没有接入控制器的四管制空调机组如图 4-11 所示。

将该四管制空调机组中所有的传感器、执行器和控制器 DDC 相连接后，组成一个完整的控制系统，如图 4-12 所示。

控制系统的各部分工作情况如下：

（1）电动风阀与送风机、回风机的连锁控制。当送风机、回风机关闭时，新风阀、回风阀、排风阀都关闭。新风阀和排风阀同步动作，与回风阀动作相反。根据新风、回风及送风焓值的比

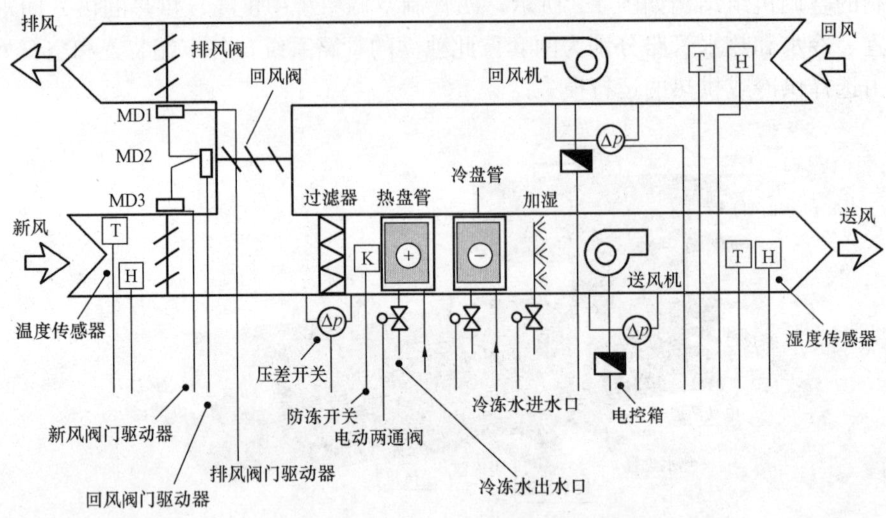

图 4-11　没有接入控制器的四管制空调机组

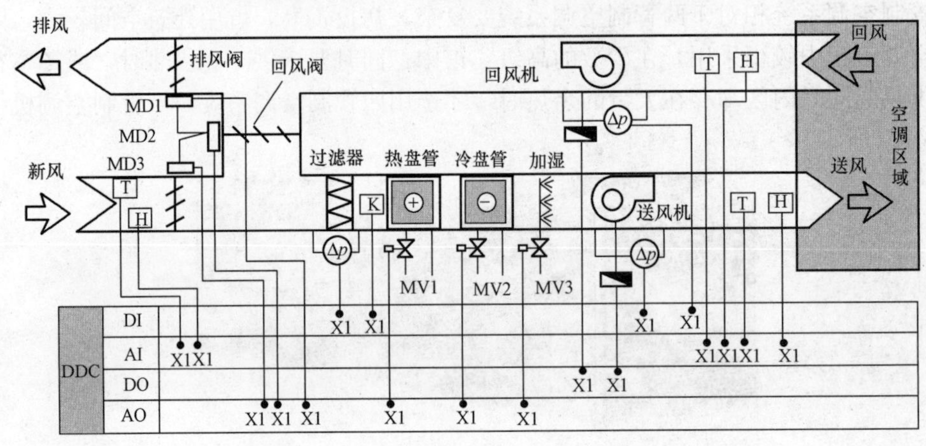

图 4-12　典型的四管制空调机组控制原理图

注：MD1/2/3 为风门执行器；Δp 为压差开关；K 为防冻开关；MV1/2 为水阀；MV3 为加湿器；T 为温度传感器；H 为湿度传感器。

较，调节新风阀和回风阀开度。当风机起动时，新风阀打开；风机关闭时，新风阀关闭。

（2）当过滤器两侧压差超过设定值时，压差开关送出过滤器堵塞信号，并由监控工作站给出报警信号。

（3）送风温度传感器检测出实际送风温度，送往 DDC 与给定值进行比较，经 PID 计算后输出相应的模拟信号，控制水阀开度，直到实测温度非常逼近和等于设定温度。

（4）送风湿度传感器检测出送风湿度实际值，送往 DDC 后与设定值比较，经 PID 计算后，输出相应的模拟信号调节加湿阀开度，控制房间湿度在一定范围内。当加湿器为开关量时，则输出起/停控制信号。

（5）由设定的时间表对风机起/停进行控制，并自动对风机手动/自动状态、运行状态和故障状态进行监测；对送风机、回风机的起/停进行顺序控制。

（6）在冬季温度很低时，一般设为 5℃，防冻开关发出控制信号，新风阀关闭，防止盘管冻裂。当防冻开关正常工作时，要重新打开新风阀，恢复正常工作。

2. 两管制空调机组及控制

两管制空调机组的控制原理和四管制空调机组的控制原理是一样的。现场中我们遇到的空调机组以两管制居多，实际现场中的一台两管制空调机组如图 4-13 所示。

另外，现场中，使用三个风口的两管制空调机组应用最为普遍，三个风口是：新风口、回风口和送风口。部分两管制空调机组采用四个风口，即除了上述的三个风口以外，还有一个排风口。

图 4-13　实际现场中的一台两管制空调机组

不管是两管制还是四管制空调机组，当风道风管中的阻尼较大时，有时需在系统中加入回风风机、排风风机等。当回风风管风道的阻尼较高，则在回风风管中使用回风风机；如果排风风管风道的阻尼较低，则在排风风管中使用排风风机。回风风机、排风风机都是可选件，很多实际工程环境中可以不用，这样一来可以简化空调系统的结构及降低控制系统的复杂程度。

对于一个楼控工程师或一个弱电工程师，只要熟练地掌握三个风口的两管制空调机组，以上其他的一些情况就不难掌握了。

4.2.3　空调机组及服务区

在中央空调系统中，不管是使用新风机组，还是使用空调机组（也叫空调箱）作为空气处理设备，每一台空气处理设备都有一个服务区。空调机组向空调房间送冷及服务区的情况如图 4-14 所示。空调机组服务区的情况用一张立体图说明，如图 4-15 所示。

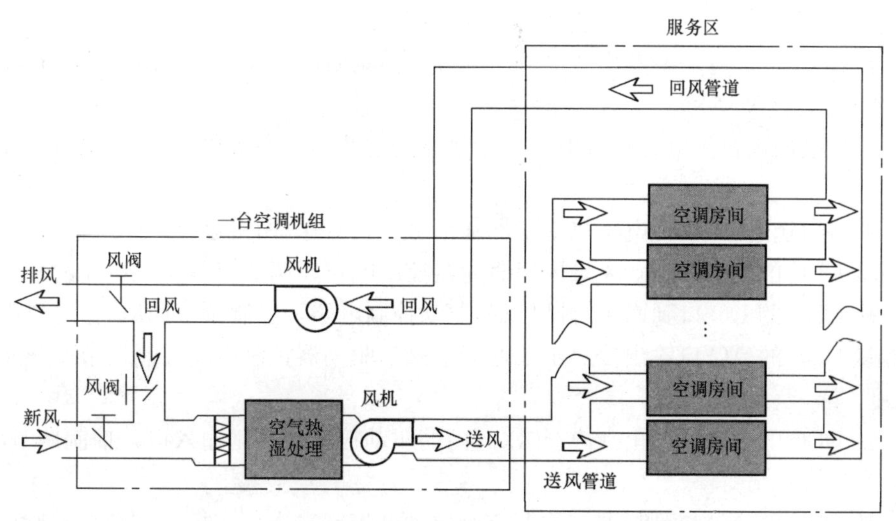

图 4-14　空调机组向空调房间送冷及服务区的情况

4.2.4 定风量空调机组运行状态及参量监控

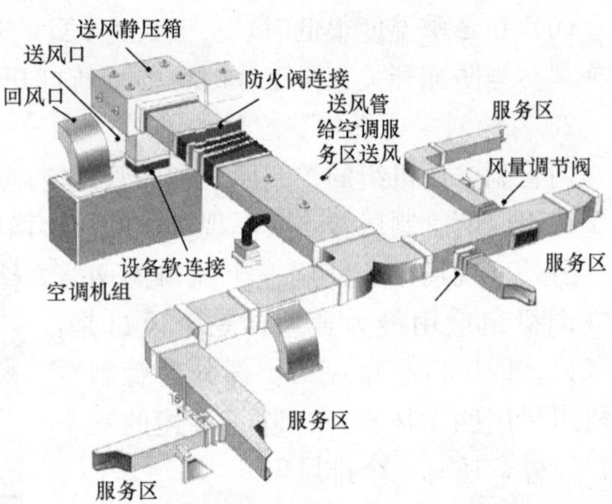

图 4-15 空调机组服务区的情况用立体图说明

自动控制系统对定风量空调机组进行以下运行参量及运行状态进行监控：

(1) 从室外的温度传感器和新风口上的风管式温度传感器采集室外温度和新风温度。

(2) 从室外的湿度传感器和新风口上风管空气湿度传感器采集室外和新风湿度。

(3) 从安装在过滤网上的压差开关监测过滤网两侧压差。

(4) 从安装在送风管和回风管上的风管空气温度传感器采集送/回风温度。

(5) 从安装在送风管和回风管上的风管空气湿度传感器采集送/回风湿度。

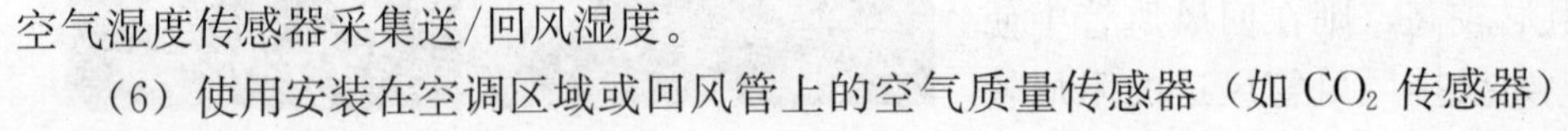

(6) 使用安装在空调区域或回风管上的空气质量传感器（如 CO_2 传感器）进行空气质量监测。

空气中含氧浓度的高低，室内二氧化碳的浓度，空气中悬浮污物的浓度直接影响室内用户的身体健康。空气中含氧浓度下降，室内二氧化碳的浓度增加，使人感到胸闷憋气，长期工作在 CO_2 浓度较高的环境中，会对用户的身体健康产生累积性的伤害，一般情况下，要求室内 CO_2 浓度不超过 0.1%，通过新风量的调节就可以调节和控制室内 CO_2 浓度，并进而调节室内空气质量。

空调区域中适宜的温湿度有利于细菌繁殖、悬浮性颗粒物的聚集，室内的悬浮污物携带多种细菌进入空调通风系统中，被室内用户吸入体内，造成危害，可通过加强对这些悬浮颗粒的过滤以保证空调环境的清洁度。空气含氧量、CO_2 浓度的调节都是空气调节的重要任务。

(7) 采集由送风管上的风速传感器测出的风速对送风风速进行监测。

(8) 自安装在送风管表冷器出风侧的防冻开关采集防冻开关状态监测信号（在冬季温度低于 0℃的北方地区使用）。

(9) 通过送/回风机配电柜热继电器辅助触点处的开闭状态采集到送/回风机故障状态的监测。

(10) 通过对送/回风机配电柜热继电器辅助触点，对送/回机运行状态进行监测。

(11) 从 DDC 的 DO 口到新风口风门驱动器控制电路，调节控制新风口风门开度。

(12) 从 DDC 的 DO 口到回风/排风风门驱动控制电路，控制调节回风/排风风门开度。

(13) 从 DDC 的 AO 口输出冷热水二通调节阀门驱动器控制电路控制调节冷热水二通调节阀门开度。

(14) 从 DDC 的 AO 口输出到冷/热水阀门的驱动控制器控制输入口，控制调节冷/热水阀门开度。

(15) 从 DDC 的 AO 口到加湿二通调节阀驱动器控制输入口，控制调节加湿阀门开度。

(16) 从 DDC 的 DO 口到送/回风机配电箱接触器控制回路，进行送/回风机起停控制。

（17）空气气流流速调节。室内空气进行低速流动的环境和室内空气没有速度场分布处于静止的环境相比，用户对前者的热舒适度感觉比后者好得多。监控气流时，通常选距地面 1.2m 的空气流速作为监测标准。空调制冷时，水平风速以 0.3m/s 为宜；空调制热时，水平风速以 0.5m/s 较佳。当然，空气流速过高或过低都不适宜。要为用户创立一个优良的室内空间环境，空气气流流速调节也是一项重要的控制内容。

（18）空气压力调节。各种不同应用环境对空调系统工作过程中的室内空气气压有不同的要求。对洁净度要求高的电子、光学、化学、制药等有特殊生产工艺进行的房间，要求室内空气相对于室外空气维持一定的正压压差，防止外部尘埃的进入；还有一些建筑环境，存在有毒、有害气体，为避免有毒、有害气体泄漏，调节控制使室内呈现负压压差，保证有害气体不外泄。

正压和负压控制也是空调系统的控制内容之一。

4.2.5　空调机组的运行控制与节能运行

（1）连锁控制。空调机组起动时的连锁控制顺序为：新风风门→回风风门→排风风门开启→送风机起动→回风机起动→冷热水调节阀起动→加湿阀开起。

空调机组停机顺序控制：关闭加湿阀→关闭冷热水阀→送风机停机→新风风门关闭→回风风门关闭→排风风门关闭。

（2）空调机组的温度调节与节能运行。定风量空调机组中，用回风温度作为被调参数，由回风温度传感器测出回风温度量传送给 DDC，DDC 计算回风温度与设定温度的差值，按 PID 调节规律处理并输出调节控制信号。

通过调节空调机组冷热水阀门开度调节冷/热水量，使被控区域的温度保持在设定值。室外温度变化通过新风温度来反映，新风温度值输入给 DDC 进行处理后控制相应的调节阀开度，进而达到空调区域的温度控制。

（3）空调机组回风湿度控制。由回风湿度传感器测出的回风湿度量值信号送回 DDC，通过与给定值比较后产生一个偏差，经由给定算法（PI 规律调节）处理后，控制调节加湿电动阀开度，使被调节区域的空气湿度满足设定要求。

（4）新风风门、回风风门及排风风门的控制。由新风温/湿度传感器和回风温/湿度传感器测出的温/湿度信号量值传送给 DDC，DDC 根据这些数据进行焓差计算，按回风和新风的焓值比例及新风量的需求，调节新风风门和回风风门开度，同时使系统在趋近较佳的新风/回风比例上节能运行。

（5）过滤器压差报警及机组防冻。在过滤网出现堵塞严重、积灰较严重的情况下，装置在过滤器上的压差开关报警。冬季时，还需要对机组进行防冻监测和控制。

（6）空气质量控制。使用 CO、CO_2 等气体传感器监测室内空气质量，DDC 接收到这些测出量后，进行对比运算，再输出控制信号调节新风风门开度，通过调节新风量供给来控制空调区域的空气质量。

（7）空调机组的定时运行和远程控制。通过控制系统，按给定的时间表对空调机组进行定时起/停控制，并能对相关设备进行远程控制。

4.2.6　平衡冷水机组一侧恒流量和空调机组一侧的变流量关系的控制

在中央空调系统中，冷水机组一侧向远端的空调末端设备提供和输运冷冻水，下面以空调机组和冷水机组的配合运行为例。冷水机组一侧要求恒流量运行，对于具体的一台冷水机组来讲，冷冻水的流出量要等于冷冻水的流入量，如果冷冻水的流出量要大于冷冻水的流入量，或冷冻水的流出量小于冷冻水的流入量，这两种情况是不可能发生的，即冷水机组一侧必须要满足恒流量运行的要求。但是在空调机组一侧，流进冷冻水的流量受安装在表冷器中冷水盘管上的电动两通阀或三通阀的控制，因此流过空调机组的冷冻水流量是变化的，即空调机组一侧的冷冻水是变流量的。因此控制系统必须要解决冷水机组一侧恒流量和空调机组一侧的变流量运行的关系。在空调机组一侧使用三通自动调节阀，就是解决这个问题的一种方法，如图 4-16 和图 4-17 所示。

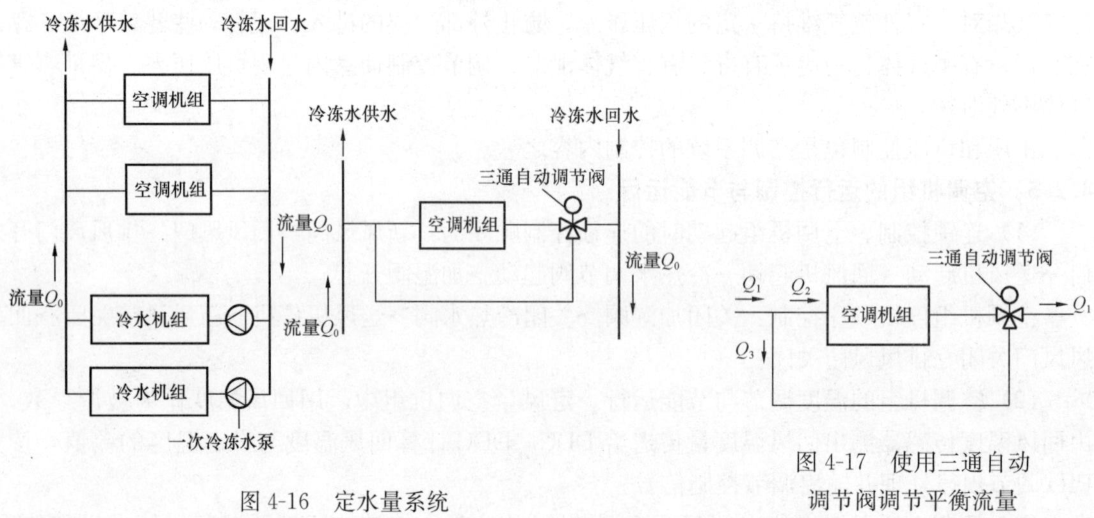

图 4-16　定水量系统

图 4-17　使用三通自动调节阀调节平衡流量

在图 4-16 中，冷冻水流量 Q_1 被三通自动调节阀调节为两个分流量 Q_2 和 Q_3，三通自动调节阀提供了一个旁通支路，对于每一台空调机组来讲，相当于定流量系统。

4.2.7　空调机组的监控点表和编制

1. 空调机组的监控点表

在进行中央空调空调机组控制系统的设计、施工中都要用到监测、控制点表。空调机组（空调箱）的结构、原理基本相同，在不同的应用环境中，可能有一些差别，如两管制空调机组、四管制空调机组，有的空调机组有新风口、回风口和送风口三个风口，有的空调机组除了上述的三个风口以外，还有排风口等。以上差异主要原因在于应用环境的不同，如空调机组的回风管道通路包括房间天花板吊顶部分，使风道阻尼变大，因此需要在回风通道中增加回风机；在风管系统较为复杂的情况下，设置排风口和排风风机克服风道阻尼使回风、排风过程顺畅等。因此不同的空调机组的监测、控制点表不是完全相同的，但绝大多数监控内容是一样的。某现场环境中配置的一台空调机组的监测、控制点配置见表 4-2。

表 4-2　某现场环境中配置的空调机组监测、控制点配置表

监测、控制点描述	AI	AO	DI	DO	接口位置
送风机运行状态			√		送风机电控箱交流接触器辅助触点
送风机故障状态			√		送风机电控箱主电路热继电器辅助触点
送风机手/自动转换状态			√		送风机电控箱控制电路，可选
送风机开/关控制				√	DDC 数字输出 DO 口到送风机电控箱交流接触器控制回路

续表

监测、控制点描述	AI	AO	DI	DO	接口位置
回风机运行状态			√		回风机电控箱交流接触器辅助触点
回风机故障状态			√		回风机电控箱主电路热继电器辅助触点
回风机手/自动转换状态			√		回风机电控箱控制电路，可选
回风机开/关控制				√	DDC 数字输出 DO 口到回风机电控箱交流接触器控制回路
空调冷冻水/热水阀门调节		√			DDC 模拟输出 AO 口到冷热水电动阀驱动器控制口
加湿阀门调节		√			DDC 模拟输出 AO 口到加湿电动阀驱动器控制口
新风口风门开度控制		√			DDC 模拟输出 AO 口到送风门驱动器控制口
回风口风门开度控制		√			DDC 模拟输出 AO 口到回风门驱动器控制口
排风口风门开度控制		√			DDC 模拟输出 AO 口到排风门驱动器控制口
防冻报警			√		防冻开关（也叫低温断路器）
过滤网压差报警			√		压差开关
新风温度	√				风管式温度传感器，可选
新风湿度	√				风管式湿度传感器，可选
室外温度	√				室外温度传感器，可选
回风温度	√				风管式温度传感器
回风湿度	√				风管式湿度传感器
送风温度	√				风管式温度传感器，可选
送风风速	√				风管式风速传感器，可选
送风湿度	√				风管式湿度传感器，可选
空气质量	√				空气质量传感器（CO_2、CO 浓度）

2. 监控点表的编制

在空调系统的各个组成部分所有设备完成选型后，根据控制系统结构图，控制系统的设计人员及暖通空调、各相关工种设计人员要共同编制并完成空调系统监控点表。空调系统监控点表是全部控制对象设备及进行监控内容的完整汇总表，是系统规划与设计意图的集中体现，工程中后续的每一项工作都以空调系统监控点表为依据。有了监控点表，接下来就可以选择控制系统中的核心控制部件——DDC 控制器。因此空调系统监控点表也是 DDC 控制器监控点一览表。

监控点的信号有传感器采集的监测信号和传送给执行启动控制信号，监测信号有模拟输入信号和数字输入信号，模拟输入信号标记为 AI 信号，数字输入信号标记为 DI 信号。有控制器传送给执行器的控制信号分模拟输出信号和数字输出信号，模拟输出信号标记为 AO 信号，数字输出信号标记为 DO 信号。

在组织物理系统时，需要将传感器、执行器和控制器连线，因此还要分清各点的信号类型（如直流电压、直流电流、干接点和湿节点等）。此外，根据监控性质，监控点又可划分显示型、控制型和记录型三类。

显示型监控点：①设备即时运行状态检测与显示；②报警状态检测与显示；③其他需要进行显示监视的情况。

控制型监控点：是指根据特定的控制逻辑及简单、优化、智能的控制算法需要接入的监控点。

记录型监控点：①状态检测点；②运行记录及报表生成点等。

监控表的格式以简明、清晰为原则，根据选定的建筑物内各类设备的技术性能，有针对性地进行制表。

编制监控点表的时候，还要注意：

（1）在监控点表上清晰给出每个分站的监控范围，并对分站进行编号。这里讲的分站是指现场分站及空调机组或新风机组的DDC控制箱。

（2）如果控制系统的通信网络架中，包括多种测控网络或总线时，对不同的测控网络或总线给予不同的通道编号。

（3）对于每个监控点进行编号。

（4）监控点号中各部分内容的排序如图4-18所示。

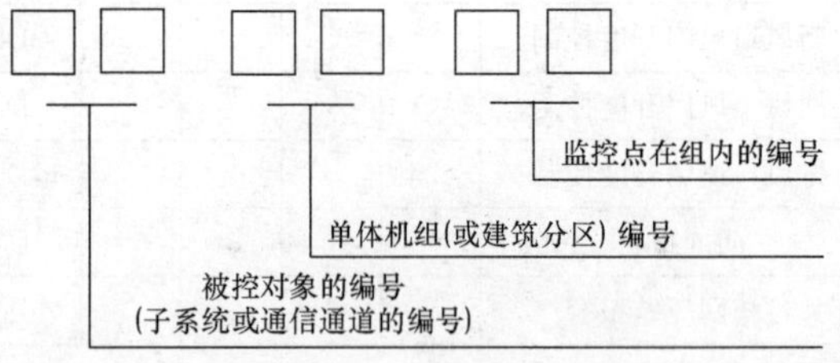

图 4-18　监控点内容的排序

3. 干接点和湿接点

干接点是指无源开关，具有闭合和断开两种状态；2个接点之间没有极性，可以互换。常见的干接点信号有具有两值状态输出的传感器，如防冻开关、压差开关、继电器接点等。

湿接点是指有源开关；具有有电和无电的两种状态；2个接点之间有极性，不能反接。在空调控制系统中，主要使用各种干接点，因为干接点没有极性的优点：接法简单，降低工程成本和工程人员要求，提高工程速度；连接干接点的导线即使长期短路既不会损坏本地的控制设备，也不会损坏远方的设备；接入容易，接口容易统一。

4.2.8　舒适性空调室内外空气参数

1. 室内空气参数

舒适性空调是为了使室内人员处于舒适状态，保证良好的工作条件和生活条件的空气调节系统。决定人体舒适感的主要因素有空气温度、相对湿度、空气流动速度、围护结构内表面和其他物体表面温度。根据我国国家标准暖通空调设计规范，舒适性空调室内空气参数为：夏季温度为24～28℃，湿度为40％～60％，空气流动速度小于0.3m/s；冬季温度为18～22℃，湿度为40％～60％，空气流动速度小于0.2m/s。

表4-3给出了部分民用建筑空调室内空气计算温度，这类建筑的室内空气相对湿度一般为40％～60％。

表 4-3　　部分民用建筑空调室内空气计算温度

建筑物名称	室内计算温度/℃		建筑物名称	室内计算温度/℃	
	夏季	冬季		夏季	冬季
剧院、音乐厅	27～28	18～20	飞机场候机厅	27～28	16～18
会堂，电影院	27～28	16～18	车站候车厅	27～29	16～18
宾馆，饭店（客房）	26～28	13～22	办公大楼	26～28	18～20
展览馆、博物馆	27～28	16～18	会议室	26～28	16～18

2. 室外空气计算参数

干球温度是温度计在普通空气中所测出的温度，湿球温度是指同等焓值空气状态下，空气中水蒸气达到饱和时的空气温度，在空气焓湿图上是由空气状态点沿等焓线下降至 100% 相对湿度线上，对应点的干球温度。室外空气的干、湿球温度在不同季节、不同月份以及在同一天中不同时刻都在发生变化。大气相对湿度的变化规律正好与大气温度的变化规律相反，即中午相对湿度低，早晚相对湿度高。

我国《采暖通风与空气调节设计规范》（GBJ 19—1987）中规定的设计参数是按照全年大多数时间里能满足室内参数要求而确定的。如北京地区的空调室外空气计算参数见表 4-4。

表 4-4　　北京地区的空调室外空气计算参数

空气计算参数	冬　季	夏　季
大气压力	102.04/kPa	99.86/kPa
室外计算干球温度	−12℃	33.2℃
夏季室外计算湿球温度	26.4℃	
冬季室外计算相对湿度	45	

4.2.9 空调房间的热负荷、湿负荷及计算

对室内热、湿负荷的定量计算是进行空调设备及控制系统设计的基本依据。热、湿负荷的定量计算决定了空调系统的送风量和空调设备的容量。

1. 空调房间热负荷

为保持所要求的室内温度，必须由空调系统从房间带走的热量叫作空调房间冷负荷。如果空调系统需要向室内提供热量，以补偿热损失。这时房间负荷为供热负荷，简称热负荷。可以使用冷负荷系数法来计算空调冷负荷。下面介绍基于冷负荷系数法的一种实用方法。

2. 影响空调系统热负荷的重要因素及温湿度和相关性

空调系统中的各个设备容量是按照容量冗余原则选择的，即根据空调房间内可能出现的最大热、湿负荷进行选择的，而在空调的实际运行中，空调负荷是动态变化的。

当空调系统在运行过程中的某一时刻处于稳定状态，空调房间内的空气温度保持恒定，流出和流入空调房间内的热量处于平衡状态。

由于外部的干扰作用破坏了原来的能量平衡状态，引起调节参数的变化，于是调节过程便开始，以改变对象的输入或输出的能量，使能量达到新的平衡，使调节参数回到给定值。

（1）影响空调系统负荷的部分重要因素。空调系统负荷在多种外部因素的作用下呈动态变化，这些外部因素主要有以下一些情况。

1）太阳辐射。通过空调房间的外窗进入室内的太阳辐射热，将会受到天气阴、晴变化影响。

2）室外空气温度。由于室内外温差的变化而引起室内外热量传递的变化，从而造成空调房间内热负荷的变化。

3）室外空气的渗透。室外空气通过空调房间的门、窗缝隙进入室内，造成对室内温度的影响。

4）新风。为了满足室内卫生需要和正压及排风等要求，而采用入室外空气量的变化，即新风的使用情况直接造成室内热负荷的变化。

5）建筑环境内照明、电热及机电设备的开起、停止和投入使用数量的变化。

6）建筑环境内部工作人员数量的增减会直接影响到热负荷的水平。

7）室内湿度变化引起热负荷的变化。

8）建筑外围护对空调区域的热负荷水平也关系重大。

（2）温、湿度的相关性。空调房间内温度和湿度是两个紧密关联的物理量及参数，这两个参数常常是在一个调节对象里同时进行调节的两个被调量。两个参数在调节过程中既相互制约又相互影响。如果由于某些原因使空调房间内温度升高，引起空气中水蒸气的饱和分压力发生变化，在含湿量不变的情况下，就引起了室内相对湿度的变化（温度的升高会使相对湿度降低，温度的降低则会使相对湿度升高），在调节过程中，对某一参数进行调节时，同时也引起另一参数的变化。

3．室内外热源形成的冷负荷

（1）室外热源形成的负荷。室外热源形成的负荷由通过围护结构传热形成的冷负荷、透过玻璃窗进入室内的太阳光辐射形成的冷负荷和室内热源形成的冷负荷三部分组成。

1）通过围护结构（外墙和屋顶）传热形成的冷负荷

$$Q = KF(t_u - t_n) \tag{4-1}$$

式中：Q 为在太阳辐射热和室外空气综合作用下通过外墙或屋顶形成的室内冷负荷（W）；K 为围护结构（外墙和屋顶）的传热系数[W/(m^2·K)]；F 为围护结构的传热面积（m^2）；t_u 为冷负荷计算温度（℃）；t_n 为室内空气温度（℃）。

2）透过玻璃窗进入室内的太阳辐射热形成的冷负荷。在室内外热源的作用下，某一时刻进入空调房间的总热量叫作该时刻的得热量。

①对没有内遮阳的玻璃窗：最大冷负荷＝(0.6～0.7)×最大得热量

②对有内遮阳的玻璃窗：最大冷负荷＝(0.8～0.85)×最大得热量

③对设有内遮阳的玻璃窗，最大冷负荷出现时间比最大得热量出现时间推迟约一小时。

（2）室内热源形成的冷负荷。

1）人体散热和散湿。人体的散热量和散湿量与性别、年龄、衣着、劳动强度及环境温湿度有关。人体散热量计算如下

$$Q = qnn' \tag{4-2}$$

式中：q 为不同室温和劳动性质时成年男子散热量（W）；n 为室内人数；n' 为群集系数，随人员组成而定。

人体的散湿量计算如下

$$W = un \tag{4-3}$$

式中，u 为不同室温和劳动性质时成年男子的散湿量（g/h）。

2）照明灯具散热。照明灯具散热量计算如下

$$Q = n_1 n_2 N \tag{4-4}$$

式中：N 为照明灯具的安装功率（kW）；n_1 为镇流器消耗功率系数，对白炽灯 $n_1 = 1.0$；镇流器装在顶棚内的荧光灯 $n_1 = 1.0$；镇流器安装在空调房间内的荧光灯 $n_1 = 1.2$；n_2 为灯罩隔热系数。

3）用电设备的散热。电热设备的散热量计算如下

$$Q = n_1 n_2 n_3 n_4 N \tag{4-5}$$

式中：N 为电热设备的安装功率（kW）；n_1 为利用系数，设计最大实耗功率与安装功率之比，一般可取 0.7～0.9；n_2 为同时使用系数，即同时使用的安装功率与总安装功率之比，一般可取 0.5～1.0；n_3 为负荷系数，每小时平均实耗功率与最大实耗功率之比，一般可取 0.5 左右；n_4 为通风保温系数，一般可取 0.5。

夏季部分不同的空调房间冷负荷概算指标，见表 4-5。

表 4-5　夏季部分不同的空调房间冷负荷概算指标

场　所	空调房间冷负荷概算指标/(W/m²)
办公楼（全部）	95～115
超高办公楼	105～145
旅馆（全部）	70～95
剧场（观众厅）	230～350

4. 湿负荷及计算

（1）湿负荷。为使室内维持一定的湿度，空调系统在制冷和制热的同时，还要排除或增加一定的湿量。这个湿量称为湿负荷。

（2）湿负荷计算。室内湿源的散湿量即形成空调房间的湿负荷。部分典型湿源形成的湿负荷计算如下。

1）敞开水槽的散湿量为

$$W = \beta(p_{q.b} - p_q)F\frac{B}{B'} \tag{4-6}$$

式中：$p_{q.b}$ 为相应于水表面温度下的饱和空气的水蒸气分压力（Pa）；p_q 为空气中水蒸气分压力（Pa）；F 为蒸发水槽表面积（m²）；β 为蒸发系数[kg/(N·s)]，$\beta=(a+0.0036v)\times 10^{-5}$，$a$ 为不同水温下的扩散系数 [kg/(N·s)]；B 为标准大气压力，其值为 101 325Pa；B' 为当地实际大气压力（Pa）；v 为水面上周围空气流速（m/s）。

2）地面积水蒸发湿量的计算方法视具体情况而定。

4.2.10　空调房间送风量的确定和空调系统新风量的确定

1. 空调房间送风量的确定

夏季空调房间的送风量 G 可使用下式计算

$$G = \frac{Q}{h_N - h_0} = \frac{1000W}{d_N - d_0} \quad (\text{kg/s}) \tag{4-7}$$

式中：Q 为空调房间的总余热量；W 为空调房间的总余湿量；d_0、h_0 分别表示送风空气的含湿量和比焓；d_N、h_N 分别表示排风的含湿量和比焓。

如果已知送风温度 t_0，送风温差 Δt_0、设计温度和湿度，就可以从 (h-d) 焓湿图上读出描述送风状态 $O(h_0, d_0)$ 和室内状态 $N(h_N, d_N)$，并求出夏季空调房间的送风量 G。

2. 空调系统新风量的确定

空调系统的主要前端设备空调机组使用回风，与新风机组相比会产生很好的节能效果。合理地规定和选用回风量，是空调节能的有效途径之一。送风中包括新风的引入，来满足室内用户人体生理需氧量和稀释室内二氧化碳和甲醛等有害气体和气味。引入一定量的新风还能维持空调房间内一定的正压需求，如果空调房间内有局部排风系统时，引入新风还可以补偿，对排风量进行补偿。

国家对一般场所室内空气的新风量标准是 30m³/h。对一些特殊场合，如医院、商场、

学校等要求的新风量更高。

国标暖通空调设计规范，对各类民用建筑的最小新风量提出推荐值。表 4-6 给出的最小新风量可供民用建筑参考。

表 4-6　　民用建筑最小新风量

建筑物名称	每人最小新风量/（m^3/h）（不吸烟情况）	建筑物名称	每人最小新风量/（m^3/h）（不吸烟情况）
宾馆、饭店（客房）	30	餐厅	20
体育馆	8	个人办公室	25
办公室	18		

4.2.11　空调机组中水阀开度的控制

1. PID 算法调节空调机组中水阀开度

在空调机组中，由冷水机组输运送来的冷冻水经过嵌入表冷器的冷水盘管，为控制穿过表冷器的冷风温度，只要调节冷冻水的流量就可以，因此将表冷器冷冻水的出水口处安装了电动两通阀或三通阀，通过调节阀门开度，就可以调节冷冻水流量，进而实现空调房间内温度的调节。一般来讲控制系统的控制越精细，温度控制精度就越高。

设定空调机组使用了电动两通阀，则电动两通阀门开度控制的情况如下：将控制器的模拟输出 AO 口和电动两通阀的控制电路连接起来，控制器中的控制程序包括 PID 算法，程序中的控制关系为

$$K = P(T_2 - T_0)\%$$

式中：K 为阀门开度；P 为的比例系数；T_2 为温度传感器的实测温度；T_0 为 PID 控制中的设定温度。

【例】 设定温度 T_0 为 26℃，实测温度 T_2 为 29℃，PID 调节器的比例系数 P 设定为 28，根据上边的比例控制语句，电动两通阀阀门开度 $K=28\times(29-26)\%=84\%$。

在实际控制过程中，电动两通阀阀门开度不是在接收控制指令后达到 84%的开度，而是高于 84%，然后再回落低于 84%，并经过一段时间震荡后，才稳定在 84%的开度上，这个过程用图 4-19 表示。

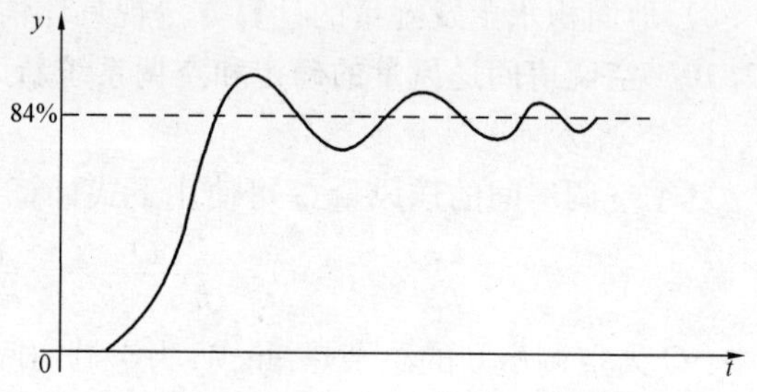

图 4-19　阀门开度调节到 84%的实际实现过程

这里要说明的是：这里暂时没有考虑 PID 调节器的积分常数 I 和微分常数 D。

2. 一个比例积分电动两通阀的安装接线

使用 LDVB3200 比例积分电动两通阀作为安装接线说明，该阀门外形如图 4-20 所示，结构如图 4-21 所示。

比例积分电动两通阀由电动执行器、二通阀体、变压器、比例积分温控器、温度传感器五件套组成，适用于中央空调空调机组用于控制冷冻水的流量控制。比例积分式控制电动两通阀阀门开度的空调机组组件连接关系如图 4-22 所示。

图 4-20　LDVB3200 比例积分电动两通阀

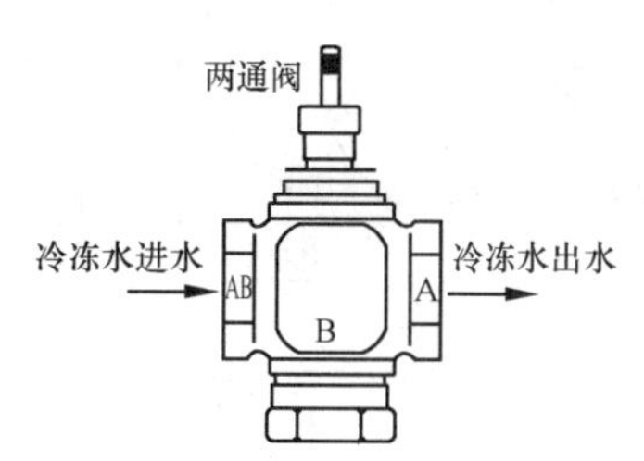

图 4-21　两通阀结构

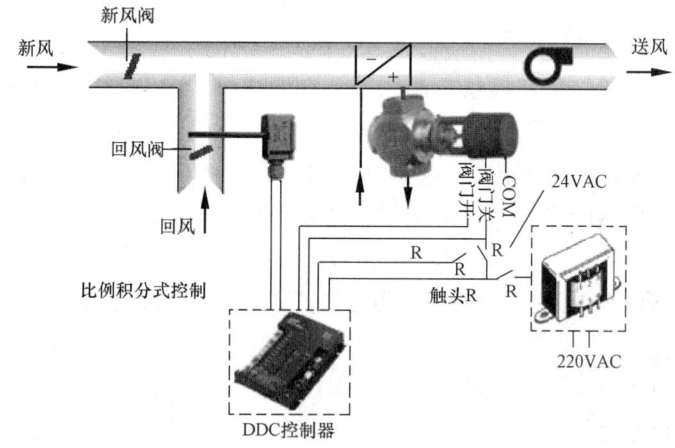

图 4-22　电动两通阀阀门开度控制的组件连接关系

LDVB3200 比例积分电动调节阀部分技术特点：

(1) 选用永磁同步电动机，并带有磁滞离合机构，具有可靠的自我保护功能。

(2) 适合多种控制信号：增量（浮点）、电压（0～10V）、电流（4～20mA）。

(3) 具有 0～10V 或 4～20mA 反馈信号（选配）。

电动二通阀与驱动器配套应用于二管式冷空调机组控制系统，该套系统主要由比例积分温度控制器，装在回风管内的温度传感器，电动调节阀门以及驱动器组成，控制器的作用是把温度传感器所检测到的温度与控制器设定的温度相比较，并根据比较结果输出相应的电压信号，来控制电动阀的动作，使送风温度保持在所需要的范围。这里的比例积分温度控制器可以看作内装有 PID 算法控制程序的 DDC 控制器。

当温度传感器检测到的室温高于温度控制器设定的温度时，电动调节阀开起，流量增大，反之，当温度传感器检测到的室温低于温度控制器设定的温度时，阀门关闭，流量减小，实现温度的自动调节。LDVB3200 比例积分电动调节阀安装接线如图 4-23 所示。

4.2.12　空调机组的供冷量

大多数现代建筑中装备的中央空调系统多为全空气与空气-水空调（即风机盘管）系统，这里的全空气空调系统是新风机组及空调机组，这些空气处理机组集中安置在机房，因此是集中式空调系统，由于冷源由冷水机组提供，风机盘管是空调房间内的末端设备，所以风机

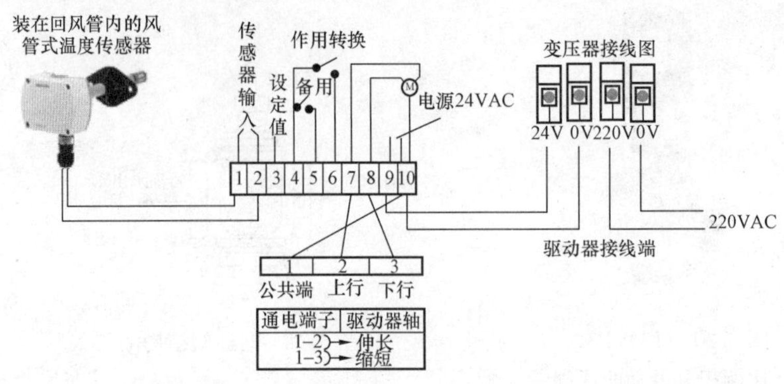

图 4-23 LDVB3200 比例积分电动调节阀安装接线图

盘管则是半集中式空调系统。

工程中常用的空调机组是定风量空调系统，空调机组在向空调区域供送冷风的时候，实质是向空调区域供送冷量。空调房间内的负荷是动态变化的，为了调节室内的温度，通过改变空调机组的送风温度来满足室内冷（热）负荷变化。

空调机组在向空调房间输送冷风的时候，送入空调房间的冷量如下

$$Q = cpl(t_n - t_0)$$

式中：c 为空气的比热容；p 为空气密度；l 为送风量；t_0 为室内温度；t_n 为送风温度；Q 为送入空调房间的冷量。

如果送风量 l 维持为常量，通过调节送风温度 t_n，就可以调节空调房间的供冷量，由于空调房间内的冷负荷是动态变化的，即为了维持室内的温度在某一个舒适值上，送风温度 t_n 也随室内负荷动态变化，就可维持室温不变，这就是定风量空调系统的工作原理。

空调系统不仅在夏季能够向空调房间供给冷量进行空气制冷，在冬季还能向空调房间供给热量进行空气制热。制冷时，把热从房间内移出；供热时，把热量输运进房间内。在向空调房间供给冷量的时候，称为冷负荷；在向空调房间供给热量的时候，称为热负荷。换言之，冷负荷是指制冷负荷，其量值等于为使室内温湿度维持在规定水准上而须从室内排除的热量；而热负荷是指为了补偿房间失热量需向房间供应的热量。

4.2.13 空调机组控制设计要点

（1）风机控制（程序设定）：根据设定程序启、停风机，累积运行时间。

（2）温度控制（温度设定、冬夏季转换设定）：根据回风温度与设定值之差，按比例积分调节模式调节供水阀门开度；春、秋季按比例调节风阀，改变新风、排风及送、回风混合比例；根据表冷器温度设限、控制防冻开关。

（3）焓值控制：根据回风温湿度、温度计算焓值与设定值之差，控制加湿段起停。加湿段与送风风机起停连锁。

（4）过滤器控制：测量过滤网两侧气流压差，若超过设限值，更新过滤网。

（5）监测：新风、送风、回风温度表冷器温度、CO_2 浓度、室内湿度、风机状态和过滤器状态。

（6）报警、记录：送风温度超限，过滤器压差超限、更新过滤器和风机故障。

（7）显示、打印：温度参数、湿度参数、设定值及测量状态。

4.3　风机盘管系统及控制

风机盘管是由小型风机、电动机和盘管（空气换热器）等组成的空调系统末端装置之一。盘管管内流过冷冻水或热水时与管外空气换热，使空气被冷却、除湿或加热来调节室内的空气参数。风机盘管是常用的供冷、供热末端装置。

4.3.1　风机盘管分类、结构

风机盘管机按结构形式可分为立式、卧式、壁挂式、卡式等；按安装方式可分为明装和暗装。几种不同结构形式的风机盘管外形如图 4-24 所示。

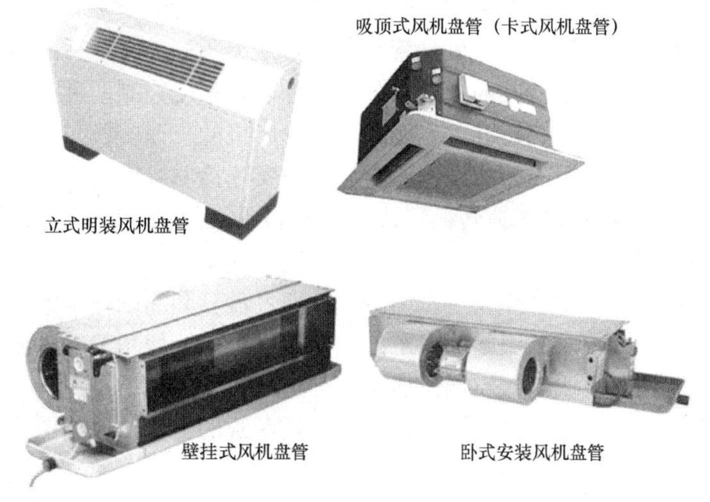

图 4-24　几种不同结构形式的风机盘管外形

一个卧式安装的风机盘管内部结构如图 4-25 所示。风机盘管中的风机可以是单台、两台或多台。风机盘管中驱动风机的电动机主要是单相电容式调速电动机。这种单相电动机有三个抽头，其中有一对抽头之间的测量电阻值比其他两个端子间的电阻值要高，在电阻值最大的两个端子之间并联电容，另一个端子（公共端）接电源。再测试公共端与接电容两端的接头之间的电阻，阻值大的一端就接电源的另一端。通过控制线路将接电容一端的电源线改接另一端就可以控制反转。

通过改变电动机的输入电压，变换电动机转速，使风机盘管提供的风量按高、中、低三挡调节（三挡风量一般按额定风量的 1∶0.75∶0.5 设置）。

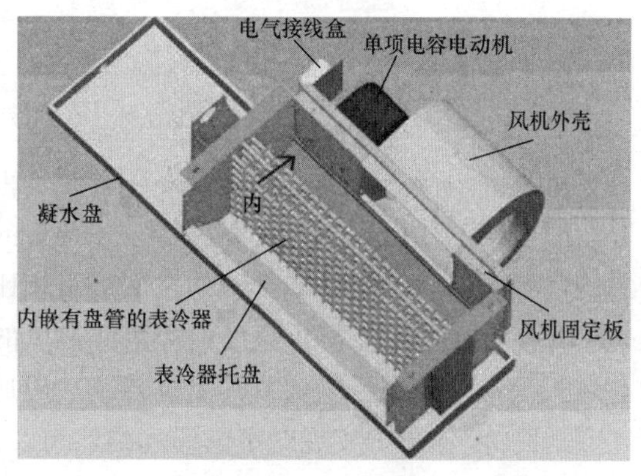

图 4-25　卧式安装的风机盘管内部结构

装置中的盘管是有 2～3 排铜管串铝合金翅片的换热器，其冷冻水与水系统的冷管路相连，如果需要供给热水，则将盘管与水系统的热水管路相连。为了保护风机和电动机，减轻积灰对盘管换热效果的影响和减少房间空气中的污染物，在风机盘管（除卧式暗装机组外）的空气进口处装有便于清洗、更换的过滤器以阻留灰尘和纤维物。

风机盘管包括单盘管机组和双盘管机组。单盘管机组内只有 1 个盘管，冷热兼用，单盘管机组的供热量一般为供冷量的 1.5 倍；双盘管机组内有 2 个盘管，分别供热和供冷。

4.3.2 风机盘管空调系统的工作原理

1. 风机盘管组成

风机盘管主要由风机、换热盘管和机壳组成。按风机盘管机外静压可分为标准型和高静压型，风机一般采用双进风前弯形叶片离心风机，电动机采用电容式 4 极单相电动机、三挡转速。

2. 风机盘管空调系统的工作原理

风机盘管是中央空调系统使用最广的末端设备，风机盘管的全称为中央空调风机盘管机组，房间局部吊顶的风口就隐藏着风机盘管，它不停地为我们带来舒适的温度。

风机盘管控制多采用就地控制的方案，分简单控制和温度控制两种。

风机盘管简单控制：使用三速开关直接手动控制风机的三速转换与起停。

风机盘管温度控制：使用温控器根据设定温度与实际检测温度的比较、运算，自动控制电动两/三通阀的开闭，风机的三速转换，或直接控制风机的三速转换与起停，从而通过控制系统水流或风量达到恒温。

使用风机盘管机组不断地循环调节室内空气，通过盘管和周围环境的热交换实现空气的冷却或加热，以保持房间要求的温度和一定的相对湿度。盘管使用的冷水或热水，由集中冷源和热源供应，与此同时，由新风空调机房集中处理后的新风，通过专门的新风管道分别送入各空调房间，以满足空调区域对新风的需求。风机盘管的工作情况如图 4-26 所示。

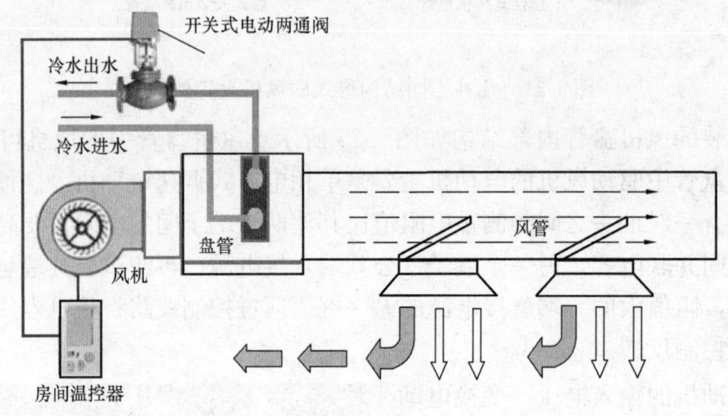

图 4-26　风机盘管的工作情况

风机盘管空调系统具有布置和安装方便、占用建筑空间小、单独调节好等优点，广泛用于温、湿度精度要求不高、需要进行空气调节的房间数量多、房间空间较小和需要单独调节控制的环境中。和中央空调系统的空调机组相比，风机盘管工作原理较为简单。风机盘管就像是一台能够送出用户需求温度的冷风或热风的大型电风扇。风机盘管是空调系统的末端装置，风机盘管一般均可以调节其风机转速（或通过旁通阀调节经过盘管的水量），从而调节送入室内的冷/热量，实现对室内温度的调节。两管制冷/热合用的风机盘管工作控制原理图如图 4-27 所示。

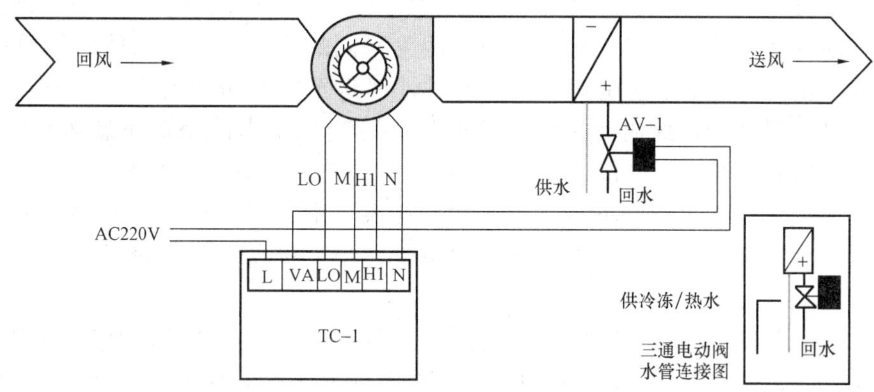

图 4-27　两管制冷/热合用的风机盘管工作控制原理图

图中的风机盘管二管制温度控制系统是由温度控制器 TC-1、电动阀 VA-1 组成。控制器 TC-1 的作用是检测室内的温度并与控制器设定温度相比较，并根据比较结果对电动阀 VA-1 进行通、断控制，调节冷冻水或热水的输运通道开通或关闭，控制送出的冷风或热风温度，使房间温度保持恒定。

温度控制器 TC-1 通过传感器测得室内温度，与设定温度比较，当室内需要冷风或热风时，控制器打开电动阀和风机，向室内供冷或供热。

现在工程中使用的独立运行风机盘管的温度控制器一般没有网络通信功能，就是说无法进行网络控制或远程控制。温控器的设定温度一般在 5～30℃内可调。通过操作温控器上的"高、中、低"三挡开关，来控制风机盘管内的风机按"高、中、低"三种转速运行，在不同挡转速下，调节送出冷风或热风的风量实现空调房间内温度的调节。

风机盘管工作在夏季模式时，空调水管输运冷冻水，温控器选择开关应拨在"COOL"（冷）的挡位。当空调区域的温度升高并超过设定点温度时，恒温器的触点接通，电动两通阀被打开、风机运行送风，风机盘管对室内空气制冷；当室温在冷气的作用下降低并低于设定温度时，恒温器的触点断开，电动阀被关闭、风机停止运行，风机盘管停止对室内空气制冷。这样往复循环，使室温保持在一定范围之内。

风机盘管的冷/热量可通过控制盘管水量、气流旁通、风机转速或三者的结合来控制。冷/热量的控制可手动，也可采用自动模式。

3. 风机盘管工程应用中的冷量风量校核

风机盘管可以自成单元，调节灵活。风机盘管为三挡变速，且水路系统可根据用户室温设定情况，采取冷热水自动控制温度调节阀调节，从而使各房间可独立调节室温，以满足不同空调使用客户的需求，房间无人使用时可手动关机或自动定时关机，可根据不同用户的使用需求来配置风机盘管机组和进行个性化调节控制，使整体系统的运行费用降低。

使用风机盘管对于分区控制较为容易，可以按房间的朝向、楼层、用途、使用时间等分成若干区域，按不同的客户使用需求进行分区控制，避免了大风道系统依靠集中控制的不足。

风机盘管机体小，布置灵活、安装方便、占用建筑空间较少，便于配合内装施工。根据业主的不同需求，结合设计图样选择进行工程实施，要充分考虑冷量和风量的校核。

（1）冷量的校核。选择风机盘管产品主要是根据空调房间的计算冷负荷来进行，但同时要结合不同的新风供给方式来综合考虑，因为不同的新风供给方式能够导致风机盘管的计算负载冷量不同。如果采用新风直接通过外墙送至空调房间的方式，进入房间内的新风没有经过热湿处理，此时，风机盘管的计算冷量＝室内冷负荷＋新风计算冷负荷；采用独立的新风系统时，则风机盘管的计算冷量＝室内冷负荷。当风机盘管的冷量过高，导致供冷能力过大，机组开动率低，换气次数减少，空气质量差，室温梯度大，系统容量和设备投资大，空调能耗加大，空调效果降低。当风机盘管的冷量过低，会形成小马拉大车的情况。

（2）风量校核。按房间空气品质要求校核换气次数。换气次数越多，则空气品质越好，如果空调区域中感受有异味、气闷的现象，标志着风机盘管系统换气次数少，风量校核没有做好。

4. 风机盘管工程应用中的送、回风方式

在风机盘管工程应用中，送、回风方式的选择对机组使用效能也有一定影响。送、回风方式直接影响空调房间内的气流组织，影响到空调房间的温度场、速度场的均匀性和稳定性，直接影响空气调节效果。

应根据实际的建筑格局、房间的结构形式，进深、高度等情况，选择中挡风量、风速指标来相应选择风机盘管型号。

5. 风机盘管水量调节和风量调节

（1）风机盘管水量调节。流经风机盘管中的水量调节方法有二通电动阀调节和三通电动阀调节。

1）二通电动阀调节水量。二通电动阀调节水量的方法如图 4-28 所示，在冷冻水管路上的回水测设置二通电动阀，使用用恒温控制器依据室内空气温度控制二通电动阀的开起与关闭。

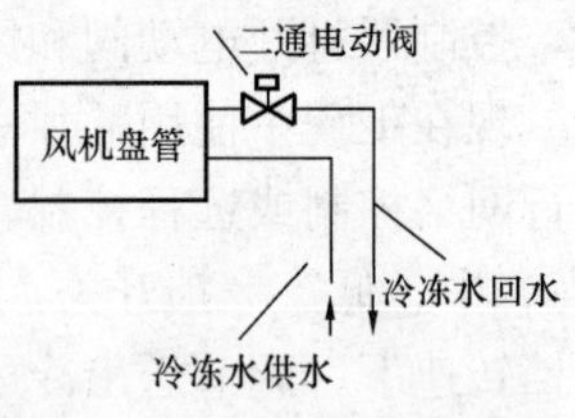

图 4-28　二通电动阀调节水量的方法

2）三通电动阀调节水量。三通电动阀调节水量的方法是在冷冻水路上设置三通电动阀，如图 4-29 所示。用恒温控制器根据室内温度控制三通电动阀的开起与关闭，使冷冻水全部通过风机盘管或全部旁通流入回水管。

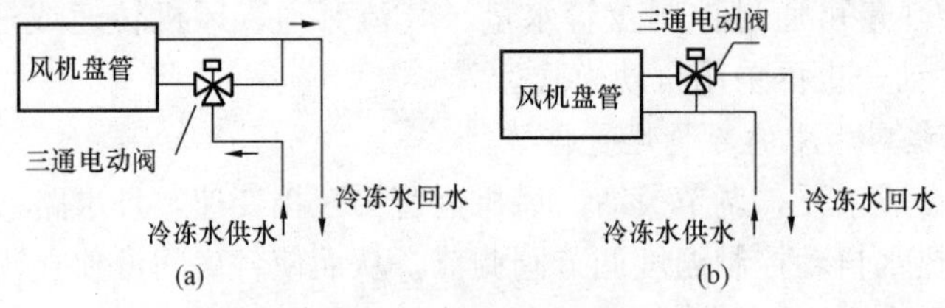

图 4-29　三通电动阀调节水量

（2）风机盘管风量调节。风机盘管设置高、中、低三挡风速调节，使用三速开关操作，用户可根据具体的环境及使用要求手动选择风量挡。通常还将恒温控制器与三速开关组合在一起，并设有供冷/供热转换开关，这样可以同时进行风量和水量调节。

4.3.3　风机盘管加新风系统

风机盘管加新风系统是实际工程中广泛使用的一种空调末端组织方式，该方式采用新风

系统与风机盘管组合的形式，解决了仅使用风机盘管不能解决新风输运的不足。

1. 新风系统

新风系统就是在24h不开窗的前提下仍然能够引入室外新鲜空气，排除室内浑浊有害的空气；新风系统由风机、进风口、排风口及各种管道和接头组成。安装在吊顶内的风机通过管道与一系列的排风口相连，风机启动，室内受污染的空气经排风口及风机排往室外，使室内形成负压，室外新鲜空气便经进风口进入室内，从而使室内人员可呼吸到高品质的新鲜空气，这就是新风系统。

正负压不均衡导致空气流动，在密闭的空调区域使用专用设备向室内送新风，同时将室内的浑浊气体输运到室外进行空气循环搬移，满足室内新风换气的需求。

2. 常见的风机盘管加新风系统实现方式

风机盘管加新风系统的实质就是独立的风机盘管和独立的新风系统的组合。常见的实现方式如图4-30所示。需要注意的是：图中还应该有排风口。

在大量的写字楼、办公楼，风机盘管加新风系统的组合形式多为吸顶式的风机盘管加新风系统。

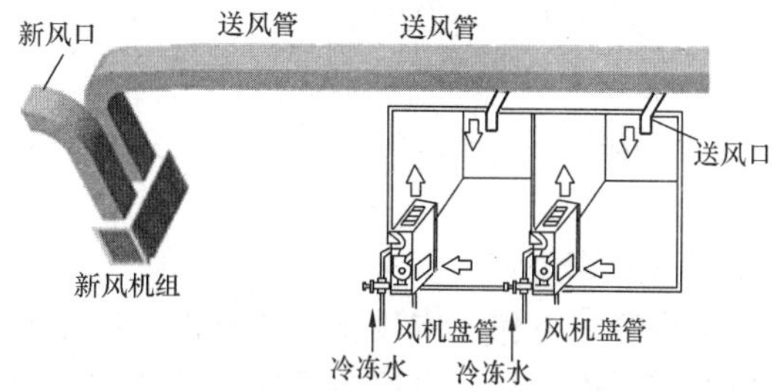

图4-30　风机盘管加新风系统的一种组织方式

3. 风机盘管加新风系统优缺点

风机盘管加新风系统由中央空调风机盘管和新风系统两部分组成，新风系统负担新风负荷以满足室内空气质量的需求，风机盘管加新风系统是水系统空调中一种重要形式，是建筑中广为采用的空调形式。与全空气系统相比，风机盘管加新风系统优点如下：

（1）控制应用灵活，可以根据不同空调区域的具体情况灵活配置安装，可灵活地调节不同空调区域的温度，根据房间的使用状况确定风机盘管的起停。

（2）风机盘管机组体型小，占地小，布置和安装方便，适合新老建筑内的使用。

（3）根据建筑内不同区域对冷量的需求不同、采用的调节方式要求不同，容易实现系统分区控制，冷热负荷能够按房间朝向、使用目的、使用时间等把系统分割为若干区域系统，实施分区控制。

（4）各房间可独立调节室温，房间没有用户时可以关掉风机，以节省运转费用。只关风机、不关冷水或热水，对其他房间的正常使用不受影响，而且各个房间之间的空气互不串通；风机可多挡变速，而且还可以控制水温和水量，所以调节灵活。

与全空气系统相比，风机盘管加新风系统也有以下一些明显不足：

（1）由于机组分散设置，设备台数多，维修保养和管理工作量大。

（2）由于没有采取任何过滤措施，导致室内空气品质变差，很难进行二级过滤，并较易发生凝结水渗漏。

（3）由于受噪声的限制，风机转速不能过高。

（4）风机盘管机组方式本身解决新风量困难，由于机组风机的静压小，气流分布受限制，可用于进深小于6m的房间。

如上所述，正确认识风机盘管加新风系统的优缺点，进行合理的设计，设备选择和正确的施工安装，可减轻风机盘管加新风系统固有缺陷产生的负面作用。

4.3.4 风机盘管系统控制设计要点

（1）温度控制（冬夏季转换设定）：根据室内控制器设定值与室温之差，按比例模式调节供水阀门开度。可选择就地温控模式和联网温控模式。

（2）监测：典型室内温度。

（3）报警、记录：风机故障。

4.4 中央空调控制系统设计中的一些重要内容

4.4.1 中央管理机设计

中央管理机也叫作中央管理工作站或中央监控主机，设计要点如下：

1. 中央管理工作站硬件配置

Ⅰ类楼控系统应该配置处理能力强的工业级计算机。当楼控系统规模较小时，采用配置较高的 PC 就可以。

2. 中央管理工作站软件配置

中央管理工作站应具备系统软件、应用软件、语言处理软件、数据库生成和管理软件、通信管理软件、故障自诊断软件及系统调试与维护软件。

3. 中央管理工作站电源设计

由变电室专路为中央管理工作站供电，负荷等级不低于所处楼宇中最高负荷等级。

中央管理工作站应配置 UPS 不间断供电电源，容量是中央管理工作站的全部负荷与为系统扩充预留负荷之和，供电时间不小于 30min。

4.4.2 现场分站设计

现场分站指安装有 DDC 控制器的控制单元，多表现为控制箱形式。

1. 现场分站功能

DDC 具有独立的控制程序，控制程序包含各种有效地算法。现场分站能够独立地实现对所负责监控设备和监控参量实施有效和可靠地监控，监控内容包括：实时采集各种现场被控物理量的数据信息，实时调节、驱动执行机构。DDC 直接和中央管理工作站进行通信。中央管理工作站对现场分站的运行进行检测、高权限的管理、参数设定、监控程序运行的一定程度管理。中央管理工作站出现故障时，即使和分站断开通信联系，分站也一样有序地按照设定程序控制相关建筑机电设备工作运行。

2. 分站容量及位置

（1）分站容量根据所负责监控设备的数量及监控点数确定，但应该留有 10%～15%的余量。

（2）分站位置选在受控设备相对集中，并以达到末端元件距离较短为原则（一般不超过 50m）。

（3）分站多选壁挂箱式结构。如果在设备集中的机房控制模块较多时，也可选落地柜式结构。

3. 分站电源配置

（1）Ⅰ类系统，当中控制室设有 UPS 电源时，分站电源由 UPS 电源盘集中供给，线路采用放射式或树干式。

(2) Ⅱ类系统，分站电源可就地由邻近动力盘专路供给。

4. 分站控制接线尽量避开的一些情况

(1) 分站设置地点要远离有压输水管道，以免管道、阀门跑水，殃及控制盘。在潮湿、蒸汽场所，应采取防潮、防结露措施。

(2) 分站设置地点要远离电动机、大电流母线和强电电缆通道，间距至少1.5m，以避免电磁干扰。在无法躲避干扰源时，应采取可靠的屏蔽和接地措施。

4.4.3　中控室

楼宇内和楼宇自控系统一般要设置一个监控中心，监控中心将楼宇自控系统、消防系统、安防系统集中在一个控制室内实施管理，这样可以做到全面监控和对各个子系统进行协调及管理，及时快捷地响应处理各类突发事件，提高防灾及处置能力，节省管理人员。作为一个综合性的监控中心，通常被称为中控室。我国在“智能建筑设计标准”明确提出：消防控制室可单独设置。当楼宇自控系统和安防系统合用控制室时，相关设备应辟出独立的区域，并确保各子系统的设备工作不会互相干扰。

监控中心用途、位置和设备布置情况如下：作为楼宇自控中心，监控中心设有中央工作站，由计算机系统和显示输出设备组成，中央站也叫管理中心或上位计算机，可对整个系统实行管理和优化调节，其作用是：可对楼宇自控系统的全部重要数据都能方便的读取和存储、监测、控制和打印输出，非标准程序的开发等。

监控中心位置宜设置在主楼底层接近被控设备中心的地方，也可在地下一层。监控中心要求设置在无有害气体、远离变电所、电梯、蒸汽及烟尘、水泵房等易产生强电磁干扰的地方。监控中心应将楼宇的重要区域的消防、安防、疏散通道及相关设备的所在位置给出醒目的平面图或模拟图。

较大型的监控中心一般有照明控制盘、变配电控制盘、通信控制盘、闭路电视控制盘、消防控制盘、保安控制盘、公共广播、内部电话及闭路电视监视器，还有一些相关的显示控制台、打印机等。

一个监控中心所占面积与楼宇建筑面积间有一个可参考的比例关系：如楼宇建筑面积10 000m^2时，监控中心面积20m^2，如楼宇建筑面积30 000m^2，监控中心面积90m^2。

监控中心的一些技术条件有：

(1) 空调：可用中央空调或自备专用空调。

(2) 照明：平均最低照度150～200lx，一般采用无栅暗装照明，最好是反光照明。

(3) 消防：用卤代烷替换品或二氧化碳固定式或找手提式灭火装置，禁止用水灭火装置，必须装备火灾报警设施。

(4) 地面和墙壁：宜采用架空防静电活动地板，高度不低于0.2m，一般高度0.3m，以便敷设线路，也可不用架空活动地板，如用网络地板扁平电缆，地面和墙壁应有一定的耐火极限。

(5) 不间断电源设置（UPS），可以使用集中的大容量不间断电源，也可采用分散小型的UPS。不间断电源UPS耗资较多，须选择适宜的容量。使用以下两种方法选用UPS。

1) 根据正常容量计算：所有负荷容量的算术和再加上预计的扩展容量（不含BAS中的执行机构）。

2) 由起动容量计算：单台容量为最大设备的额定容量的10倍加上其他设备的额定容量

之和。选择最接近以上计算值且容量稍大的UPS。UPS供电时间不低于20min。

4.4.4 空调冷热水系统的参数设置范围

1. 空气调节冷热水参数设置

根据国标，应通过技术经济比较后确定，宜采用以下数值：

(1) 空调冷冻水供水温度：5～9℃，一般为7℃。

(2) 空调冷冻水供回水温差：5～10℃，一般为5℃。

(3) 空调热水供水温度：40～65℃，一般为60℃。

(4) 空调热水供回水温差：4.2～15℃，一般为10℃。

2. 空调水系统的闭式循及环开示系统运行方式

空调水系统宜采用闭式循环。当必须采用开式系统时，应设置蓄水箱；蓄水箱的蓄水量，宜按系统循环水量的5%～10%确定。

3. 两管制和四管制水系统

全年运行的空气调节系统，仅要求按季节进行供冷和供热转换时，应采用两管制水系统；当建筑物内一些区域需全年供冷时，宜采用冷热源同时使用的分区两管制水系统。当供冷和供热工况交替频繁或同时使用时，可采用四管制水系统。

4. 冷冻水输运中的一次泵和二次泵

中小型工程宜采用一次泵系统；系统较大、阻力较高，且各环路负荷特性或阻力相差悬殊时，宜在空气调节水的冷源侧和负荷侧分别设一次泵和二次泵。

5. 多台冷冻站构成的空气调节水系统要配置自控系统

设置两台或两台以上冷水机组和循环泵的空气调节水系统，应能适应负荷变化改变系统流量，设置相应的自控系统。

6. 水系统的竖向分区及风机盘管水系统分区

水系统的竖向分区应根据设备、管道及附件的承压能力确定。两管制风机盘管水系统的管路宜按建筑物的朝向及内外区分区布置。

7. 空气调节水循环泵的选用

(1) 两管制空气调节水系统，宜分别设置冷水和热水循环泵。当冷水循环泵兼作冬季的热水循环泵使用时，冬、夏季水泵运行的台数及单台水泵的流量、扬程应与系统工况相吻合。

(2) 一次泵系统的冷水泵以及二次泵系统中一次冷水泵的台数和流量，应与冷水机组的台数及蒸发器的额定流量相对应。

(3) 二次泵系统的二次冷水泵台数应按系统的分区和每个分区的流量调节方式确定，每个分区宜不少于2台。

8. 空调水系统布置和选择管径

应减少并联环路之间的压力损失的相对差额，当超过15%时，应设置调节装置。

9. 空调补水泵选择

空调水系统的补水点，宜设置在循环水泵的吸入口处。当补水压力低于补水点压力时，应设置补水泵。空气调节补水泵按下列要求选择和设定：

(1) 小时流量宜为系统水容量的5%～10%。

(2) 严寒及寒冷地区空气调节热水用及冷热水合用的补水泵，宜设置备用泵。

10. 补水泵与补水调节水箱

当设置补水泵时，空气调节水系统应设补水调节水箱；水箱的调节容积应按照水源的供水能力、水处理设备的间断运行时间及补水泵稳定运行等因素确定。

11. 硬水处理

当给水硬度较高时，空气调节热水系统的补水宜进行水处理，并应符合设备对水质的要求。

第 5 章　中央空调系统冷热源及控制

5.1　中央空调系统的冷热源及中央空调各子系统的能耗

5.1.1　中央空调系统的冷热源

空调系统是现代建筑中的主要设备系统，是楼宇自控系统的主要监控对象之一。空调系统耗能在建筑总能耗中占 40%左右。通过空调自控系统，尤其是中央空调及自控系统实现空调系统的节能运行，意义重大。空调系统在运行过程中，控制系统要进行实时调控，故对空调系统的控制系统性能要求较高。

对局部式空调，如窗式空调、柜式空调、专用恒温柜式机等，自身都携带冷/热源及控制系统，不是中央空调及控制系统的监控内容，所以不再赘述。中央空调自控系统与常讲到的楼宇自控系统基本内容是相同的，两者的区别在于：后者不仅仅包括中央空调自控系统，还包括给排水监控、照明监控系统；建筑供配电监测、电梯监测和柴油机组发电监测等；系统集成等。

楼宇自控系统中所涉及的空调系统专指中央空调系统，中央空调系统又由冷/热源和末端设备两大部分组成。当室内空气参数偏离设定值时，采取相应的空气调节技术，使其恢复到设定值，完成空气调节的设备叫作空调机组（末端设备）也叫作空气处理设备。

中央空调系统的前端设备：新风机组、空调机组、风机盘管，前面已经做了较详细的分析讨论。中央空调系统的冷热源设备是中央空调系统的主要组成部分。冷热源设备不仅监控过程较为复杂，而且节能技术手段内容丰富。

建筑物中，系统冷源可以是冷水机组、热泵等，这些冷源主要为建筑物空调系统提供冷量；系统热源可以是锅炉系统、热交换器、热泵机组或城市热网等，除为建筑物空调系统提供热水外，还包括生活热水系统。其中，热泵机组既可以作为系统冷源，又可以作为系统热源。热泵机组功率较低，因此单独将热泵机组作为系统冷热源的建筑并不多见。如果单独将冷水机组作为系统冷源，将锅炉系统作为系统热源的话将会造成容量浪费和设备利用率低的缺欠。因为冷水机组在冬天几乎不用，而锅炉系统在夏天也仅仅需要满足生活热水需求，同时冷水机组和锅炉机组的容量又必须满足尖峰负荷需求，因此许多建筑物都将冷水机组和锅炉系统作为主要冷热源，其容量满足大多数情况下的负荷需求，不足部分由热泵机组承担。这种冷热源的配置方式相对比较经济。

由于冷水机组、热泵、锅炉等设备的控制较复杂，楼宇自控系统通过接口方式控制这些设备的起/停并调节部分可控参数，如冷冻水出水温度、蒸汽温度等。生活热水系统的监控原理与建筑物空调热源水循环系统的工作原理基本相同，因此下面讨论空调系统中冷热源设备监控系统的工作原理。

中央空调冷源系统包括冷水机组、冷冻水循环系统、冷却水系统，中央空调热源系统包括锅炉机组、热交换器等。中央空调系统中的冷/热源系统投资费用高、运行能耗高，进行

合理的设计来实现运行节能非常重要。

空调冷冻水由制冷机（冷水机组）提供，冷水机组由压缩式（活塞式、离心式、螺杆式、涡旋式）和吸收式冷水机组两大类组成。

要综合考虑建筑物用途、建筑物负荷大小及其变化、冷水机组特性、电源情况、水源情况、初投资运行费用、环保安全等因素来选用冷水机组（制冷机）。制冷机和冷冻水循环泵、冷却塔、冷却水循环泵一起构成冷源。

5.1.2　楼宇能耗及不同子系统的耗电情况

楼宇中空调系统是耗电大户，在整个楼宇总耗电中占有42%比重。办公及部分其他子系统的电耗，不同子系统的电耗参考值如图5-1所示。

中央空调系统中的空调机组、新风设备、风机盘管、冷却水系统、冷水机组和冷冻水泵耗电情况如图5-2所示，其中冷水机组作为空调前端设备的冷源耗电所占比重很高。

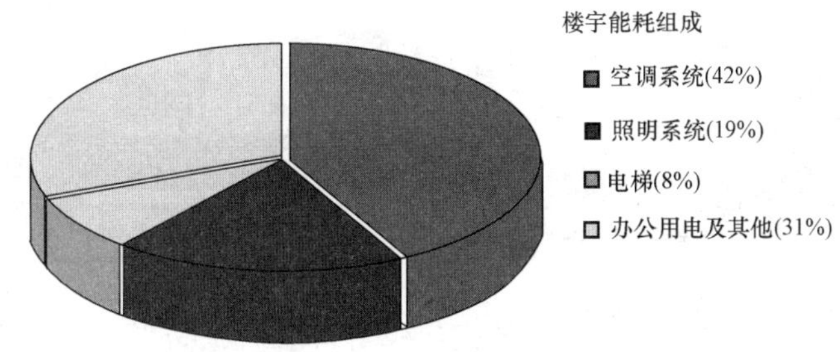

图5-1　楼宇不同子系统的电耗参考值

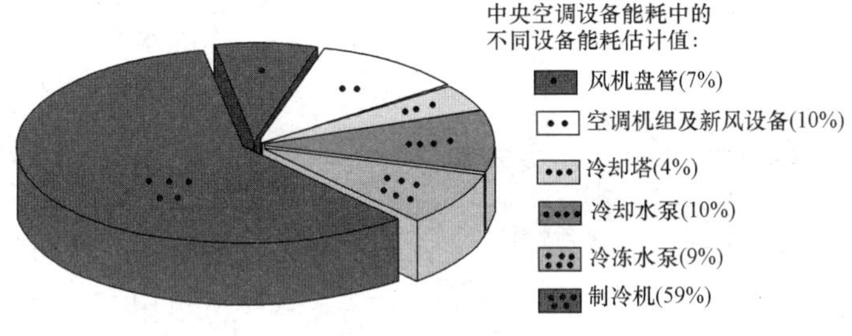

图5-2　中央空调设备中不同设备的能耗估计值

5.2　冷水机组的分类及运行原理

将制冷机、冷却水循环水泵、冷冻水循环水泵、补水箱、集水器、分水器等一些辅助设备安装在专用设备间：制冷站中。制冷站中的冷水机组生产制备的冷冻水通过分水器向各空调区的新风机组、空调机组或风机盘管（空调末端设备）提供冷冻水，冷冻水在这些末端设备处与空气媒质进行热交换，升温后又返回制冷站的集水器，再经过冷冻水循环泵加压进入冷水机组进行制冷，整个过程循环进行。冷冻水系统由冷冻水机组、冷冻水循环泵、分水器、集水器、空调末端及一些辅助设备组成。在制冷过程中，通过对冷冻水供回水温度、流量、压力、压差、冷水机组运行台数和差压旁路调节的控制，实现对冷冻水系统的控制来满足空调末端设备对冷源的需求，同时实现节能目的。

冷水机组有多种不同分类方式：

（1）按压缩机形式分类：活塞式、螺杆式、离心式。

（2）按冷凝器冷却方式：水冷式、风冷式。

（3）按能量利用形式：单冷型、热泵型、热回收型、单冷、冰蓄冷双功能型。

（4）按密封方式：开式、半封闭式、全封闭式。

（5）按能量补偿不同分：电力补偿（压缩式）、热能补偿（吸收式）等。

（6）冷水机组按压缩机形式的分类有：螺杆式冷水机组、离心式冷水机组和活塞式冷水机组和。下面仅介绍螺杆式冷水机组和离心式冷水机组。

5.2.1 螺杆式冷水机组

1. 螺杆式冷水机组的结构和辅助设备的连接

两种不同型号的螺杆式冷水机组外形如图 5-3 所示。

图 5-3 两种不同型号的螺杆式冷水机组外形

螺杆式冷水机组和冷冻水泵、冷却水泵、分水器、集水器和冷却塔配合为远端的空调末端设备供给冷冻水的情况如图 5-4 所示。

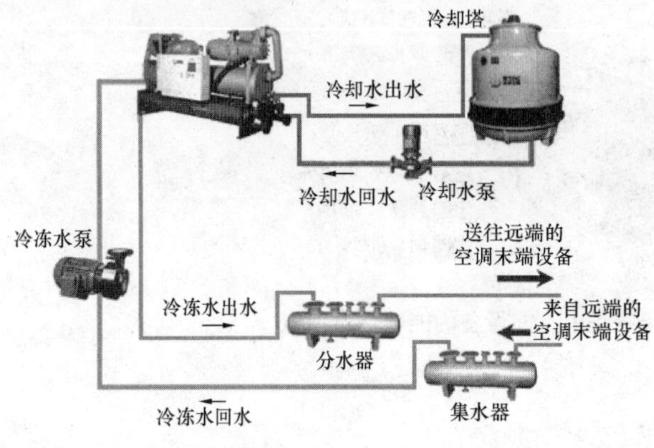

图 5-4 螺杆式冷水机组为远端空调末端设备供给冷冻水

冷冻水和冷却水的温度参数：冷却水进口温度为 30℃，冷却水出口温度为 35℃；冷冻水进口温度为 12℃，冷冻水出口温度为 7℃。

螺杆式冷水机组又分为水冷螺杆式冷水机组和风冷螺杆式冷水机组。水冷螺杆式冷水机组：采用螺杆压缩机，并且采用水冷却系统。风冷螺杆式冷水机组：除了具备水冷式螺杆机组系列的一般特征外，其最大的优点是不需要水冷却系统，只要是通风良好的地方便可以使用。风冷式螺杆冷水机组不需要配备冷却水泵、冷却塔等辅助设备，可大量节省材料及工程安装费用，甚至不需要设置机房。图 5-4 是一个水冷螺杆式冷水机组。

水冷螺杆式冷水机组和水箱、空调机组（空气处理设备）、冷冻水泵、冷却水泵及冷却塔的安装关系，如图 5-5 所示。

2. 水冷螺杆式冷水机的工作原理

水冷螺杆式冷水机的工作原理如图 5-6 所示。

螺杆式冷水机因其关键部件-压缩机采用螺杆式，故称为螺杆式冷水机，机组由蒸发器出来的状态为气体的冷媒；经压缩机绝热压缩以后，变成高温高压状态。被压缩后的气体冷

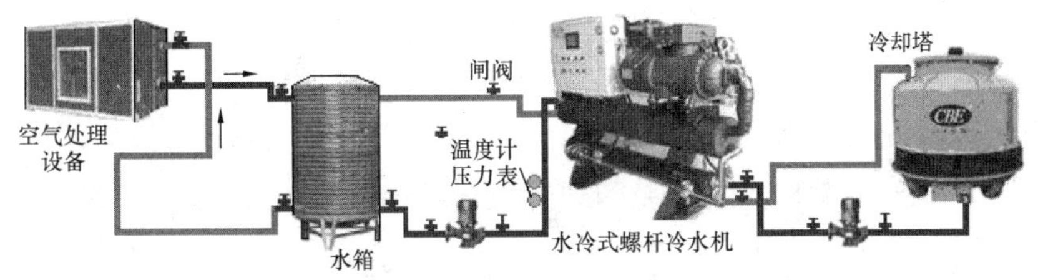

图 5-5　水冷螺杆式冷水机组与其他设备的连接安装

媒，在冷凝器中，等压冷却冷凝，经冷凝后变化成液态冷媒，再经节流阀膨胀到低压，变成气液混合物。其中，低温低压下的液态冷媒，在蒸发器中吸收被冷物质的热量，重新变成气态冷媒。气态冷媒经管道重新进入压缩机，开始新的循环，这就是冷冻循环的四个过程，也是螺杆式冷水机的主要工作原理。

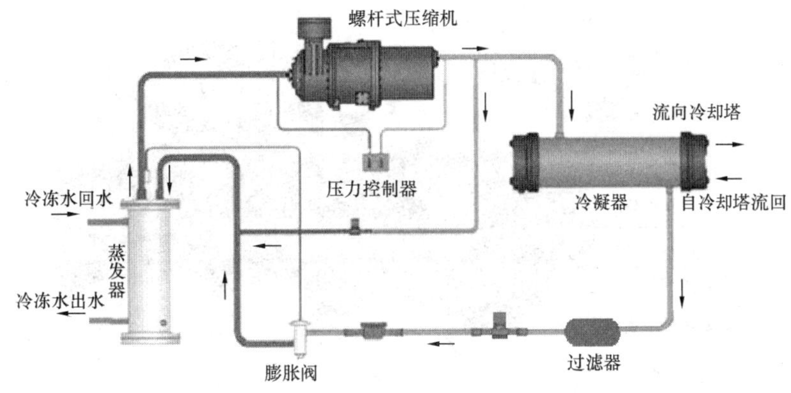

图 5-6　水冷螺杆式冷水机的工作原理

3. 水冷螺杆式冷水机组及系统安装时部分注意事项

(1) 冷冻水管路系统必须安装防震软接头、水过滤器、电子除垢仪、止逆阀、靶式流量控制器（随机附件）、排气阀、排水阀、截止阀、膨胀水箱等；膨胀水箱应安装在高于系统最高处 1～1.5m 处，水箱容量约为整个系统水量的 1/10，排气阀应安装在系统最高处与膨胀水箱之间，冷冻水管路系统和膨胀水箱应作保温处理。

(2) 冷却水管路系统必须先安装防震软接头、水过滤器、电子除垢仪、排水阀、截止阀、靶式流量控制器等，再与冷却塔进出水管路相连。

(3) 电气安装部分注意事项：

1) 用户选用的断路器额定电流必须大于机组最大运行电流值，且必须采用电动机专用型（D 特性）断路器，即断路器的瞬时脱扣电流值不小于其额定电流值的 10 倍。

2) 机组外壳应可靠接地，单压缩机机组为一路电源进线，双压缩机机组为两路电源进线，四压缩机机组为四路电源进线（电源进线示意图），开接电缆必须采用同一公司生产的等线径导线。

5.2.2　离心式冷水机组

1. 离心式冷水机组的结构

以美的商用离心式大型冷水机组为例进行说明，其外形如图 5-7 和图 5-8 所示。

离心式冷水机组，主要由离心制冷压缩机、主电动机、蒸发器、冷凝器、节流装置、压

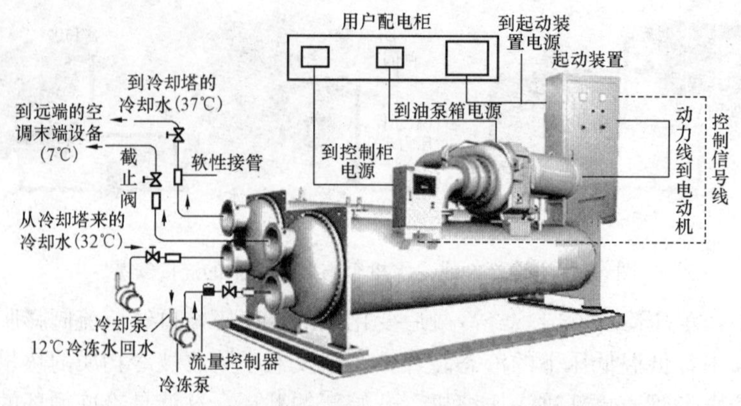

图 5-7 离心式大型冷水机组

图 5-8 离心式大型冷水机组外形

缩机入口能量调节机构、抽气回收装置、润滑油系统、安全保护装置、主电动机喷液蒸发冷却系统、油回收装置及控制系统等组成。离心式冷水机组的外形及剖面如图 5-9 所示。离心式制冷机组的主机是离心式制冷压缩机，一般都用于大容量的制冷装置中。

2. 离心式冷水机组工作原理

离心式冷水机组工作原理如图 5-10 所示。离心式冷水机组是利用电作为动力源，氟利昂冷媒在蒸发器内蒸发吸收携载冷量的水的热量进行制冷，蒸发吸热后的氟利昂冷媒湿蒸汽被压缩机压缩成高温高压气体，经水冷冷凝器冷凝后变成液体，经膨胀阀节流进入蒸发器再循环。7℃冷冻水为远端的空调末端设备提供冷量。

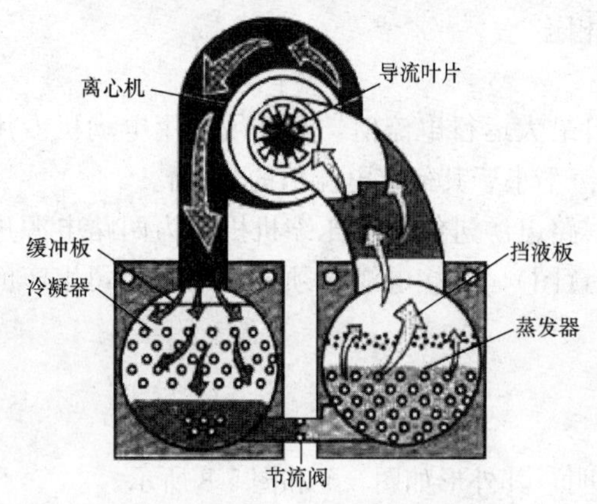

图 5-9 离心式冷水机组外形及剖面

离心式冷水机组是由蒸发器、离心式压缩机、冷凝器和节流机构（装置）组成的封闭式工作系统。在离心式冷水机组无论采用高压（R22）冷媒、中压（R134a）冷媒或低压（R134）冷媒，冷媒在工作循环的全过程中，

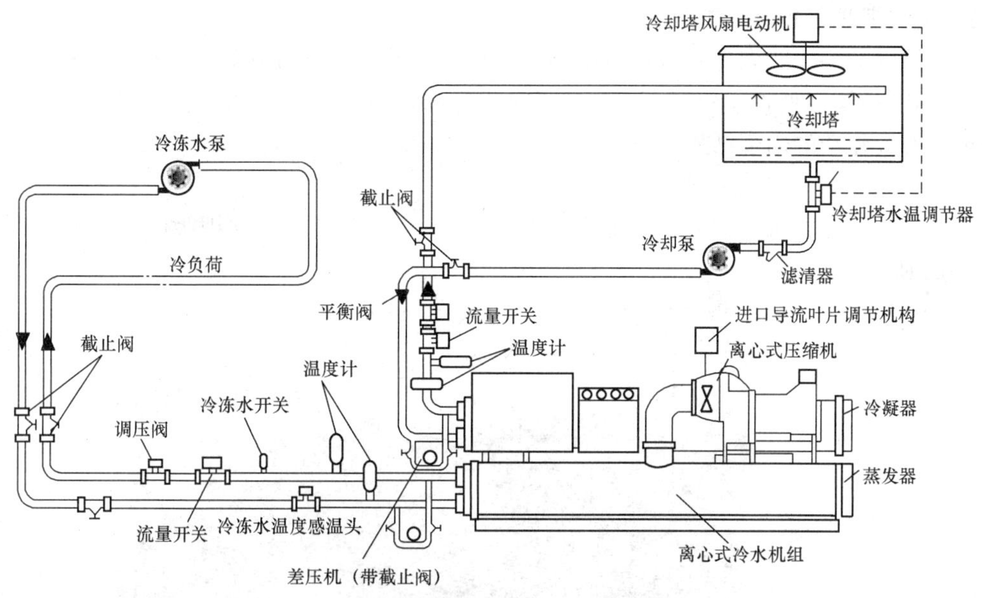

图 5-10　离心式冷水机组工作原理

都一样是在气态、液态和气/液混合态几种状态中转换。冷媒的气液相变主要发生在冷凝器（气态→液态）和蒸发器（液态→气态）之中，在压缩机中冷媒呈过热蒸汽状态，在减压膨胀阀中呈液态（包含少量液态冷媒）。

3. 离心式冷水机组的控制系统

离心式冷水机组的控制技术是较为成熟的。通过系统中的传感器、变送器以及控制器对机组进行运行控制，并对系统中的不同重要设备单元进行保护。监控系统可随时显示运行中的冷冻水出水口和进水口的水温、蒸发压力、冷凝压力、压缩机排气温度、主电动机电流、累计运行时间和起动次数。工程应用中的离心式冷水机组多配备较为完备的保护功能，如主电动机电流过大、冷冻水出水温度过低、冷冻水断水、主电动机绕组温度过高的保护等。

当制冷站由多台冷水机组组成时，能够自动地根据热负荷的变化，按照经济运行的原则，自动将正在运行的冷水机组切换到停机状态，或将处在停机状态的冷水机组切换到运行状态。离心式冷水机组一般情况下，配备有远程通信接口，接入所在的建筑设备监控系统，可以对冷水机组进行远程监控。

在制冷站中一般有多台冷水机组，而多台冷水机组需要进行群控、协调控制、按照特定节能策略的控制、能实现复杂功能的智能控制，就需要将冷站中每台控制器接入一个控制网络中，这个控制网络也叫作测控网络。

控制系统需要具备的功能：

（1）根据系统负荷要求，自动安排冷水机组的投入台数，实现高效运行。

（2）平衡各机组的运行时间，延长机组寿命。

（3）实现对指定的机组、水泵、冷却塔开启和关闭功能。

（4）实时监控系统运行状态和主要参数。

（5）实现冷冻水泵，冷却水泵，冷却塔连锁控制，按需自动起用备用设备。

（6）自动记录系统数据，按使用要求保存历史运行数据。

5.2.3 溴化锂吸收式冷水机组

冷水机组的种类较多，其中还有按能量补偿方式的不同进行分类，如按电力补偿（压缩式）、按热能补偿（吸收式）等。溴化锂吸收式冷水机组就是其中的一种，溴化锂吸收式冷水机组有着较复杂的内部结构。

1. 溴化锂吸收式冷水机组的结构

溴化锂吸收式冷水机组的结构如图 5-11 所示。几种不同的溴化锂吸收式冷水机组外形如图 5-12 所示。

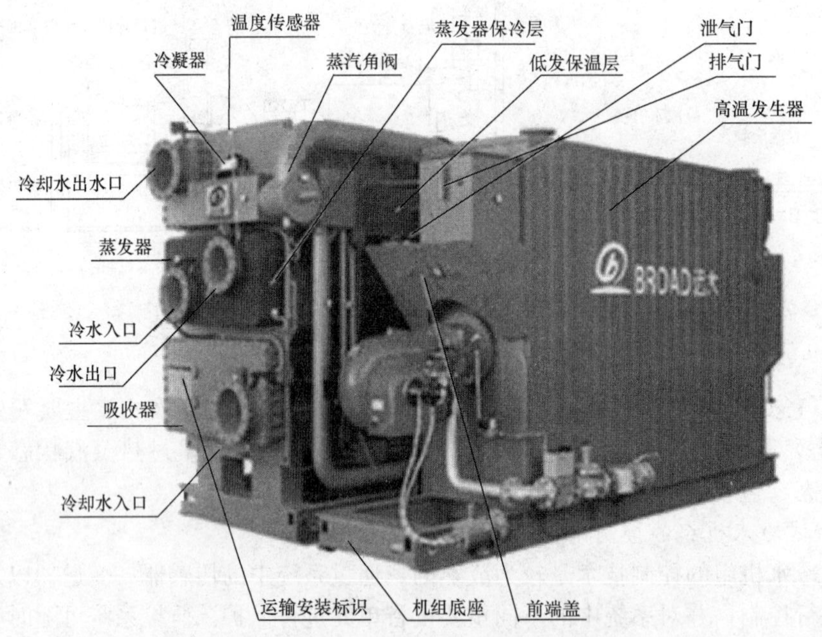

图 5-11 溴化锂吸收式冷水机组的结构

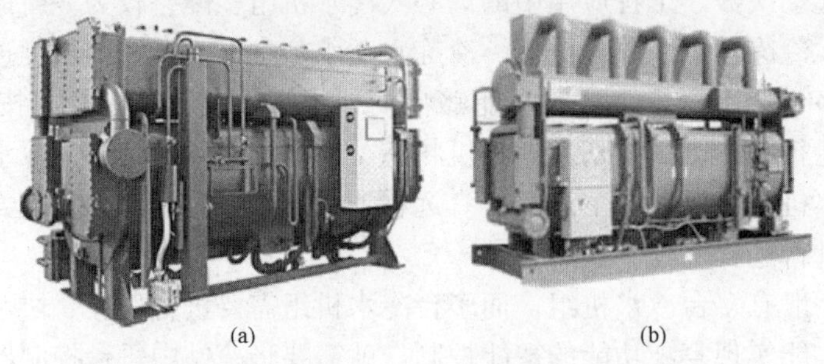

图 5-12 几种不同的溴化锂吸收式冷水机组外形
(a) 余热型溴化锂吸收式冷水机组；(b) 蒸汽热水单效型溴化锂吸收式冷水机组

2. 工作原理

一个蒸汽型溴化锂冷水机组的工作原理如图 5-13 所示。溴化锂吸收式冷水机组是把水作为制冷剂，溴化锂溶液作为吸收剂的冷冻水生产制备装置。制冷剂水封闭容器蒸发器内蒸发，吸收容器铜管内通入冷媒水的热量，使冷媒体温度降低至冷冻水的供水温度。蒸发了的冷剂蒸汽应该排到蒸发器外面，以保证制冷过程继续进行。因此，必须连接装有强吸收力物质的容器来吸收蒸发了的冷剂蒸汽，保证容器内的压力。溴化锂溶液吸收性很强，溶液的浓度越高且温度越低其吸收性也越强。把溴化锂水溶液作为吸收剂来使用。在容器内吸收冷剂蒸汽的容器称为吸收器蒸发器和吸收器的功能如图 5-14 和图 5-15 所示。

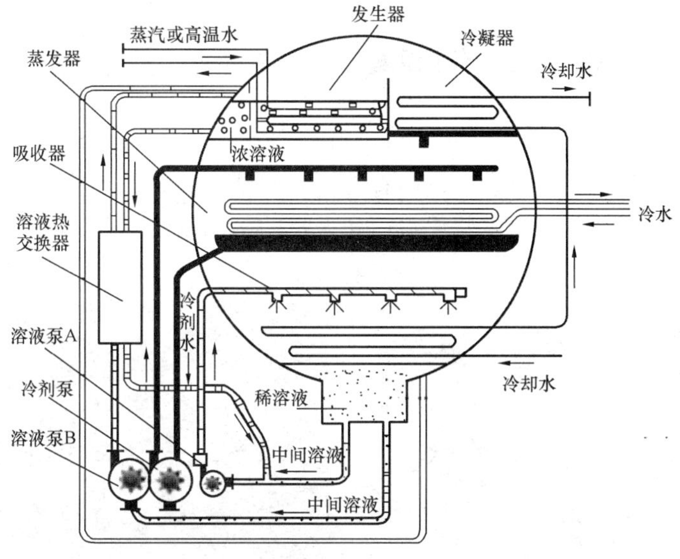

图 5-13　蒸汽型溴化锂冷水机组的工作原理

溴化锂稀溶液被溶液泵输送到发生器内，在外界热源的加热下，溴化锂稀溶液变为浓溶液，同时生成冷剂蒸汽。因加热而生成的溴化锂浓溶液流回到吸收器继续吸收来自蒸发器的冷剂蒸汽。溴化锂浓溶液温度较高，而溴化锂稀溶液又需要加热，在溴化锂浓溶液从发生器流回吸收器及溴化锂稀溶液从吸收器输送到发生器的过程中设置了热交换器，使两者进行热交换。

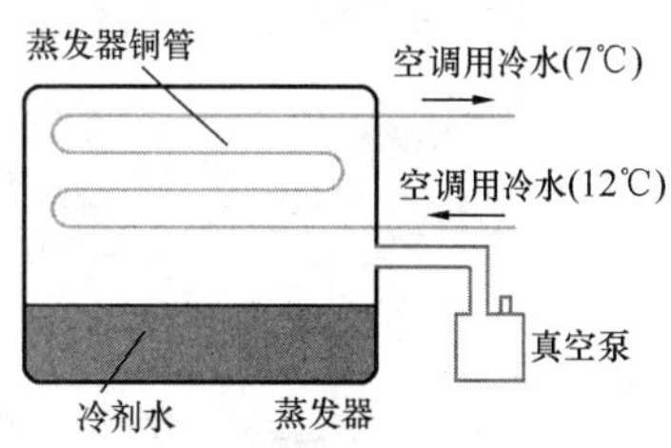

图 5-14　蒸发器的功能

冷凝器的作用是：通过冷凝器铜管内的冷却水降温，使来自发生器内的冷剂蒸汽冷凝为液态水。液体状态的水流回到蒸发器继续蒸发吸热。使蒸发器内的冷剂水不断得到补充，至此一个完整的制冷循环得以完成。

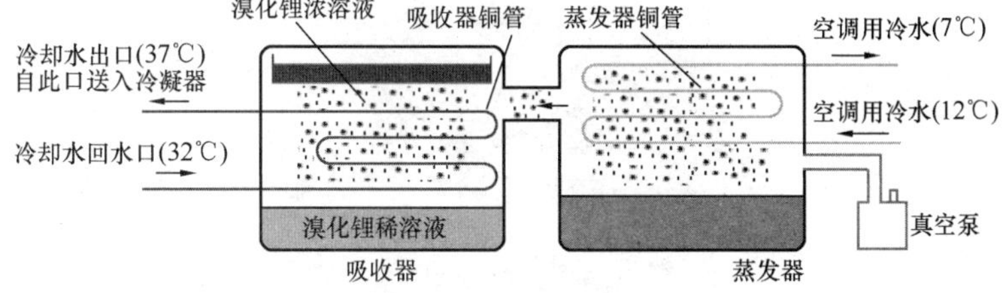

图 5-15　吸收器与蒸发器的配合

5.3　制冷站及自动控制

5.3.1　制冷站及组成

1. 制冷站

冷水机组是制冷站的核心设备，冷水机组的主要功能：生产制备低温冷冻水，供给和输运到远端的空调机组、新风机组、风机盘管、变风量空调机组等末端设备，流经这些末端设备的冷水盘管和表冷器，对空气进行制冷，再通过风管系统将冷空气输运到各个不同的空调房间。

冷水机组向外提供和运输的冷冻水温度范围：

空调冷冻水供水温度：5～9℃，一般为 7℃。

空调冷冻水供回水温差：5～10℃，一般为 5℃。

在制冷站中，除了冷水机组以外，还有其他一些辅助设备，如冷却塔、冷冻水泵群组、冷却水泵群组、分水器、集水器、软化水箱和大量的管道系统，还有要控制系统和控制柜。几个不同制冷站内部的场景如图 5-16 所示。

(a)

(b)

(c)

变频冷却水泵
变频冷冻水泵
智能控制系统
冷水机组
变频冷却塔
直接连接大楼

(d)

图 5-16　几个不同制冷站内部的场景

(a) 制冷站内的冷水机组；(b) 冷水机组及管道系统；(c) 一个较大型的冷冻站；(d) 模块化的集成冷冻站

2. 分水器和集水器

制冷站中的分水器和集水器的外形如图 5-17 所示。

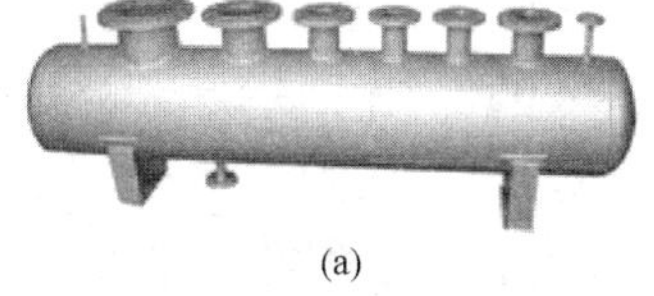
(a)

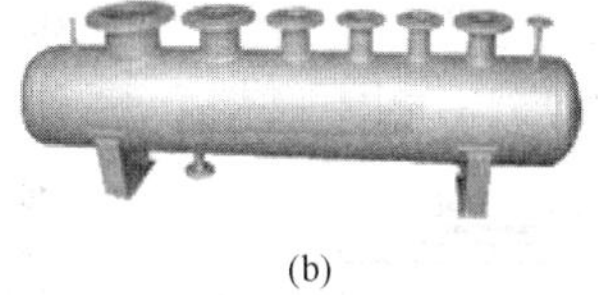
(b)

图 5-17　分水器和集水器的外形
(a) 分水器；(b) 集水器

分水器的主要功能：将制冷站中不同的冷水机组提供的冷冻水汇聚到分水器，再由分水器统一通过分管路向分布在不同位置的空调末端设备提供冷源—冷冻水。

集水器的主要功能：从远端各个不同的空调末端设备流回的冷冻水（如果流进空调末端的冷冻水温度为 7℃，则回水的设计温度是 12℃），流回到集水器，由于冷冻水回水的温度升高了（较 7℃高了一个数值，不超过 5℃），还要流回到冷水机组中继续降温。

3. 冷冻水泵

冷冻水循环泵将从空调前端设备返回的冷冻水（12℃），加压后送入冷冻机，在冷冻机内进行热交换，释放热量，降温后离开冷冻机（冷冻机出口冷水温度是 7℃），即冷冻机进口水温为 12℃，出水口温度为 7℃。7℃的冷冻水再到达空调末端设备进行水/气热交换实现空气降温调节，再循环返回冷冻机，实现冷冻水循环制冷。

图 5-18　某制冷站内的冷冻水泵群组

冷冻水泵的主要功能：为克服冷冻水输运的阻尼提供动力。如果冷冻水回路只有一级，则这一级冷冻水泵接在冷水机组的冷冻水回水口一侧，叫作一级冷冻水泵。如果冷冻水回路中有两级冷冻水泵，则另外一台水泵接在冷水机组的冷冻水出水口一侧，叫作二级冷冻水泵。

某制冷站内的冷冻水泵群组如图 5-18 所示。

4. 冷却水塔和冷却水泵

(1) 冷却水塔。冷却水塔的外形如图 5-19 所示。

图 5-19　几种冷却水塔的外形

冷水机组中冷凝器在工作运行中大量地产热。通过冷却水循环将这些热量带走通过冷却塔散逸到空间中去。冷却塔工作的情况如图 5-20 所示。从冷凝器吸取热量后冷却水升温，

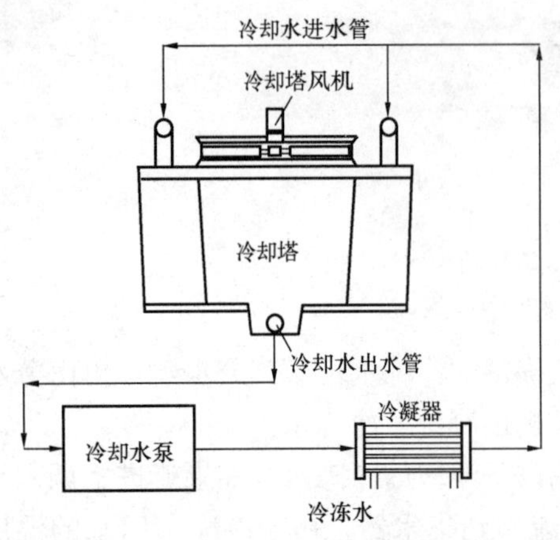

图 5-20　冷却水降温示意图

通过冷却水进水管送入冷却塔空间内，冷却塔风机将注入的冷却水吹拂变成较小的液滴，小液滴在落入冷却塔底部的时候与周围的空气发生热交换，温度降低后再从冷却水出水水管流回到冷水机组中去，继续上述的冷却循环过程。

从热交换的角度讲，冷却水进入冷水机与制冷剂进行热交换，吸收制冷剂释放的热量后水温升高，再通过冷却水循环系统进入冷却塔，降温处理后再循环进入制冷机（冷水机组）通过热交换，降低冷却水的温度。冷却水降温示意图如图 5-20 所示。冷却塔是冷源系统的重要组成部分。

制冷站内的冷水机组和冷冻水泵、冷却水泵及冷却塔是分组配置的，并且和分水器、集水器之间是并行配置，一台冷水机组搭配一台冷却塔、一台冷冻水泵和一台冷却水泵，还要有备用的冷冻、冷却泵。冷却塔和冷却水的进水和出水之间的关系如图 5-21 所示。

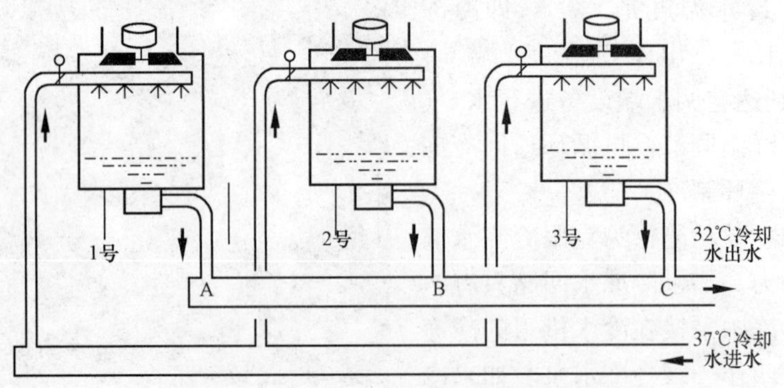

图 5-21　冷却塔进水管和出水管的连接

（2）冷却水泵。为克服冷却水循环流动中遇到的阻尼和水位势能的障碍，使用冷却水泵。在制冷站的系统结构组成中，冷却水泵接在冷却塔的出水一侧；换言之，冷却水泵接在冷水机组冷却水回水一侧。

冷却水循环泵实现冷却水在冷冻机和冷却塔之间的循环，再通过冷却塔将冷冻机的冷却水的入口和出水口的温度控制在设定值（冷水机组冷却水入口温度 32℃、出口为 37℃）。某制冷站内的冷却水循环泵群组如图 5-22 所示。

图 5-22　某制冷站内的冷却水循环泵群组

5.3.2　制冷站的运行

一台冷水机组为若干组空调机组和风机盘管供给冷冻水实现空调制冷的情况如图 5-23 所示。由三台冷水机组及其他一些设备构成的制冷站如图 5-24 所示。

对制冷站的工作运行情况进行分析时，

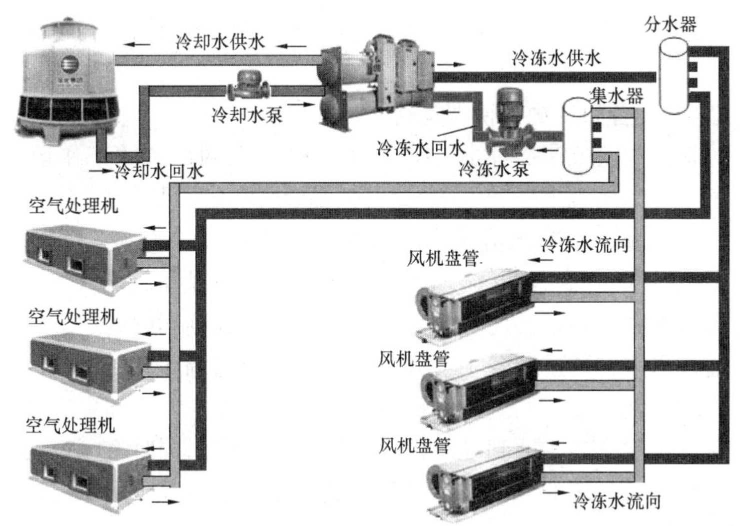

图 5-23 一台冷水机组为若干组空调机组和风机盘管供给冷冻水

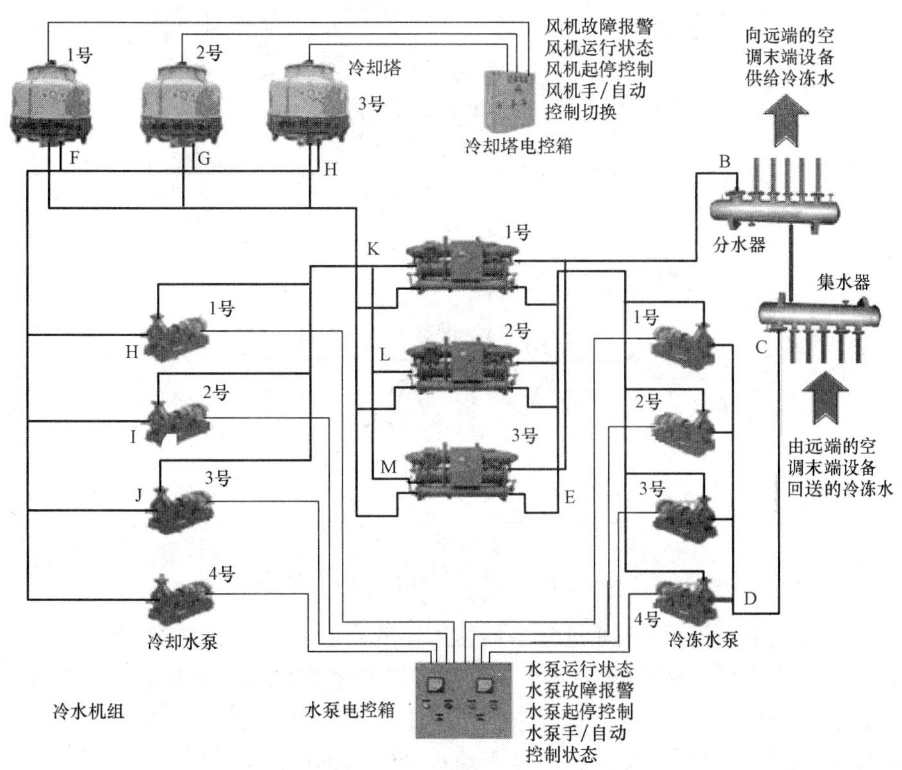

图 5-24 由三台冷水机组及其他一些设备构成的制冷站

可以使用分组分析的方法：将一号冷水机组和一号冷却塔、一号冷却水泵、一号冷冻水泵组合成一组来进行运行分析，首先分析该组的冷冻水回路，冷冻水自冷水机组的冷冻水出水口到分水器。冷冻水从分水器分出被输运到远端的空调末端，在末端的表冷器处进行热交换，温度升高从末端流出回到集水器，再从集水器回到冷水机组的冷冻的回水口。

冷却水回路的情况：从冷水机组内部吸收冷凝器的发热温度升高流出的冷却水被输运到

冷却塔的顶部，通过冷却塔风机吹拂降温后，再从冷却塔底部流出并输运流进到冷水机组内进行循环运行。

5.3.3 空调系统末端设备和冷源的协调运行

中央空调系统是集中式或半集中式空调系统。中央空调系统的工作运行情况如图 5-25 所示。图中给出了一台空调机组为若干个空调房间同时供送冷风的过程。通常由冷源（冷水机组）提供低温的冷冻水，冷冻水流进空调机组的冷水盘管，冷水盘管嵌入在金属表冷器中，在金属表冷器上有很多细密的孔洞，当来自新风口的新风和回风口的回风在混风室混风后，再穿过表冷器的细密孔洞，温度降低，有送风口送出温度和湿度适宜的冷空气。空调机组产生的冷空气通过送风管道送到各个空调房间内，每个空调房间的回风口再将回风汇聚在回风管道内循环回到空调机组，回到空调机组的回风由于在空调房间发生了热交换，将冷量输运给了空调区域，温度升高，回到空调机组继续降温处理，同时进行湿度处理，以后的过程就是这样。冷水机组向远端的空调末端设备提供冷冻水作为冷源的情况，以及冷源和空调末端设备的协调运行情况如图 5-25 所示。

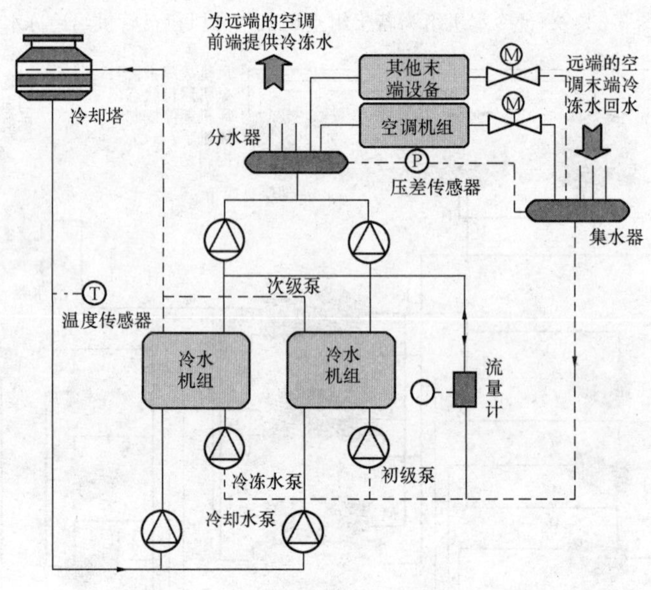

图 5-25 冷源和空调末端设备的协调运行

冷水机组生产制备的冷冻水通过分水器为远端的不同空调末端设备提供冷冻水并协调运行的情况如图 5-26 所示。这里的空调末端设备可以是空调机组、新风机组、风机盘管和变风量空调机组。当从制冷站与远端空调末端设备距离较远时，冷冻水的输运管路阻尼大，在冷水机组的出水侧加装二级冷冻水泵来克服输运管路的阻尼。

5.3.4 制冷站的自动监测与控制

制冷站的运行参数。楼宇自控系统对制冷系统的一些主要运行参数进行监控，这些参数如下：

（1）冷水机组的进水口和出水口冷冻水温度。

（2）集水器回水温度与分水器供水温度（一般与冷水机组的进水口和出水口温度相同），这个温度反映末端冷水负荷的变化情况。

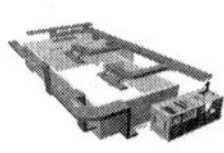

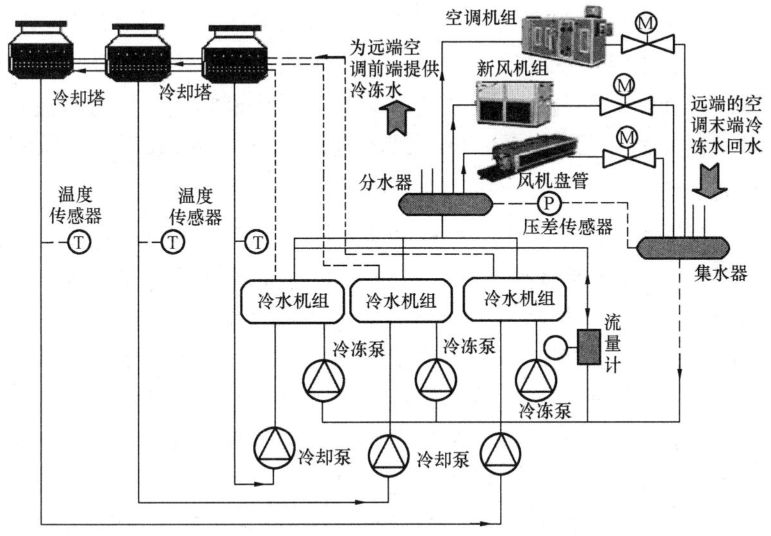

图 5-26 典型空调冷源系统中的冷水机组的工作原理

(3) 冷冻水供/回水流量检测。通过对冷冻水(供/回水)流量及供/回水温度检测,可确定空调系统的冷负荷量,并以此数据计算能耗和系统效率。

(4) 分水器和集水器压力差值(压差)测量。使用压力传感器测量分水器进水口和集水器出水口的压力,或直接使用压差传感器测量这两个水口的压力差。以供回水压差数据作为控制调节压差旁通阀的开度的依据。

(5) 对冷水机组运行状态和故障进行监测。

(6) 对冷冻水循环泵运行状态进行监测。

1. 制冷站水系统运行控制

(1) 冷水机组的连锁控制。为使冷水机组能正常运行和系统安全,通过编制程序,严格按照各设备起停顺序的工艺流程要求运行。冷水机组的起动、停止与辅助设备的起停控制须满足工艺流程要求的逻辑连锁关系。

冷水机组的起动流程为:冷却塔风机起动→冷却水泵起动→冷冻水泵起动→冷水机组起动。

冷水机组的停机流程为:冷水机组停机→冷冻水泵停机→冷却水泵停机→冷却塔风机停机。

冷水机组的起动与停机流程正好相反。冷水机组具有自锁保护功能。冷水机组通过水流开关监测冷却水和冷冻水回路的水流状态,如果正常,则解除自锁,允许冷水机组正常起停。

(2) 备用切换与均衡运行控制。制冷站水系统中的若干设备采用互为备用方式运行,如果正在工作的设备出现故障,首先将故障设备切离,再将备用设备接入运行。

为使设备和系统处于高效率的工作状态,并有较长的使用寿命,就要使设备做到均衡运行,即互为备用的设备实际运行累积时间要保持基本均衡,每次起动系统时,应先起动累积运行小时数少的设备,并能为均衡运行进行自动切换,这就要求控制系统对互为备用的设备有累计运行时间统计、记录和存储的功能,并能进行均衡运行的自动调节。

（3）冷水机组恒流量与空调末端设备变流量运行的差压旁路调节控制。冷水机组设有自动保护装置，当流量过小时，自动停止运行，在冷水机组不适宜采用变流量方式，但对于二管制的空调系统，通过调节空调末端的两通调节阀，系统末端负荷侧的水流量产生变化。在冷冻水供水、回水总管之间设置旁路，在末端流量发生变化时，调节旁通流量来抵消末端流量的改变对冷水机组侧冷冻水流量的影响。旁路主要由旁路电动两通阀及压差控制器组成。通过测量冷冻水供回水间的压力差来控制冷冻水供水、回水之间旁路电动二通阀的开度，使冷冻水供/回水之间的压力差保持常量，来达到冷水机组侧的恒流量方式，这种方式叫差压旁路控制。差压旁路调节是二管制空调水系统必须配备的环节。

（4）两级冷冰水泵协调控制。如果冷冻水回路是采用一级循环泵的系统，一般使用差压旁路调节控制方案来实现冷冻水回路冷水机组一侧的恒流量与空调末端一侧的变流量控制。当空调系统负荷很大、空调末端设备数量较多，且设备分布位置分散，冷冻水管路长、管路阻力大时，冷冻水回路就必须采用二级泵才能满足空调末端对冷冻水的压力要求。

采用两级冷冻水泵工作的情况如图 5-27 所示。一级泵在冷冻站的回水一侧（集水器一侧），二级冷冻水泵在冷冻站的送水一侧（分水器一侧），为降低电耗，对于一、二级冷冻水泵群组也要进行协调控制。

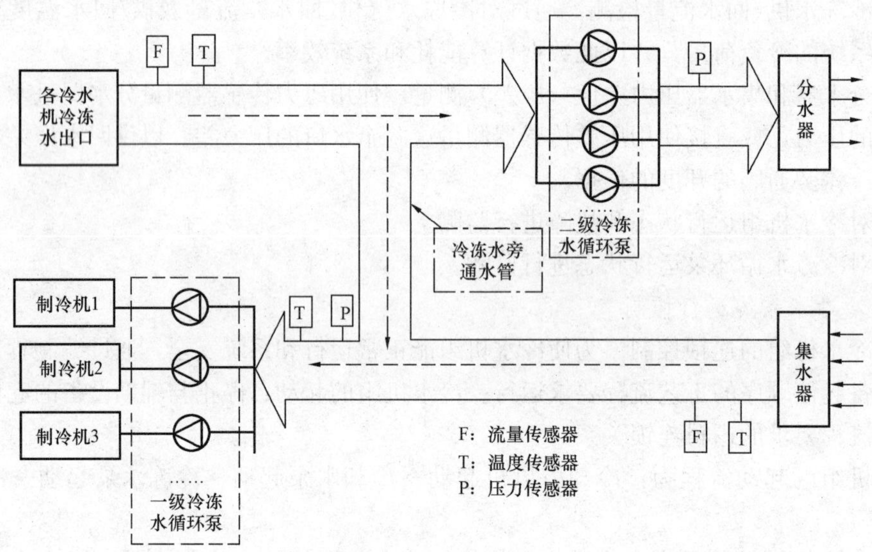

图 5-27　两级冷冻水泵协调控制的系统原理图

（5）冷水机组的群控节能。制冷系统由多台冷水机组及辅助设备组成，在设计制冷系统时，一般按最大负荷情况设计冷水机组的总冷量和冷水机组台数，但实际情况运行一般都与最大负荷情况有较大偏差，对应于不同的以及变化的负荷，通过冷水机组的群控实现节能运行。

1）冷冻水回水温度控制法。冷水机组输出冷冻水温度一般为 7℃，冷冻水在空调末端负载进行能量交换后，水温上升。回水温度基本反映了系统冷负荷的大小，根据回水温度控制调节冷水机组和冷冻水泵运行台数，实现节能运行。

2）冷量控制法。根据冷源系统总负荷量（冷冻回水温差×总流量）进行冷水机组运行台数控制，进行台数量与负荷相匹配，实现冷水机组最优起停时间控制，根据送水/回水集

水箱温度的变化，通过特定的算法计算系统热负荷的变化，并根据其变化调整冷热源运行台数，达到优化节能的目的。冷源系统总负荷量为

$$Q = KM(T_1 - T_2)$$

式中：Q 为负荷；K 为常数；M 为流量；T_1 为回水总管温度；T_2 为供水总管温度。

使用一定的计量手段，根据回水温度与流量求出空调系统的实际冷负荷，再选择匹配的制冷机台数和冷冻水泵运行台数投入运行实现冷水机组的群控和节能。

在根据实际的冷负荷对投入运行的冷水机组与冷冻水循环水泵的台数进行调节时，还要同时兼顾设备的均衡运行。

（6）膨胀水箱与水箱状态监控。膨胀水箱作为制冷系统中的辅助设备发挥着这样的作用：当冷冻水管路内的水随温度改变相应的体积也产生改变，膨胀水箱与冷冻水管路直接相连，当水体膨胀体积增大时，一部分水排入膨胀水箱；当水体积减小时，膨胀水箱中的水可对管路中的水进行补充。

补水箱用来存放经过除盐、除氧处理的冷冻用水，当冷冻水管路中的冷冻水需要补充时，补水泵将补水箱中的存储水泵入管路。补水箱中设置液位开关对其运行控制，当水位低于下限水位时进行补充，达到上限水位时停止补充防止渗流。

在冷水机组生产制备的冷冻水源源不断地输运到远端空调末端设备的过程中，出现泄漏及损失，因此需要进行补水；冷却水系统也存在这种补水需求，如图 5-28 和图 5-29 所示。

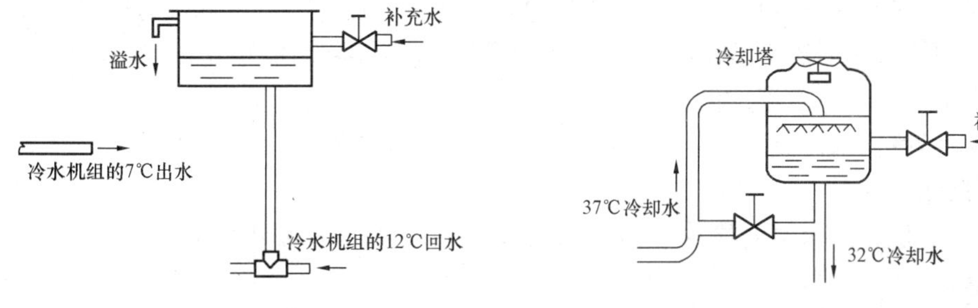

图 5-28　冷冻水系统的补水需求　　图 5-29　冷却水系统的补水需求

在闭式循环的空调水系统中，膨胀水箱可以容纳水受热膨胀后多余的体积，解决系统的定压问题，向系统补水。

膨胀水箱工作的情况如图 5-30 所示。膨胀水箱上的配管有膨胀管、信号管、溢水管、排水管和循环管等。制冷装置（如溴化锂吸收式冷温水机组）要求冷媒水必须是软化水时，应在膨胀水箱内设置高低水位传感器来控制软化水补水泵的起动或关停。一旦水位低于信号管，补水泵会自动向系统补水。这种方式要有一套软化水处理设备。来自补水泵的补水管可以接到集水器上，也可接到冷媒水循环泵的吸入口前。

（7）冷却塔的节能运行控制。冷水机组的冷却用水由于带走了冷凝器的热量温度升高至设计温度 37℃（从冷水机组出口），送出的高温回水（37℃）在送至冷却塔上部经过喷淋降温冷却，又重新循环送至冷水机组，这个过程循环往复进行。

来自冷却塔的冷却水进水，设计温度为 32℃，经冷却泵加压送入冷水机组，与冷凝器进行热交换。为保证冷却水进水和冷却回水具有设计温度，就要通过装置对此进行控制。冷却水进水温度的高低基本反映了冷却塔的冷却效果，用冷却进水温度来控制冷却塔风机（风

机工作台数控制或变速控制）以及控制冷却水泵的运行台数，使冷却塔节能运行。

利用冷却水进水温度控制冷却塔风机运行台数，这一控制过程和冷水机组的控制过程彼此独立。如果室外温度较低，从冷却塔流往冷水机组的冷却水经过管道自然冷却，即可满足水温要求，此时就无须起动冷却塔风机，也能达到节能效果。

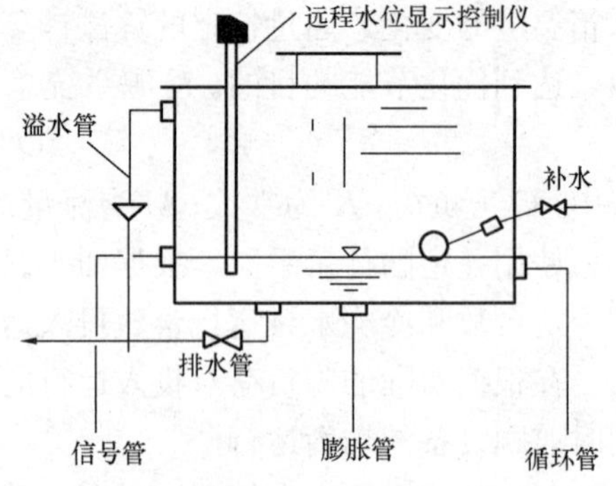

图 5-30　膨胀水箱的工作

2. 制冷系统监测点

(1) 设备运行状态监控。设备运行状态监控主要包括以下一些内容：

1) 冷水机组运行状态。运行状态信号取自于冷水机组控制器（柜）对应运行状态输出触点（或主接触器辅助触点）。

2) 冷冻水泵起停状态。该运行状态信号取自冷冻水循环泵配电箱接触器辅助触点。

3) 冷却水泵起停状态。此信号从冷却水循环泵配电箱接触器辅助触点取出。

4) 冷却塔风机起停状态监控。监控信号从冷却塔风机起停状态监控配电箱接触器辅助触点取出。

5) 水流开关状态监测。取自水流开关状态输出点。

(2) 参数监控点和故障监控。这些参数可以是水位、流量、温度和压力等。

1) 膨胀水箱高低水位监测。信号取自补水箱高低水位监测传感器输出，如使用液位开关、水位高限、低限、溢流位设置等。

2) 冷却塔高低水位监测。信号取自冷却塔高低水位监测输出点，如使用液位开关、设置水位高/低限。

3) 冷冻水供、回水温度检测。信号取自安装在冷冻水管路上的供、回水温度传感器输出。

4) 冷冻水流量检测。信号从安装在冷冻水管路上的流量传感器输出，如使用电磁流量计。

5) 冷冻水供、回水压力（或压差）检测。信号取自安装在冷冻水管路上供、回水压力传感器或压差传感器输出，如采用水管或液压传感器，并安装在集水器入口，分水器出口、冷冻水管道附近。

6) 冷却水供、回水温度检测。检测信号从安装在冷冻水管路上的供、回水温度传感器的输出。

7) 冷水机组起停控制。从 DDC 数字输出口（DO 口），到冷水机组控制器启停远程控制输入点。

8) 冷冻水泵起停控制。从 DDC 数的 DO 口输出到冷冻水配电箱接触器的控制回路。

9) 冷却水泵的起停控制。可从 DDC 的 DO 口（数字输出口）控制冷却水泵配电箱接触器控制电路。

10) 冷却水塔水风机起停控制。由 DDC 的 DO 口接入冷却水塔风机配电箱接触器控制回路。

11) 冷水机组冷冻水进水电动碟阀。从 DDC 的 DO 口输出到冷水机组冷冻水入口电动碟阀开关控制输入回路。

12）冷水机组冷却水进水电动碟阀。从 DDC 的 DO 口输出到冷水机组冷却水入口电动碟阀开关控制输入回路。

13）冷却塔进水电动碟阀。从 DDC 的 DO 口输出到冷却塔冷却水入口电动碟阀开关控制回路。

14）压差旁路两通阀调节控制。从 DDC 的 AO 口（模拟输出口）输出到压差旁路两通阀驱动器的控制回路。

在系统设计中还包含手动和自动控制的切换线路设计，设备故障维修/更换等退出自动控制状态的线路设计。

3. 制冷系统设备控制

通过对制冷系统中各相关设备运行状态参数检测传感器对相关物理量的检测，楼宇自控系统通过中央监控管理系统和控制现场设备 DDC，对制冷系统的运行进行全面的监控和管理。在楼宇自控系统对制冷系统进行监控管理的软硬件系统设计、设置时，要解决好以下几个问题：冷水机组与辅助设备的连锁控制；设备故障报警/手动/自动切换控制，均衡策略运行控制；冷水机组侧的恒流量与空调末端设备变流量运行的控制策略、规律与具体实现方式。

（1）冷水机组与辅助设备的自锁、互锁控制。制冷系统的起停顺序有严格的对应关系。起动顺序：冷却塔风机→冷却水泵→冷冻水泵→冷水机组。停机顺序：冷水机组→冷冻水泵→冷却水泵→冷却塔风机。这种逻辑顺序关系借助于控制软件，并依靠电器开关触点自锁、互锁来实现。

（2）设备故障报警。如果设备运行或工作状态出现故障后，监控系统给出报警，并自动停止相关设备的运行，同时对报警信号进行处理与记录。

（3）备用设备的切换投入。在系统中的设备出现故障，除了报警外，控制系统将故障设备切离，同时将备用设备投入运行，使整个制冷系统正常运行。

（4）均衡运行的实现。为实现制冷系统中的均衡运行，可通过起停设备的给定策略实施起动来实现。选择起动设备的策略有：

1）累计运行时间最少的设备优先起动。

2）当前停止运行时间最长的设备优先起动。

3）轮流排队起动。

选择停止运行设备的监控策略有：

1）累计运行时间最长的设备优先停止运行。

2）当前运行时间最长的设备优先停止运行。

3）轮流排队停止运行。

在工程实际当中，可采用单一策略，也可采用多种策略的组合。

（5）制冷系统的节能运行。现代建筑中的空调系统耗在建筑能耗中占有相当高的比例，高达 50%～60%，其中冷热源设备和水系统的能耗又在空调系统总能耗中占有 80%～90%的比重，因此对于冷热源设备及水系统的节能运行控制，意义重大。制冷系统中的冷水机组、冷冻水泵、冷却水泵和冷却塔风机都是主要耗能设备，制冷系统的运行节能控制的内容主要是以上这些设备的单项节能及协调运行中的系统节能。

制冷系统的节能运行控制主要采用以下一些措施：

1）根据具体的热负荷变化规律制定科学合理的设备运行时间表。由于建筑物内企业的工作时间、不同季节时间段、气候的变化等多种因素，制冷系统的热负荷呈现规律性的变化，根据这些变化规律制定制冷设备运行时间表，能起到很好的节能效果。

2）制冷机组的节能群控。在有多台机型的制冷系统中，对机组进行策略合理的群控，使空调末端设备通过的冷冻水流量与实际的热负荷进行动态匹配，实现节能运行。

对于单台冷水机组，可以使用调节主机运行状态，调节冷水机组冷却水入口温度来调节冷冻水泵、冷却水泵的能耗。

如上所述，根据空调系统实际的冷负荷来调节制冷机组运行的台数，同时调整制冷机冷却水的温度，使制冷量与实际冷负荷匹配，实现空调系统的节能运行。

3）冷冻水循环泵的节能控制运行。如果空调冷冻水系统采用一级冷冻水泵和差压旁路调节控制构成冷冻水回路结构时，冷冻水泵为冷冻水提供压力来克服冷冻水传输管路中的阻力，并保证末端设备侧获得足够的压力；通过调节差压旁路的流量，保证末端及空调设备的正常工作。可根据实际空调系统的冷负荷，在满足工作压力、冷冻水流量的情况下调节冷冻水泵运行台数和差压旁路的设定值，使之节能运行。

在冷负荷大的空调系统中，末端空调设备分布范围广，水系统管路长，此时冷冻水系统采用二级冷冻水泵来为系统提供正常工作所需的冷冻水压力。对于这种系统的节能运行，是通过调节二级冷冻水压力和冷冻水泵运行台数来控制的。

4）冷却塔和冷却水泵的经济运行控制。冷水机组的冷却水进口处，由冷却塔循环输入的冷却水温度须满足特定要求。根据冷冻机对冷却水温的要求，通过对冷却塔运行台数的控制，来实现冷却塔出水温度与设定值的匹配。还可以使用调节电动机的转速来实现这种控制。当冷却塔出水温度高于设定值，可增开一台冷却塔或将冷却塔中风扇的驱动电动机转速提高；如果冷却塔出水温度低于设定值，则将一台冷却塔从运行中切离出来，同时对运行的冷却塔运行参数作适当调节。

在对冷却塔台数的调节控制中，一个重要的因素是室外环境温度。总的来讲，合理地调节投入运行的冷却塔台数、调节冷却塔中风机和冷却水泵的运行台数（或通过调速控制）并辅以转速调节，可较好地实现冷却塔、冷却水泵的节能运行。

4. 制冷站经济运行中的协调控制

制冷机组有较复杂的结构，一般配置有功能很强的监控系统。实现对机组的起停控制、运行参数监测、故障报警、按照一定的控制策略进行经济运行控制，制冷机组还配置有较完善的安全保护设置。

新的制冷机组的控制监测系统一般设置了标准的通信接口，并且支持 BACnet（Building Automation and Control Network，楼宇自控网标准通信协议）协议和 Lontalk 通信协议。从发展趋势上讲，通过统一的通信协议，使制冷机组通过标准通信接口与楼宇自控系统实现有效的数据通信并进而实现无缝互联，楼宇自控系统就可以对制冷机组进行高水平的运行状态控制、运行参数控制、经济运行控制及安全防护。BACnet、LonWorks 网络都是开放性很好的网络系统，而且两者与 Internet、以太网通过网关或中间件技术都能实现良好的互联。

许多中央空调制冷站都采用 DDC 控制器作为核心控制器对制冷站实施自动控制。通过 DDC 控制冷冻站的原理如图 5-31 所示。图中给出了传感器、执行器及电控箱和 DDC 的接线关系。

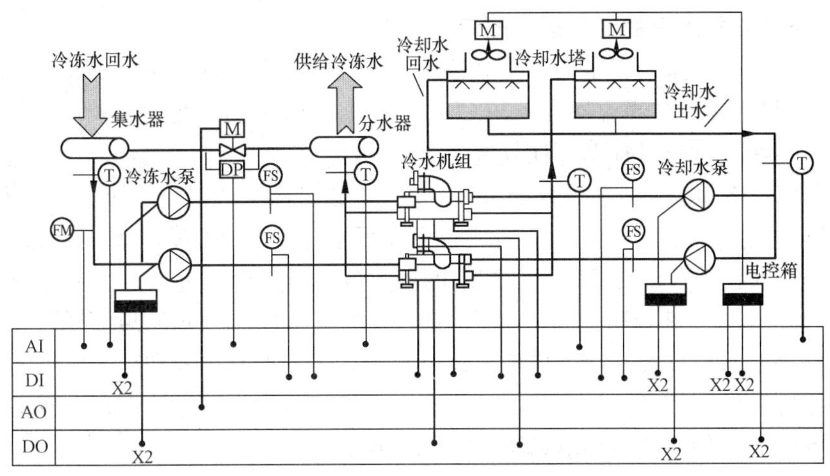

图 5-31　通过 DDC 控制冷冻站的原理

5.3.5　一次冷冻水泵和冷水机组的组合连接

接在冷水机组冷冻水回水一侧的冷冻水循环泵是一次冷冻水泵，如果在冷机的冷冻水出水口一侧也接有冷水泵，那就是二次冷冻水泵。一次冷冻循环水泵和冷水机组可以进行两种常用的组合连接。

1. 一次冷冻泵与冷水机组的一对一串联连接

一次冷冻泵与冷水机组的一对一串联连接方式如图 5-32 所示。

冷冻泵与冷水机组一对一串联连接方式的优点是控制及运行管理简单，各冷水机组相互干扰较少，冷冻水供给系统工作稳定，冷冻水泵与冷水机组之间连接管件简单。缺点是受冷冻水泵与冷水机组布置位置限制，连接管路增多。

2. 一次冷冻泵与冷水机组的混联连接

一次冷冻泵与冷水机组的混联连接方式如图 5-33 所示。

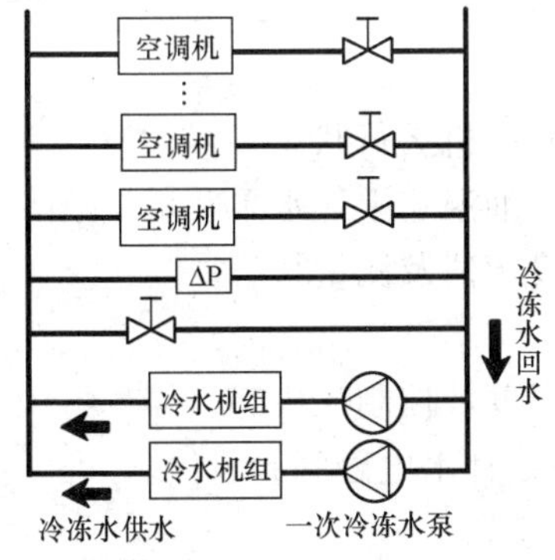

图 5-32　冷冻泵与冷水机组一对一串联连接

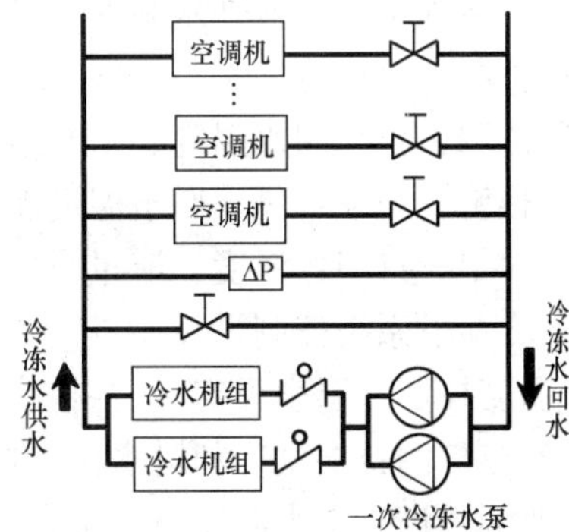

图 5-33　冷冻泵与冷水机组混联连接

在冷冻泵与冷机混联连接方式中，每台冷冻水泵可互为备用，可以一冷机＋一泵运行，也可以一冷机＋两泵运行，系统连接灵活性好，因而有相当多的实际工程采用冷冻泵与冷机混联连接方式。但这种方式也有缺点：冷冻水泵及冷机组进出口都要求各自的阀门；在要求自动连锁起停的工程中，各冷水机组必须配置电动蝶阀等。

5.3.6 冷却塔和冷却水泵的经济运行控制

冷水机组的冷却用水由于带走了冷凝器的热量温度升高至设计温度37℃（从冷水机组冷却水出口处测量），送出的高温回水（37℃）再送至冷却塔上部经过喷淋降温冷却，又重新循环送至冷水机组，这个过程循环往复进行。

来自冷却塔的冷却水是冷水机组冷却水的进水，设计温度为经冷却泵加压送入冷水机组，与冷凝器进行热交换。为保证冷却水进水和冷却水回水具有设计温度，就要通过装置对此进行控制。冷却水进水温度的高低反映了冷却塔的散热效果，用冷却进水温度来控制冷却塔风机（风机工作台数控制或变速控制）以及控制冷却水泵的运行台数，使冷却塔节能运行。

利用冷却水进水温度控制冷却塔风机运行台数，这一控制过程和冷水机组的控制过程彼此独立。如果室外温度较低，从冷却塔流往冷水机组的冷却水经过管道自然冷却，即可满足水温要求，此时就无须开启冷却塔风机，也能达到节能效果。

为使设备和系统处于高效率的工作状态，并有较长的使用寿命，就要使设备做到均衡运行，即互为备用的设备实际运行累积时间要保持基本均衡，每次起动系统时，应先起动累积运行时间少的设备，并能为均衡运行进行自动切换，这就要求控制系统对互为备用的设备有累计运行时间统计、记录和存储的功能，并能进行均衡运行的自动调节。

在对冷却塔台数的调节控制中，一个重要的因素是室外环境温度。总的来讲，合理地调节投入运行的冷却塔台数、调节冷却塔中风机和冷却水泵的运行台数（或通过调速控制）并辅以转速调节，可较好地实现冷却塔、冷却水泵的节能运行。

5.3.7 冷水机组控制系统设计要点

（1）负荷控制（温度设定、程序设定）：根据供回水温度与流量积算的热负荷计算以及机组当前的累计工作时间，对机组进行起动台数和顺序控制。

（2）差压控制：根据供、回水压差，比例调节旁通阀，保持供/回水的压力平衡，并按拟定程序，发出起/停机组信号。

（3）连锁和逻辑控制，对机组中所有子系统进行连锁和逻辑起/停控制。

起动：冷冻水泵—冷却水泵—冷却塔—制冷机。

停机：制冷机—冷冻水泵—冷却水泵—冷却塔。

（4）监测：供、回水温度、水泵运行状态、制冷机运行状态。

（5）报警、记录：供、回水温度超限，油压、油温超限，水泵及机组故障。

（6）显示、打印：温度、流量、压力参数、设定值及测量状态。

（7）冷却塔系统控制设计要点。

1）温度控制（温度设定）：根据冷却塔出水温度，控制风机起、停。

2）水位控制：根据冷却塔水位，控制补水泵或补水电磁阀起、停。

3）监测：进、出水温度，水泵、风机运行状态。

4）报警、记录：温度超限、水泵故障、风机故障、水位低限。

5）显示、打印：温度参数、设定值及测量状态。

5.4　中央空调热源系统

5.4.1　热网和自备热源

中央空调热源主要指蒸气或热水。热源可由自备锅炉或城市热网提供。使用直燃型溴化锂机组和风冷热泵机组等热源装置为空调末端设备提供热源。

1. 热网供热

城市热网或工厂、小区自建蒸汽锅炉提供高温蒸气作热源。蒸气进入热交换器，释热后冷凝成凝结水，回流到中间水箱，通过水泵送回蒸汽锅炉再加热。

常用热网供给的热水作为空调热源。高温热水经换热器换热后，变成空调热水。空调系统中采用冷、热盘管合用方式，这种方式仅适用于热水做热源的情况，不适合蒸气。

2. 自备热源装置

自备热源装置有锅炉和热交换器（换热器）等。

空调系统终端热媒多为65～70℃热水，通过热交换器完成将高温蒸气或高温热水(90～95℃）变为空调热水。热水泵再将空调热水加压经分水器送至各终端负载，在负载中进行水、气热交换（空气升温调节），水温下降，再回流经集水器进入热交换器再加热。

空调系统的热源主要有两个来源：通过城市热网或使用自备锅炉生产热源。下面仅对电加热的热水锅炉或空调热源锅炉进行讨论。

5.4.2　锅炉、电热锅炉的运行及控制

1. 燃油、燃气及燃煤锅炉

现代楼宇内装备了种类、功能较多的多种锅炉产品，作为中央空调系统的热源供给设备及为用户直接提供热水、热蒸汽等。几种燃油、燃气及燃煤锅炉的外观如图5-34所示。

对于图中的燃油燃气蒸汽（热水锅炉)，采用了可编程逻辑控制器（PLC）与触摸屏相结合并加装按钮实现手动和自动双路智能控制系统。可实现群控，远程监控；多台锅炉联网

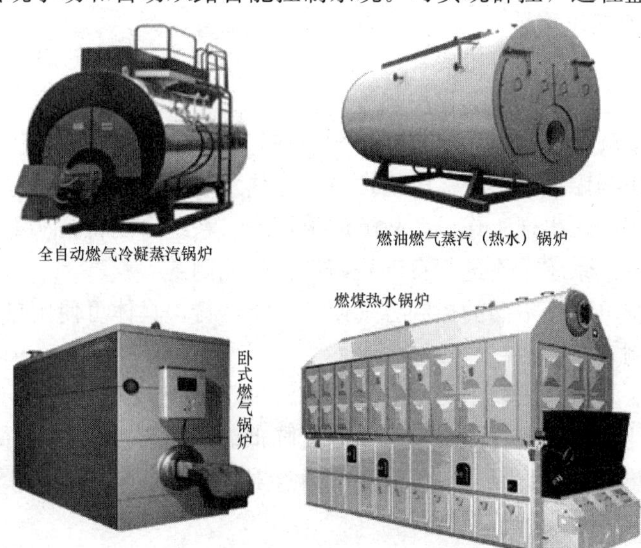

图5-34　几种燃油、燃气及燃煤锅炉的外观

使用，无须设置主控制台即可自动选择锅炉运行台数和分配每台锅炉的负荷。

图中的卧式燃气锅炉也应用了先进的数字化控制技术，可远程精确监控燃烧过程；各种保护较为齐全可靠；可增设通信接口实现上位机控制。

2. 燃油、燃气锅炉设备控制系统与 BA 系统的互联

燃油、燃气锅炉设备采用独立的控制器并且不与 BA 系统相连接，如果采用特定的通信协议和 DDC 控制器，并将 DDC 控制器也接入到坐在楼宇的 BA 系统的测控网络中，就可以将燃油、燃气锅炉设备的监控系统与 BA 系统联通为一个控制域，便于进行系统集成。

这里讲的 BA 系统是楼控系统及建筑设备监控系统，中央空调的控制系统是 BA 系统的组成部分。

3. 电锅炉机组运行状态及参量监控

电锅炉机组运行状态及参量监控的主要内容如下：

（1）电锅炉机组运行状态监控，信号取自电锅炉控制器（柜）中主接触器触点的断开与闭合状态。

（2）使用水温传感器监测电锅炉机组出口热水温度。

（3）监测电锅炉机组出口热水压力。

（4）监测电锅炉机组热水流量（可采用电磁流量计）。

（5）通过测出电锅炉机组热水流量、分水器进口和分水器出口热水温度可计算出空调末端设备的实际的热负荷。

（6）监测锅炉回水干管热水压力。

（7）通过对电锅炉机组控制器（柜）的运行状态输出触点的监控，在非正常状态下给出电锅炉机组故障报警。

（8）通过对热水泵控制配电箱接触器触点的接通与断开状态监测热水泵起停状态。

（9）通过对热水泵配电箱触点闭合/断开状态，监测热水泵故障情况，并自动报警。

（10）使用 DDC 的数字出口对电锅炉机组的起停进行控制。

4. 锅炉运行控制及节能

电锅炉系统的运行控制内容主要有连锁控制、工作设备与备用设备的切换控制和均衡运行控制、节能控制、定时控制与远程控制等。

电锅炉系统起动顺序控制：先行起动热水泵→起动电锅炉。

电锅炉系统停止顺序控制：停运电锅炉→停运热水泵。

在系统运行过程中，出现工作设备故障或损坏时，系统自动将其从主回路中切离，然后将备用设备投入运行。系统始终进行自动均衡运行的控制。

对于电锅炉系统可采用不同的控制方式使其节能运行，具体可使用热水回水温度法和热负荷控制法进行控制。

（1）回水温度法。电锅炉输出热水一般为 90～95℃，经交换后输出 60～65℃热水，经过与输运用目地侧的负荷端进行热交换后，温度降低。回水温度反映了系统热负荷的大小，回水温度高，系统热负荷小，反之热负荷高。通过对锅炉机组的起/停调节以及投入运行的热水泵台数、转速的调节实现节能运行。

（2）热负荷控制法。通过对冷水机组的供/回水温度及回水干管的流量测量值，运算环节计算出实际系统热负荷，依据此热负荷值控制调节电锅炉的启停及投入运行的热水泵台

数，达到节能目的。

控制系统对电锅炉按预定的时间运行表进行起停及相关控制，还可以对现场设备进行远程开/关控制。根据实际系统的情况，如电锅炉机组的台数、热水泵和补水泵的台数，排列出数字输入/出、模拟输入/出的点数，并依据此来配置DDC控制器。

5.4.3　热交换器及控制

对于在冬季为建筑内用户供热的换热站（热交换站），热交换器（换热器）是换热站内主要生产制备热水或热蒸汽的主要设备。对于两管制空调末端设备，要求所供热水温度为65～70℃，但实际上热网或自备锅炉提供的热水大多不能满足这个要求，要使用热交换器（也叫换热器）将温度较高的高温热水转换成满足一定温度要求的空调热水，经热水泵加压再给分水器送至空调末端设备进行热交换；水温下降后的空调热水回流，回到集水器进入热交换器再次加热，如此循环工作。图5-35就是换热站内常用的管式换热器和板式换热器。

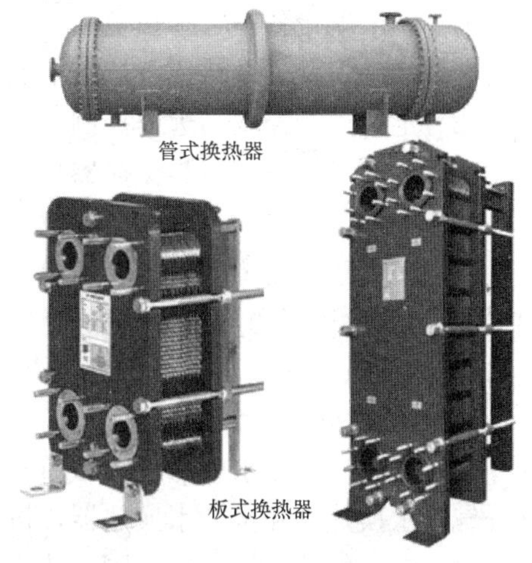

图5-35　换热站内常用的管式换热器和板式换热器

对于热交换器和热交换系统的监控内容有：

1. 对空调换热系统的运行参量、运行状态监测及控制

热交换器一次侧热水供回水的温度监测，热交换器一次侧热水供回水的压力监测，二次热水泵起停状态监控，水流开关状态监控、热水泵起/停控制等。

2. 对热交换系统进行连锁控制

要根据严格的连锁控制关系对热交换系统进行起动顺序控制：起动二次热水循环泵→开起一次侧热水/蒸汽阀门→热交换系统的停止顺序控制：关闭一次测热水/蒸汽阀门→停止二次热水循环泵。

3. 运行控制及节能运行

两个不同用户单位的换热站如图5-36所示。

(a)

(b)

图5-36　两个不同用户单位的换热站

（1）热交换系统的运行控制及节能。系统正常运行要依靠自动控制环节，同时还要兼顾节能运行。可以采用热水回水温度法和热负荷控制法控制系统的节能运行。

从热交换器输出的热水经过空调末端设备，经能量交换后，温度下降，回水温度反映和描述系统的热负荷，依据回水温度作控制参量控制调节热交换器的运行台数和热水泵运行台数及转速，实现节能运行。

热负荷控制法是根据分水器、集水器的供回水温度以及回水干路管道的流量值，可动态计算出空调末端设备的实际热负荷。再根据实际热负荷大小来控制调节热交换器的运行台数和热水泵的运行台数及转速，达到节能运行的目的。

(2) 定时运行控制与远程控制。可对热交换器按给定的运行时间表进行运行控制，并能对楼宇内的现场设备（与热交换器相关的设备）进行远程控制。

4. 热交换器二次侧热水出口温度监控

由温度传感器监测二次侧热水出口温度，送入DDC控制器与设定值比较得到偏差，运用PI控制规律进行调节，控制热交换器上一次热水/蒸汽电动调节阀阀门开度，调节一次侧热水/蒸汽流量，使二次侧热水出口温度控制在设定范围内，从而保证空调采暖温度。

5. 板式热交换器的控制

锅炉热源提供热水或蒸汽，城市热网提供热源100～120℃热水。热交换器按使用性质可分气—水换热器和水—水换热器，按结构可分为列管式换热器和板式换热器两种。热水系统的供水温度保持在设定值范围，热水供回水压差的稳定由DDC控制器完成。

板式热交换器的主要控制内容：

(1) 起停控制：热水侧电动蝶阀、热水泵、热源侧调节阀。开热交换器时开二次供水阀和相应的供水泵。

(2) 闭环控制：通过闭环自动控制，暖通系统供80℃热水，为空调系统供给50℃/60℃热水。根据二次供水温度调节一次供水阀开度，从而控制二次供水温度。

(3) 安全控制。热水侧配置温度高限控制器，热源侧配置安全阀。对热交换器的一次侧供回水温度、压力机流量进行监测。

(4) 工作状态、报警显示与打印。

(5) 水箱补水控制。

6. 工作状态显示与打印

“工作状态显示与打印”包括二次侧热水出口温度，热水泵起/停状态、故障显示，一次侧热水/蒸汽进出口温度、压力、流量，二次侧热水供、回水温度等，并且累计机组运行时间及用电量。

7. 热量计量

对热交换器和热交换系统进行用热能耗计量，如直接数字控制器DDC通过传感器采集相关设备主要运行参数值，得到每个时刻从供热网输入的热量，再通过软件的累加计算，即可得到每日的总热量及每季度总耗热量。

8. 一个换热站的控制系统图例

换热站是由两台换热器组成的换热系统、两台循环水泵组成的循环水系统和两台补水泵组成的补水系统来构成。每台循环泵采用一台变频器控制，每台补水泵也采用一台变频器控制。可编程控制器PLC采集变频器的状态数据并给出控制信号，构成现场控制系统，如图5-37所示。

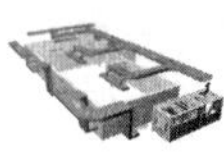

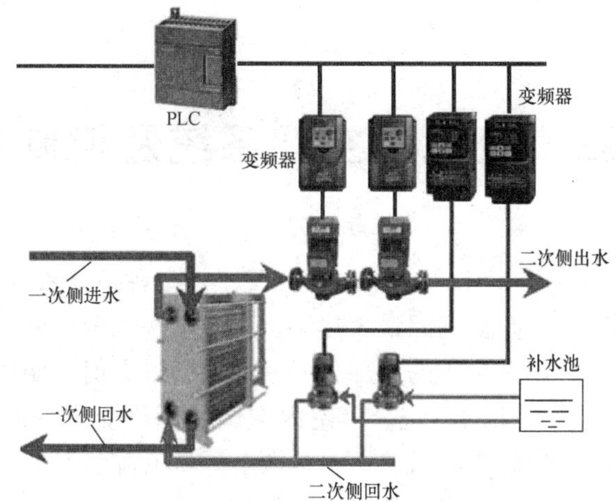

图 5-37　某用户单位的一个换热站的控制系统

第 6 章　变风量空调系统及控制技术

变风量空调系统（Variable Air Volume，VAV）是一种节能效果显著的空调系统。定风量系统的送风量是不变的，并且房间最大热湿负荷确定送风量，但实际上房间热湿负荷不可能经常处于最大值状态，而是全年的大部分时间都低于最大值。变风量空调系统是通过送入各房间的风量来适应负荷变化的系统。当室内空调负荷改变或室内空气参数设定值变化时，空调系统自动调节进入房间内的风量，将被调节区域的温、湿度参数调整到设定值。送风量的自动调节可很好地降低风动机力消耗，降低空调系统运行能耗。

VAV 技术于 20 世纪 90 年代诞生在美国，VAV 系统追求以较低的能耗满足室内空气环境的要求。VAV 系统出现后并没有得到迅速的推广和应用，当时美国占主导地位的仍是定风量系统（Constant Air Volume，CAV）加末端再加热和双风道系统。20 世纪 70 年代爆发的能源危机使 VAV 系统在美国得到广泛的应用，并已成为美国空调系统的主流，同时在其他国家也快速地进入迅速发展的阶段。

6.1　变风量空调系统的组成、运行和特点

6.1.1　VAV 系统组成

VAV 系统由以下四个部分组成：变风量末端装置、空气处理及输送设备、风管系统和自动控制系统。变风量末端装置也叫 VAV Box，VAV Box 根据空调区域的热负荷，通过调节风门开度来控制送风量。变风量空调机组则根据各 VAV Box 的需求，通过风机变频调速来控制总的送风量。变风量空调机组和变风量末端的外形如图 6-1 所示。

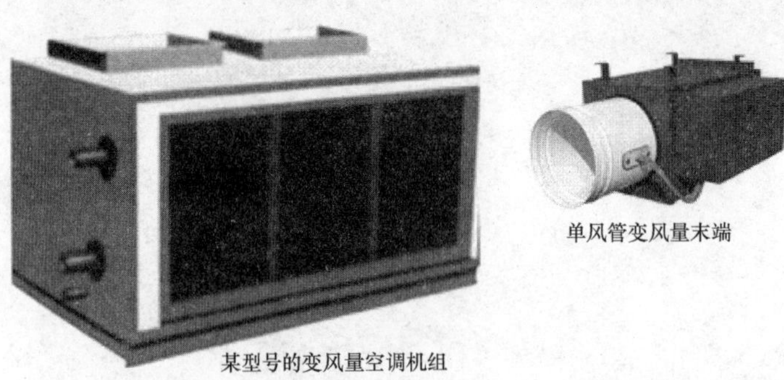

图 6-1　变风量空调机组和变风量末端的外观图

典型的简单 VAV 变风量系统空调系统工作运行示意图如图 6-2 所示。在每个房间内装一个 VAV 末端装置及附带的送风口，VAV Box 实际上是一个可以进行自动控制的风阀，可以根据室内的冷热负荷、湿负荷调节送入室内的风量，从而实现对各个房间温度的单独控制。VAV 系统主要包括送风道、回风道、空气处理设备、可调速的送风机、排风机（或回

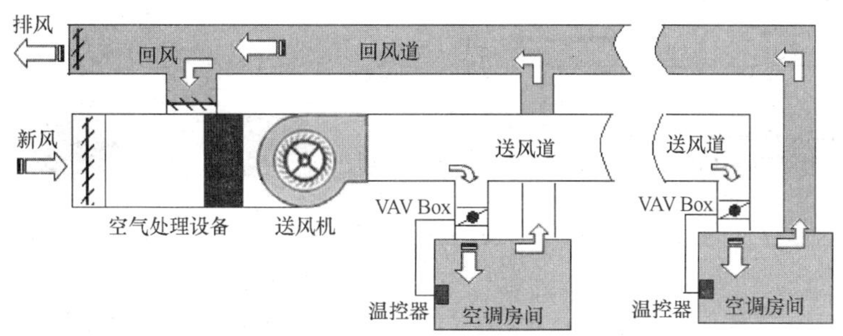

图 6-2　一种简单的 VAV 变风量系统空调系统工作运行示意图

风机）和变风量 VAV 末端装置及送风口等。安装在现场的 VAV 变风量末端如图 6-3 所示。

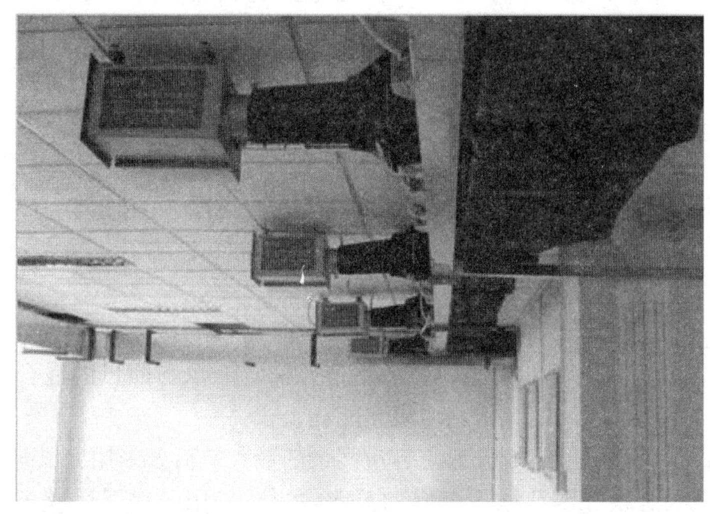

图 6-3　美国皇家公司的 VAV 变风量末端

6.1.2　变风量空调机组的运行

变风量空调机组中的送风机采用变频调速方式，送入每个房间的风量由变风量末端装置（VAV Box）控制，每个变风量末端装置可根据房间的布局设置几个送风口。变风量空调机组末端装置（VAV Box）的使用如图 6-4 所示。

室内温度通过 VAV Box 设在房间的温控器进行设定。当空调区域的冷负荷变化，导致室内温度偏离设定值，如当室内温度高于设定值时，VAV Box 将开大风阀提高送风量，此时主送风道的静压将下降，并通过静压传感器把实测值输入到现场 DDC 控制器，控制器将实测值与设定值进行比较后，控制变频风机提高送风量，以保持主送风道的静压。如果室内温度低于设定值时 VAV Box 将减小送风量。

VAV Box 和变频送风机的控制过程中，控制对象为室内温度、主送风道静压，检测装置为静压传感器，调节装置是现场 DDC 控制器，执行器是变频风机。

由于变风量系统在调节风量的同时保持送风温度不变，因此在实际运行过程中必须根据空调负荷合理地确定送风温度。例如夏季，当送风温度定得过高，空调机组冷量不能平衡室内负荷时，空调机组可能大风量工频运转，此时起不到节能效果。空调机组的送风温度可以通过现场 DDC 控制器进行设定，并且通过控制空调机组回水电动阀，对送风温度进行有效

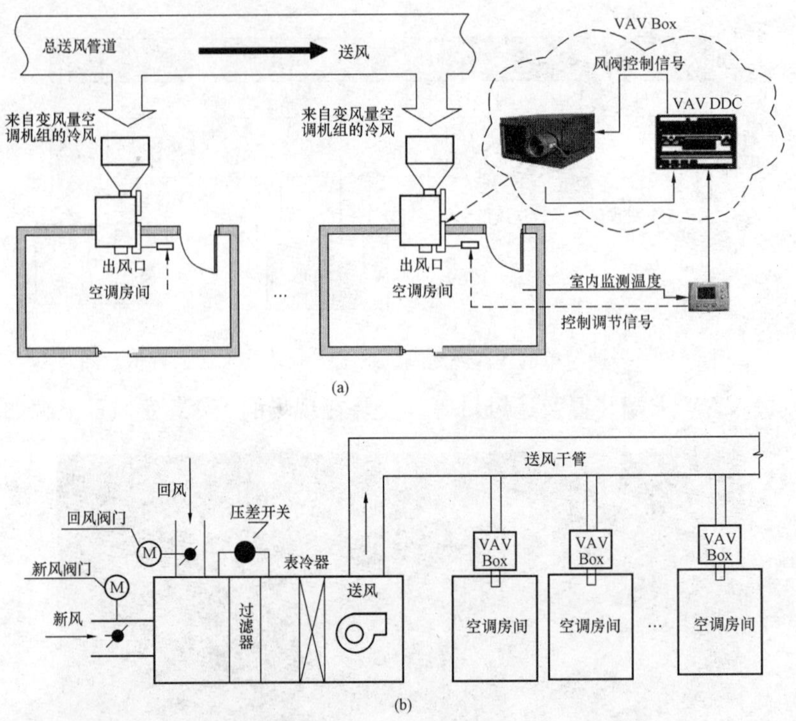

图 6-4　变风量空调机组的末端装置使用

的控制。DDC 控制器通过监测新风与回风的焓值，确定新风与回风的混合比。在保持最小新风量的同时充分利用回风，以减少制冷机组能耗。

空调系统的设计负荷一般是充分考虑容量冗余的最大负荷。采用变风量空调系统可以较好地进行容量冗余动态跟踪调节取得良好的节能效果。采用一次回风或多变量集中空调系统，每个房间设一个或多个变风量送风口，一个回风口。房间温度控制器控制末端装置送风量，根据各送风口的送风量调节风机转速，实现节能运行。变风量空调系统的风管和末端装置的连接关系如图 6-5 所示。

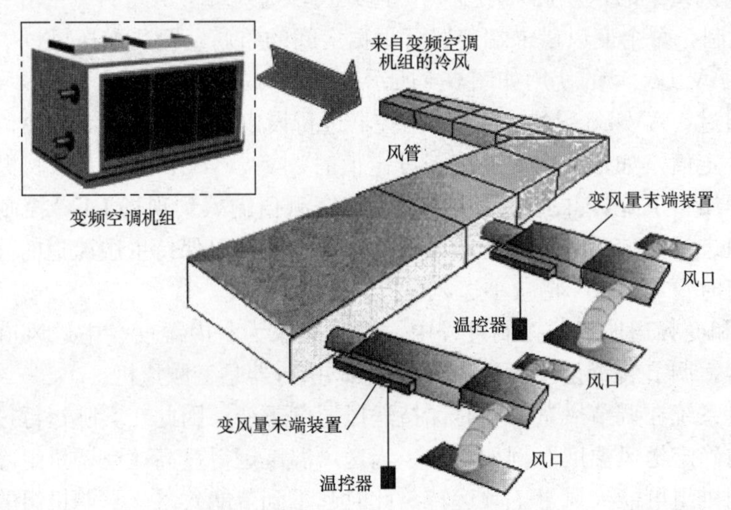

图 6-5　变风量空调系统的风管和末端装置的连接

6.1.3　变风量空调系统的特点

据有关文献报道，VAV 系统与 CAV 系统相比，对不同的建筑物同时使用系数可取 0.8 左右的情况下，大约可以节能约 30%～70%。

VAV 系统的灵活性较好，易于改扩建，尤其适用于格局多变的建筑，如商务办公楼，当室内参数改变或重新布置隔断时，可能只需更换支管和末端装置、移动风口位置即能适应新的负荷情况。

由于系统造价较高，控制系统复杂，VAV 系统在我国的推广应用受到一定的限制。但随着建筑智能化技术和楼宇自控技术的不断发展，以及低温空调和冰蓄冷技术的研究应用，控制和成本较高的这两个影响 VAV 空调系统发展的关键问题有望解决，因此，在我国推广应用 VAV 空调系统已形成一个普及层面较大的应用热点。

变风量系统，采用一次回风式变风量集中空调系统，每个房间设一个或多个变风量送风口，一个回风口。房间温度控制器控制末端装置送风量，自控系统根据各送风口的送风量，调节风机转速，实现节能运行。

变风量（VAV）系统以全空气空调方式运行，在空调房间内负荷的变化或要求参数的变化，自动调节送风量，从而保证室内温度、湿度等参数达到设定要求。

由于空调系统在全年大部分时间里是在部分负荷下运行，而变风量（VAV）系统是通过改变送风量来调节空调房间温度，能够和部分负荷的工况自动配合，因此可以较大幅度地少送风风机的动力损耗。与定风量空调系统相比，变风量空调系统的应用除了能够较大幅度地节能以外，还具有一些很有价值的优点。VAV 系统可以提高室内空气品质，在过渡季节可大量采用新风较大幅度地减少冷水机组的能耗，而且通过大量向空调房间输运新风，从而提高室内的空气质量。可以避免风机盘管加新风系统的冷凝水渗顶问题。由于变风量（VAV）系统是全空气系统，冷水管路不经过吊顶空间，避免了风机盘管加新风系统中须费心解决的冷凝水滴漏和污染吊顶问题。系统灵活性好，降低二次装修成本。现代建筑空气调节系统的工程中常需要进行二次装修，采用变风量系统，其送风管与风口以软管连接，送风口的位置可以根据房间分隔的变化而任意改变，也可根据需要适当增减风口，而在采用风机盘管系统的建筑工程中，任何小的局部改造都显得很困难，改动成本也很高。系统用户端的噪声小。风机盘管系统加新风系统的风机会产生噪声，以及气流在送风口集聚所造成的噪声较大，而变风量系统的噪声主要集中在机房。

VAV 系统控制效果好，不会发生过冷或过热。带 VAV Box 的变风量空调系统与一般定风量系统相比，能有效地调节局部区域的温度，实现温度的独立控制，避免在局部地区产生过冷或过热的现象。变风量系统特点与优点如下：

（1）房间温度能够单独控制。

（2）风量自动变化，系统自动平衡。

（3）没有水系统的情况下，可以采用电加热。

（4）大部分时间低于其最大风量的状态下运行。

（5）对于负荷变化较大，或同时使用系数较低的场所节能效果尤其显著。

（6）全空气的空调方式。

（7）空气品质好：全空气系统送风能得到全面集中的处理（如过滤，加湿，杀菌，消声等）；且没有冷凝水污染，抑制细菌滋生。

(8) 温度控制准确快速：VAV Box采用DDC控制精度高。

(9) 运行节能：风机耗电减少，冷机耗电减少，水泵耗电减少。

(10) 没有水管使施工方便，运行安全且无冷凝水污染。

(11) 与送风口采用软管连接，便于装修时重新分隔。

(12) 可以和多种空调系统相结合（空调箱、屋顶机、冰蓄冷系统、水源热泵等）。

尽管VAV系统有很多优点，但也应客观地认识到系统存在着一些技术需要改进的方面，如：

(1) 缺少新风，室内人员感到憋闷。

(2) 房间内正压，房门开启困难；负压过大导致室外空气大量进入。

(3) 室内噪声较大。

(4) 系统运行的稳定性不是很高。

(5) 系统的初投资较大。

(6) 对于室内湿负荷变化较大的场合，如果采用室温控制而又没有其他辅助方法，很难保证室内温湿度同时达到要求。

(7) VAV系统比CAV系统多了一些末端装置和风量调节功能，使得从方案设计到设备选择、施工图设计及施工调试，都有了与CAV系统很大的不同。

总之，变风量空调系统所存在问题和缺点的原因是多方面的，有的可能需要一定的技术支持才能解决，而有的可能通过空调设计人员的精心设计就可以避免。

6.1.4 变风量空调系统与定风量空调系统的不同

通常的空调机组指的是定风量空调机组或定风量空调系统（constant air volume system，CAV系统），变风量空调系统与定风量空调系统的不同主要有两点：一是定风量空调系统（CAV系统）采用固定式的送风口，定风量空调系统的送风机不调速；二是变风量空调系统（VAV系统）采用变风量的送风口VAV Box，变风量空调系统的送风机多以调速方式工作。CAV系统的送风口和VAV系统的送风口的不同如图6-6所示。

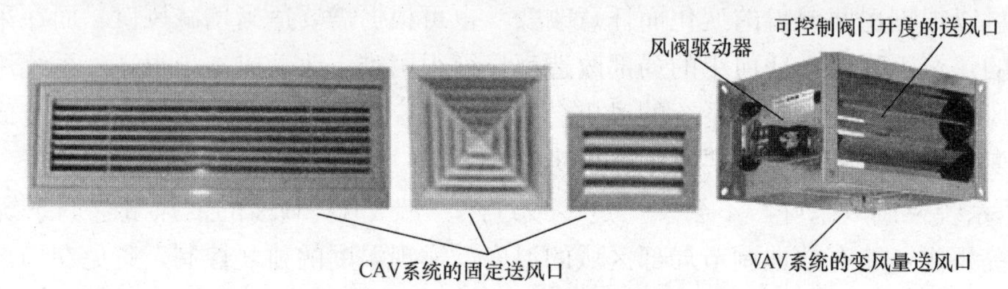

图6-6 CAV系统的送风口和VAV系统送风口的不同

采用了变风量送风口，向空调区域的供冷就可以方便地加以控制调节，当空调区域的温度较高时，VAV Box的阀门开度加大，增大冷风的送风量，降低房间的温度；当空调区域的温度较低时，VAV Box的阀门开度减小，减少送风量，提高房间的温度。VAV Box供风的房间如果没有工作人员或某一时段无调节温度的要求，则可以将VAV Box的阀门全部关闭，不向空调房间输运冷风。

定风量空调系统由于采用固定式送风口，当送风口所在某房间负荷发生急剧的变动时，空调系统无法做出反应，送风量不会发生变化。

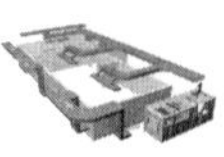

变风量空调系统的送风机以调速方式工作的情况下，送风机的电源来自于变频器。变频器向送风机输送一个 380V 的变频电源，调节送风机的转速，换言之，变风量空调系统采用了变频送风机电控箱，定风量空调系统采用的是普通电控箱，如图 6-7 所示。图 6-7 中还给出了一个实际的变风量空调机组的 DDC 控制箱的实物外观图。

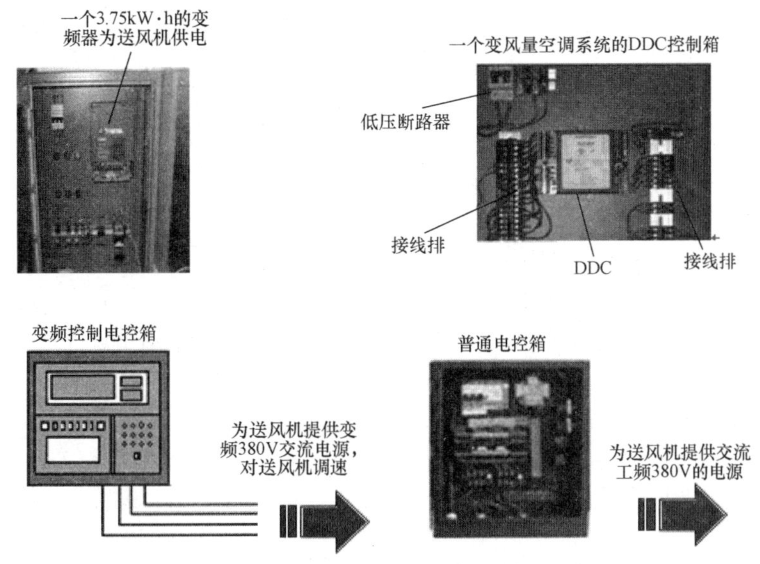

图 6-7　VAVA 系统送风机和 CAV 系统送风机采用不同的电源

对于定风量空调系统和变风量空调系统都有系统供给显热负荷平衡关系式，即

$$Q_s = 1.01G(t_N - t_0) \tag{6-1}$$

式中：Q_s 为空调系统总显热负荷(单位 kW)；G 为空调系统送风量(kg/s)；t_N 为室内温度(℃)；t_0 为送风温度(℃)；1.01 为干空气比定压热容[kJ/(kg·K)]。

CAV 系统与 VAVA 系统的主要区别见表 6-1。

表 6-1　CAV 系统与 VAVA 系统的主要区别

比较要点	定风量空调系统（全空气系统）	变风量空调系统（全空气系统）
两种空调方式主要区别	（1）定风量空调系统的区域显热负荷平衡关系式： $q_{si} = 1.01g_i(t_{Ni} - t_0)$ 即空调区域显热负荷和区域送风量成正比，和（室内温度—风温度）成正比。 （2）系统总送风量不变，通过调节冷冻水流量改变送风温度 t_0 与系统总显热负荷进行适应匹配。 （3）各个不同的供冷或送风区域无法独立调节温度，室内温度随着空调区域显热负荷的变化而波动变化	（1）变风量空调系统的区域显热负荷平衡关系式： $q_{si} = 1.01g_i(t_{Ni} - t_0)$ 即空调区域显热负荷和区域送风量成正比，和（室内温度—风温度）成正比。 （2）系统总送风量随着空调区域内各不同空调房间的送风量不同而动态改变。通过调节区域送风量 g_i 来适应各区域显热负荷 q_{si} 的变化。 （3）调节冷冻水流量来维持送风温度 t_0 不变或通过调节冷冻水流量来调节送风温度 t_0

续表

比较要点	定风量空调系统（全空气系统）	变风量空调系统（全空气系统）
优点	（1）空气过滤等级高，空气品质好。 （2）通过控制较佳的回风、新风混风比来实现在满足室内卫生标准的前提下，尽可能多使用回风，实现节能。 （3）去湿能力强，室内相对温度低。 （4）初投资小。 （5）使用较为广泛	（1）空调区域中各个不同空调房间的温度可独立控制。 （2）在正常应用的情况下，节能效果较好。 （3）空气过滤等级高，空气品质好。 （4）去湿能力强，室内相对温度低。 （5）有很好的应用潜力
缺点	（1）区域空气温度不可控。 （2）部分负荷时，送风机采用定速运行，总风量不变，无法实施送风机调速节能。 （3）在空调区域的符合发生突然大幅度变化时，系统本身无法反应	（1）在满负荷情况下，系统运行噪声较大。 （2）初投资大。 （3）系统设计、施工、调试、运行维护管理较为复杂，对工程师的素质要求较高
适用范围	（1）区域温度差异性控制要求不高的场所。 （2）使用范围广泛	（1）区域温度差异性控制要求高的场所。 （2）空气品质要求高的场所。 （3）对节能要求较高的场所。 （4）适用范围较广

6.2 变风量末端装置

6.2.1 变风量末端装置的含义

变风量末端装置（VAV Box）是变风量空调系统的关键设备之一，变风量空调系统通过末端装置调节空调区域的送风量，跟踪室内空调负荷的变化，使空调房间保持合适的温度和湿度。末端装置性能的好坏对整个变风量空调系统的运行情况和运行质量影响极大。

VAV Box应具备以下一些基本功能：

（1）通过自身的传感器检测空调房间的温度、湿度及风速或流量信号，送给一体化捆绑在VAV Box上的控制器，经处理后，控制调节VAV Box的阀门开度，即调节了空调房间内的送风量（冷风）实现室内温度调节的功能。

（2）使用VAV Box供风的空调房间，如果在无须提供冷量供给的时候（如会议室的会议结束后），可以完全关闭末端装置的阀门开度，不再提供冷风。

（3）当室内负荷增大时，在不超过设计最大送风量的条件下通过同步增加送风量来平衡室内负荷的增加；当室内负荷减小时，在不小于最小设计送风量的条件下同步减小VAV Box的送风量，减小房间内的冷量供给。

变风量末端装置可以分为节流型、风机动力型、旁通型、诱导型等基本类型，目前我国民用建筑中使用最多的是节流型和风机动力型。变风量箱有节流型、风机动力型和旁通型。节流型变风量箱在实际工程中应用最多，其中，单风管型变风量箱由一个节流阀加上对该阀的控制和调节装置及箱体组成，双风管型变风量箱则由两个节流型变风量箱组成。

变风量末端还可以分为：变风量箱和变风量风口两种类型，变风量箱是改变风量后再由

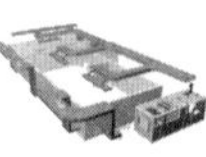

某种形式的风口向空调房间送风，变风量风口则是直接在送风口处改变风量并送出。变风量箱和变风量风口均能实现区域的独立温度控制，不过变风量箱具备较大的通风能力，通常每个变风量箱带 3～6 个风口，可控制的空调区域范围较大；当要求将空调空间划分为多个较小单元的独立控制区域时，从经济性考虑，可采用变风量风口。

6.2.2　变风量末端装置分类

按照不同的方式，变风量末端装置有多种不同的分类。

按照空调房间的送风方式，VAV Box 可分为：单风道和双风道型、风机动力型、旁通型、诱导型和变风量风口类型；在负荷变化时，空调房间的送风量也随之变化，系统中的风压同时会发生变化，按照补偿系统压力变化的方式，VAV Box 可分为：压力相关型和压力无关型；按照是否具有在加热装置来划分，VAV Box 可分为无再热型、热水再热型、电热再热型等。

虽然变风量末端装置有多种不同种类或形式，但实际工程中使用较多的是单风道型和风机动力型变风量末端装置。

1. 单风道型变风量末端装置和双风道型变风量末端装置

单风道型 VAV Box 是最基本的变风量末端装置。它通过改变空气流通截面积达到调节送风量的目的，它是一种节流型变风量末端装置。其他类型如风机动力型、双风道型等，都是在节流型的基础上变化、发展起来的。节流型变风量末端装置，根据室温偏差接受室温控制器的指令，调节送入房间的一次风送风量。当系统中其他末端装置在进行风量调节导致风管内静压变化时，它应具有稳定风量的功能。末端装置运行时产生的噪声不应对室内环境造成不利影响。

2. 节流型末端和单风道型变风量末端装置结构和技术特性

（1）节流型变风量末端装置。节流型变风量末端装置主要由箱体、控制器、风速传感器、室温传感器、电动调节风阀等部件组成。节流型 VAV Box 的风量调节原理较为简单，如图 6-8 所示。通过限流板来控制阀门开度，直接调节送风量。

节流型 VAV Box 是最基本的变风量末端装置，它通过改变送风通道的截面积来调节送风量，其工作特点是：能根据室内冷、热负荷的变化自动调节送风量；同时，具有定风量送风的功能，不会因系统中其他风口风量调节而导致的风道静压变化引起该装置送风量的再变化。对于节流型 VAV Box 要避免节流调节时产生噪声及扰乱正常的室内气流组织。

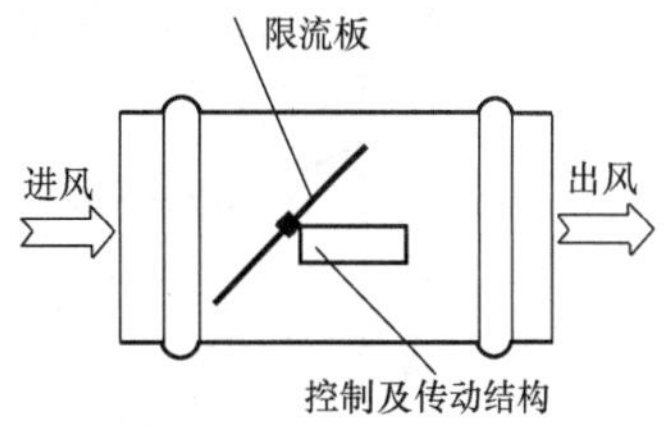

图 6-8　节流型 VAV Box 的风量调节原理图示

节流型 VAV Box 又分为以下基本类型：百叶型 VAV Box、文丘里型 VAV Box 和气囊型 VAV Box。百叶型 VAV Box 的调节原理是：通过调节风阀的开度来调节风量。文丘里型 VAV Box 的调节原理是：在一个文丘利式的简体内装有一个可以沿轴线方向移动的锥形体，通过锥形体的位移改变气流通过的截面积来调节风量。气囊型 VAV Box 的调节原理是通过静压调节气囊的膨胀程度达到调节风量的目的。其他如风机动力型、双风道型、旁通型等都是在节流型的基础上变化发展起来的。

文丘里型 VAV Box 内部结构示意如图 6-9 所示。在夏季的空调区域冷负荷发生变化时，文丘里型 VAV Box 装置内的锥形体由电动或气动执行机构通过锥形体中心的阀杆水平移动

调节，改变文丘里式筒体中气体流通截面面积，来调节送风量的大小。锥形体中心的阀杆与弹簧组成的结构，可以完成定风量的功能。

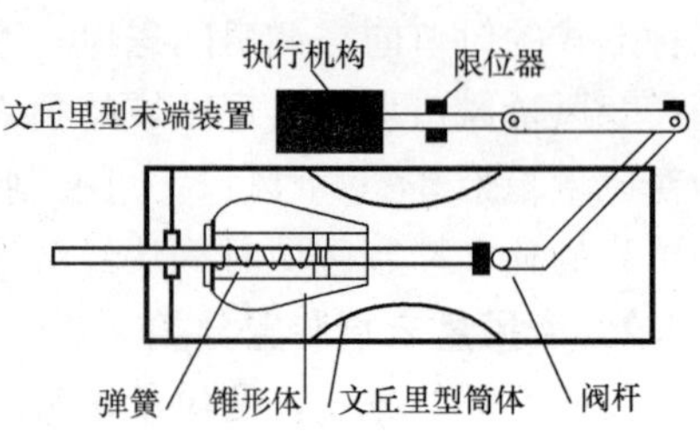

图 6-9　文丘里型 VAV Box 内部结构

空气阀变风量末端风量调节更接近线性，而线性调节性能通常也正是变风量系统所希望的。

（2）单风道型变风量末端装置结构和技术特性。几种单风道 VAV Box 的外观图如图 6-10 所示。

图 6-10 中，由美国妥思空调设备公司生产的一种 TVS 型号的单风道 VAV Box 箱体的主要技术性能及参数如下：

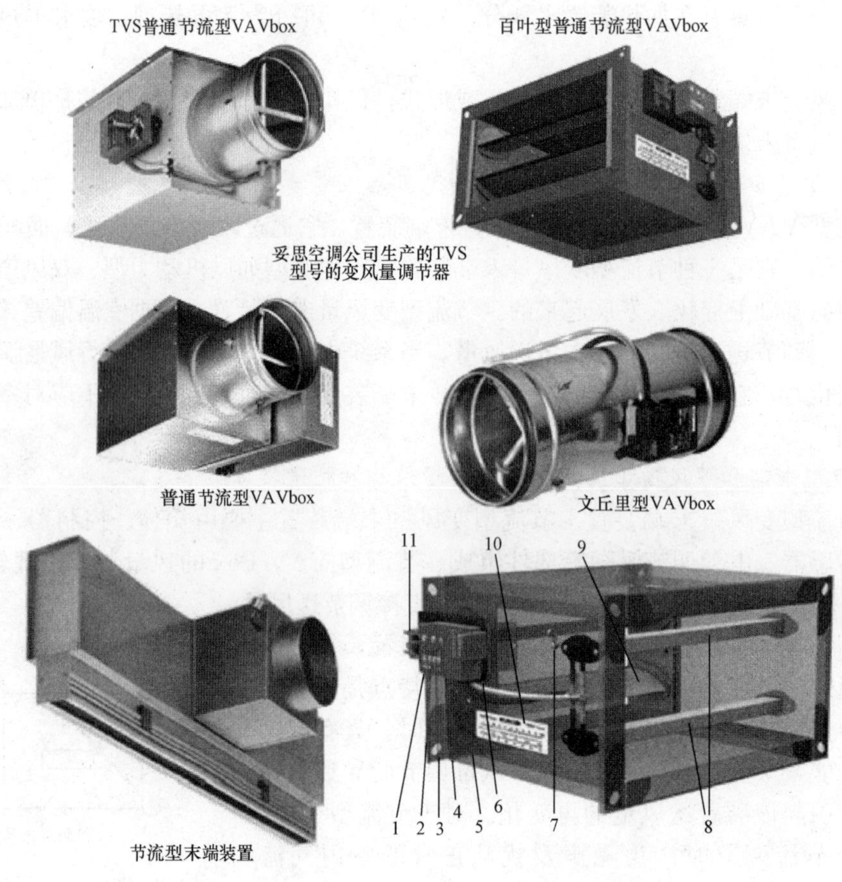

图 6-10　几种单风道 VAV Box 的外观图

1—便携式控制器；2—风量设定器；3—指示灯；4—测试按钮；5—接线端子；6—保护罩；7—固线支架；8—压差传感器；9—调节阀片；10—风量刻度表；11—阀片位置指示

（1）箱体折边上有安装吊挂孔。

（2）工作温度 10～50℃。

（3）由 DDC 控制送风量。

（4）可控制风量调节范围（最大 10∶1）。

（5）内装差压传感器，可精确调整风量。

（6）通过风阀可实现完全切断气流。

（7）箱体材料为镀锌钢板，采用内衬矿棉作消声部件，风阀为镀锌钢板，密封圈采用 EPDM（三元乙炳）橡胶。

（8）入口接管内装有一个输出平均压差值的传感器（风速传感器，用于检测流经变风量装置的风量），由此传感器测出的动压差可计算出实际的风量。房间温控器的功能是通过调节安装在 VAV Box 上的风量控制器（DDC）来调节风量，DDC 控制程序中已设定好送风量在给定的最大和最小值之间变化。压差传感器上测量的有效压差值通过压差变送器转变为风量调节器的输入电信号，风量调节器将此实测值与原设定值作比较，若比较结果出现偏差，则通过执行器调节风阀，保证在不同风道压力下精确调节风量。

（9）该 VAV Box 上的重要组件：压差传感器、风阀阀片、压差变送器、执行器、房间温控器（由用户配置）和风量控制器。

单管型变风量末端装置是结构相对比较简单的末端装置，结构示意如图 6-11 所示。单管型末端是压力无关型末端，内部不设动力装置无能耗。在入口管内装有测量流量和传递信号的压差流量传感器。末端空气调节阀的选择很多，可采用单叶式调节阀、对开多叶式调节阀或蝶阀等。为降低因节流产生的噪声，在箱体内衬吸声材料。末端在出口段设有多出口箱，与多个送风软管相连接。有些末端出口可达到 6～7 个。

单管型末端根据室温设定值与室温实测值的偏差计算设定风量值，再根据风量设定值与风量实测值的偏差来控制风阀开度，通过控制末端阀门的开度来调节空调房间的送风量，随着房间冷负荷的增加，阀门开大增加送风量，房间冷负荷减小时，阀门开小减小送风量。单管型变风量末端适用在全年只有冷负荷需求的空调房间。单管型变风量末端是结构最简单无能耗的末端装置，而且它的价格较低，对于国内的大型建筑，单管型变风量空调系统是降低建筑能耗和成本的较好选择。

（10）单风道变风量末端风速传感器的安装位置。型号为 35E 的单风道变风量末端，如图 6-12 所示，该末端装置配备有一个标准单叶阀，所有进风口为圆形，所有的圆形进风口都有一个凸型密封圈来保证进风管的紧密连接，在出风口上配置了一个插接式连接器一边快速安装。在图 6-12 中看到，该末端装置在进风口的中心位置有一个十字型风速传感器作为标配，用于测试平均起流量和（能根据压力信号得到）感应气流量。有些末端装置在一次风入口处设置均流板，使空气能比较均匀地流经风速传感器，保证装置的风量检测精度。风速传感器品种规格较多，常用的有皮托管式风速传感器、超声波涡旋式风速传感器、螺旋桨风速传感器、热线热膜式风速传感器等。

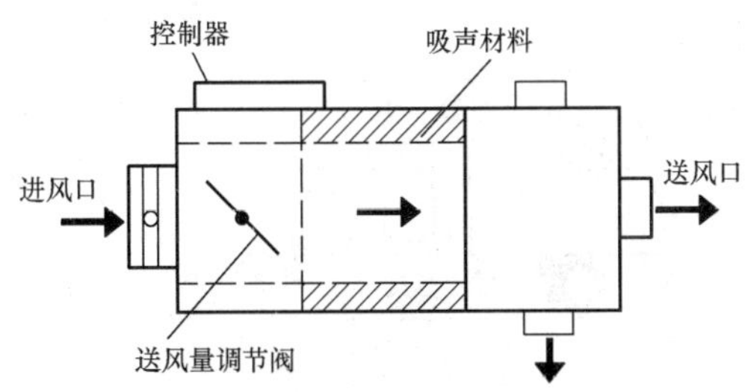

图 6-11　单管型变风量末端装置的结构简图

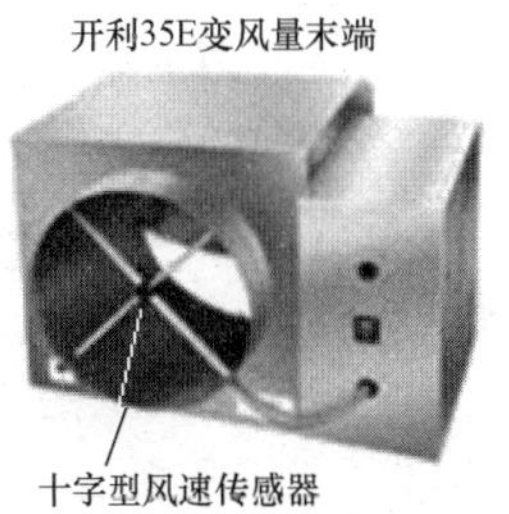

图 6-12　风速传感器的安装位置

该末端装置可以进一步地选配多种功能配置，如电加热或热水加热器等。一般情况下，变风量末端装置 VAV Box 调节风量的风门驱动器的轴在 VAV Box 箱体侧壁外，电源电路、DDC 控制器和执行机构等设置在箱体外侧的控制箱内。现在很多 VAV Box 产品，将风阀驱动器的驱动轴和 DDC 固连在一起，如图 6-13 所示。

6.2.3 双风道型变风量末端装置

一般由冷热两个变风量箱组合而成，或许说有两个单风道末端装置并排设置在一个矩形箱体内，两个单风道末端各自都带有自己的风速传感器，有自己独立的控制器和电动调节风阀。双风道型变风量末端装置可使用冷风-热风型控制方式，还可以工作在特殊的冷风-热风/热风-冷风切换控制方式。用于地板送风系统的双风道变风量末端如图 6-14 所示。

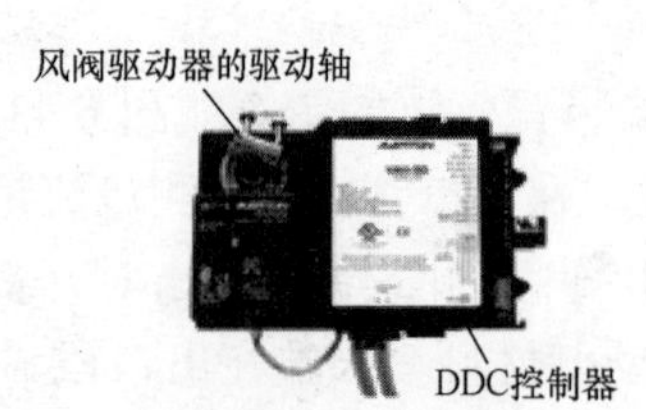

图 6-13　风阀驱动器的驱动轴和 DDC 固连

图 6-14　用于地板送风系统的双风道变风量末端

单风道系统采用一条送风管，经变风量末端装置的再调节后，向室内送风；又可分为再热、诱导、风机动力、双导管和可变散流器等几种调节形式。双风道系统是采用双风管送风，一根风管送热风，另一根风管送冷风，通过变风量末端装置混合后送入室内。双风道变风量系统可以是单风机结构，也可以是双风机结构，单风机结构的 VAV 系统和双风机结构的 VAV 系统原理示意图如图 6-15 所示。

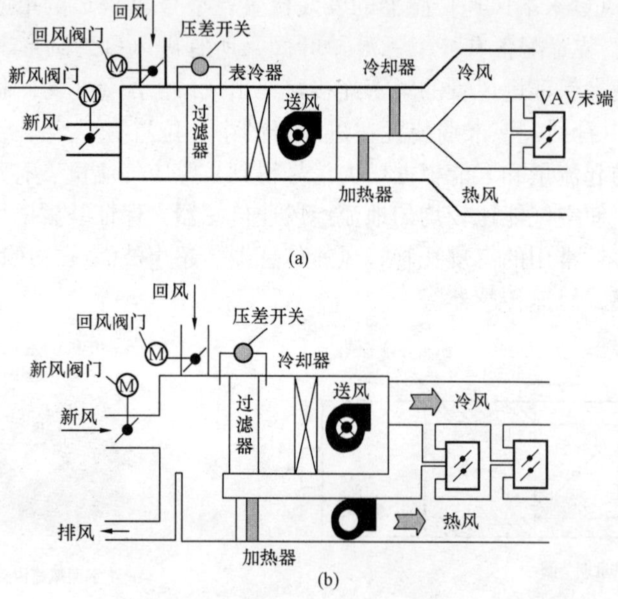

图 6-15　双风道 VAV Box

(a) 单风机的双风道 VAV Box；(b) 双风机的双风道 VAV Box

双风管变风量系统采用双风管送风，一根风管送热风，另一根风管送冷风，通过变风量末端装置混合后送入室内。

双风道变风量系统的优点是：可以进行个别控制；可以同时进行供冷和供暖，不需要进行季节转换；对于建筑物的间隔布局频繁变更，有较大的灵活性。

双风道变风量系统的缺点是：冷热混合造成能源浪费；双风道造成一次投资增加；双风道所占空间大；湿度控制困难。

双风道型变风量末端装置控制较复杂，价格高，因此在实际工程中用的较少。

6.2.4　并联式风机动力型变风量末端装置

在单风道变风量末端的结构基础上，增加了一个内置的离心式增压风机，就是风机动力型变风量末端装置（FPB，Fan Powered Box）。增压风机与箱体中一次风调节阀的排列位置不同，功能上就有较大差别。如果增压风机与箱体中一次风调节阀的位置是并联关系，构成并联式风机动力型变风量末端装置；如果增压风机与箱体中一次风调节阀的位置是串联关系（沿着一次风和送风方向），构成串联式风机动力型变风量末端装置。前者叫并联 FPB，后者称为串联 FPB。

1. 并联式风机动力型变风量末端装置（并联 FPB）的结构

并联式风机动力型变风量末端装置（并联 FPB）的结构及外观如图 6-16 所示。

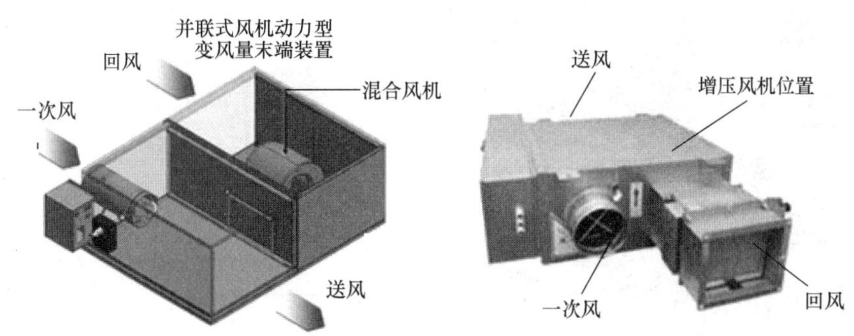

图 6-16　结构及外观图

并联式风机驱动变风量末端装置由一次冷风风量调节阀、风阀执行器、风机和电动机、控制器组成。来自于集中空调器处理的一次风只通过一次风阀而不通过增压风机。并联式风机驱动式末端装置的特点是：一次空气处理装置（中央空调机组）是变风量，而送入空调房间的空气也是变风量。

2. 并联式风机动力型变风量末端装置的运行模式

并联式 FPB 可以运行在两种模式下：

模式一：当空调房间的冷负荷较高，并联式 FPB 向空调区域供给冷风，采取定温和变风量送风方式。

模式二：并联式 FPB 向空调区域供给冷风或热风，在空调房间冷负荷较小时，采取变温度定风量方式供风。

（1）当并联式 FPB 向空调房间供给冷风且空调房间冷负荷较大时，末端装置的增压风机不运行，增压风机出口处止回风阀关闭，仅仅一次风调节风阀开启，送入空调房间的风量为一次风设计风量。随着空调房间冷负荷逐渐减少，并联式 FPB 的一次风调节阀开度变小，

逐渐减少送入空调房间的一次风量。

(2) 当送入空调房间的一次风量较小、而空调冷负荷还在继续减小时，并联式 FP 箱内的增压风机起动，风机出口处止回风阀打开，末端装置将回风口附近的暖空气与温度较低的一次风混合后送入空调房间，末端装置进入了定风量、变送风温度运行模式。

(3) 当室外气候继续变冷，空调房间内室温继续下降，温度偏离和小于设定值，末端装置出风口处的辅助再热装置开始工作，对送风进行加热，提高送风温度，调节空调房间室温增加。

6.2.5 串联式风机驱动式变风量末端装置

1. 串联式风机动力型变风量末端装置的结构

串联式风机驱动式变风量末端装置（Series Fan Terminal，FPBS 或简称串联式 FPB）是变风量末端箱体内的增压风机与一次风调节阀在位置上串联设置。经集中空调器处理后的一次风从一次风进口进入后，通过一次风调节阀，再顺序通过增压风机。串联式 FPB 基本结构如图 6-17 所示。

图 6-17 是一个没有附加再热环节的串联型单冷型结构的末端装置。在一个有加热环节的串联式风机驱动式变风量末端装置中，一次风、送风、回风、增压风机和一次风阀的位置关系如图 6-18 所示。

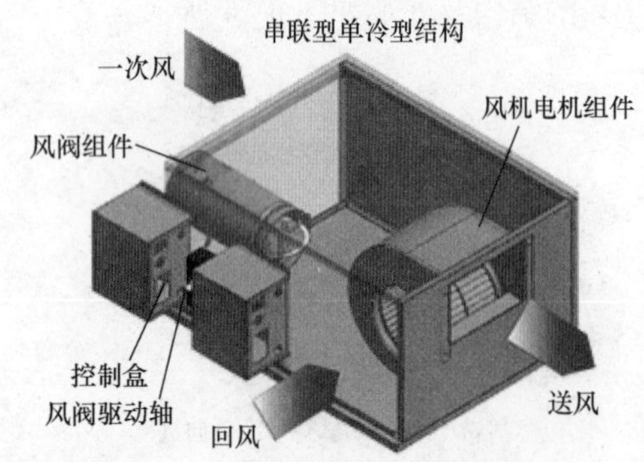

图 6-17　串联式 FPB 基本结构

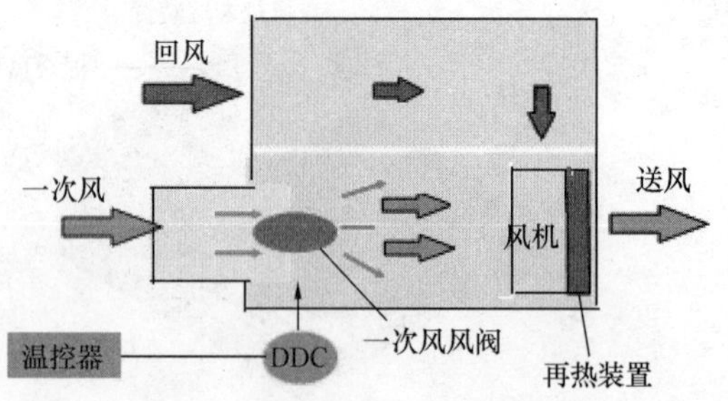

图 6-18　一次风、送风、回风、增压风机和一次风阀的位置关系

2. 串联式 FPB 的运行及工作特点

串联式风机动力型变风量末端装置（串联式 FPB）由一次冷空气风阀、执行器、风机和电机、控制器组成，加热器是作为可选附件供选择。一次冷空气风阀根据房间温控器的指令调节一次风量和二次热空气（回风）预先混合，然后再通过装置内的送风机送出，风机送风量不变。当空调房间冷负荷减少，为维持室内设定的温度，一次冷风相应减少，二次热空气增加，但总送风量仍然不变。

串联式风机动力型末端装置的运行特点：一次空气处理装置（中央空调机组）是变风量，而送入空调房间的送风是定风量送风，即以始终以恒定风量运行。

当空调房间供冷时，串联式 FPB 的一次风调节阀开启，进入空调房间的送风量是一次风量加上增压风机从吊顶内抽取的二次回风量之和。当空调房间的冷负荷逐渐减小，串联式 FPB 的一次风调节阀开始对一次风进行节流，同时，从吊顶内抽取的回风量相应地增加。

串联风机型变风量末端装置的工作特点：①风机始终工作，输送恒定风量，但送风温度变化；②一次风阀根据需求调整开度，其余风量由回风补足；③当需要时提供热量满足房间的热负荷时，再热装置开始工作。

6.2.6　诱导型变风量末端装置

1. 诱导型变风量末端装置的结构

诱导型 VAV 空调末端是一种在北欧广泛采用的 VAV 末端，是一种半集中式空调系统的末端装置。诱导型变风量末端装置由箱体、喷嘴、调节阀等组成。一个诱导型变风量末端装置的结构如图 6-19 所示，两个实际诱导型变风量末端装置如图 6-20 所示。

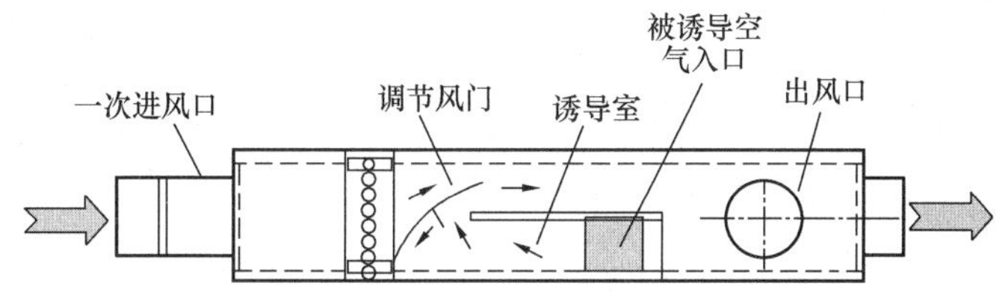

图 6-19　一个诱导型变风量末端装置的结构

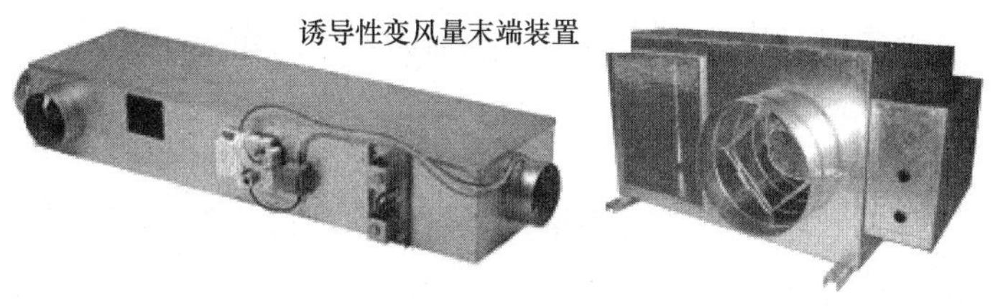

图 6-20　两个实际诱导型变风量末端外观

2. 诱导型变风量系统的运行

诱导型变风量比常规单风道型变风量能够更好地保证了室内的气流组织，舒适性要高，还可以用于低温送风系统从而更加减小风系统设计容量；也可利用吊顶上灯光等的热量以延迟再热系统的启动，从而更加节能。图 6-21 为诱导型变风量空调系统示意图。

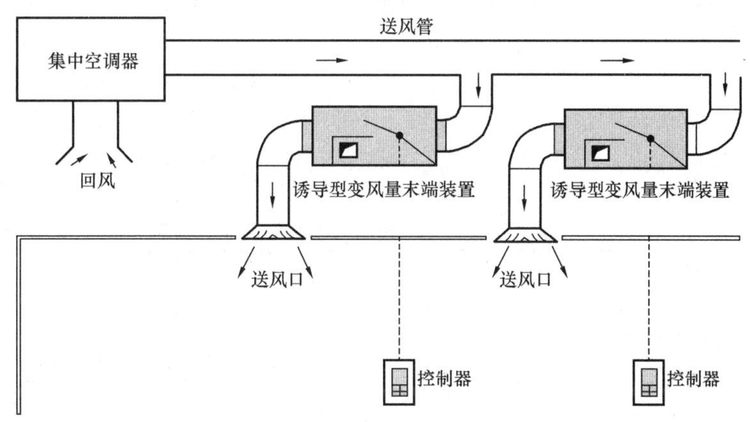

图 6-21　诱导型变风量空调系统

当冷量需求减少时，通过诱导式 VAV 末端供应到空气调节区域的总风量的减少量比一次风量的减少量要小。这就使得系统可以在低至 20%的一次风量的状况下运行，并且不会出现送出的冷风未充分完成热交换就从气流扩散器迅速下沉到地面。而常规的变风量系统的最小风量比通常限制在50%。这意味着诱导式VAV系统可以设定在更低的最小风量值，使得即使在20%和50%之间的制冷需求下仍能良好运作，这可以节约更多的能源。

6.3 变风量末端装置中使用的皮托管式风速传感器传、执行器和控制器

风速传感器是变风量末端装置中的关键部件，风速传感器的类型与性能直接影响系统风量的检测和控制质量。风速传感器一般由各末端装置生产厂家自行开发或委托控制设备商配套生产。风速传感器品种繁多，最常用的是皮托管式风速传感器，超声波涡旋式风速传感器，螺旋桨风速传感器和热线、热膜式风速传感器等。一般地，我国使用的欧美风格变风量末端装置均采用皮托管式风速传感器，而日系变风量末端装置则无一采用皮托管式风速传感器。通过变风量末端装置中的风速传感器，可了解气流的流动规律，也可经过计算得到流过变风量末端装置的送风流量，实现对每个末端装置乃至整个空调系统的送风量进行有效控制。

由于篇幅限制，下面仅对皮托管式风速传感器做一个讲解。

6.3.1 皮托管式风速传感器

皮托管是通过测量气流总压和静压来确定气流速度、流量的一种管状装置。由法国H.皮托发明而得名。用皮托管测速和确定流量，有可靠的理论根据，使用方便、准确，是一种应用非常广泛的测量方法。

标准的L型皮托管结构是一根弯成直角形的金属吸管，由感测头、外管、内管、管柱与全压引出导管和静压引出导管组成。如图6-22所示，L型皮托管由两根不同直经不锈钢管子同心套接而成，内管通直端尾接头是全压管，外管通侧接头是静压管。L型皮托管系数0.99～1.01之间。

L型皮托管皮托管的工作原理：皮托管头部迎着气流方向开有一个小孔A，小孔A的平面与流体的流动方向垂直。从小孔A顺着流体的流动方向，环绕管壁的外侧面又开了若干个小孔，小孔平面的法线方向与流体的流动方向垂直。头部的小孔A与一条管路连接，是全压管路，管壁外侧的多个小孔与一条管道相连，这条管道是静压管道，全压管道和静压管道互不相通。在距头部一定距离处开有若干个垂直于流体流向的孔是静压孔B，各孔所测静压在均压室均压后输出。L型皮托管测量风速的原理示意图如图6-22所示。

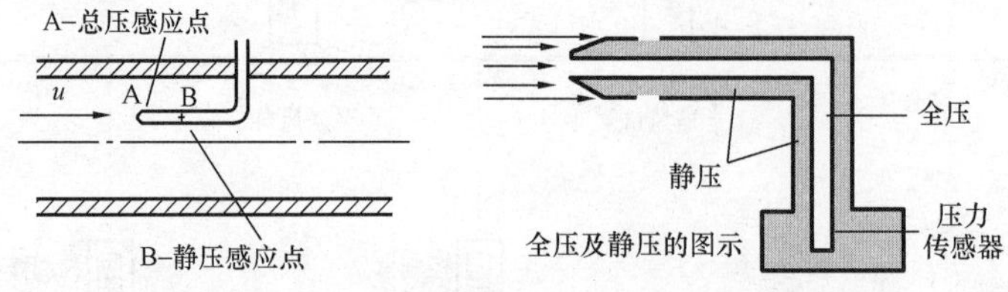

图6-22 L型皮托管测量风速的原理

进入皮托管头部小孔A的流体压力由两部分组成：一部分是流体本身的静压，另一部分是流体遭遇到障碍物后产生流体滞流由动能（动压）转换而来的压力，两部分压力之和就是全压，进入皮托管侧面小孔的压力是流体静压。通过检测元件可以分别测出流体的全压值

p_1 和静压值 p_2，动压可由皮托管测出，得

$$\text{动压 } p_d = \text{全压 } p_1 - \text{静压 } p_2$$

应用流体力学中的伯努利方程，有计算测点处流体的速度公式

$$v = \xi\sqrt{2(p_1 - p_2)/\rho} \tag{6-2}$$

式中：v 为检测点出的气流速度（m/s）；p_1 为皮托管测得的全压值（Pa）；p_2 为皮托管测得的静压值（Pa）；ρ 为所测流体的密度（kg/m^3）；ξ 为皮托管形状与结构修正系数。

皮托管形状与结构修正系数 ξ 的值由工程实验得到，不同形状的皮托管，ξ 值不同，对于标准的皮托管，ξ 值在 1.02～1.04 之间。

用皮托管测出的是某一点处的流速，但在检测点处所在的平面截面（与流速方向垂直）上各点的流速并不相同，因此在计算流速或流量时要做出修正。在变风量末端装置中，由于管道截面较大，测量某一点的流速不能反映该截面的平均流速。实际上，人们采用一种变形的皮托管即均速管来测量流经末端装置的风速，对被测截面上各测点的动压取平均值，求取平均流速。一般用于圆形管道，用一根细的管子插入变风量装置的入口，将被测截面分成若干区域，在每个区域中心位置的细管上开小孔作为测点，迎着气流方向，这些孔就是全压测孔，同时，在另一根相同截面的细管的背流方向开一个或多个静压测压孔。均速管测出的全压就是全压管道截面上气流全压的平均值，就能得到流体的平均流速，平均流速与截面积的乘积就是流过该截面的流体流量。

采用风量十字传感器的欧美流派的 VAV 末端装置如图 6-23 所示，感应检测输送气流的气压；进风接口直径从 100mm 到 400mm 可调。

由于皮托管检出的是压差信号，还要通过压差测管和监测装置连接起来最终得到风速的电信号，压差测管和监测装置的连接如图 6-24 所示。

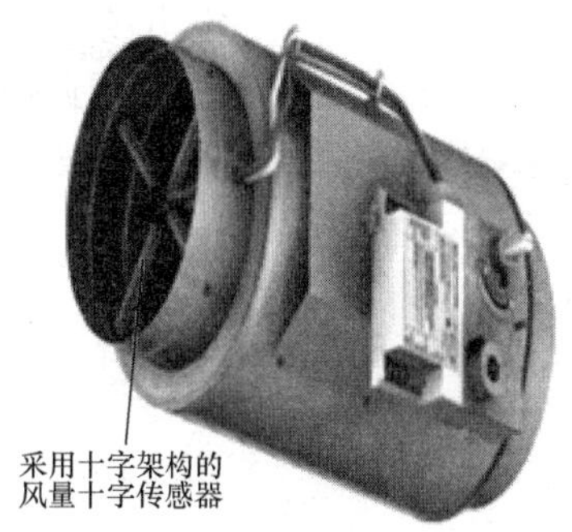

图 6-23　采用风量十字传感器 VAV 末端装置

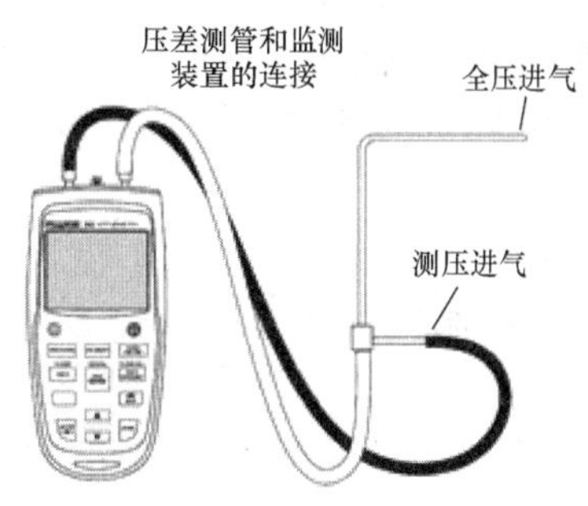

图 6-24　压差测管和监测装置的连接

6.3.2　变风量末端装置电动执行器与 DDC 控制器

变风量末端装置电动执行器与 DDC 控制器均设置在变风量末端装置的控制箱内。

1. 变风量末端装置电动执行器

执行器是变风量末端装置的一个重要组件。执行器在变风量空调系统中的作用是根据直接数字控制器（DDC）的控制指令，将电信号成比例地转换为风阀驱动轴的角位移或机械执行机构直线位移，驱动变风量装置的一次风风阀开度，调节空调房间的送风量，实现控制室温的目的。电动执行器转矩一般为 2.5N·m、6N·m、15N·m 与 30N·m 等几种，电

动执行器的转矩指标应和实际应用中的调节风阀相匹配。

2. 变风量末端装置的 DDC 控制器

(1) DDC 控制器。变风量末端装置上有一个核心部件，就是 VAV Box 的 DDC 控制器，即直接数字控制器。DDC 控制器预置了控制程序，当温度传感器、风速传感器的传感器采集到信号后，送给 DDC 的信号输入端，DDC 对信号进行处理，转换为控制执行器的信号指令，通过执行器实现特定的控制目的，如控制 VAV Box 的风阀开度，实际工程中，许多厂家将执行器与 DDC 控制器固连在一起，如图 6-25 所示。

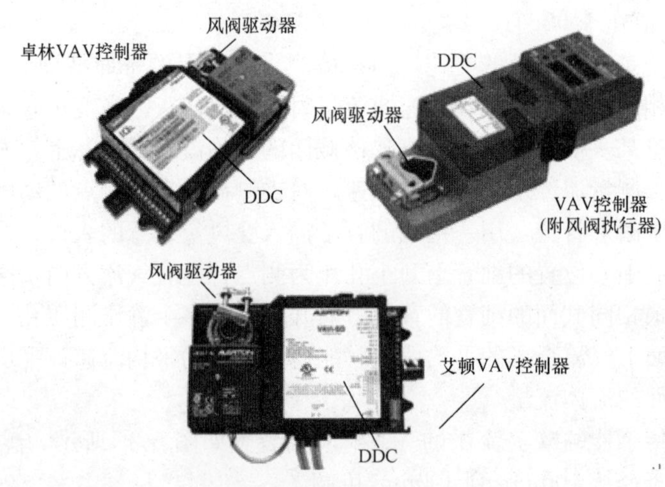

图 6-25　执行器与 DDC 控制器固连在一起

(2) 部分常用变风量末端装置 DDC 控制器说明。

1) 卓林 VAV 控制器。卓林系统是英国公司开发并在中国有一定市场占有率的楼控产品，该控制器可用于 LonWorks 控制总线组成的系统中，也可以应用在使用通透以太网的楼控系统中。卓林 VAV 控制器有可以挂接在 LonWorks 网络中的类型，也有挂接在以太网中的类型。

2) 美国艾顿楼控系统中的 VAV 控制器。艾顿楼控系统可以使用 BACnet 标准支持的 6 种测控网络作为控制网网络。用得较多的是使用 MS/TP 测控总线构建 DDC 的底层通信网络。

6.4　不同组态变风量空调系统的选择与系统设置

6.4.1　单冷型单风道变风量空调系统

1. 单冷型单风道变风量空调系统的组成结构特点

一次风口和送风口之间形成的风道是末端装置中的唯一风道，既在末端装置中仅有一条从一次风口到送风口的通道，没有其他的分支通道；仅用于供送冷风，即只用于向空调房间供给冷风，供给冷量的工况；在末端装置内没有其他再热装置如电加热或热水盘管环节。

使用单冷型单风道变风量末端装置和集中空调机组（送风机通过变频器调速）进行组合，就构成单冷型单风道变风量空调系统，如图 6-26 所示。

单冷型单风道变风量空调系统的组成结构特点：

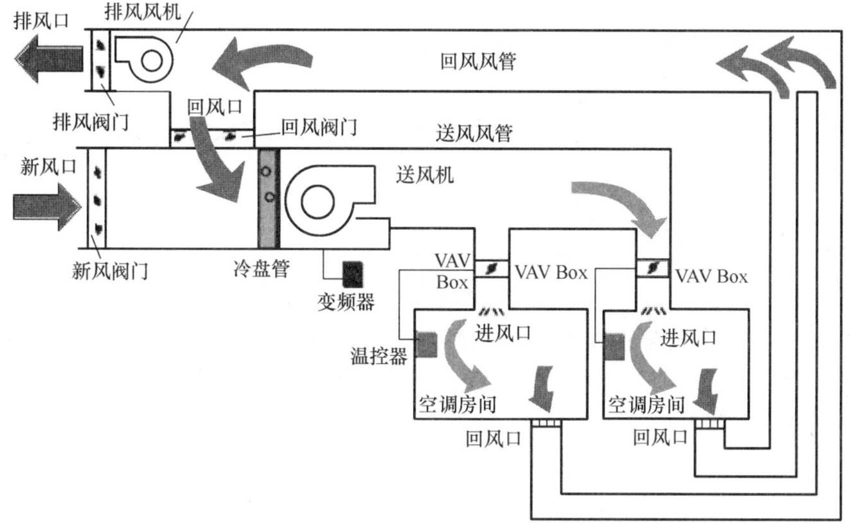

图 6-26　单冷型单风道变风量空调系统结构

(1) 使用单冷型单风道变风量末端装置（无再热装置）。

(2) 单冷型单风道变风量末端装置和包含可调速送风机的集中式空调机组组合而成。

(3) 各个不同空调房间设置有单冷型单风道变风量末端装置和配套的送风口；各个不同空调房间的单冷型单风道变风量末端装置使用配套的温控器进行控制。

(4) 仅对空调区域进行冷量供给，即只提供冷风供给，所以配套使用的集中式空调机组是一个两管制的系统，仅有一套冷水盘管（并构成表冷器），系统全年送冷风。

(5) 当整个系统在较为复杂的情况下，控制点数较多，空调区域负荷重，可在集中空调机组部分使用排风机、排风口、排风风门构成排风环节。

2. 单冷型单风道变风量空调系统的工作运行

单冷型单风道变风量空调系统工作的基本方式是：通过传感器检测空调房间内的温度湿度值，将温度湿度值的信息送给直接数字控制器（DDC），DDC 将检测到的温度、湿度信息和设定值进行比较，经过 PID 调节器的比例运算，控制变风量末端装置的风阀开度，实现空调房间内冷风风量的供给调节；当风阀全关闭时，空调系统不再向空调房间供送冷风；单冷单风道型变风量空调系统全年送冷风。

单冷型单风道变风量空调系统中，空气处理机组与定风量空调系统一样。送入每个区或房间的送风量由变风量末端装置控制。每个变风量末端装置可带若干个送风口。当室内负荷变化时，变风量末端装置根据室内温度调节送风量，以维持室内温度。在夏季，由于室内的冷负荷和湿负荷的变化不一定同步，根据温度调节的结果就不一定满足房间湿度调节的要求。

当空调房间冷负荷变得很小时，就有可能使送风量过小，导致房间得不到足够量的新风，或导致室内气流分配不均匀，最终使室内温度不均匀，影响人体舒适感。因此变风量末端装置设定有这样的功能：当送风量减少到一定值时就不再减少了。

在同一空调系统中，不同房间是不可能同时达到最大负荷值，单冷型单风道变风量空调系统的变频空调机组总送风量是按各房间的实时负荷之和来计算，其总送风量就比对应的定风量空调机组的总送风量要低。

在运行时，随着负荷的降低，单冷型单风道变风量末端装置的风量减少，变频空调机组的总送风量也相应减少。由于一幢建筑的空调负荷全年中只有大约5%的时间出现满负荷情况，其余时间均是在低负荷工况下运行，因此全年运行的能耗较大幅度降低。

在风机盘管加新风的系统中，新风量是固定不变的，送风温度也只是冬夏季时各自统一，在4月、5月、10月等月份的过渡季节时，仍须开制冷机组供冷，只靠新风来控制室温是不太可能的，从而导致能量的浪费，单冷单风道型变风量系统和其他的变风量空调系统一样是全空气系统，过渡季可直接利用新风来保证室内温度，其节能意义是显而易见的。

6.4.2 串联式风机动力型末端装置组合变频空调机组的系统

风机动力型变风量空调系统在一定程度上可以弥补单风道变风量空调系统的性能缺欠。风机动力型变风量空调系统分为串联式风机动力型末端装置组合变频空调机组的系统和并联式风机动力型末端装置组合变频空调机组的系统。串联型变风量系统是指串联式风机动力型变风量末端装置与变频空调机组组合而成的系统。

不带再热环节的串联型变风量末端装置如图6-27所示。

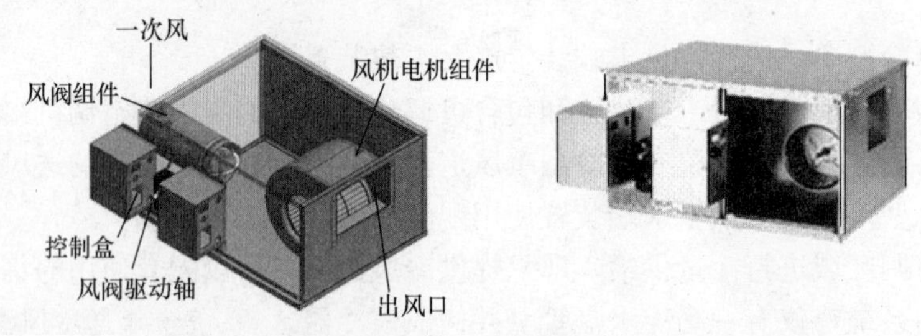

图6-27　不带再热环节的串联型变风量末端装置

串联风机VAV系统的末端箱体送风出口处增加了一台混风机，经过空调机组处理的一次空气和诱导的二次空气（室内回风）混风后经过混风机送入空调房间内。末端箱体内的混风机连续运转用来克服末端装置的阻力，满足室内送风量和气流组织的要求。混风机送风量满足房间最大符合的送风量，避免当房间达到最大负荷时一次风倒流入吊顶空间。在诱导二次风入口处有过滤网。在出口段与单管类型可以设再热装置和多出口箱。串联风机VAV末端装置的一次风、回风和出风及末端装置内部各重要组件之间的位置关系如图6-28所示。

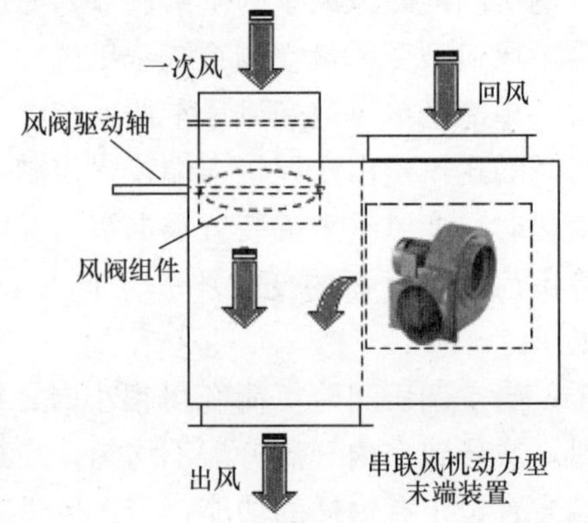

图6-28　一次风、回风和出风的位置关系

风机工作状态是持续运行。在串联风机VAV系统制冷时、过冷时和制热时都是定风量（串联风机风量即最大一次风量）。

串联型变风量系统的工作特点：

（1）风机始终工作，输送恒定风量，但送风温度调节变化。

（2）一次风阀根据需求调节阀门开度，由于要求系统输送恒定风量，其余的风量由回风补足。

（3）当需求再热模式下运行时，起动二级制热。

（4）一次空气处理装置（变频空调机组）是变风

量，而送入空调房间的空气是定风量。

串联式风机动力型变风量末端装置由一次风风阀、执行器、风机和电机、控制器组成，压力无关型还包括风量（风速）传感器组成，加热器是作为可选附件供选择。一次风风阀根据房间温控器的指令调节一次风量和二次热空气（回风）预先混合，然后再通过装置内的送风机送出，风机送风量不变。当房间负荷减少时，为维持室内设定的温度，一次冷风相应减少，二次热空气增加，但总送风量仍然不变，当房间有人时风机是连续运转。

6.4.3　并联式风机动力型末端装置组合变频空调机组的系统

并联型变风量系统是指：并联式风机动力型变风量末端装置与变频空调机组组合而成的系统。

1. 并联型变风量系统末端装置的结构组成和工作方式

不带再热环节的并联型变风量末端装置如图 6-29 所示。

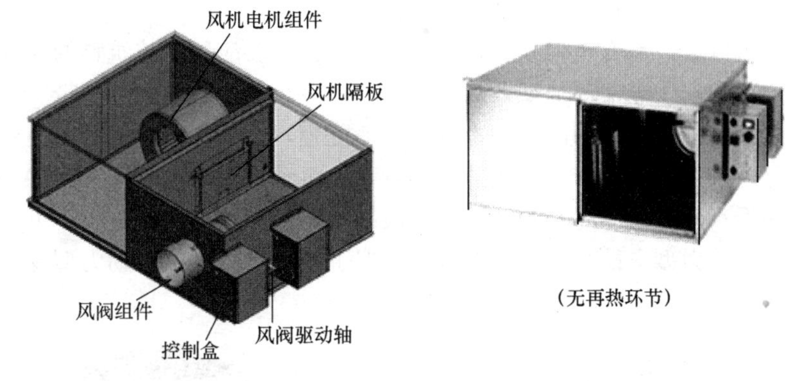

图 6-29　不带再热环节的并联型变风量末端

并联型变风量系统与串联型变风量系统的主要区别在于前者使用了并联型变风量末端装置，后者使用的是串联型变风量末端装置，二者之间的根本区别在于风机位置和能耗结构的不同。并联型是来自于吊顶诱导的二次空气（室内回风）先经过风机后再与一次风混合，然后送入空调房间，即仅仅二次风通过风机；而串联型则是一次风和二次风先混合然后再进入风机。串联型末端装置在风机出风口处还设有止回阀，防止空气倒流，如图 6-30 所示。

在运行中，并联型末端装置和串联型末端装置的运行方式有较大区别：并联型末端装置内置风机采用间断式运行方式，随着空调房间的负荷变化来起停风机。由于只有二次风经过

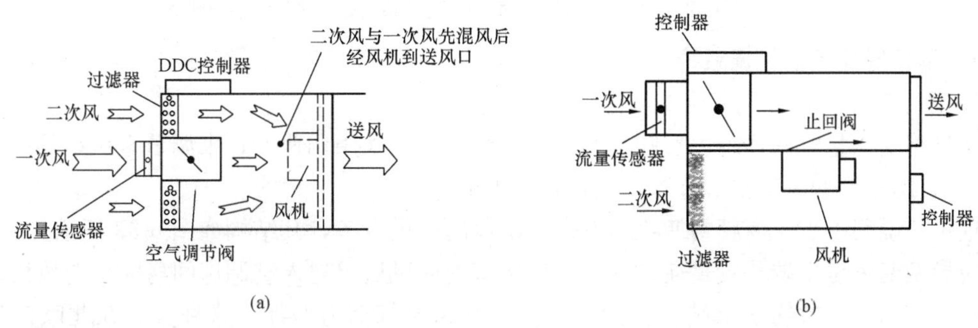

图 6-30　并联型末端装置和串联型末端装置的不同结构

（a）串联型末端装置；（b）并联型末端装置

风机，风机处理的风量小，因此风机动力小，工作噪声小和电耗低。

并联型末端装置的三个风口风量变化的关系如图 6-31 所示。

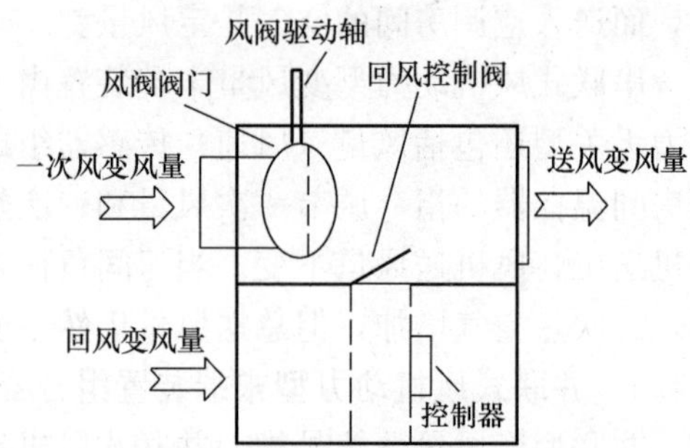

图 6-31　并联型末端装置的三个风口风量变化关系

2. 并联型变风量系统的工作特点及运行控制

(1) 并联型变风量系统的工作特点：风机在正常制冷模式下不工作，耗电少；在过冷模式下，风机开始工作，能源回收，提供第一级制热；制热模式下如需进一步提升送风温度时，启动第二级制热；风机与一次风风阀独立工作，分别提供回风和一次风风量；风机风量小于送风量，风机尺寸和噪声较小；系统全年送冷风。

(2) 并联型风机动力型变风量系统是的使用环境：主要应用于建筑物的外区，或负荷变化较大的区域，通常选用末端再热型。对于需要"过冷再热"的内区使用带加热器的并联型风机动力型的末端装置，不同的内区可以进行灵活配置，比如部分内区可以使用单风道型末端装置，一部分内区可以使用带加热环节的并联型风机动力型末端装置。

如小风量和最小风量供冷时，同时要考虑改善空调房间内的气流分布，可以选用无加热环节的并联型风机动力型末端装置。在有分区情况下使用并联型风机动力型变风量系统的情况如图 6-32 所示。

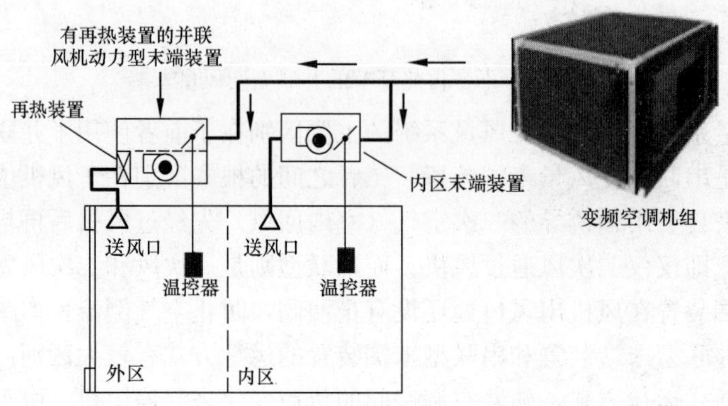

图 6-32　并联型风机动力型变风量系统的应用环境

6.4.4　诱导型变风量空调系统

1. 诱导型变风量空调系统工作原理及系统组成

诱导型变风量空调系统由变频空调机组（即送风机采用调速方式来调节送风量的一次风空调器）、诱导型变风量末端装置与风管系统等组成。

这里需说明一点：变频空调机组就是一次风的提供设备，其结构如图 6-33 所示。

诱导型变风量末端装置是通过一次风诱导室内回风后再送入空调房间房间。与风机动力型末端装置相比，节约了末端风机能耗，但空调和风机动力增加，这种方式在北欧广泛采用，特别是医院病房等要求较高的场合，同样适用于办公室等场所，使用诱导型变风量末端装置可有效地改善房间的空气品质，提高舒适性。采用全空气系统，可抑制微生物、细菌的滋生与繁殖。

诱导型变风量空调系统＝变频空调机组＋诱导型变风量末端装置＋风管系统。该系统工作原理：由变频空调机组处理后送出的一次风经风管系统输送到各诱导型变风量末端装置，末端装置根据空调区域负荷情况调节送入空调区域的风量。在诱导型变风量末端装置内，一次风从喷嘴高速喷出，与吊平顶内被诱导的二次风混合后送进空调房间，该末端装置能够较好地利用内热负荷，提高系统的送风温度。诱导型变风量空调系统的结构与工作情况如图 6-34 所示。

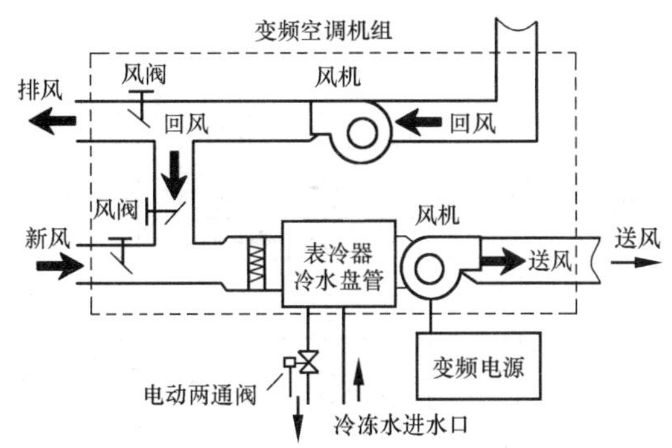

图 6-33　变频空调机组

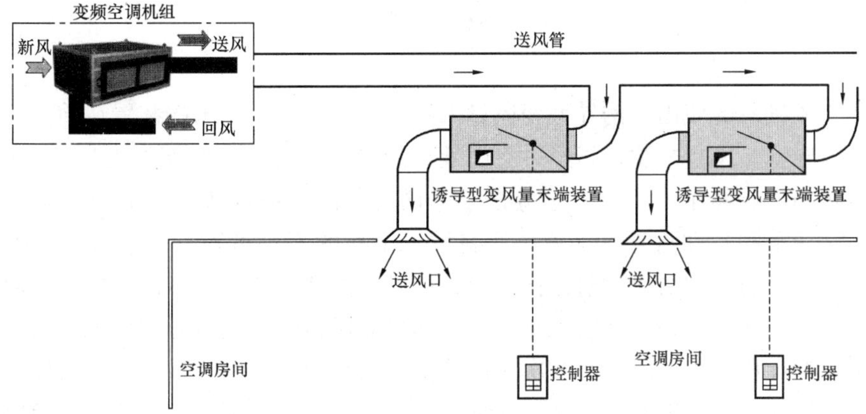

图 6-34　诱导型变风量空调系统的结构与工作情况

诱导型变风量空调系统又可分成直流式系统和回风式系统。

直流式诱导型变风量系统具有将变风量末端装置与诱导器设置在一起的结构，如图6-35所示。

而回风式系统将变风量末端装置与诱导器分开设置，如图 6-36 所示。

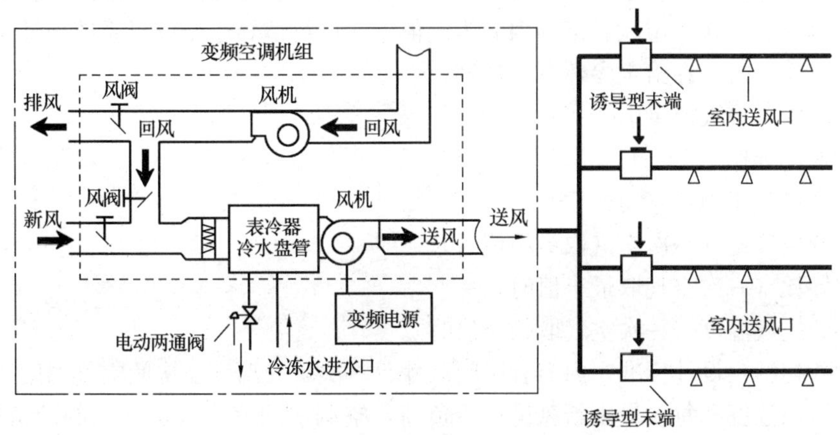

图 6-35　直流式诱导型变风量系统

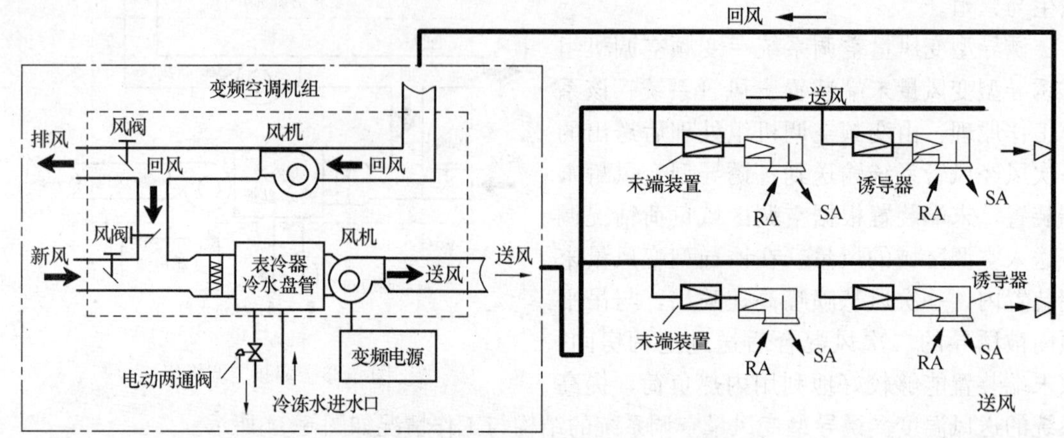

图 6-36　回风式诱导型变风量系统

2. 系统中的末端装置

诱导型变风量系统使用了诱导型变风量末端装置，关于该类末端装置在前面已经作了初步地介绍，诱导型变风量末端是指经过集中处理的空气（有变频空调机组处理过的一次风）送入空调房间的诱导器中，诱导器是分设于空调房间的局部设备。它由静压箱、进气装置（喷嘴，VAV 调节阀）和盘管（又称二次盘管，也有的不设盘管）等组成。一次风进入诱导器的静压箱，经喷嘴以高速喷射出去，导致诱导器内造成负压，室内空气（即回风，又称二次风）被吸入诱导器，一、二次风相混合由诱导器风口送出。诱导型变风量末端装置的主要部分是诱导型风口，其作用是用一次风高速诱导由室内进入吊平顶内的二次风，经过混合后送入室内。诱导型末端装置有三种，一种是一次风、二次风同时调节的，室内冷负荷最大时，二次风（诱导风）侧阀门全关。随着负荷减小，打开二次阀门，以改变一次风和二次风的混合比来提高送风温度。由于它随着一次风阀开度不同而改变诱导比例，所以控制困难。为此采用另一种结构，即在一次风口上装定风量机构。随着室内负荷减小，逐渐开大二次风门，提高送风温度。还有第三种结构，即在一次风口上装变风量装置，在变风量工况下诱导室内回风。这种结构正是诱导型变风量末端装置的发展主流。

诱导器的性能指标之一是诱导比 n。n 一般取值为 2.5～5 之间，随产品结构而异。对于一定结构的诱导器，在一定风量范围内 n 为定值。在进行诱导型变风量系统设计及诱导型变风量末端装置设计时，在给定参数下，计算：

（1）一次空气最大流量。

（2）要求诱导比。

（3）最小进口压力。

（4）总的空气量（一次空气取最小值时）。

（5）诱导比（一次空气取最小值时）。

（6）总的空气温度（一次空气取最小值时）。

给定参数包括：设计标准，内容有房间尺寸、一次空气温度、房间空气温度、诱导空气温度、最小送风温度和每人最小新风量；冷负荷，空调房间室内人员引入的冷负荷、照明、计算机终端、太阳光辐射（最大）的冷负荷、总的热负荷（P）最大等。使用诱导型变风量末端装置可以在一次风量减少到不小于 50%时，几乎保持总送风量不变。

6.5　变风量空调系统的控制

变风量空调系统的正常运行，很大程度上依赖和取决于其控制系统的正常运行。变风量空调系统的控制过程与定风量空调系统、风机盘管加新风系统的控制过程相比要复杂得多。变风量空调系统的控制系统也是 BA 系统，但内容要比其他中央空调系统的控制系统要复杂，并有更丰富的内容。关于变风量空调系统较为完整的知识体系中，除了前面讲述的部分，还包括：变风量末端装置的整定测试、变风量末端装置选型、变风量空调系统的的新风设计、风管系统设计与施工、变风量系统的气流组织优化、噪声控制、变风量空调系统的自控系统和变风量空调系统的通信网络架构。作为一个能够很好地驾驭变风量空调系统技术的工程师来讲，掌握的知识与技能具有较强的交叉性。一个变风量空调系统首先要基于一个通信网络进行架构，系统的正常运行也是基于性能优良的控制系统。控制系统的控制策略、系统设计到设备选型乃至系统安装与调试，控制过程都彼此深度紧密关联，要使变风量空调系统合理、经济、安全运行，离不开一个性能优良的控制系统。

变风量空调系统基本控制思路的发展经历了以下三个阶段：第一阶段是源于 20 世纪 80 年代开发的定静压定温度法和 20 世纪 90 年代前期开发的定静压变温度法；第二阶段是 20 世纪 90 年代后期开发以变静压变温度法（也称变静压法，最小静压法）技术；第三阶段是 20 世纪末的风机总风量控制技术。从另外一个角度讲，变风量系统控制可以分为两个部分：变风量末端控制和变风量空调机组控制。

6.5.1　单风道变风量末端的控制方法

由前所述，变风量末端装置有不同的种类：有欧美流派高速风道的末端装置，有日系风格低速风道的末端装置、有单风道和双风道的末端装置，有风机动力型、旁通型、诱导型和变风量风口类型的末端装置，有附加再热环节和无再热环节的末端装置等，不同的结构，工作运行过程和控制方法都彼此不同。但如前所述，实际工程中应用最多的还是单风道型和风机动力型变风量末端装置，在叙述变风量末端装置控制时，这两种末端装置的控制也作为重点。

单风道变风量末端是一种最基本的变风量末端装置。它通过改变空气流通截面积达到调节送风量的目的，它是一种节流型变风量末端装置。使用这种末端能够各空调房间同时加热或冷却，但无法实现在同一时期内，对部分空调房间加热，对另外一部分空调冷却。当空调区域的显热负荷减少时，室内相对湿度也不易控制。故单风道变风量末端适用于室内负荷比较稳定。室内相对湿度无严格要求的环境。

单风道变风量末端有节流风阀型、风机动力型和文丘里型等类型。

1. 节流风阀型末端的控制策略

采用节流风阀型末端调节风量，按照是否补偿压力变化，又分压力有关型和压力无关型的控制。压力有关型控制由温控器直接控制风阀完成；压力无关型控制，需要使用温控器、风量传感器和风量控制器，温控器为主控器，风量控制器为副控器，构成串级控制环路。压力无关型变风量末端控制逻辑如图 6-37 所示。

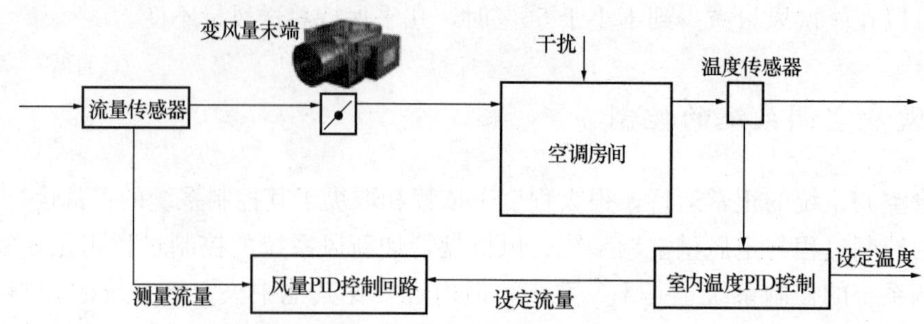

图 6-37　压力无关型变风量末端控制逻辑

2. 风机动力型末端装置控制策略

（1）串联式风机动力型末端装置的控制。串联式风机动力型末端装置的主要部件有风速传感器、箱体及附件、风阀阀门驱动器、末端装置 DDC 控制器、温控器和末端风机等。末端风机和来自空调箱的一次风处于相对串联的位置。

在串联式风机动力型末端装置中，一次风经过节流风阀后再和来自吊顶的室内回风混合后，再经由串联风机送入空调房间。当室内负荷发生变化时，根据室温偏差调节一次风阀的开度改变一次风量的大小来匹配负荷的变化。

串联式风机动力型末端装置的进风口、风机、出风口直接连通，而且出风口总风量是固定的，只能通过位于进风口处的风阀进行一次风量的变化调节，属于固定风量的末端装置。附加再热环节后，控制内容除了对串联式风机动力型末端装置的一次风量进行调节并补充回风实现出风口总风量不变以外，还包括了对再热环节的控制。

（2）并联式风机动力型变风量末端装置的控制。并联式风机动力型变风量末端装置的主要组件有风速传感器、箱体及附件、风阀驱动器、末端装置 DDC 控制器、温控器及末端风机等。末端风机和来自变频空调机组的一次风在几何位置上处于并联的关系。

由于并联式风机动力型变风量末端装置一次风进风是变风量，进风口、出风口直接连通，风机和回风口并在末端装置的一侧，并联型末端装置的风机在夏季不运行，冬季才运行，采用进风口处风阀进行一次风量变化调节，导致出风口风量的变化。

并联式风机动力型变风量末端装置一样可以附加再热装置，因此也有相应的控制策略。

3. 文丘里型末端装置控制策略

文丘里型末端装置由于其结构的特殊性，装置内的锥形体由电动或气动执行机构调节锥形体中心的阀杆水平移动，改变筒体中气体流通截面面积，调节出风口的送风量。

6.5.2　压力有关型和压力无关型末端及控制

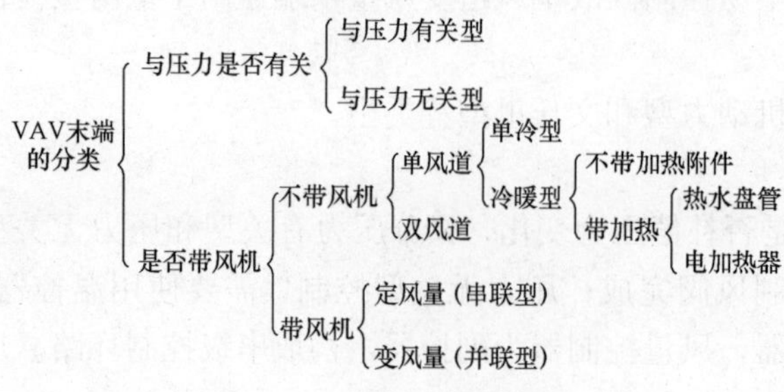

图 6-38　变风量末端装置的分类

对变风量末端装置的分类中，总体分为两大类：带或不带风机的末端装置、控制与压力有关或无关的末端装置，如图 6-38 所示。

压力有关型控制与压力无关型控制都是通过测量室内温度与设定温度之间的差值来控制变风量末端装置风阀阀门的开度，调节进入房间的风量。

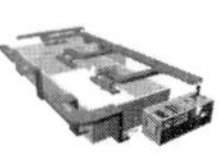

1. 压力有关型末端控制

变风量系统节流风阀末端装置，按其对室温控制方式的不同，可以分为两种，即压力有关型和压力无关型。压力有关型变风量末端的结构说明如图 6-39 所示。

(1) 压力有关型单风道 VAV Box 末端控制方案。压力有关型单风道 VAV Box 末端控制的原理如图 6-40 所示。

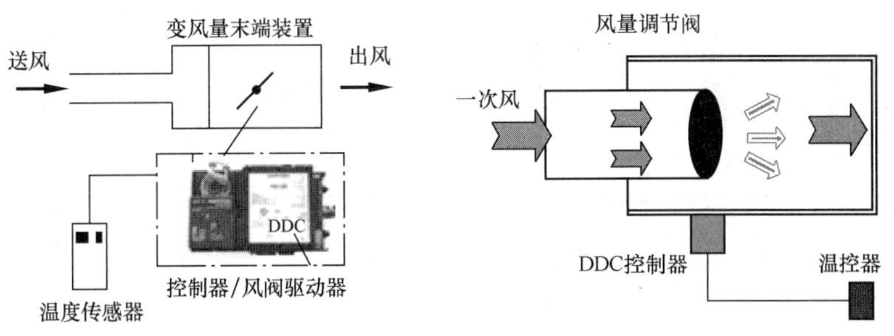

图 6-39　压力有关型变风量末端　　图 6-40　压力有关型单风道 VAV Box 末端控制的原理

压力有关型单风道 VAV Box 的核心组件有：房间温控器、VAV Box 的 DDC 控制器、风阀驱动器等。压力相关型单风道 VAV Box 的控制原理：装置在房间温控器中的温度传感器测得房间温度与设定温度的差值作为 DDC 控制程序中的 PID 调节器的输入，应用 PID 算法控制 VAV Box 风量调节阀门开度，控制室内温度，如图 6-41 所示。

DDC 通过温度传感器采集来控制风阀的阀位，从而调节送风量，达到对室温的控制。

(2) 室内温度检测值与设定值之差控制风阀阀门开度，调节送入房间的风量。

(3) 送风量与变风量末端装置风阀阀门开度有关，还与进风口处的静压有关。

2. 压力无关型末端控制

压力无关型变风量末端装置的控制框图如图 6-42 所示。

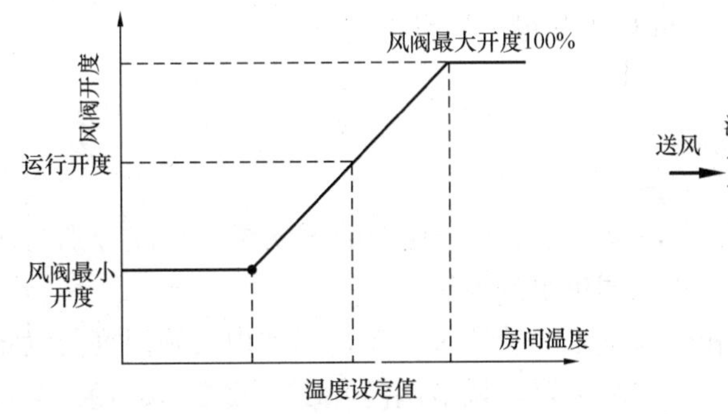

图 6-41　压力相关型单风道 VAV Box 的风阀开度-房间温度曲线

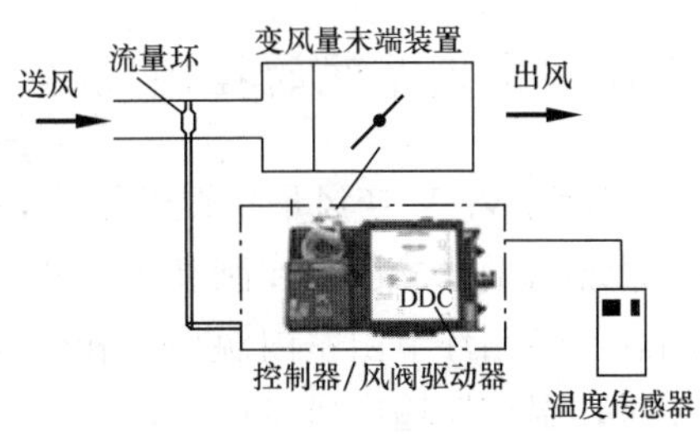

图 6-42　压力无关型变风量末端

(1) 压力无关型单风道 VAV Box 末端控制方案。压力无关型单风道 VAV Box 末端控制的原理如图 6-43 所示。压力无关型单风道 VAV Box 的核心组件有房间温控器、VAV Box 的 DDC 控制器、风量传感器、风阀驱动器等，与压力相关型单风道 VAV Box 相比，多了风量传感器。压力无关型单风道 VAV Box 的控制原理：装置在房间温控器中的温度传感器测得房间温度与设定温度的差值确定房间的需求风量，同时通过测量 VAV Box 的实际风量与需求风量的偏差来控制末端装置风阀阀门的开度，使该偏差接近接近零，风量与房间温度的关系曲线如图 6-44 所示。

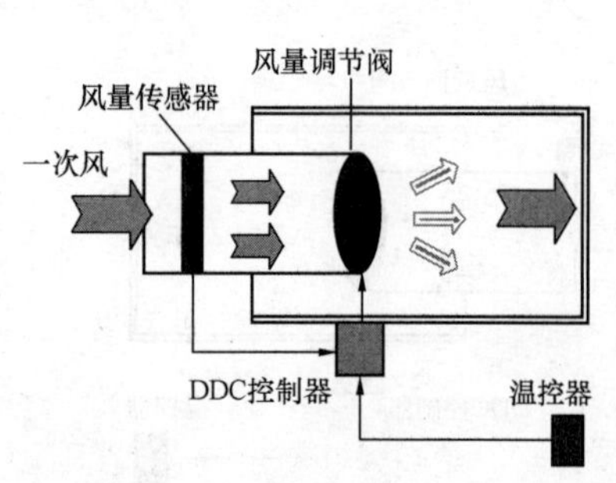

图 6-43　压力无关型单风道 VAV Box 末端

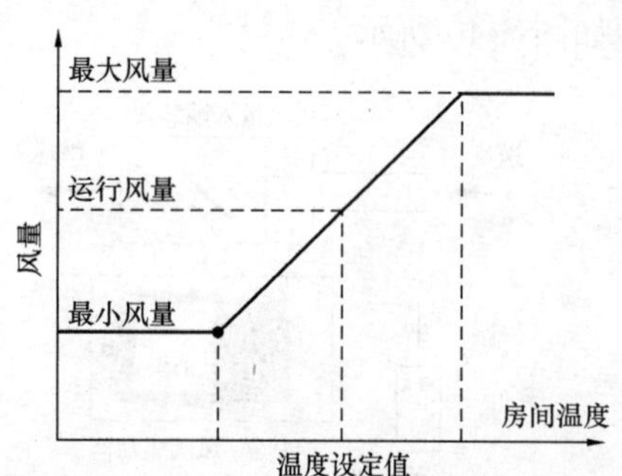

图 6-44　风量与房间温度的关系曲线

温度传感器检测到室内温度值，将室内温度值送给 DDC 的 AI 口（模拟输入口），DDC 将室内的温度值与设定值取偏差，用这个偏差值来设定变风量末端装置的送风量，即设定风量，再根据设定风量和测定风量的偏差给出风阀阀位，从而调节送风量，达到对室温的控制。

压力无关型末端控制装置中使用了一个风量控制回路，在末端装置入口静压变化时，其能根据风量的变化进行补偿，维持原有的风量＋从而消除各支路间的耦合关系。

（2）压力无关型控制的基本内容如下：

1）由温度传感器，控制器，风阀驱动器和流量环组成。

2）根据温度差计算所需风量，与实测风量比较，控制风阀开度。

3）不管进风口处静压是否改变，只要室内温度与设定温度之间的差值不变，都将保持恒定的送风量。

4）增加了风量控制的稳定性，并允许最小和最大风量设定。

6.6　变风量空调系统的控制策略

一个典型的 VAV 变风量空调系统中，包括如下几个典型的子系统：功能分别为房间温度控制、系统风量（静压）控制和组合式空调机组的控制。

房间温度控制环节由室内温控器和变风量末端装置来实现，当室内实际温度与设定温度出现偏差时，温控器输出风量调节信号给末端装置，调节阀门开度，改变送风量，实现调节房间温度的目的。

由于末端风量的调节，送风管道内静压也处在实时变化中，通过变频调节送风风机的转速，维持风管内静压不变。采用该方法，控制简单可靠，而且因为末端没有风阀节流损失，该静压值通常低于采用风阀节流型末端的系统，使送风系统运行更节能。

变风量末端装置仅仅是变风量空调系统的一个组成部分，其控制策略必须和系统的整体控制策略相呼应。变风量空调系统控制策略主要有：定静压控制、变定静压控制、变静压控

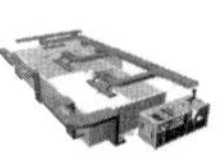

制法、总风量控制法、定送风温度控制和变送风温度控制等。

静压控制法分为定静压控制法和变静压控制法。定静压方法控制简单，但为保持空调送风管道中有较大的压力，风机的工作运行耗能较高，实际工程运行中，变风量末端装置的调节风阀阀位多处于偏小状态，导致系统运行噪声较大；变静压方法能降低风机能耗，但控制较为复杂，调试难度大，并需要专业技术人员进行多次换季调试等，变静压控制系统的故障率较高。

采用变静压控制法的空调系统，主风道设计要求较为精细、支风道的压力分配合理，管道系统各部分长度、尺寸、走向、分布等都有严格的要求。

6.6.1　定静压控制

变风量空调系统最基本和最重要的控制内容之一就是风量控制。多个不同的变风量末端装置的送风口配置在不同的空调房间，各个不同房间的冷、热负荷情况彼此各不相同，并且每一个空调房间内的冷、热负荷都在随时间作动态变化，不同的变风量末端装置的送风量彼此不相同，所有变风量末端装置的送风量之和由变频空调机组空调机组提供，因此变频空调机组的送风量就是变风量空调系统的送风量，对变风量空调系统的风量控制方法主要有定静压法、变定静压法、总风量法和变静压法等。

1. 定静压控制的基本思路

定静压控制的基本原理：保证系统风道内某一点（或几点平均）静压一定的前提下，室内所需风量由变风量末端装置的风阀调节；系统送风量由风道内静压与该点所设定值的差值控制变频器工作调节风机转速确定，同时可以改变送风温度来满足室内舒适性要求。

定静压控制的基本思路是在送风系统管网的适当位置（最低静压处）设置静压传感器，测量该点的静压。送风机的风量控制以送风管的静压为目标值，变频空调机组的 DDC 控制器根据静压测定值与静压设定值比较并取差值，经过 PID 算法控制变频器的输出频率实现调节风机转速，维持送风管的静压恒定。在定静压控制中，静压传感器的安装位置即压力测点的位置决定系统的能耗和稳定性。测压点距风机出口越近，当负荷减小时，不利于风机的节能运行，同时由于此时末端装置在较大进出口的压差下工作（即较小风阀开度下工作），会使系统的噪声增大；如果测压点靠近系统的末端，当系统负荷减小时，由于定压点前管路阻力随风量减小，风机实际工作静压小，故该方式有利于节约风机能耗。但这时如定压点前的末端装置仍在设计负荷工况下工作，由于其风机入口处静压低于设计值，有可能会造成这部分区域的送风量不足。根据国外文献记载，当系统静压设定值为总设计静压值的 1/3、系统风量为设计风量的 50%时，风机运行功率仅为设计功率的 30%。对风机实施变频调速，风机的轴功率与风机转速的三次方成正比，当风机转速稍许下降，轴功率都将有较大幅度的下降，因此通过降低风机转速即降低变风量空调机组的送风量可以较大幅度地降低电耗。

2. 定静压控制方法中静压传感器位置设置

（1）送风管道静压控制。静压传感器放置在送风管下方约 2/3 处，如图 6-45 所示。

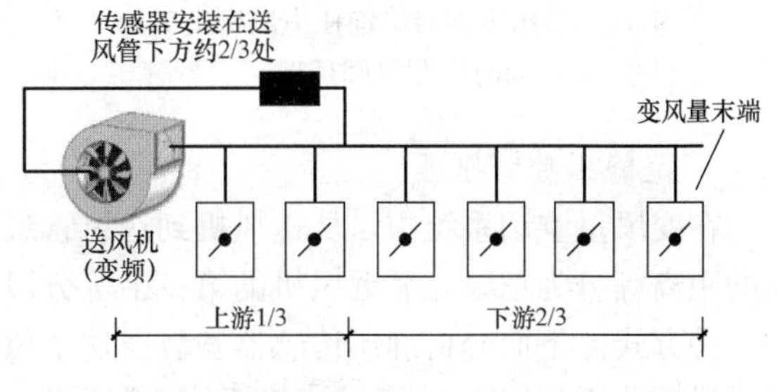

图 6-45　静压传感器放置在送风管下方约 2/3 处

静压传感器是静压控制中不能缺少的重要组件，静压传感器安装的位置对系统的正常运行或经济运行有着很大的影响。根据实践经验和理论计算，静压传感器适宜安装在离送风机1/3处的主管道上。在保持该点静压值一定的前提下，对风机进行调速，从而改变变频空调箱的送风量。静压传感器安装的位置与安装普通压力传感器一样，不得安装在弯头、三通、变径处。

也可以用变风量空调系统送风管的几个点位来说明静压传感器的安装位置，如图6-46所示。静压传感器在送风管下方约2/3处相当于图中风管敷设路径上的“B”点，设于此点，主要是考虑保证变风量箱所要求的静压，因此可以不管从A点到B点之间的风管阻力。从变风量箱的控制要求看，这点可按末端装置的要求直接设定，因此调试方便，但这一位置的静压变化比A点小，因此要求传感器精度较高。

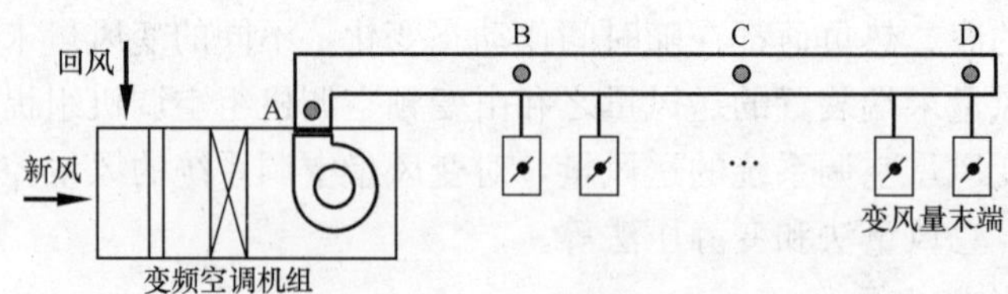

图6-46　变风量空调系统送风管的几个点位

（2）最优化静压控制。静压传感器放置在主风机出口处，同时检测风阀位置，如图6-47所示。相当于图6-46中的A点。风机出口点这一位置是整个风系统在调节运行过程中静压变化最大的一点，因此，静压传感器的测量值最为可靠，且设置位置最为方便。

（3）风机出口静压控制。静压传感器放置在主风机出口处，如图6-48所示。

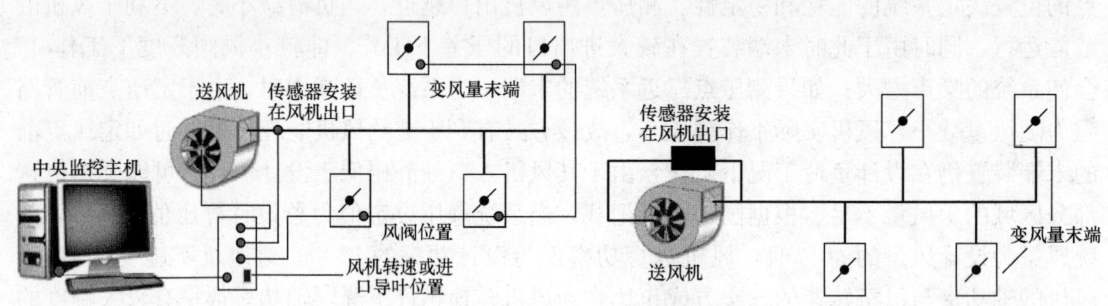

图6-47　静压传感器放置在主风机出口处，同时检测风阀位置

图6-48　静压传感器放置在主风机出口处

3. 定静压控制原理

在变风量空调系统中，从送风机到送风管最远处（最后一个变风量末端装置的位置）之间的距离等分为三段，靠近风机的第一个等分段点就是设置静压传感器的位置，是使用最多的一种方式。下面分析静压传感器安装在这个位置的情况下，定静压控制的过程。定静压法风量风压分析如图6-49所示。静压传感器设置2/3L位置处，如图6-50所示。

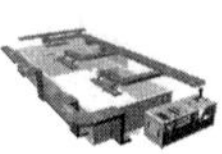

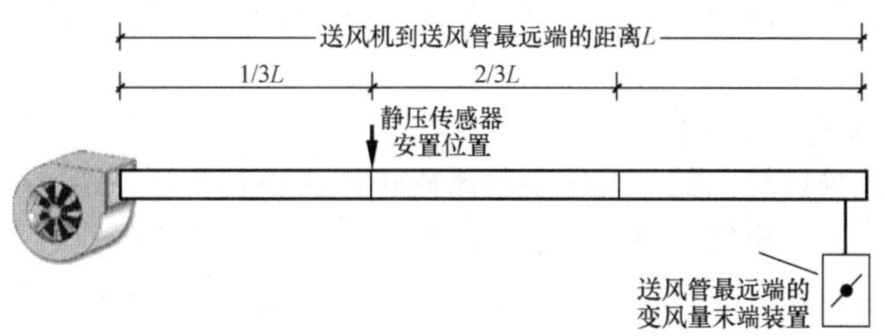

图 6-49　使用静压控制法的变风量空调系统

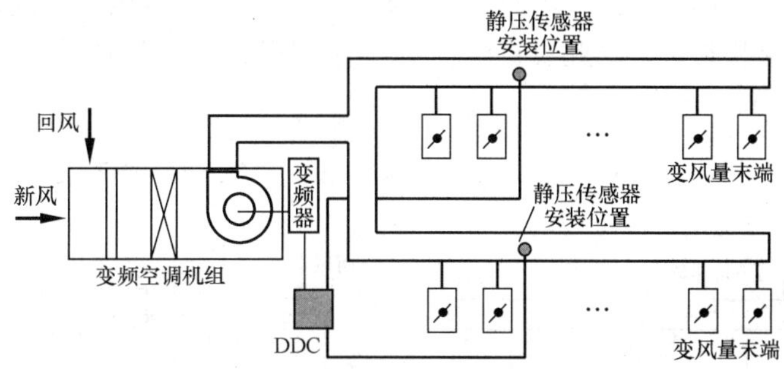

图 6-50　每个主风管都需要单独设置静压传感器

6.6.2　变定静压控制法

变定静压法的控制原理如图 6-51 所示。

在有建筑分区的情况下，所有的空调区域或无分区情况所有的空调房间内安装的变风量末端装置上的控制器通过通信网络将各个末端装置调节风阀的阀位信息传送给变频空调机组的 DDC 控制器，该 DDC 控制器按照特定的控制逻辑对系统风量进行控制。

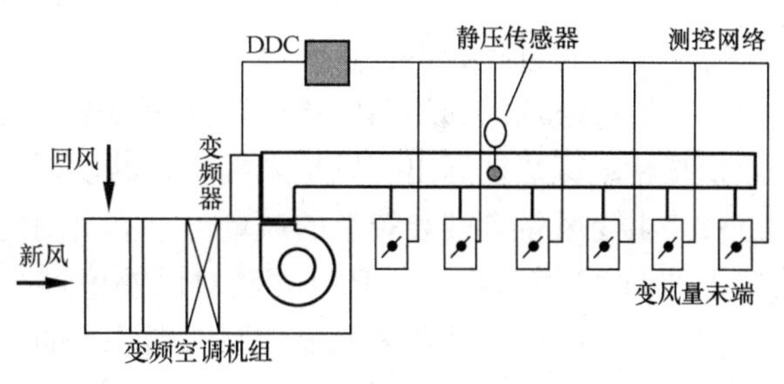

图 6-51　变定静压法的控制原理

在有分区或无份区的情况下，整个变风量空调系统的中央管理主机对各现场变风量末端装置的风阀阀位信息及数据进行处理，动态地调整设定的定静压值，从而动态地调整变频空调机组的送风量。

系统静压值尽可能设置得低些，直至某分区的末端装置调节风阀全开。

变定静压法控制中，也一样需要设置静压测定点，实际上这样设定的静压值相当于变化的静压值的一个初始状态取值。

变定静压控制法避免了定静压法控制中静压设定值固定不变难以跟踪系统静压需求的缺陷。但由于静压传感器还存在，也存在着同定静压控制法的一些相同问题。

6.6.3　变静压控制法

变静压控制法也称为变静压变送风温度控制法，就是使用带风阀开度传感器、风量传感器和室内温控器的变风量末端，根据风阀开度控制送风机的转速，使任何时候系统中至少有

一个变风量末端装置的风阀是全开的。变静压控制技术的核心是变静压控制（最小阻力控制）。

1. 变静压控制法系统结构和控制过程

变静压控制与定静压控制的主要区别是风机转速的控制参数，即风道静压值在运行过程中是否会发生变化。为了要使送风管的静压满足要求，又要使静压值尽量的低，系统运行能够降低能耗，较佳的模式是静压值能够随负荷的变化而变化。在变静压模式中，系统只要在风道的任意位置设置一个静压检测点就可以了，变静压控制中压力传感器的设置如图 6-52 所示。

另外，变静压控制过程中需要不断地去巡检变风量末端装置风阀阀位，并检测当前风道静压是否和负荷需求相吻合，因此要将所有变风量末端装置风阀阀位信息送往控制器，如图 6-53 所示。

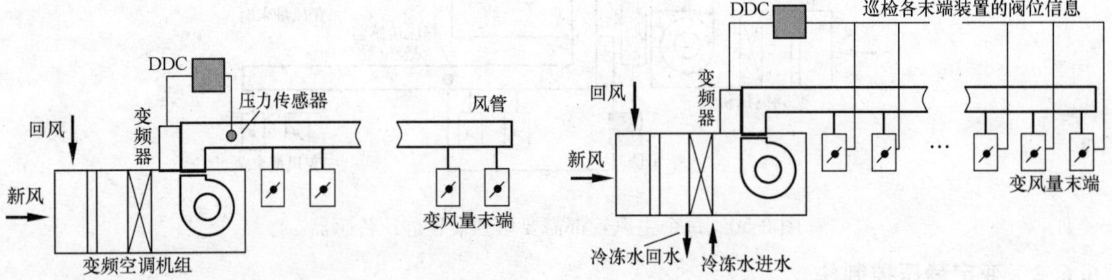

图 6-52　变静压控制中压力传感器的设置　　图 6-53　巡检所有变风量末端装置风阀阀位信息

变静压控制过程如下：

（1）通过空调区域的温度传感器检测温度（实测温度）和设定温度比较得出差值，基于该差值按特定算法计算出变风量末端装置的设定送风量。

（2）由变风量末端装置上的风量传感器实测的风量与设定风量比较得出差值，通过末端装置上的 DDC 控制器中的 PID 算法对该差值进行比例运算，通过 DDC 的 AO 模拟输出口输出控制风阀阀门驱动器来调节控制末端装置的送风量。

（3）由变频空调机组现场分站（DDC 控制箱）汇总各个空调区域的变风量末端装置的送风量之和协同计算变频空调机组的送风机预设风机转速 n_0（还可以将各个空调区域的变风量末端装置内置传感器风量检测值信息汇总到区域控制器，再由该控制器将计算信息传递给频空调机组的控制 DDC 计算送风机预设风机转速 n_0 ）。

（4）由各个空调区域的末端装置的阀位状况微调送风机转速 Δn。

（5）依据变频空调机组送风温度、空调区域的实测温度值和末端装置的送风量值，调节变风量空调系统的送风温度设定值。

（6）基于送风温度设定值与空调区域的实测温度值之差，比例积分调节变频空调箱的冷冻水流量，控制送风温度。

2. 变静压控制原理

（1）系统起动运行后，风机的拖动电动机工频运行，设置在变频空调箱冷水盘管出水口的电动两通阀阀门开度调节到最大，使变频空调箱送风温度快速达到设定温度值。

（2）进一步调节变频空调箱冷水盘管出水口的电动两通阀阀门开度，使送风温度稳定在

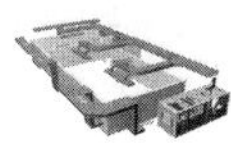

设定值。

(3) 在风机没有开始调速并用工频电源受电时，风机全速运行，使送风管中的静压值快速达到开机的设定值，并在此设定值下运行。

(4) 当风管静压出现波动变化时，通过调节风机的受电频率来稳定静压值。

(5) 延时一段时间后，系统开始检测已经运行的各个变风量末端装置的阀门开度（开度由风阀阀位的反馈值经控制器获得），当检测到有一个末端装置的阀位超过 90%（暂定），提高风机受电频率增加风机转速，再调节静压传感器的静压设定值，按新的静压值控制风机转速。

(6) 系统在新的静压值下运行，如果巡检各末端装置的阀位都在 90%以内，则保持风机的受电频率不变。

(7) 在巡检所有运行的末端装置阀位中，原先保有最大阀位的那个末端装置阀位也仅开到设计最大阀位的 70%（暂定值）时，则认为系统静压值设置过高，需降低静压值，按此静压值再去控制风机转速，直到至少有一个阀位保持在 70%～90%之间，系统保持此频率不变。

也可以用下面的变静压控制图 6-54 去帮助我们分析。

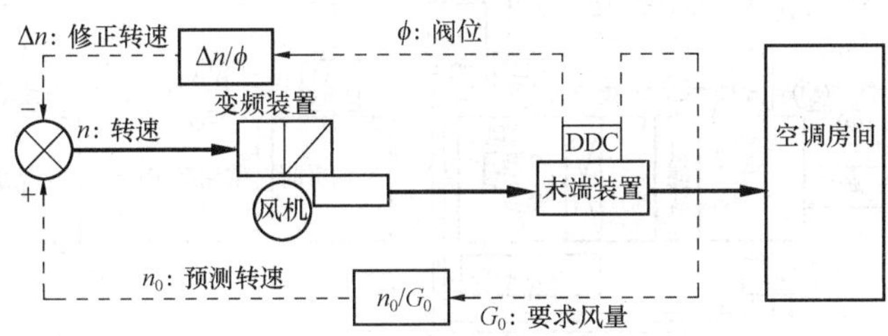

图 6-54　变静压控制原理

所有末端装置上的控制器均接入楼控系统的通信网络中，具体方法之一：各个末端装置的 DDC 控制器将本末端阀位和需求风量信息送给上一级控制器，在末端风阀全开的情况下求的变频空调箱内置风机转速与变频空调箱送风量的关系数据对应值序列，根据所有末端装置总的风量需求值 G_0、变频空调箱送风量（和风机转速与变频空调箱送风量的关系数据对应值序列比较）确定变频空调箱内置风机转速 n_0。

变静压控制是根据各末端风阀阀位状况判断系统风量的供给情况，以此为主风管静压的确定依据。其控制原则是：在保持每个末端装置的阀门开度在 70%～90%之间，即在阀门尽可能全开和使风管静压尽可能减小的前提下，通过调节风机受电频率来改变变频空调机组的送风量。

一些小规模的变风量空调系统可采用变静压控制法，采用变静压控制法的系统的末端装置中设置阀门开度传感器，由变风量末端装置的开启度的判断来计算调节送风机的送风量，使得至少一个具有最小静压值的末端装置的阀门处于全开状态，这样可以尽量降低送风静压，节约风机的能耗。

6.6.4　定送风温度控制

早先的变风量空调系统主要使用了一种固定变频空调机组送风温度，变风量末端装置变风量送风的方法来调节空调房间的温度。当然这种方法现在依然在较大范围地使用，只不过是变风量空调系统的控制中又出现了一些新的方法及理论。变频空调箱送风温度的调节是通过其现场分站（DDC 控制箱）来实施控制的，送风温度偏离设定值时，DDC 通过模拟输出 AO 口传输控制指令控制变风量空调箱中冷水盘管中的冷冻水流量（通过控制电动两通阀阀门开度），就能实现空调箱送风温度的调节。

随着发展，又出现了几种变送风温度控制方法，将变送风温度控制方法与变风量控制方法相结合，改善运行噪声水平和优化气流组织结构，同时实现节能。

使用送风温度控制方法，送风温度的合理性也很重要。如送风温度过高将导致变风量末端装置的风阀阀门开度过大，运行噪声加大，能耗增加幅度大。因此，还要从系统出发，在控制过程中采用合理的送风温度。

定送风温度控制是指：对于变风量空调机组来讲，设定一个送风温度，将设置在送风口的温度传感器采集的送风温度值信号送给变风量空调机组的现场分站中的 DDC 控制器，与存储在 DDC 中的送风温度设定值进行比较，应用控制程序中的 PID 算法，控制冷冻水盘管上的电动两通阀阀门开度，进行动态调节使送风温度取设定值送出。系统的工作原理如图 6-55 所示。

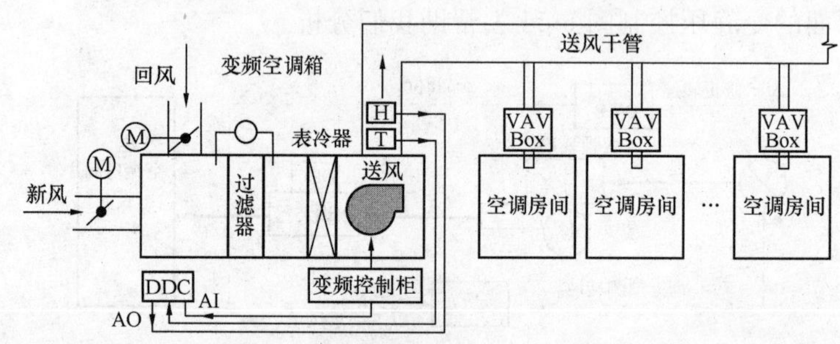

图 6-55　变风量空调系统定送风温度控制

图中送风口位置处的温度传感器 T，将检测温度传输给变风量空调箱的 DDC 控制器，DDC 控制器通过模拟输出口（AO 口），连接到变频器的输入口，实现温度的控制。

控制逻辑图类似定静压逻辑图。此控制策略由变风量空调机组的控制器采集信号，计算输出实现。控制方法简易、变风量末端的送风温度保持不变，对变风量末端的调节没有扰动。

6.6.5　变送风温度控制

在变风量空调系统的控制中，对于相同的冷负荷，较低的送风温度可减少系统送风量，较高的送风温度需要较大的系统送风量，不同空调房间的末端装置所需要的最佳送风温度常常相互矛盾，按照末端装置的最低设定温度、最高设定温度、各种设定温度平均值来确定送风温度设定值都不合理；而且不同空调区域中的负荷变化一般情况下并不同步，这就导致一些空调房间要求提高送风温度，一部分房间要求降低送风温度，因此要从系统控制和系统节能的角度设定合理的送风温度，试错法和投票法都是变送风温度控制方法，也是系统化方法。

6.6.6　空调系统风量协调控制的内容

空调系统风量协调控制的主要内容是总风量控制＋变风量末端装置的阀位控制。利用各个变风量末端装置的综合信息来控制风机转速，实施一次风总风量的控制。利用变风量末端

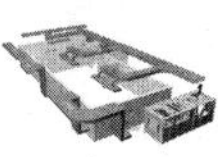

装置的阀位控制实施空调房间的温度和湿度控制。总风量控制＋变风量末端装置的阀位控制如图 6-56 所示。

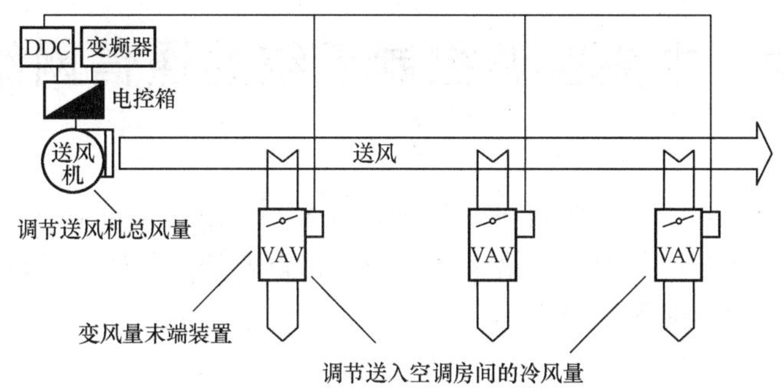

图 6-56　总风量控制＋变风量末端装置的阀位控制

6.7　系统的节能、舒适和降低噪声

6.7.1　节能

在同一空调系统中，不同房间不可能同时达到最大负荷值，变风量空调机组总送风量是按各房间的实时负荷值的和来计算的，而定风量机组总送风量是按各房间最大送风量之和来计算。对同样的空调区域进行供冷，VAV 空调机组的总送风量就比定风量空调机组的总送风量低，因此，机组就尺寸减小，所占机房面积也可以减少。

在运行时，随着负荷的降低，VAV 末端的风量减少，其空调机组的总送风量也相应减少（是以变频调速的方式来调整总送风量）。由于一幢建筑的空调负荷（尤其是冷负荷）全年中只有大约 5％的时间出现满负荷情况，其余时间均是在低负荷工况下运行，因此，全年运行的能耗可以降低不少，这也是 VAV 系统的一个主要优点。

在风机盘管加新风的系统中，新风量是固定不变的，送风温度也只是冬夏季时各自统一，在 4 月、5 月、10 月等月份的过渡季节时，仍须开制冷机组供冷，不能只靠输入新风来控制室温，VAV 系统属于全空气系统，过渡季可直接利用新风来保证室内温度，实现节能。

6.7.2　舒适和降低噪声

1. 舒适性

VAV 系统可以根据不同房间的使用要求，独立控制同一空调系统中的各房间温度，其每个末端，可自配温度控制器，根据所控制区域负荷的变化及使用要求，自行设置环境温度而调节送风量，实现各局部区域的独立控制。与定风量空调相比，能够有效地调节局部区域的温度，避免在局部产生过冷或过热现象。

2. 降低噪声

VAV 系统对空调机组本身的噪声，可通过在风道上以及 VAV 末端设置消声设备来降低噪声。而且当负荷下降时，空调机组送风机转速降低，风管内风速也会下降，噪声也会成倍降低。

第7章　中央空调控制系统的通信网络架构

中央空调的控制系统一般是架构在一个通信网络上的，下面介绍中央空调控制系统的通信网络架构的规律，并介绍与通信网络架构关系非常重要的通信协议及标准，以及部分品牌中央空调控制系统的通信网络架构内容。

7.1　架构中央空调控制系统的通信网络

7.1.1　一台空调机组的控制系统

现场中的每一台中央空调末端设备都必须有一套相应的控制系统，控制系统中有一个核心控制器（DDC直接数字控制器），下面以一台空调机组的控制为例。空调机组的传感器、执行器和控制器之间的关系如图7-1所示。

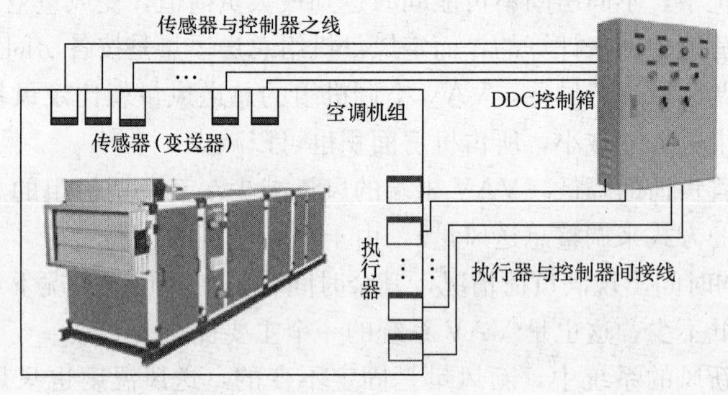

图7-1　空调机组的传感器、执行器和控制器的连接

一台空调机组和DDC控制箱如图7-2所示。此处注意：DDC控制箱也叫现场分站。DDC控制箱（现场分站）的外观图如图7-3所示。多数DDC控制箱就近安装在空调机组附近的位置（壁挂箱式结构）。

一台空调机组或一台中央空调末端设备需要有一套以DDC控制器为核心的控制系统，那么现代建筑物中的中央空调系统包括的末端设备类型和数量较多，也就是说，有很多台现场分站（DDC控制箱），这样的许多台DDC不可能是各自都互相独立而彼此没有联系。要组成一个包括很多空调末端设备的控制系统，就必须有一个通信网络将许多控制器连接起来，实现彼此之间的通信，最重要的是：一个中央空调及控制系统必须有一台中央监控主机，这台中央监控主机要实现对所有空调末端设备的监测、控制与管理，中央监控主机还要和现场控制器之间有通信网络连接。因此对一个中央空调及控制系统来讲，控制系统必须架构在一个通信网络上。一般地，中央空调控制系统的通信网络架构是不可缺少的一个组成部分。

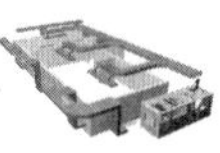

图 7-2　一台空调机组和 DDC 控制箱

7.1.2　中央空调控制系统的通信网络架构的组成规律

中央空调控制系统的通信网络架构一般具有层级结构的特点，如图 7-4 所示。

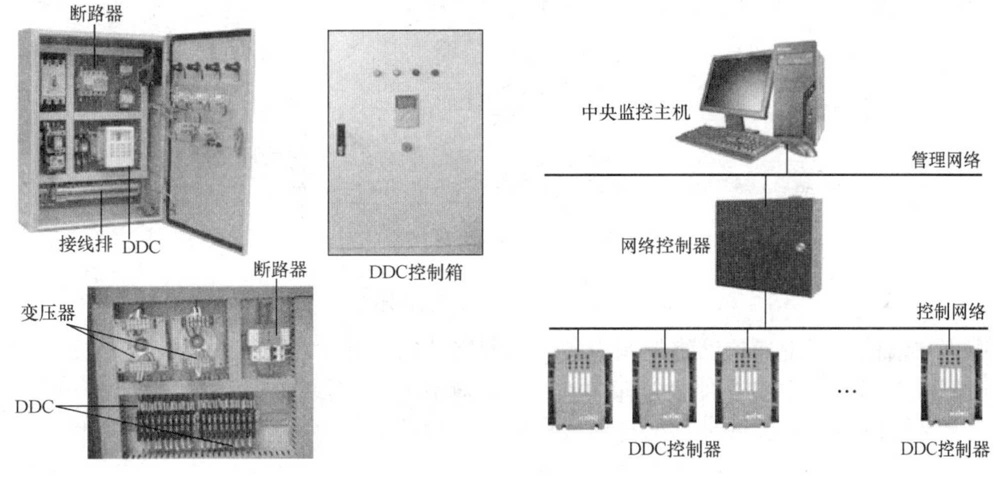

图 7-3　DDC 控制箱（现场分站）的外观

图 7-4　层级结构的中央空调控制系统通信网络架构

从图中可以看到：中央空调控制系统通信网络架构由管理网络和控制网络两层组成，管理网络和控制网络通过网络控制器进行互联。一个中央空调控制系统中一般至少得有一台中央监控主机，中央监控主机常常被称为中央管理主机、中央管理工作站等。

中央空调控制系统不仅仅是对单台空气处理机组进行控制，一般情况下是对一个空气处理机组设备群进行控制，因此就必须有一个通信网络架构去组织这个控制系统。在分析中央空调控制系统的通信网络架构时，怎样区别管理网络和控制网络？中央监控主机一般挂接在管理网络上，而且网络一般情况下是以太网；挂接 DDC 控制器的网络是控制网络，控制网络有不同的名称，常把控制网络称为楼宇自控网络、测控网络或控制总线。

由于控制网络和管理网络采用完全不同的通信协议及标准，所以它们是异构网络，因此不能直接互联，需使用网络控制器实现两者的互联。网络控制器的实质是能够实现异构通信网络互联的网关。

层级结构的中央空调控制系统通信网络架构中，管理网络是以太网，如果控制网络也是以太网，则管理网络和控制网络之间可以通过正常的以太网通信接口直接连接，不再需要网络控制器对两者进行互联，如图 7-5 所示。图中的服务器作用：当中央空调及控制系统规模较大或监控点数较多的时候，需要有服务器来帮助中央监控主机对整个控制系统进行管理。

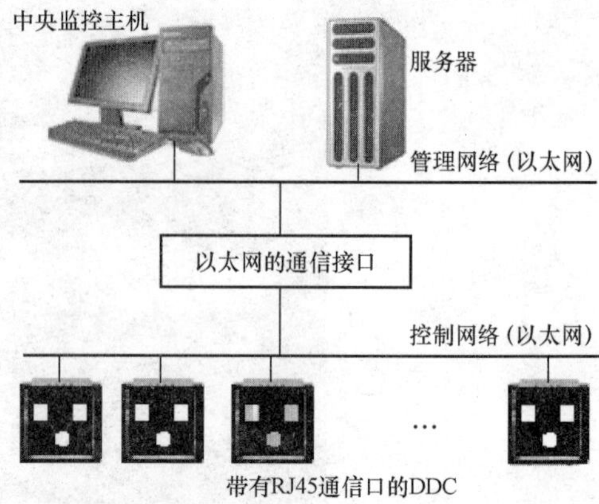

图 7-5　管理网络和控制网络都是以太网

7.1.3　控制网络

1. 控制网络的特点

如前所述，挂接 DDC 通信网络就是控制网络（测控网络），一般情况下，将不同的空调末端 DDC 控制器连接起来的网络就是控制网络，如图 7-6 所示。从外观看，控制网络将许多空调末端的 DDC 控制箱连接起来，实际上是将 DDC 控制箱里的 DDC 控制器连接起来。

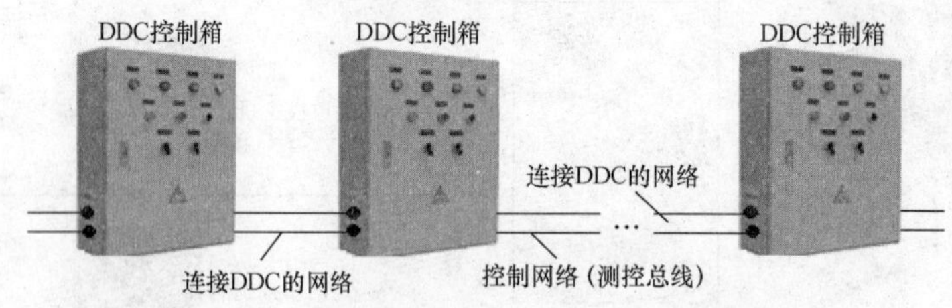

图 7-6　中央空调控制系统的控制网络图示

中央空调控制系统通信网络架构中的控制网络有以下几个特点：

（1）控制网络一定是实时性和可靠性很好的网络。

（2）控制网络中传输及处理的数据信息量一般都较小，因为在控制网络中传输的传感器或变送器采集的现场物理量信息，数据量都较小。

（3）由于在控制网络中传输的数据信息都是小数据量的测控指令，所以对控制网络的数据传输速率要求并不高，但实时性和可靠性的要求是较高的，负责控制网络无法准确无误地实现给定的控制逻辑。

（4）控制网络也叫控制域网络，即一个控制网络所控制的区域构成一个控制域。不同的控制网络构成不同的控制域，而且这些不同的控制域是彼此离散的。

（5）能够充当控制网络的通信网络种类较多，如传统的测控总线、部分现场总线、BACnet 标准支持的楼宇自控网络、工业以太网等。

2. 传感器、执行器与控制器之间数据信息的流向

要注意的是：传感器或变送器与控制器之间连接的物理线缆不是控制网络；执行器与控制器之间连接的物理线缆也不是控制网络。

传感器或变送器与控制器连接的物理线缆中，数据信息的流向都是由传感器或变送器指向控制器的；与控制器相连的执行器在通信时，数据信息流向都是由控制器流向执行器的，

即控制指令的数据信息流向是由控制器指向执行器的，如图7-7所示。传感器采集的现场物理量信息和控制器发往执行器的控制数据信息的数据量都较小。

7.1.4　管理网络

1. 管理网络的组成

中央空调控制系统的中央监控主机挂接在管理网络上，管理网络一般由以太网组成。中央监控主机挂接在以太网上，如图7-8所示。

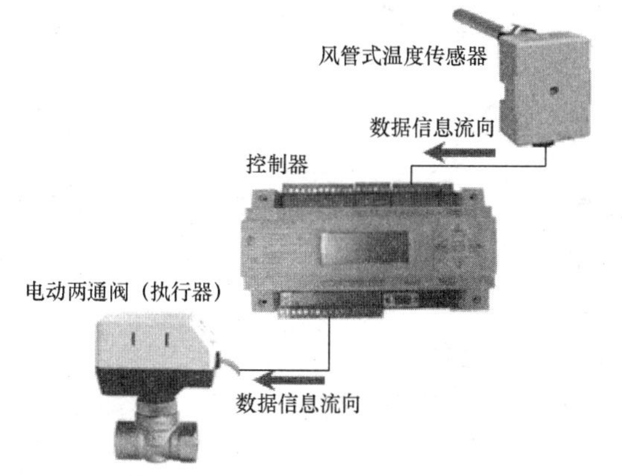

图7-7　数据信息流向

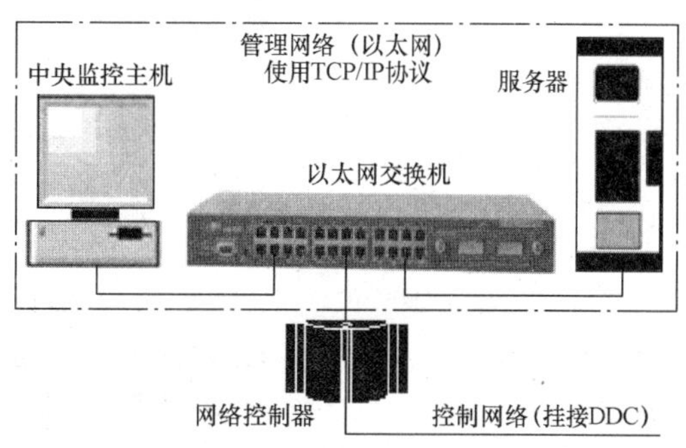

图7-8　挂接在管理网上的中央监控主机

作为管理网的以太网，使用TCP/IP协议和IEEE. 802. 3标准系列。其中，TCP/IP协议（Transfer Control Protocol/Internet Protocol）叫作传输控制/网际协议。

IEEE802委员会（IEEE，Institute of Electrical and lectronics Engineers INC，即电器和电子工程师协会）制定了一系列局域网标准，称为IEEE802标准。IEEE802. 3是其中一个系列：IEEE802. 3-CSMA/CD访问方法和物理层规范，主要包括如下几个标准：

IEEE802. 3-CSMA/CD介质访问控制标准和物理层规范：定义了10BASE-2、10BASE-5、10BASE-T、10BASE-F四种不同介质10Mbit/s以太网规范。

IEEE802. 3u-100Mbit/s快速以太网标准。

IEEE802. 3z-光纤介质千兆以太网标准规范等。

2. 管理网络的特点

管理网络也叫信息域网络，具有以下一些特点：

（1）管理网络对数据传输的可靠性与实时性要求不高，但网络的数据传输速率要高一些，如10BASE-T、100BASE-T网络就是很好的管理网络，广泛应用在中央空调及控制系统的通信网络架构中。这里的“BASE”表示基带传输；“T”表示采用双绞线传输介质；10或100分别表示10Mbit/s或100Mbit/s的传输速率。

（2）管理网可以工作在大数据量通信的状态，通信的实时性、可靠性要求不是很高。

（3）由于管理网多采用以太网，所以使用TCP/IP协议簇（含100多条子协议）。

（4）由于挂接DDC控制器的控制网络一般情况下与以太网是异构网，使用的通信协议不一样，因此要通过网络控制器来实现两者的互联。

3. 管理域网络的数据信息流向

管理域网络即信息域网络，信息域网络中，网络节点设备与网络之间的数据信息流向是双向的，如图 7-9 所示。

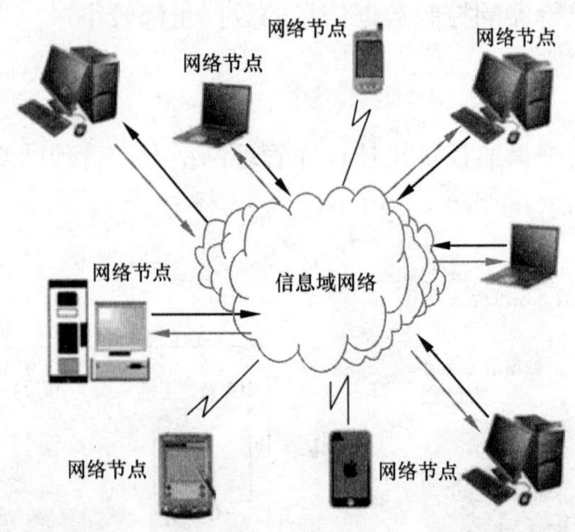

图 7-9　信息域网络数据信息流向

注：信息网络对实时性、可靠性要求都比控制网络低得多；

←表示数据信息流入；→表示数据信息流出。

7.2　中央空调控制系统中常用的 RS232 和 RS485 控制总线

7.2.1　RS232 总线

1. RS232 总线部分特性

RS232C 总线是一种异步串行通信总线，总线标准是 EIA 正式公布的 RS232C。其总线部分特性如下：

(1) 传输距离一般小于 15m，传输速率一般小于 20kbit/s。

(2) 完整的 RS232C 接口有 22 根线，采用标准的 25 芯 DB 插头座。

(3) RS232C 采用负逻辑。

(4) 用 RS232C 总线连接系统。

近程通信：10 根线，或 6 根线，或 3 根线。

2. RS232C 常用连接形式

(1) 5 根线连接方式。5 根线连接方式如图 7-10 所示。

(2) 3 根线连接方式。3 根线连接方式如图 7-11 所示。

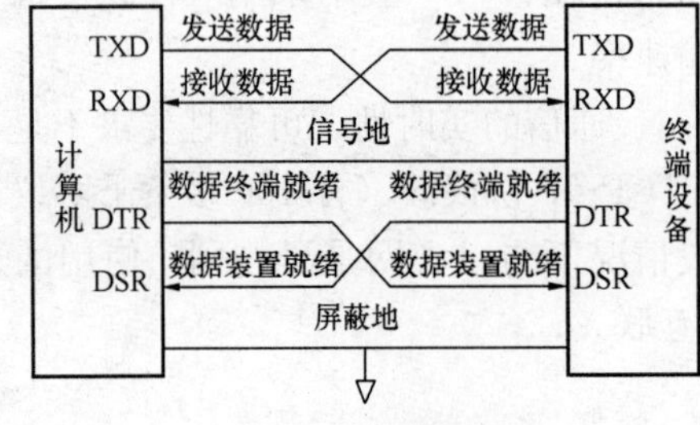

图 7-10　5 根线连接方式

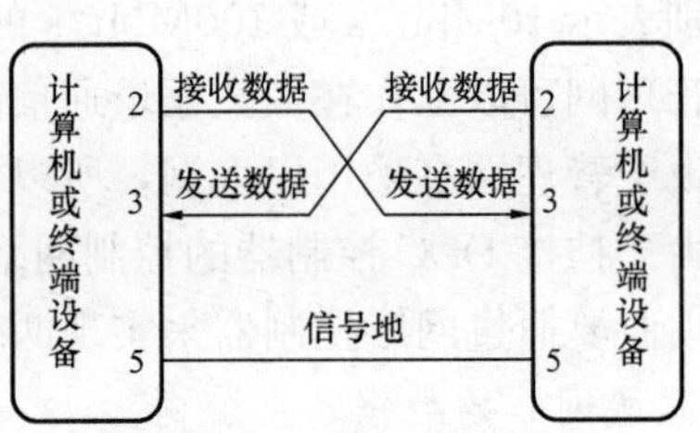

图 7-11　3 根线连接方式

RS232C 插头在数据通信设备（DCE，Data Communication Equipment）端，插座在数据终端设备（DTE，Data Terminal Equipment）端。一些设备与 PC 连接的 RS232C 接口，因为不使用对方的传送控制信号，只需三条接口线，即发送数据、接收数据和信号地。所以采用 DB-9 的 9 芯插头座，传输线采用屏蔽双绞线。

9 针串口公口如图 7-12 所示，9 针串行接口针脚定义：（公口）

```
Pin1    CD     Received Line Signal Detector (Data Carrier Detect)
Pin2    RXD    Received Data
Pin3    TXD    Transmit Data
Pin4    DTR    Data Terminal Ready
Pin5    GND    Signal Ground
Pin6    DSR    Data Set Ready
Pin7    RTS    Request To Send
Pin8    CTS    Clear To Send
Pin9    RI     Ring Indicator
```

对应的中文含义见表 7-1。

表 7-1　　9 针串行接口针脚定义（公口）

针脚	信号来自	缩写	描述
1	调制解调器	CD	载波检测
2	调制解调器	RXD	接收数据
3	PC	TXD	发送数据
4	PC	DTR	数据终端准备好
5	GND	GND	信号地
6	调制解调器	DSR	通信设备准备好
7	PC	RTS	请求发送
8	调制解调器	CTS	允许发送
9	调制解调器	RI	响铃指示器

一般只用 2、3、5 号 3 根线，3 根线的接线端子如下：

```
2 RxD Receive Data, Input
3 TxD Transmit Data, Output
5 GND Ground
```

DB-9 的 9 芯插头座有公头和母头之分，针脚定义注意区别，如图 7-13 所示。

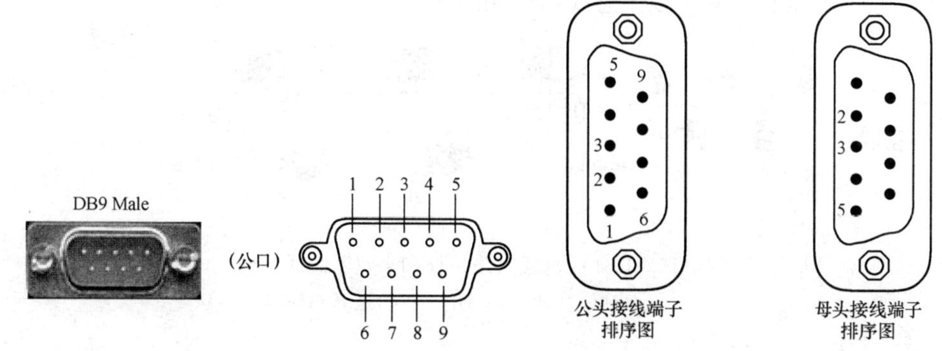

图 7-12　9 针串口公口　　图 7-13　DB-9 的 9 芯插头插座之间的连线

7.2.2 RS485 总线

1. RS485 总线的部分特性

在要求通信距离为几十米到上千米时，广泛采用 RS485 串行总线标准。RS485 采用平衡发送和差分接收，因此具有抑制共模干扰的能力。加上总线收发器具有高灵敏度，能检测低至 200mV 的电压，故传输信号能在千米以外得到恢复。RS485 采用半双工工作方式，任何时候只能有一点处于发送状态，因此，发送电路须由使能信号加以控制。RS485 用于多点互连时非常方便，可以省掉许多信号线。应用 RS485 可以联网构成分布式系统，其允许最多并联 32 台驱动器和 32 台接收器。

2. RS485 总线的主要技术参数

（1）RS485 的电气特性：逻辑“1”以两线间的电压差为＋(2～6)V 表示；逻辑“0”以两线间的电压差为－(2～6)V 表示。

（2）RS485 的数据最高传输速率为 10Mbit/s。

（3）RS485 接口是采用平衡驱动器和差分接收器的组合，抗共模干扰能力增强，即抗噪声干扰性好。

（4）RS485 接口的最大传输距离约为 1219m，另外，RS232 接口在总线上只允许连接 1 个收发器，即单站点能力。而 RS485 接口在总线上是允许连接多达 128 个收发器。即具有多站点能力，这样用户可以利用单一的 RS485 接口方便地建立起设备网络。

3. RS485 总线的连接和拓扑结构

RS485 接口组成的半双工网络，一般只需两根连线（AB 线），RS485 接口均采用屏蔽双绞线传输。RS485 总线连接示意如图 7-14 所示。

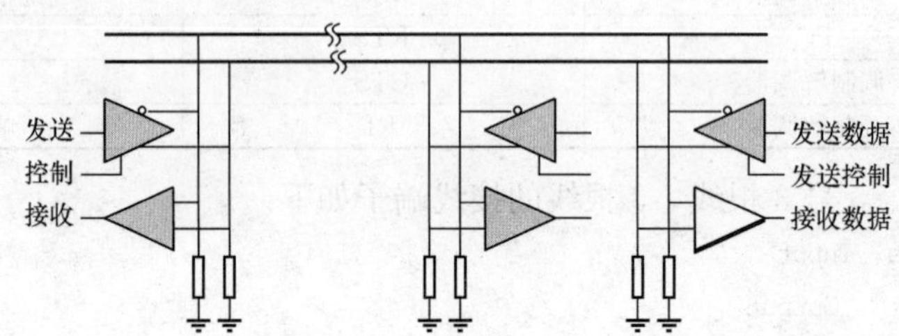

图 7-14　RS485 总线连接

RS485 总线网络拓扑和半双工总线结构如图 7-15 所示。

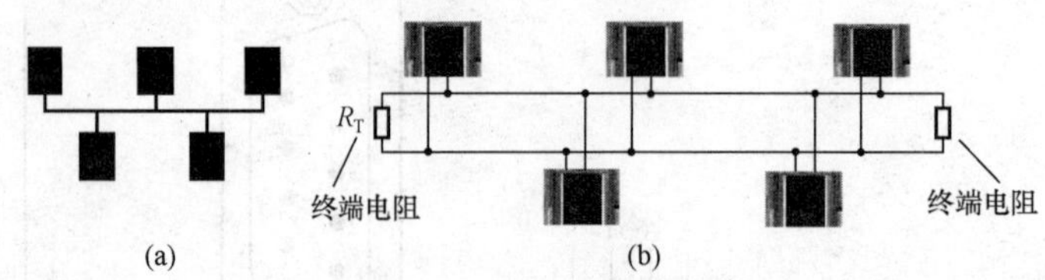

图 7-15　RS485 总线网络拓扑和半双工总线结构

(a) RS485 总线结构；(b) 半双工总线结构

4. RS485 总线的敷设方式

RS485 总线的标准敷设方式是采用总线型拓扑结构。这种结构中，一般只需两根连线

（AB 线），主控设备与多个从控设备使用手拉手菊花链方式连接。这种连接方式如图 7-16 所示。RS485 总线上挂接有 A、B、C、D 四个设备，将设备 A 的 485＋接口与设备 B 的 485＋接口通过屏蔽双绞线连接，再从设备 B 的 485＋上面引一条双绞线缆接到设备 C 的 485＋接口，从设备 C 的 485＋接口与设备 D 的 485＋接口通过屏蔽双绞线连接，以此类推，总线上挂接的各个设备的 485-接口的接线方式与 485＋接口类同。

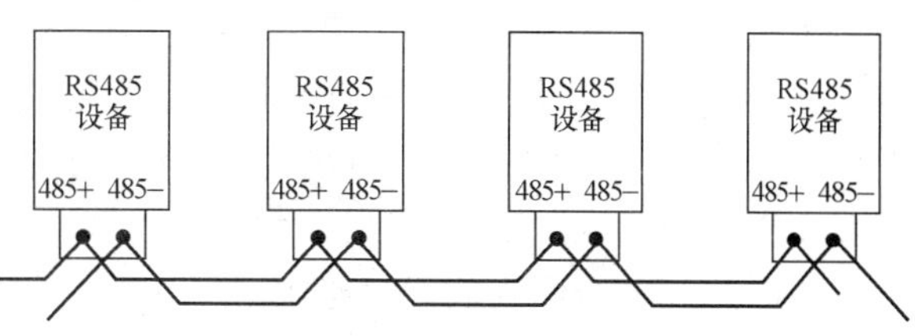

图 7-16　RS485 总线的敷设方式

RS485 总线连接的各个设备是并联的，如果出现一个或几个设备损坏的情况，一般不影响其他设备或整个 RS485 总线的正常通信。

5. RS485 总线的终端电阻

RS485 总线在实际使用时，一般都要在总线的两端挂接终端电阻，也叫并联终端匹配电阻。并联终端匹配电阻分为单电阻和双电阻两种情况，RS485 终端匹配多采用双电阻并联。一般 RS485 总线传输线的特征阻抗为 120Ω，采用两个 120Ω 电阻作为 RS485 总线的终端匹配电阻，具体连接方式是首尾各接一个，并联于 RS485 正负极上。RS485 总线接入并联终端电阻导致产生直流功耗，所以在距离较短（传输距离不超过 300m），速率较低时无需在总线两端接入终端电阻。终端电阻接入的情况如图 7-17 所示。

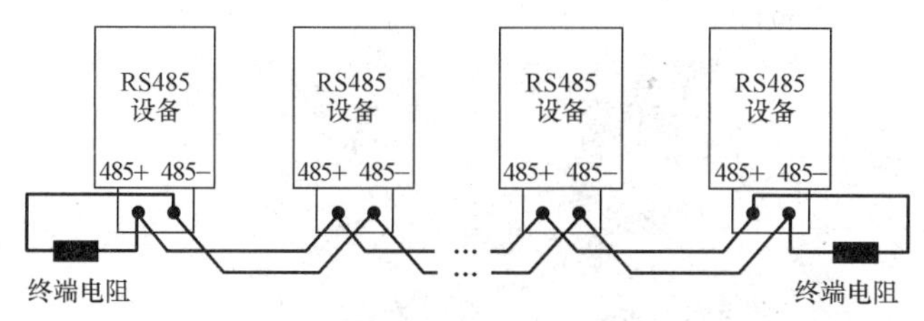

图 7-17　RS485 总线接入终端电阻的情况

6. 使用 RS485 集线器连接多条 RS485 总线

当 RS485 总线上的设备相对比较分散，而且主控设备一般作为主控室大多都位于中心位置，星形拓扑结构是很多施工方选择的接线方式，星形拓扑结构是使用 RS485 集线器实现的，通过 RS485 集线器组织的星形拓扑结构如图 7-18 所示。

RS485 集线器能够将一个较复杂 RS485 总线系统分割成若干个比较简单的 RS485 总线

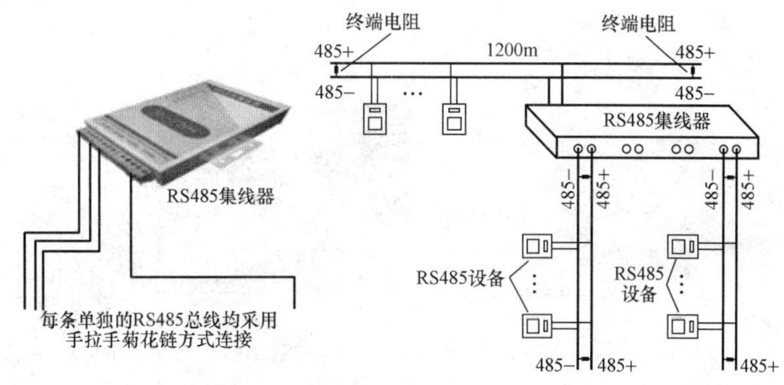

图 7-18　使用集线器连接多条 RS485 总线

系统，可以将单个 RS485 接口扩展出多个 RS485 接口，也可以将多个 RS485 接口集中到单个 RS485 接口，使得 RS485 总线布线方式可以灵活组合成星形拓扑和树形拓扑等结构，不需完全遵循 RS485 总线手拉手菊花链式总线拓扑结构。

7. RS485 线缆

RS485 总线布线使用的线材必须要使用屏蔽双绞线，线径最好在 0.75 或者 1.0 线径的。用于 RS485 总线的一种专用两芯、四芯 RS485 屏蔽双绞线（屏蔽护套软电缆）外观如图 7-19所示。

在 RS485 总线布线线缆使用中，不宜采用网络线缆，网络线缆即网线具有 8 根线，而 485 线只需要使用两根线或者四根线，其他线浪费了，还有网线中铜线线径相对都比较细，并不能完全满足 RS485 总线通信需求，故建议不要使用网线代替 RS485 线缆使用。

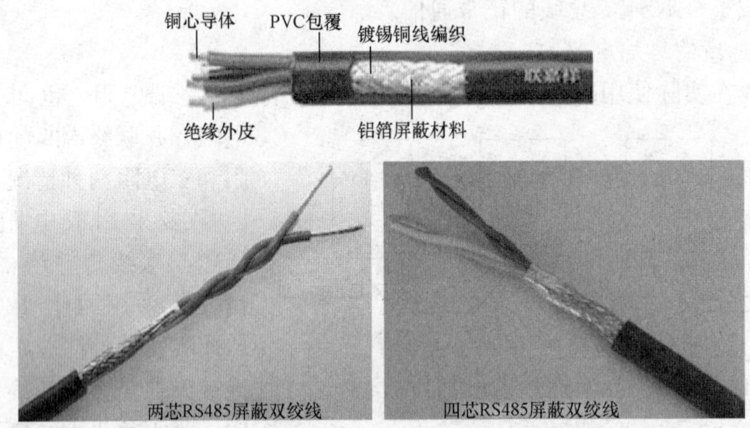

图 7-19　RS485 屏蔽双绞线

7.2.3　不同通信接口转换模块

可以使用通信接口转换模块实现不同通信接口之间的转换对接，一个可以将 RS232 总线接口和 CAN 总线及 RS485 总线接口转换模块如图 7-20 所示。

一个使用 RS232/RS485 转换模块实现了 PC 与 RS485 设备通信示意如图 7-21 所示。PC 上一般有 RS232 口，但没有 RS485 通信口，因此，PC 与 RS485 设备无法直接实现通信，使用 RS232/RS485 转换模块就实现了两者的通信。

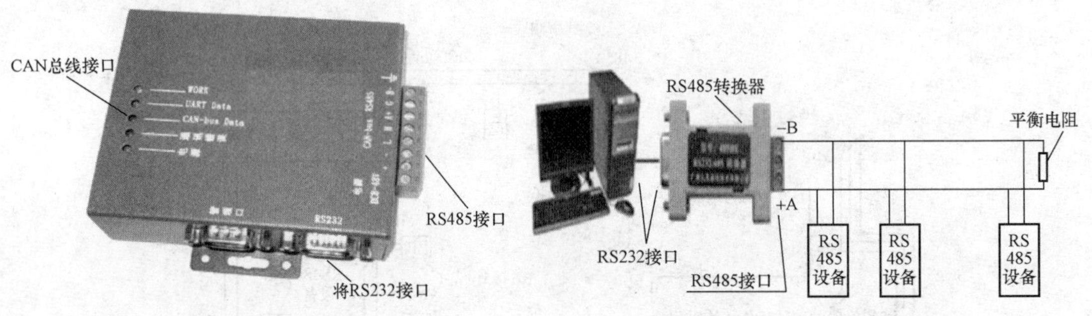

图 7-20　将 RS232 接口和 CAN 及 RS485 接口转换模块

图 7-21　RS232/RS485 转换器

7.3　使用 RS485 总线的 Apogee 中央空调控制系统

实际工程中大量使用的中央空调控制系统也叫楼控系统，或称 BA 系统，2003 年的国家标准中称为建筑设备监控系统。大量用户使用的楼控系统多为一些品牌系统，如西门子 Apogee 系统、霍尼韦尔的艾顿系统、卓林系统、江森公司的 Metasys 系统等。这些品牌的 BA 系统多采用层级结构的通信网络架构，管理网络都是以太网，但控制网络则彼此各不相同。下面介绍使用 RS485 总线作为控制网络或称测控网络的西门子 Apogee 楼控系统。

西门子 S600（system 600）楼宇自动化系统是西门子公司于 20 世纪 90 年代推出的楼宇自控系统。该系统是以 Insight 图形工作站为核心，与设置在各监控现场的各类 DDC 子站组成的大型集散型楼宇自动化控制系统。S600 系统采用于多层网络结构，这种集散型分级网络结构可以灵活地进行系统扩展，为用户提供了灵活的最佳控制选择。当前的 Insight 监控软件的版本为 3.6，运行在 Windows 2000/XP 平台上。

7.3.1　Apogee 系统架构

Apogee 系统包括：

（1）管理平台：Insight（基于 Windows NT/2000/XP）。

（2）DDC 控制器：MBC/MEC/TEC 等。

（3）传感器：温度/湿度/压力/流量/CO_2 浓度等。

（4）执行器：阀体/阀门驱动器/风门驱动器。

S600 楼控系统的结构如图 7-22 所示。

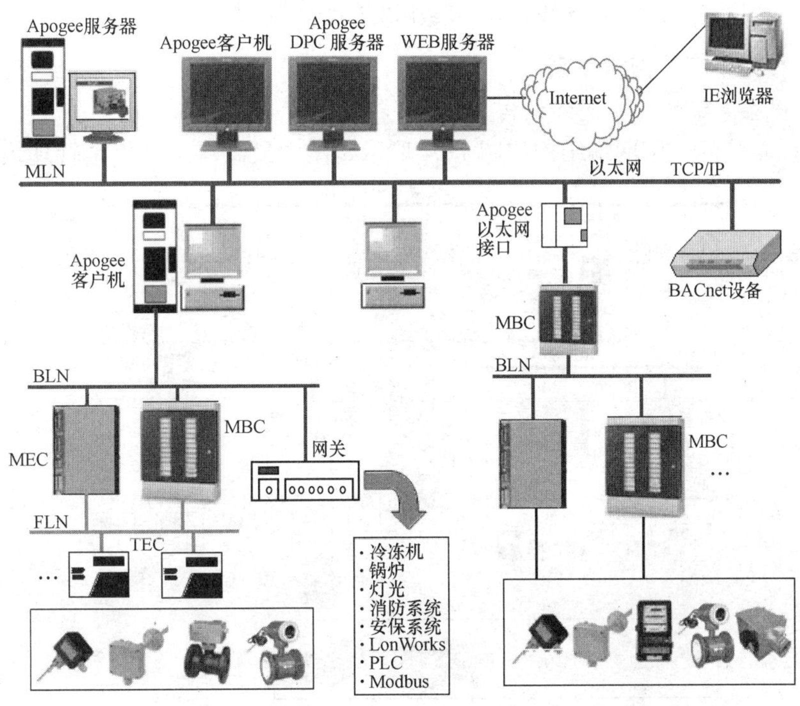

图 7-22　S600 楼控系统的结构

7.3.2 系统中的DDC

1. BLN楼宇级网络的常用DDC

BLN楼宇级网络是控制网络的第一层，这一层上挂接的DDC有：

（1）楼宇控制器MBC（Modular Building Controller）；

（2）设备控制器MEC（Modular Equipment Controller）；

（3）楼宇控制器MBC上的点终端模块PTM（Point Termination Modules for MBC）。

2. FLN楼层级网络上的常用DDC

FLN楼层级网络是控制网络的第二层，该层上挂接的DDC有：

（1）点扩展模块PXM（Point eXpansion Modules）；

（2）终端设备控制器TEC（Terminal Equipment Controller）。

3. TEC末端设备控制器

TEC末端设备控制器是楼层级网络上挂接的DDC，适用于：FCU（风机盘管）控制、VAV Box（变风量空调机组末端）和热泵控制等。

工作在不同层级网络环境中几种类型的DDC如图7-23所示。

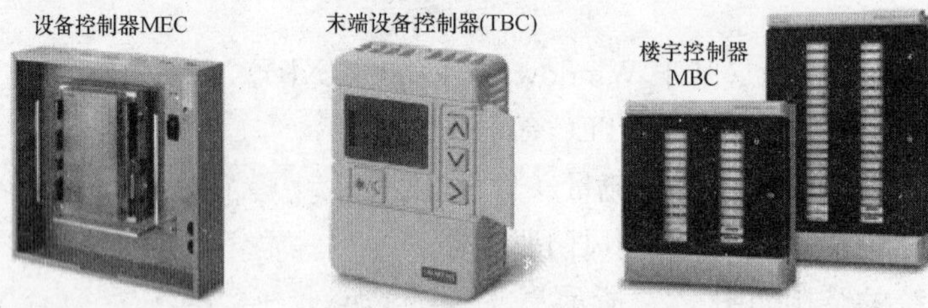

图7-23 工作在不同层级网络环境中几种类型的DDC

7.3.3 S600楼控系统的网络体系

1. S600楼控系统的三层网络结构

S600楼控系统的三层网络结构如图7-24所示。图中最高一级网络是管理级网络MLN，

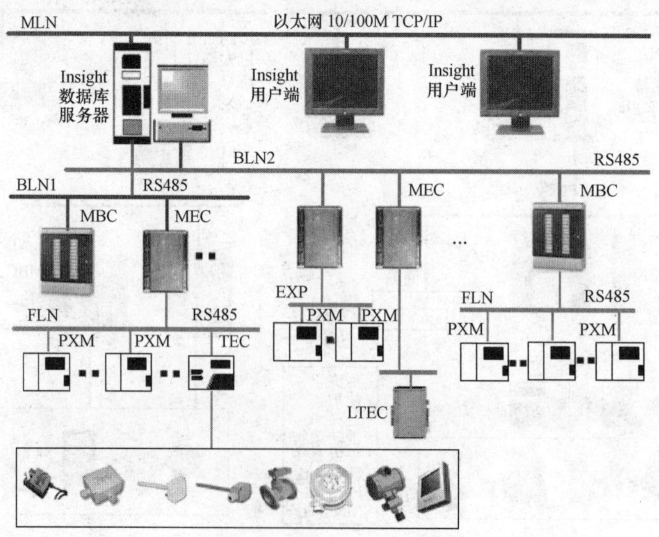

图7-24 S600楼控系统的三层网络结构

再下来就是楼宇级网络 BLN，BLN 网络共有三种类型：RS485 总线、Ethernet 和 Remote BLN。在设备现场还有楼层级网络 FLN。

（1）楼宇级网络 BLN（Building Level Network）。S600 楼控系统可用以下三种类型的控制总线做楼宇级网络 BLN：RS485 串行总线、以太网和 Remote 网络。楼宇级网络 BLN 上的设备类型包括 Insight 工作站、模块化楼宇控制器 MBC、模块化设备控制器 MEC、远程楼宇控制器 RBC、楼层网络控制器 FLNC。

（2）楼宇级网络 BLN 为 RS485 总线的情况。在楼宇级网络 BLN 为 RS485 总线的情况，BLN 网络与 Insight 管理平台的连接方式如图 7-25 所示。

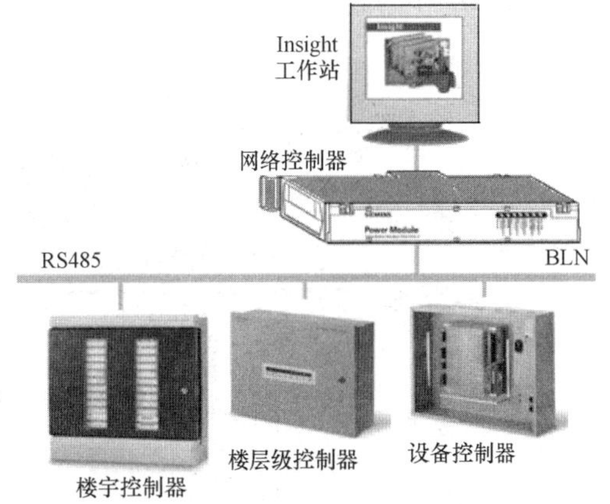

图 7-25　BLN 网络与 Insight 管理平台的连接方式

使用 RS485 总线做楼宇级网络连接时，最快通信速度 115.2kbit/s，最远传输距离 1200m。每个 Insight 工作站最多连接 4 条 RS485 BLN 网络，每条 RS485 BLN 通过干线连接器(TⅠ-Ⅱ）与 Insight 工作站的电脑串口连接。

（3）远程连接时的情况。Remote BLN 是指远程连接，可以通过以太网转换器（AEM200）连接 Insight 工作站，每个 AEM200 都有独立的 IP 地址，基于 TCP/IP 协议工作，并可以使用楼宇内的综合布线系统。拓扑情况如图 7-26 所示。

（4）采用以太网作为楼宇级网络的情况。在采用以太网作为楼宇级网络的情况下，系统的结构如图 7-27 所示。系统中的楼宇控制器 MBC 和设备控制器 MEC 都带有以太网的 RJ45 接口。并直接接入交换机中，也就是说，这些带以太网口的控制器自身已经接入了以太网与 Insight 工作站连接。

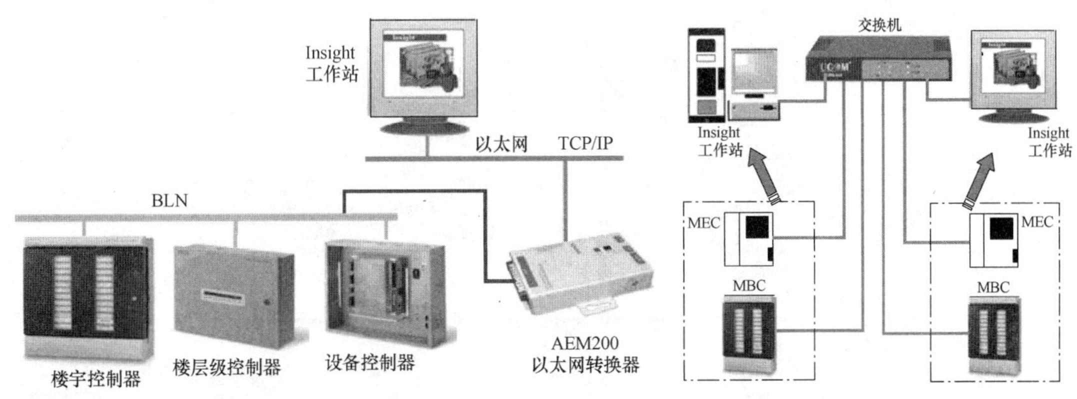

图 7-26　远程连接时的情况

图 7-27　采用以太网作为楼宇级网络情况下的系统结构

楼层级网络 FLN 上挂接的 MBC 或 MEC-1×××F 或 FLNC 控制器同时支持三条 FLN 网络，最大数据传输速率 38.4kbit/s，通信覆盖范围最大 1200m。每条 FLN 上最多可连接末端设备控制器 TEC、点扩展模块、多功能电力变送器和 SED2 系列变频器等。

2. 一种新型结构网络

S600 楼控系统中一种新型结构网络如图7-28所示。系统中的设备控制器 MEC 和楼宇控制器 MBC 是直接挂接在以太网上的 DDC，这样一来网络的结构就较大程度地简化了，该网络的楼宇级网络直接和管理级的以太网合二为一。

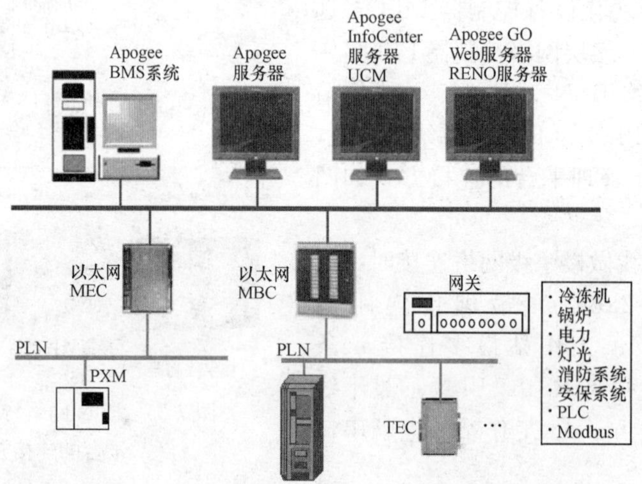

图 7-28　Apogee 新型网络结构

7.4　使用层级结构通信网络的艾顿楼控系统

美国艾顿公司推出的 BACtalk 系统是一个基于 TCP/IP 协议的楼控系统。

7.4.1　BACtalk 系统架构

BACtalk 楼控系统是一个采用两个层级的楼控系统，系统架构如图 7-29 所示。

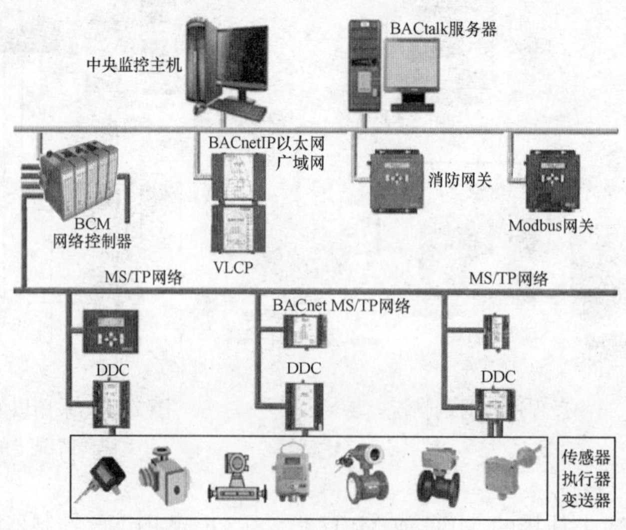

图 7-29　BACtalk 系统架构

图中的 BCM 模块是网络控制器（全局控制器），作用是实现将 MS/TP 网络和以太网实现互联；消防网关是将火灾报警联动控制系统的信息集成到楼控系统中的装置。系统中的 DDC 控制器直接和分布在现场的传感器、执行器和变送器相连。

在实际工程中，一般一台 DDC 控制器控制一台空调机组或新风机组，一台空调机组上的传感器连接到 DDC 的输入端，执行器及控制回路连接到同一台 DDC 的输出端，连接情况如图 7-30 所示。

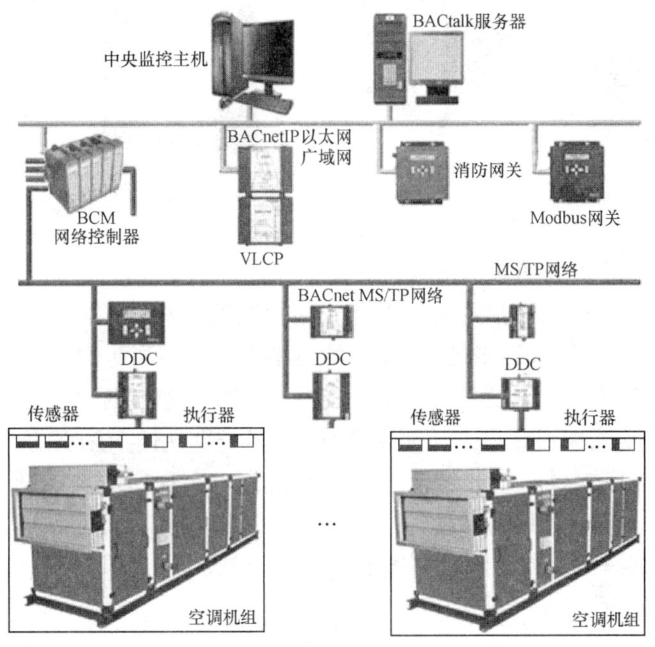

图 7-30　空调末端设备和 DDC 控制器的连接

一般楼宇自控设备从功能上讲分为两部分：一部分专门处理设备的控制功能；另一部分专门处理设备的数据通信功能。而 BACnet 协议就是要建立一种统一的数据通信标准，使得设备可以实现互通信并在互通信的基础上实现互操作。BACnet 协议只是规定了设备之间通信的规则，并不涉及实现细节。

7.4.2　通信协议和网络体系

BACtalk 系统的通信网络分为两层：上层管理层网络为基于 TCP/IP 协议的以太网，控制网络为 MS/TP 控制总线。BACnet 协议支持六种网络结构：以太网、ARCNET (2.5Mbit/s)、MS/TP 子网（76.8kbit/s)、PTP 点对点构建的网络、基于 Lontalk 的 LonWorks 网络、虚拟网络。

BACtalk 楼控系统的控制网络主要采用了 MS/TP 总线网络。系统中的现场控制器用手递手菊花链方式接入 MS/TP 总线网络，菊花链连接方式如图 2-17 所示。系统中的 BCM 控制器最大可由 8 块不同的功能模块组成，最大可以具有 7 条 MS/TP 总线，最大可以连接 448 个现场控制器。

7.4.3　控制器、网关及编程软件

1. BACtalk 系统的 DDC

BACtalk 系统的 DDC 自成一个系列。用于连接管理层网络和控制网络的网络控制器

（全局控制器），如图 7-31 所示。

这里的 BTI 网络控制器和 BCM 网络控制器的区别主要是：每台 BCM 全局控制器最大支持 7 条 MS/TP 现场总线；每台 BTI 全局控制器最大支持 4 条 MS/TP 现场总线。

几款不同的 DDC 如图 7-32 所示。MS/TP 网络中继器如图 7-33 所示。

图 7-31　网络控制器（全局控制器）

图 7-32　几款不同的 DDC

2. VLC 系列 DDC 的控制程序编程软件

BACtalk 系统配置了一种有着较强功能和使用简便的编程工具——VisualLogic。使用 VisualLogic 来编制 DDC 的控制程序。

图 7-33　MS/TP 网络中继器

VisualLogic 包括了一整套功能齐全的功能模块和模型数据库。整个编程软件共有 48 个功能模块，每个功能模块都用一个 3D 立体图标表示，通过有机的连接，可以提供一个非常清晰的控制流程，实现所需要的任何控制序列，并且可以立刻变成存盘资料，方便日后查询。因此，技术人员可在短时间内掌握整个控制原理和编制程序的方法。VisualLogic 图形编程界面如图 7-34 所示。

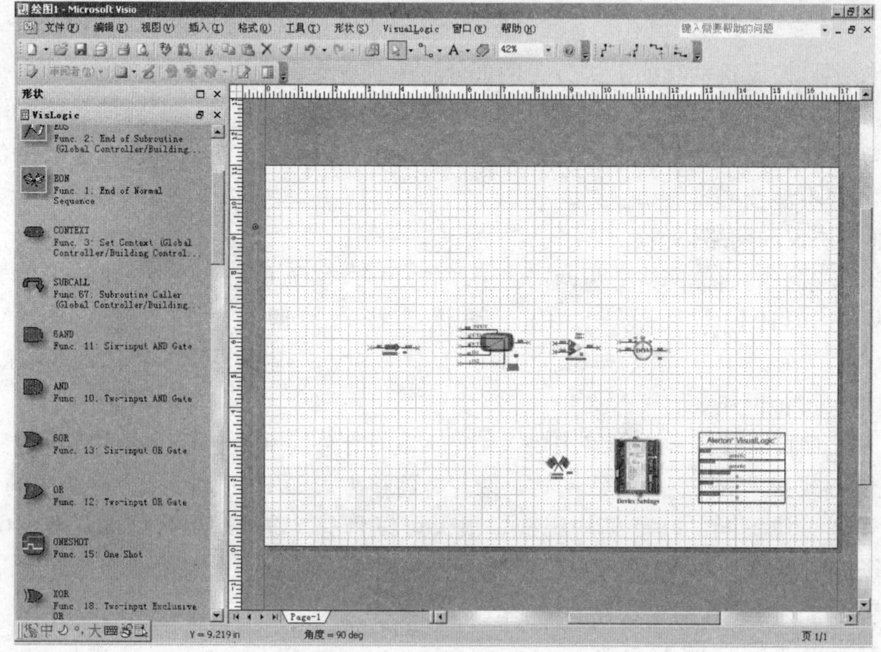

图 7-34　VisualLogic 图形编程界面

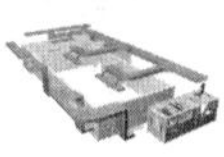

在 VisualLogic 图形编程界面中，窗口左侧有序地排列了许多控制程序的组成单元功能模块，呈现一个三维图标方式，调用时只需将功能模块图标拖拽进入右边的工作区即可。

如图 7-35 所示的模块组合对应于一个具体的操作序列及应用程序。

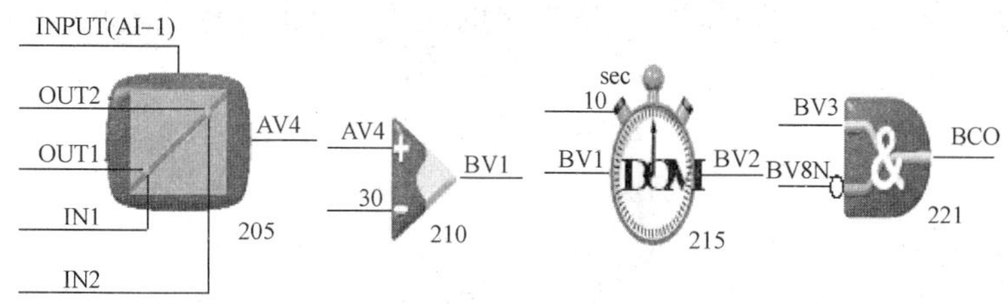

图 7-35　模块组合程序范例

图 7-35 中共有 4 个功能模块，在 VisualLogic 环境中，不需用线段连接这些功能模块，程序执行的顺序是直接按照每个模块右下角的编号，从小到大依次执行，从中可以看出四个模块的编号依次为 205、210、215、221，205 模块为线性比例模块，它将输入信号 AI-1 经过线性变换直接输出中间变量 AV4，接着 210 模块实现比较的功能，当变量 AV4 大于 30，BV1 输出为 ON；否则为 OFF。然后 215 模块实现延时开动作的功能，经过延时 10s，BV3 动作，最终 221 模块实现与的功能，BV3 与 BV8N 同时为 ON，BC0 输出为 ON，输出给对应 BC0 的执行机构。由此一个从传感器输入，经过软件编程进行逻辑控制变换，再输出给执行机构，程序就基本编写完毕。

7.4.4　中央操作站软件 Envision for BACtalk

BACtalk 系统有一个功能强大、容易使用、完全图形化的中央操作站软件 Envision for BACtalk。该中央操作站软件是一个采用三维动态图形显示，使得操作人员可以轻松地监测，控制楼宇系统中所有的设备。

除了显示和控制操作外，Envision for BACtalk 软件提供了全新的用户密码等级，时间计划安排、报警、数据记录、趋势图、能源管理、自动退出、最佳起动时间等强大的功能，使得整个楼宇自控系统操作简捷、安全和节省能源。

同时，Envision for BACtalk 软件中附带系统编程软件包，允许用户自行对系统软件进行编程或修改程序。

BACtalk 采用了 3D 动画显示，提供了“指向-单击”的手段使操作简单直观。可以使用清晰的位图图形和 CAD 程序输入的图形、扫描图形以及任何其他软件制作的图形建立自定义显示。BACtalk 运行平台是 Windows2000/XP，因此多视窗应用软件可以同时运行。可以使用工业标准计算机网络或通过电话线将多个工作站联网。另外，它还提供了诸如时间程序、趋势记录、能量记录、用户密码等所有管理功能。操作活动记录可以有效地确保系统安全，防止非法访问。

Envision for BACtalk 的编程包括对上位机界面的编程和对现场控制器 DDC 的编程两部分。上位机监控界面的编程主要是：在选取的被控系统图上设置不同的监测点，或者是数字的，或者是模拟的，并编辑这些监测点的属性，把这些监测点直接和现场控制器的 AI、BI、AV、BV、AO、BO 等直接联系起来，从而能时时监测每一个现场控制器的状态或者远程控制现场控制器的动作。

Envision for BACtalk 为用户提供了 DDC 和 VisualLogic 图形模块两种编程环境，两种不同编程环境在本质上是相同的，编制的程序可以互相转换，只是 VisualLogic 图形模块程序更容易理解，学起来更方便。对于 VisualLogic 编程，主要有以下特点：

（1）完全图形化 DDC 编程环境：只需简单的拖放、单击鼠标及连接图形功能模块并设定参数，即可编制出完整专业的 BACtalk 系统控制策略。

（2）编程就是画图：在绘制完成图形程序后，编制程序注释文档，简单打印 VisualLogic 图形，保存输出产生一个顺序自动操作。

（3）管理硬盘和现场控制器上 DDC 文件：通过单击鼠标，下载 DDC 程序文件到现场控制器。同时，也可以从现场控制器上下载 DDC 程序文件到 VisualLogic 软件中，并且 DDC 程序文件被转换为图形形式，便于整理和修改。

Envision for BACtalk 视窗操作软件提供了如下功能：

（1）“时间控制程序”：提供日、周、月、年、假日及事件等时程启停管理。

（2）最佳起停程序：让机器设备在最佳时刻才起动，实现节能。

（3）电力需求管理：精确的管理运行，确保电力供给在经济状态下被使用。

（4）可对以区域管理为基础的管理程序：提供快速群组型设备名单的设立及管理。

（5）警报程序：提供实时警报信息、警报记录及自动拨号通知重要人员。

（6）趋势记录程序：提供对特殊监控点图形及文字趋势记录。

（7）能源记录程序：提供图形及文字叙述的每小时或每天能源使用状况，提供进一步拟定节能策略的思路。

（8）报表及打印程序：能够提供丰富的报表内容及文件。

7.5 使用通透以太网的中央空调控制系统

7.5.1 通透以太网的通信网络架构

如前所述，中央空调控制系统的通信网络架构实质上有两种主要的架构方式，一种是层级架构，另一种是使用通透以太网的架构。管理网络一般情况都是以太网，控制网络（测控网络）可以是多种不同的通信网络，控制网络和管理网络作为异构网，需要通过网关（这里称为网络控制器）实现互联，如图 7-36 所示。中央监控主机挂接在管理网络（以太网）上，DDC 控制器挂接在控制网络（同一个以太网）上，即从管理网络到控制网络都是同一个以太网，以太网一网到底，这就是使用通透以太网的架构。这里还要说明的是：

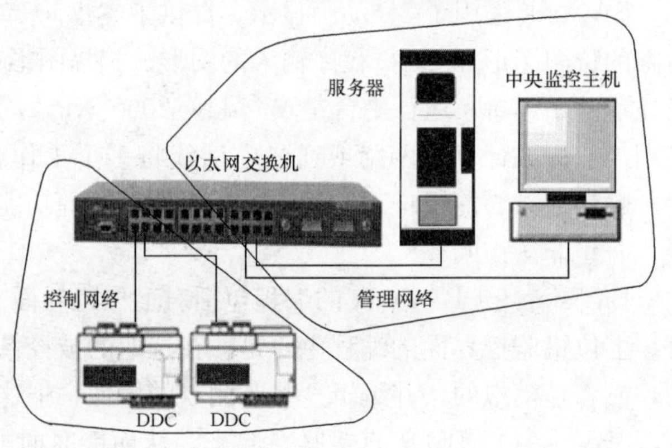

图 7-36　通透以太网架构

（1）DDC 上的 RJ45 口通过超五类双绞线和交换机上的 RJ45 口相连。

（2）中央监控主机和服务器上网卡的 RJ45 口通过超五类双绞线和交换机上的 RJ45 口相连。

（3）由于使用了超五类双绞线，

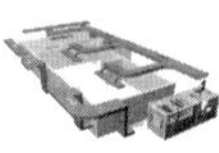

交换机是 100Mbit/s 的交换机，因此组成了一个 100Mbit/s 的以太网，该网络叫作 100Bace-T 网络。

（4）所用双绞线是直通线，即 BB 线。对绞线中 8 根线颜色标识如图 7-37 所示。由于是 BB 线，即双绞线的端部线序排列均按 T568B 标准，如图 7-38 所示。T568B 双绞线排列线序（从左向右）：橙白/橙、绿白/蓝、蓝白/绿、棕白/棕。

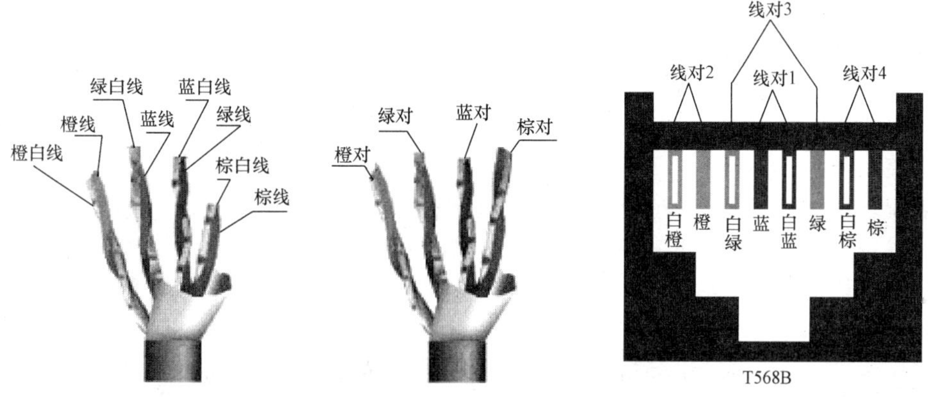

图 7-37　对绞线中 8 根线颜色标识　　图 7-38　T568B 标准 8 针引线排序

7.5.2　一种典型的使用通透以太网的卓灵楼控系统

1. 系统结构

卓灵楼控系统是英国卓灵（TREND）公司开发与推出的一种使用通透以太网的楼控系统，其系统架构如图 7-39 所示。

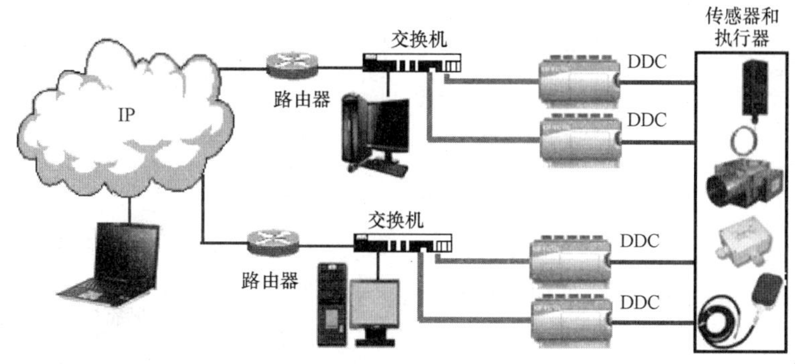

图 7-39　卓灵楼控系统的架构

在系统中，中央管理工作站接入一个以太网内，即管理网络是以太网，DDC 也同样接入该以太网，也就是说管理网和控制网是同一个以太网。系统中所有的 DDC 均接入一个星形拓扑的以太网。在楼控系统有远程监控的要求时，通过路由器实现和公网的互联，进一步实现远程监控。

2. 通信协议和网络体系

整个系统都工作在 TCP/IP 通信协议环境下，管理网络是以太网，连接 DDC 的控制网络也是以太网。星形拓扑下的以太网遵从 IEEE802.3 网络协议，环形拓扑下的以太网遵从

IEEE802.5 网络协议。通信网络基于 TCP/IP 协议并以综合布线为基础，网络扩展容易，而控制器与控制器之间是对等网络（Peer-to-Peer）结构，控制器之间没有级别之分，资料存取及互相控制直观快捷。

7.6 控制网络采用 LonWorks 总线的楼控系统

7.6.1 LonWorks 总线和现场总线

1. 现场总线

现场总线是安装在生产现场对许多现场物理量进行监测控制的现场设备、仪表与控制室内的自动控制装置、系统之间实现连接的一种串行、数字式、双向及多点通信的数据通信总线。或者说，现场总线是应用在生产现场、将许多智能现场设备和自动化监测仪表和数字式控制系统进行连接，实现这些设备、检测仪表及控制系统的全数字式、多分支结构互连互通的数据通信网络系统，网络中分散、数字化、智能化的测量和控制设备作为网络节点，用总线相连接，实现相互交换信息，共同完成自动控制功能。

当前国际上总共约有 40 多种现场总线，如 INTERBUS、DeviceNet、MODBUS、Arcnet、CAN、MODBUS、P-Net、EIB 等，分布应用在工业的各个不同行业和应用领域，其中一部分现场总线在楼宇自控技术领域中也有广泛和深入地应用。

现场总线和传感器总线、设备总线在传输的数据量方面有很大差别，传感器总线，属于位传输；设备总线，主要按字节传输。而现场总线传输的数据流可以是短小的测控指令，也可以是周期性和非周期性的测控指令，也可以是数据量较大的面向连接和非面向连接的数据文件。

不同行业和应用领域适合使用哪一种现场总线需根据具体情况来决定。但在 40 多种现有的现场总线当中，由于具有不同的技术特点，所以还没有哪一种能够覆盖所有的应用面，每一种现场总线都有自己特有的应用领域和应用范围。主要现场总线的应用领域如图 7-40 所示。

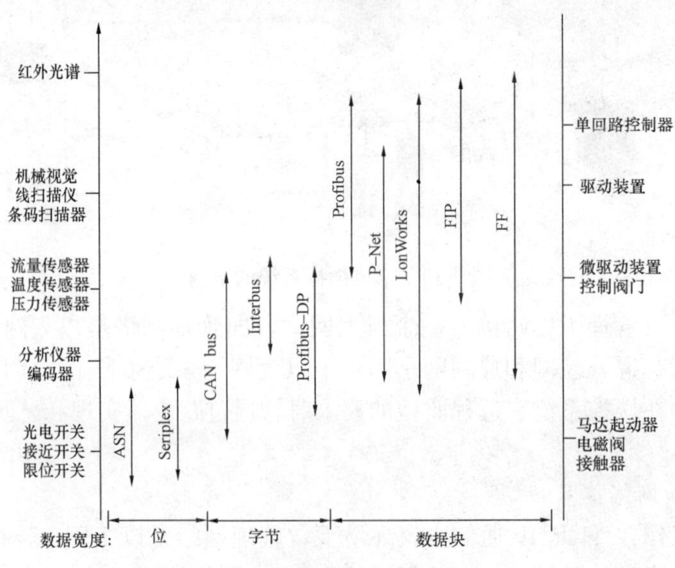

图 7-40 主要现场总线的应用领域

在中央空调控制系统的通信网络架构中，作为控制网络使用的现场总线技术有LonWorks、Profibus、Modbus、CAN等。

2. LonWorks控制网络技术的组成

在工业控制领域和楼控领域，LonWorks总线技术有着广泛而深入的应用，LonWorks是Local Operating Network的缩写，LonWorks是由美国Echelon公司1991年推出的一种性能优良的测控网络，使用LonWorks技术架构的控制网络，其网络协议是完全开放的，可以同时支持多种不同的通信介质，网络拓扑结构灵活。LonWorks技术非常适合部分工控项目和楼宇自控系统中的信号采集和数据传送。LonWorks技术主要由：智能神经元芯片、LonTalk协议、LonMark互操作性标准、LonWorks收发器、LonWorks网络服务架构、Neuron C语言、网络开发工具LonBuilder和节点开发工具NodeBuilder组成。

LonWorks网络的基本单元是节点。一个网络节点包括神经元芯片、电源、一个收发器和有监控设备接口的I/O电路。

3. LonWorks技术中重要的技术单元

(1) LonWorks应用系统的组成。LonWorks总线网络是控制域网络，可将数据检测、数据处理、系统监控功能统一起来。LonWorks总线网络由控制计算机、现场智能节点、网络适配器和通信介质等组成，LonWorks总线是生产现场具有数字通信能力的测控仪表与控制计算机之间的串行数字通信链路。

LonWorks总线网络中的智能节点通过通信介质与周边的外部设备进行通信并实现监控。当控制网络中存在几种不同的通信介质时，可以通过路由器互连。LonWorks控制网络可以通过网关与其他异构网络相连构成覆盖区域更大的控制网络。LonWorks总线网络可以构造实现在控制层提供互操作的测控系统，控制的实时性好。

LonWorks应用系统中包括LonWorks节点、路由器、LonWorks收发器、网络接口产品模块以及开发平台。其中，神经元芯片是LonWorks节点的核心，它与发射接收器一起构成了网络智能节点；网络接口产品模块可以使非神经元芯片的节点与LonWorks总线网络通信；开发工具平台包括LonBuilder和NodeBuilder，提供了网络开发的基本工具和网络协议分析工具。

(2) LonWords技术使用的通信协议。LonWorks技术使用了LonTalk通信协议。LonTalk通信协议是一个开放的协议，它采用了ISO/OSI的7层级模型，由于使用了LonTalk通信协议，LonWorks总线网络通信具有以下鲜明的优点：通信过程的交换数据包不大，响应及时、安全、可靠、用对等的方式通信，即通信的实时性好、可靠性高。

LonWorks通信协议被固化在叫作Neuron神经元芯片中，这个芯片是LonWorks智能设备中的核心组件。

(3) LonWorks技术核心器件-神经元芯片。神经元（Neuron）芯片是一个超大规模集成电路元件，分为MC143150和MC143120两个系列，是LonWorks网络技术的核心器件，它实现网络功能并执行节点中的特定应用程序。一个典型的节点包含Neuron芯片、电源、收发器和I/O电路（输入输出通道），如图7-41所示。

Neuron芯片内含三个8位CPU，分别为网络CPU、介质访问CPU和应用CPU，带有网络通信端口，可提供单端、差分、专用模式，可选的传输速率为0.6kbit/s～1.25Mbit/s。

Neuron芯片内的三个微处理器在系统固件中各有独特的功能。介质访问CPU（MAC）主

要控制七层网络协议中的1～2层，它负责驱动通信子系统的硬件，并执行避免冲突的算法。介质访问控制处理器和网络处理器通过共享存储器中的网络缓冲区进行网络信息的收发工作。

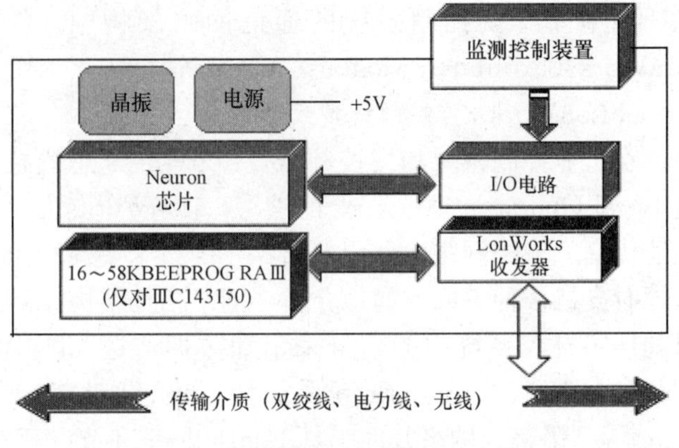

图 7-41　典型的 LonWorks 网络节点

网络 CPU（NET）主要控制网络协议中的3～6层，它处理网络变量进程、寻址、鉴别认证、软件定时器、网络管理和路由等功能。网络处理器使用共享存储器中的网络缓冲区同介质访问控制处理器互传信息，使用共享存储器中的应用缓冲区同应用处理器互传信息。在更新共享缓冲区的数据时，用硬件信号来仲裁对共享缓冲区数据访问的冲突。

应用 CPU（APP）主要执行用户代码和为用户代码调用的操作系统服务。应用程序使用的编程语言是 Neuron C，它派生于 ANSI C，并为适应分布式控制应用作了优化和扩展。Neuron 芯片上所有的程序利用 LonBuilder 开发系统或 NodeBuilder 开发系统进行软、硬件调试。

（4）可灵活使用网络拓扑多种不同的传输介质。LonWoks 的控制网络拓扑结构灵活多变，可以是总线型、星型、环型和混合型，可根据建筑物的结构特点采用不同的网络连接方式。可以最大限度地降低布线系统的复杂性和工作量，提高系统可靠性、可维护性，充分满足楼宇设备的自动控制的要求。可以灵活地使用多种不同的传输介质，如双绞线、光纤、电力线、同轴电缆和无线传输方式等。

（5）LonWorks 总线收发器。LonWorks 应用系统中根据通信介质的不同，可使用不同的总线收发器，如双绞线收发器、电源线收发器、电力线收发器等。除上述收发器外，LonWorks 技术中还广泛采用无线电收发器、光纤收发器等，以满足不同应用环境的需求。

（6）LonWorks 总线开发工具和网络管理。LonWorks 技术包含了一系列开发工具，可使节点开发和系统联网开发快速有效，主要有节点开发工具 NodeBuilder、节点和网络安装工具 LonBuilder、网络管理工具 LonManage 和 LNS（LonWorks Network Service）技术。

（7）控制程序的编程语言——Neuron C 语言。Neuron C 是专门为 Neuron 芯片设计的程序设计语言。它在标准 C 的基础上进行了自然扩展，直接支持 Neuron 芯片的固化软件，删除了标准 C 中一些不需要的功能（如某些标准的 C 函数库），并为分布式 LonWorks 环境提供了特定的对象集合及访问这些对象的内部函数。

Neuron C 提供了一些适用于 LonWorks 网络开发的新功能，增加了一个新的对象类——网络变量（network variable），网络变量分为输出和输入类型，LON 网络上各节点之间可通过网络变量互传信息，且网络变量的传送工作由固件自动完成，开发人员只需在 Neuron C 应用程序中给网络变量赋值即可；此外，还增加了一个新的语句类型——when 语句，引入事件（events）驱动机制，整个应用程序用 when 语句引导；通过对 I/O 对象（object）的声明，使 Neuron 芯片的多功能 I/O 得以标准化，便于对多种类型的信号进行监控。

7.6.2　TAC Vista 楼宇自动化系统

工程中一部分中央空调控制系统就采用了 TAC Vista 楼宇自动化系统。法国施耐德

TAC Vista 楼宇自动化系统的一个工作界面如图 7-42 所示。

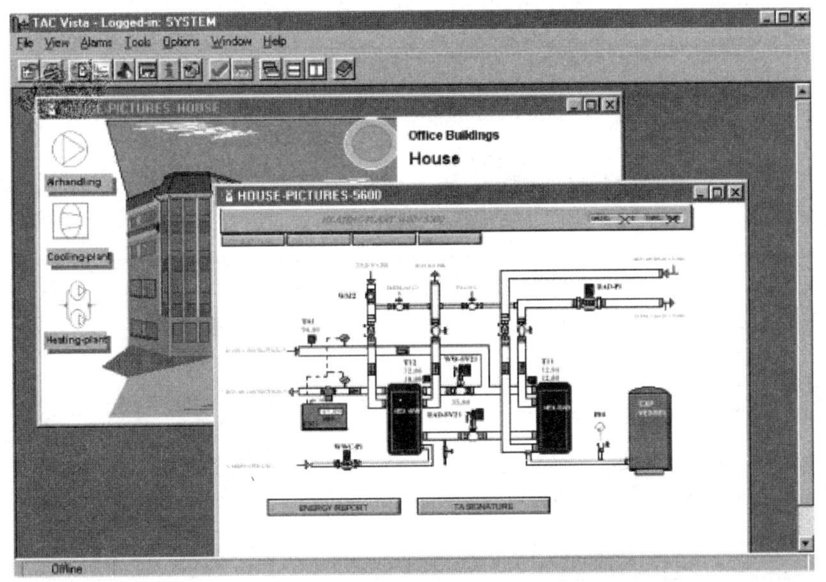

图 7-42　TAC Vista 系统的一个工作界面

1. TAC 楼控系统架构

施耐德 TAC Vista 系统是基于开放的 LonWorks 技术的楼宇自控系统，控制网络使用 LonWorks 网络，通过 LonWorks 路由器把分布在不同建筑内和不同楼层的 DDC 控制器便捷地连接起来。施耐德 TAC 楼控系统的架构如图 7-43 所示。

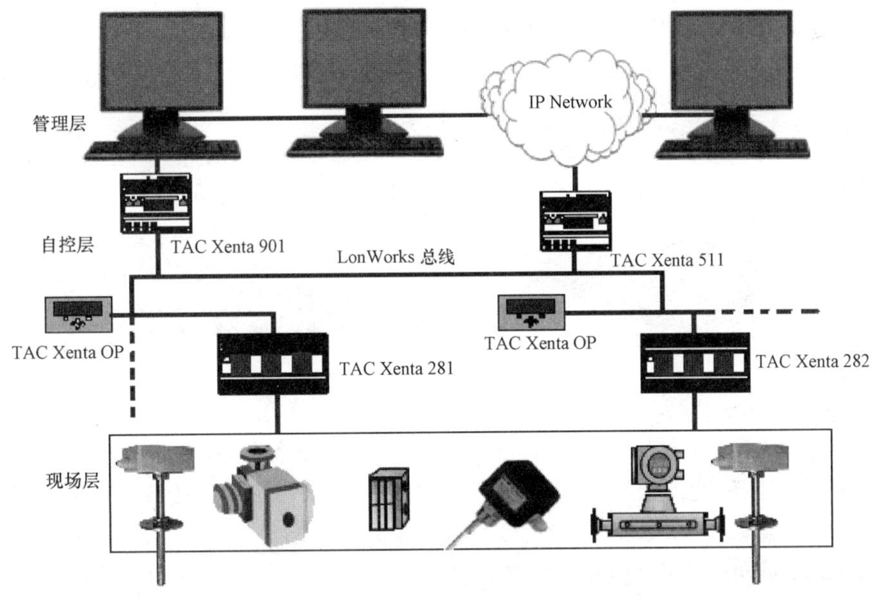

图 7-43　施耐德 TAC 楼控系统的架构

TAC Xenta OP 是一个小型的操作终端，通过面板与 DDC 连接。使用 TAC Xenta OP，可以读取被监控点的状态。TAC Xenta 控制器可以有不同的配置：可以独立运行，可以和

小型的操作终端 TAC Xenta OP 组成小型网络系统。

控制器、OP 和其他设备与合适的适配器组成一个完整的网络系统，连接至 TAC Vista 中央管理工作站系统。

系统结构中较为细致的组件连接关系如图 7-44 所示。

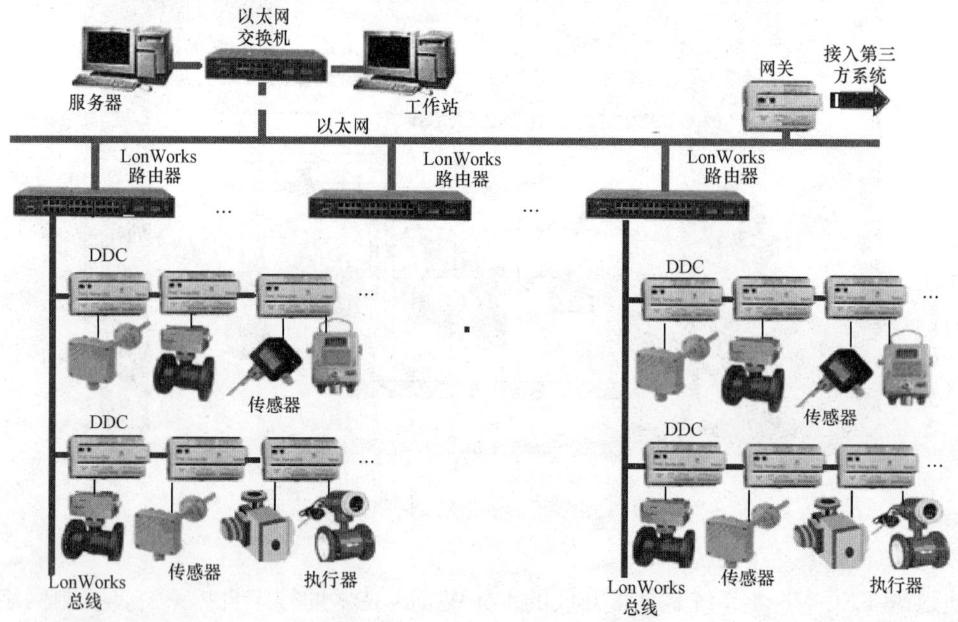

图 7-44　细致的组件连接关系

2. 控制器及编程软件

施耐德 TAC 楼控系统中的 DDC 是 TAC Xenta 系列控制器。TAC Xenta 系列 DDC 对现场数据（开关量、模拟量）进行采集和处理。两款 TAC XentaDDC 如图 7-45 所示。

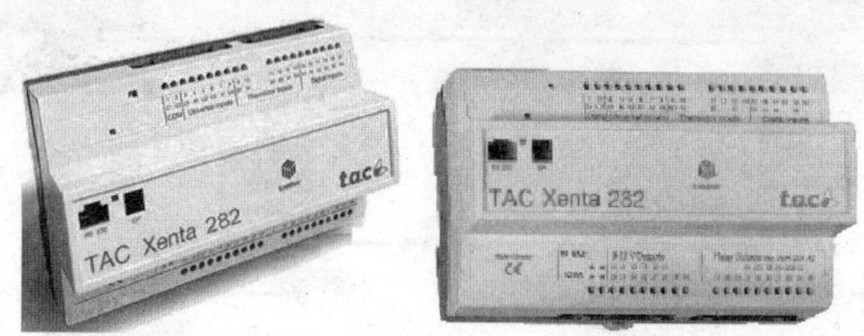

图 7-45　两款 TAC XentaDDC

TAC Menta 是 TAC Xenta 控制器的编程软件工具。TAC Xenta 也是一个图形模块化的编程软件，在其软件功能模块库中有多种不同功能的图形模块，作为控制程序的基础单元，使用 TAC Xenta 编制 TAC XentaDDC 的控制程序简洁灵活。

TAC Menta 是面向对象的 DDC 编程软件。

3. TAC Vista 系统中央管理工作站平台的管理软件

（1）TAC Vista 系统的中央管理工作站管理软件基本软件包。TAC Vista 系统的中央管理工作站管理软件 TAC Vista V3.2 User Package（基本软件包）主要功能：

1）基本功能：用于基本的监控操作，如彩色图形监测、报警处理和时间程序控制。

2）网络：在系统多于1个工作站时，用于网络配置。

3）趋势记录：生成并显示数据趋势记录（以表格形式）。

4）趋势图显示：为趋势记录数据生成图表。

（2）TAC Vista系统的中央管理工作站管理软件可选件。TAC中央管理工作站管理软件可选件（TAC Vista V3.2 Manager Package）主要功能：

1）记录发生器：用于客户化的记录生成。

2）能源管理：用于能量使用和预算的管理。

3）历史记录：存储TAC Vista中的系统事件和报警时间。

（3）TAC Vista V3.2 Professional Package。TAC Vista系统的中央管理工作站管理软件还包括TAC Vista V3.2 Professional Package软件包，主要包括以下一些功能组件：

1）彩色图形编辑器：生成并编辑系统彩色图形。

2）IPCL编辑器：编辑ICPL，ICPL是TAC RPU系列控制器所使用的一种编程语言。

3）数据库生成器：将应用程序转换为文本文件，以便于编辑和输入至TAC Vista数据库。

（4）中央站编程软件和通信软件。TAC Vista系统的中央管理工作站的编程软件是TAC V3.2 TAC Menta。TAC中央站通信软件是LonWorks。

4. 通信协议和网络体系

TAC Vista系统的通信网络是一个两个层级的架构：管理层网络是以太网，控制层网络是LonWorks网络，Lontalk为通信协议。

TAC Xenta控制器采用非屏蔽双绞线接入LonWorks TP/FT-10网络上，网络通信速率为78kbit/s。TP/FT-10是自由拓扑双绞线信道网络，设备可以用双绞线线缆连接，每个网段的电缆最大长度有限制：在自由拓扑下最大电缆长度为500m，在总线拓扑下最大电缆长度为2200m。

现场使用的TAC Xenta OP操作终端可以连接至TAC XentaDDC。TAC Xenta OP操作终端带有显示器和按键，用于现场读取控制器数据或改变参数设置。TAC Xenta OP操作终端可以搭扣在TAC Xenta控制器上，也可安装在控制柜前面或作为便携式终端使用。

采用TP/FT-10网络时，每个TAC网段可以包含60个网络节点或30台控制器，通信速率78kbit/s，总线长度可达到2700m。可以使用一个延伸器连接两个TAC网段来扩展系统容量，使每条总线可以达到60台控制器，每台工作站可以有四个LonTalk适配器以支持四条总线和240台控制器。

采用双绞线并用总线拓扑的TP/XF-1250主干网络时，每条总线可以通过路由器连接到通信速率为1.25Mbit/s的LonWorks主干上，路由器的数量可以达到63个，整个网络可以达到400台控制器，主干通过Lontalk适配器连接到工作站上。

在TAC Vista系统的通信网络中，也可以组建虚拟子网、工作组及域来进行网络优化配置。LonWorks控制网络的控制器设置位置紧紧相邻被控对象的附近，减少了布线工作量，节省了人力，降低了成本，提高了工作效率，也十分便于调试与维护。

LonWorks网络通信使用3120神经元芯片，中央处理器是32位、10MHz主频的CPU。为便于不同子系统方便地和楼控系统进行集成，部分需集成的子系统如变/配电、变频控制、电梯等子系统可提供LonWorks通信接口，不同的子系统可以方便地、通信透明地连接到TAC Vista系统，不需要任何外部网关设备，轻松实现系统集成。

在实际工程当中，不同子系统的通信环境较为复杂，如一些子系统使用 BACnet 或 Modbus 等其他一些国际或工业主流标准协议，如果需要集成，TAC Xenta 提供 LonWorks 网关的集成方案，通过 TAC Xenta 913 网关将 BACnet、Modbus 或 RS232、RS485 应用系统的数据集成到 TAC Vista 系统。

5. 在楼宇自控系统中常用的 Lon 网络结构

LonWorks 技术在工业自动化、智能楼宇领域有着很深入地应用，尤其是在楼宇自动化领域中的应用。一个在楼宇自控系统中常用的 Lon 网络结构如图 7-46 所示。

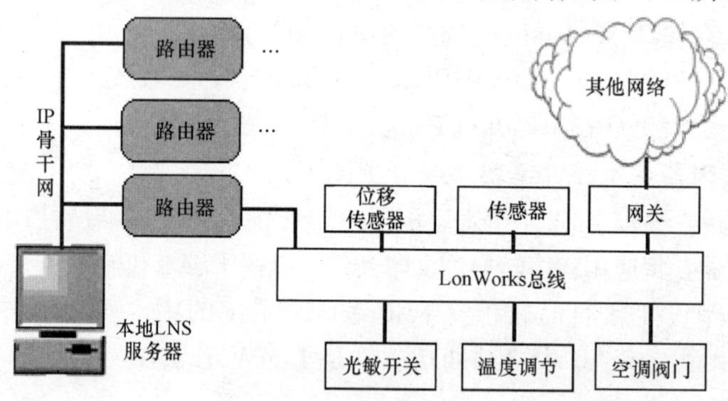

图 7-46　在楼宇自控系统中常用的 Lon 网络结构

7.7　BACnet 协议及系统

7.7.1　BACnet 协议

1. BACnet 协议概述

中央空调及控制系统隶属于在楼宇自控领域，在楼宇自控领域中，有一个标准占有极重要的地位并为业界广为接受：一个是于 1995 年 6 月由美国采暖、制冷和空调工程师协会（ASHRAE，American Society of Heating Refrigerating and Air-Condition Engineers）制定的 BACnet（A Data Communication Protocol For Building Automation and Control Network）协议，标准编号为 ANSI/ASHRAE Standard 135－1995，并于当年被批准为美国国家标准和得到欧盟标准委员会的承认，成为欧盟标准草案。BACnet（Building Automation Control network）协议是专门为楼宇自动化和控制网络而设计的通信协议。

一般楼宇自控设备（含中央空调控制设备）从功能上讲分为两部分：一部分专门处理设备的控制功能；另一部分专门处理设备的数据通信功能。而 BACnet 就是要建立一种统一的数据通信标准，使得设备可以实现互通信并在互通信的基础上实现互操作。BACnet 协议只是规定了设备之间通信的规则，并不涉及实现细节。

对于 BACnet 协议，所有的网络设备，除基于 MS/TP 协议以外，都是完全对等的；每个设备实体都是一个标准对象或几个标准对象的集合，每个对象用其属性描述，并提供了在网络中识别和访问设备的方法；设备相互通信是通过读/写某些设备对象的属性，以及利用协议提供的服务完成。

BACnet 协议是应用于分布控制面向对象开放型的网络通信协议。楼宇自控系统的开放性是业界进行开发、设计、工程施工到验收，从发标、中标到评估都应体现并贯彻其中的一

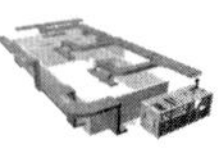

项内容。BACnet 协议提供了一个开放性的体系。在该体系内，任何计算机化的设备，都可以彼此进行数据通信。除了计算机可直接地应用于 BACnet 网络中以外，通用的直接数字控制器和专用的或个别设备的控制器，也可以应用于 BACnet 网络中。

BACnet 目前已成为国际上智能建筑的主流通信协议，它使不同厂商生产的设备与系统在互连和互操作的基础上实现无缝集成成为可能。

2. BACnet 应用系统的部分重要特点

BACnet 协议是一种开放的非专有协议。BACnet 标准以其先进的技术，较严密的体系和良好的开放性得到了迅速的推广和应用。在开放的 BACnet 平台或环境中，不同厂商的设备可以方便地进入其中。BACnet 应用系统的部分重要特点如下：

（1）专门用于楼宇自控网络。BACnet 标准定义了许多楼宇自控系统所特有的特性和功能。

（2）完全的开放性。BACnet 标准的开放性性不仅体现在对外部系统的开放接入，而且具有良好的可扩充性，不断注入新技术，使楼宇自控系统的发展不受限制。

（3）互连特性和扩充性好。BACnet 标准可向其他通信网络扩展，如 BACnet/IP 标准可实现与 Internet 的无缝互连。

（4）应用灵活。BACnet 集成系统可以由几个设备节点构成一个小区域的自控系统，也可以由成百上千个设备节点组成较大的自控系统。

（5）应用领域不断扩大。在开放环境下，由于具有良好的互连性和互操作性。BACnet 标准最初是为采暖、通风、空调和制冷控制设备设计的，但该标准同时提供了集成其他楼宇设备的强大功能，如照明、安全和消防等子系统及设备。正是由于 BACnet 标准的开放性的架构体系，使楼宇自动化系统和整个建筑智能化系统的系统集成工作变得更易于实现。

（6）所有的网络设备都是对等的，但允许某些设备具有更大的权限和责任。

（7）网络中的每一个设备均被模型化为一个对象，每个对象可用一组属性来加以描述和标识。

（8）通信是通过读写特定对象的属性和相互接收执行其他协议的服务实现的，标准定义了一组服务，并提供了在必要时创建附加服务的实现机制。

（9）由于 BACnet 标准采用了 ISO 的分层通信结构，所以可以在不同的支持网络中进行访问和通过不同的物理介质去交换数据。即 BACnet 网络可以用多种不同的方案灵活地实现，以满足不同的网络支持环境，满足不同的速度和吞吐率的要求。

7.7.2 BACnet 的体系

BACnet 协议模型是参考 ISO 的 OSI/RM 的七层级模型进行简化得到的，BACnet 标准采取了简化的 4 层级结构，其中的物理层、数据链路层和网络层保留了 OSI 模型的底三层的结构形式，并定义了简单的应用层，如图 7-47 所示。BACnet 协议的数据链路层和物理层采用了成熟的局域网标准、协议作为自身的一部分内容，兼容性很强。

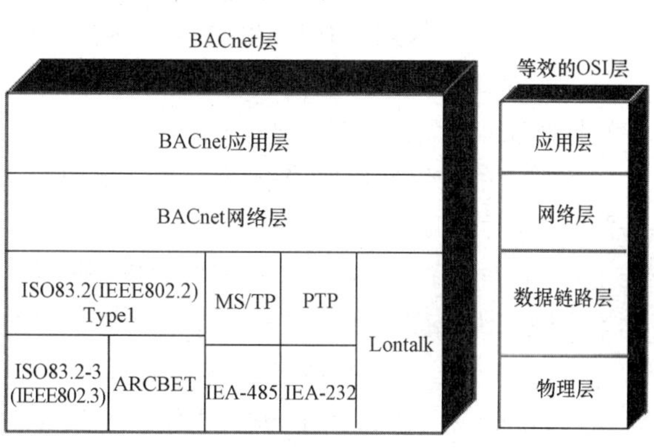

图 7-47　BACnet 的简化结构

BACnet 四层级中的最底下两层与 OSI 模型的数据链路层和物理层对应提供了五种选择方案。方案一是以太网的通信协议，采用的是非确认的、无连接的通信协议。方案二是将非确认、无连接的服务类型与 ARCNET 相结合。方案三是专门为楼宇自动化和控制设备设计的主—从标志传递（MS/TP，Master Slave /Token-Passing）协议，MS/TP 协议提供了网络层的界面，可控制对于 EIA-485 物理层的访问。方案四是点到点的通信协议，提供了硬件互联或拨号串行异步通信。方案五是 LonTalk 通信协议。

BACnet 协议从硬/软件实现、数据传输速率、系统兼容和网络应用等几方面考虑，目前支持五种组合类型的数据链路/物理层规范。其中主从/令牌传递（MS/TP）协议是专门针对楼宇自控设备设计的数据链路规范。BACnet 在物理介质上，支持双绞线、同轴电缆和光缆。在拓扑结构上，支持星型和总线拓扑。

BACnet 标准选择简化的四层结构可以将通信协议的实现成本降低到最小。一般情况下，信息传输的距离较近。当有时需要进行较远的信息传输时，可通过电话网络来进行。

与 OSI 的物理层一样，BACnet 网络的物理层也是提供了设备之间的连接和传送数据的电信号。数据链路层将数据组织成数据帧或数据报文，和具体的介质有关，提供了寻址、错误恢复和流量控制。网络层提供的功能包括全局地址到局部地址的翻译、多个网络互连后的路由信息、调整由于不同网络对数据报尺寸大小要求的不同、进行时序、流量和多路访问的控制。在 BACnet 网络中，不同的设备之间只有一个逻辑通路，故不需要采用最佳路由的算法。当一个网络是由多个网段用中继器或网桥连接起来时，它仍然具有单一的网络地址空间。这种情况下，OSI 模型中的网络层的许多功能就不需要了。对于某些 BACnet 网络中，如果有两个或多个采用不同 MAC（Media Access Control，介质访问控制）的网络互联，这时整个网络有了多于一个网络的地址空间，就需要关于不同网络的路由信息。BACnet 网络具有一定的网络层能力，可以去定义包含必要的寻址和控制信息的网络层数据报的头部。

应用层为通信对象提供了相互协商传输的语义，以便能够顺畅地交互数据信息，传输语义是在应用层对低层 8 位组序列数据的翻译。如果只允许一个翻译语义，应用层的功能便简化为表示应用数据的编码方案。BACnet 定义了这样的一个编码方案，并把它包括在应用层中。

BACnet 没有采用完整的 OSI 的七层模型，是充分地考虑楼宇自控功能实现的成本要尽可能地小，由于 OSI 的模型体系是计算机网络普遍采用的体系，BACnet 网络易于和其他计算机网络系统进行集成。BACnet 网络使用简化的结构包括物理层、数据链路层、网络层和应用层，是现代建筑楼宇自控功能实现的较佳经济解决方案。

7.7.3 BACnet 支持的控制网络及楼宇自控网络的选择

1. BACnet 支持的控制网络

楼控系统的控制网络种类林林总总，楼控系统的结构种类也较多，这就导致了楼控系统的开放性差这样一种格局。为了大幅度提高楼宇自控系统的开放性，美国暖通空调工程师协会于 1995 年推出了 BACnet（楼宇自动控制网络）数据通信协议。BACnet 协议的推出、应用和推广确实大幅度地提高了楼控系统的开放性与控制性能。

在设计基于 BACnet 协议的楼控系统时，选择合适的控制网络是系统设计的基础。BACnet 标准定义了六种楼宇自控网络，即 BACnet 协议支持六种控制网络：以太网（Ethernet，数据传输速率 100Mbit/s）、ARCNET（数据传输速率为 2.5Mbit/s）、MS/TP 子网

（主一从/令牌数据链路协议 MASTER/SLAVE / TOKEN PASSING，传输速率 76.8kbit/s）、PTP 点对点通信网络、LonWorks 网络和 BACnet/IP 网络。

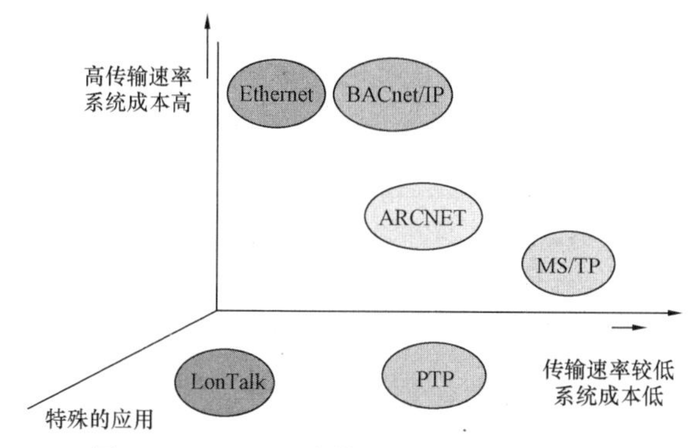

图 7-48 BACnet 支持的五种楼宇自控网络

BACnet 支持的其中五种控制网络：Ethernet、ARCNET 网络（2.5Mbit/s）、MS/TP 控制总线（76.8kbit/s）；PTP 点对点通信网络和 LonWorks 网络。除了使用的通信标准不同外，这几种楼宇自控网络的传输速率和系统组成成本也有较大的差异，如图 7-48 所示。

BACnet 支持以太网作为控制网络。楼控系统的管理层是以太网，如果控制网络也是以太网，就是使用通透以太网结构的楼控系统，因此使用通透以太网结构的楼控系统严格地讲也是基于 BACnet 标准的楼控系统。

2. 楼宇自控系统中常用控制网络和底层控制网络的选择

（1）底层控制网络选择。

1）传统的通信总线。

2）现场总线。

3）基于 TCP/IP 的工业以太网等。

（2）底层控制网络选择原则。

1）可靠性高。

2）满足具体应用场所获得通信速率和通信距离要求。

3）满足先进性、实用性与经济性相结合的原则。

4）抗干扰能力强。

（3）楼宇自控系统中常用控制网络。

1）LonWorks 网络。

2）BACnet 网络。

3）CAN 总线。

4）Modbus 总线。

5）Profibus 总线。

6）DeviceNet 总线。

7）EIB 总线。

8）工业以太网。

9）BACNET 标准支持的几种控制网络：BACNET 标准中，除了支持 LonWorks 网络、以太网以外，还支持 PTP 点对点构建的网络、BACnet/IP 网络、ARCNET 网络，还有一种在 BACnet 系统中应用较为广泛的 MS/TP 控制总线。

10）RS232、RS485 控制总线：在楼控系统中传统的通信总线用的很多，如串行通信总线 RS232C（RS232A，RS232B）、RS422A 和 RS485 总线等。

7.8 中央空调控制系统或楼宇自控系统架构设计须考虑的问题

1. 首先进行网络结构设计

选择当前和今后数年或若干年内通用性好、扩展性好、产品选型范围较广的控制网络。全双工交换式以太网、实时以太网、采用 BACnet 协议架构的控制总线、LonWorks 控制总线、工作可靠性高的 CAN 总线都是较好的控制网络，管理层网络则采用通行的以太网。

2. 集成结构设计

主要考虑系统集成对象在系统集成中要实现的功能、系统通信流量大小、支持的协议类型等内容，结合厂家产品的性价比情况，进行集成结构设计。如优先选用开放性好、协议支持类型多、联动控制效果好、对集成信息交互能力较强，通过专用网关在管理层网络进行集成的控制层集成方案。

3. 拓扑结构设计

主要考虑系统对以前系统的兼容性，以及今后的扩展性，综合考虑网络结构和集成方案等内容，对拓扑结构进行设计。

4. 数据结构设计

主要考虑系统实时数据库的规模和综合利用的要求，进行数据结构设计。

5. 硬件结构设计

主要考虑系统监控信息点的分布情况、监控信息的处理精度要求、联动控制时监控信息之间关联度大小、投资成本概算等情况，结合厂家产品的技术指标与性价比，综合前面对网络结构、集成结构与拓扑结构的设计进行硬件结构设计。

6. 软件结构设计

主要考虑系统监控信息的综合利用情况，监控系统操作的人员素质，软件掌握的难易程度，系统以后的升级改造与扩容等情况进行设计。

第 8 章　中央空调系统中的智能控制技术

智能控制技术是在无人干预的情况下能自主地驱动智能机器实现给定控制目标的自动控制技术。智能控制的定义：智能控制是由智能机器自主地实现其目标的过程。而智能机器则定义为，在结构化或非结构化的，熟悉的或陌生的环境中，自主地或与人交互地执行人类规定任务的一种机器。同工控领域一样，楼控领域（或中央空调控制领域）对于许多常规的电气设备采用常规的控制方法，但随着控制对象越来越复杂，通过控制实现的功能越来越复杂和多样化，常规的控制方法已经不能够胜任了，因此智能控制技术越来越深入广泛地应用到控制系统中来。中央空调的控制技术也经历着从经典控制理论方法和现代控制理论方法的发展阶段，进入到大系统方法、智能控制方法和网络化控制方法阶段。

在中央空调系统中，空调机组、风机盘管的控制相对来讲较为简单，但对于变风量空调及控制系统来讲，控制内容多，对象复杂，要进行末端设备点处的控制，还要进行末端设备与变风量空调机组之间的协调控制，因此控制系统变得复杂化。

8.1　非线性大时延和多变量的时变系统

变风量（VAV）空调系统由空气处理机组（Air Handling Unit，AHU）、送风系统（主风管、支风管）、末端装置和送风散流器以及自控装置五部分组成。其中末端装置是变风量系统的关键设备，它可以接收室温调节器的指令，根据室温的高低自动调节送风量，以满足室内负荷的需求。

变风量空调系统是一个多输入和多输出的控制系统，多个变量间和多个不同控制回路间还存在着强耦合关系，如调节新风量的时候，室内二氧化碳浓度、室内温度、相对湿度等都发生变化。变风量空调系统在运行过程中，随着工况的移动，描述和表征系统结构和特性的参数也发生变化，因此，变风量空调系统Σ的状态空间模型

$$\Sigma:\begin{cases} x = \mathrm{A}(t) + B(t)u \\ y = C(t)x + D(t)u \end{cases} \tag{8-1}$$

系统有 r 个输入、q 个输出。输入向量 $\boldsymbol{u} = \begin{bmatrix} u_1 \\ u_2 \\ \vdots \\ u_{\mathrm{r}} \end{bmatrix}$，输出向量 $\boldsymbol{y} = \begin{bmatrix} y_1 \\ y_2 \\ \vdots \\ y_{\mathrm{q}} \end{bmatrix}$　(8-2)

系统的状态方程和输出方程中的系统矩阵 $\boldsymbol{A}(t)$、控制矩阵 $\boldsymbol{B}(t)$、输出矩阵 $\boldsymbol{C}(t)$和传输矩阵 $\boldsymbol{D}(t)$都是时变矩阵，所以变风量空调系统是时变系统。由于变风量空调系统的多个输入和多个输出间不再简单地满足叠加原理，因此它也是非线性系统。

变风量空调系统在运行过程中，要实现对其服务区域内的许多空调房间的温度和湿度控制，从控制器向各个执行器发出物理量调节动作指令后，到系统的被控物理量真正实现控制

指令要求的指标值，其间要经历一个时间段，该时间段可以长达数分钟甚至数十分钟，因此又属于大惯性和大滞后系统。

如上所述，变风量空调系统是一个非线性、大时延、大惯性的时变系统，变风量空调控制系统中变量多、关系较为复杂，有时在进行实时监测和实时计算的基础上还有需要进行几个风阀阀门的联动控制等。因此变风量空调系统的控制比定风量空调系统的控制要复杂得多。

当然，进行变风量空调系统的控制系统时，还要考虑：变风量空调系统工程实际运行过程中，最大冷负荷出现的时间不到总时间的10%，全年平均负荷率仅为50%等实际因素。

在风量空调系统的控制中大量使用常规的控制方法，同时由于系统的复杂性，在一些应用环境中使用智能控制方法来实现更好的控制效果。

8.2 智能控制的基础知识

8.2.1 什么是智能控制

空调房间的温度是空调系统的主要控制对象之一，该控制对象是一个有着较多外干扰、惯性大、高度非线性的系统，其控制性能优化较困难，传统的控制策略不但在控制精度、灵敏度以及系统稳定性上存在缺陷，而且能耗大。采用智能控制方法是指不同于常规控制方法，采用具有模拟人类智能思维、决策的方法实现较复杂的控制，控制过程中使用智能化的控制程序，有着贯穿其中的智能算法，来实现精度更高、稳定性更好的控制，这就是通常所讲的智能控制。如常规控制技术常用的PID调节器，其比例系数、积分常数和微分常数设定好以后，在实时控制过程中始终保持为常数，但是用一种新的基于BP神经网络的PID控制方案，通过BP算法修正BP网络自身权系数，实现了PID控制器参数的在线调整，系统更稳定，超调量更小，应用于复杂空调系统控制有更好的效果。

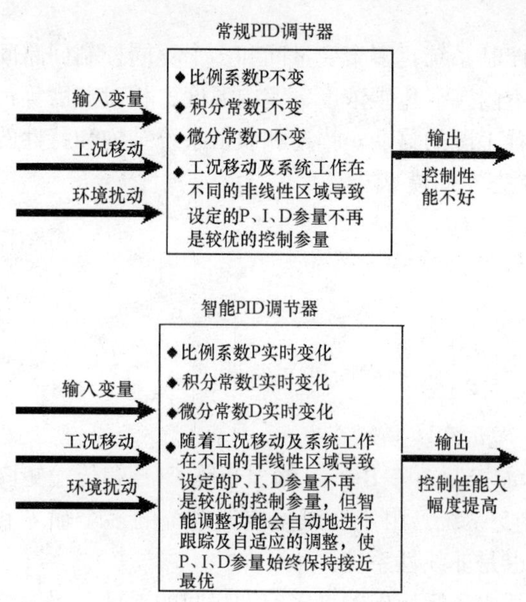

图8-1 常规PID调节器与智能PID调节器的比较

智能控制系统一般具有学习、推理的功能，能不断适应变化的环境，能处理多种信息以减少不确定性；能以安全和可靠的方式进行规划，产生和执行控制的动作，以获得系统总体上最优或次优的性能指标。

常规的楼宇控制技术是相当成熟的，一旦受控系统的监控点数较多，被监控的变量较多和变量间的关系错综复杂，控制目标和任务具有一定程度不确定性，常规的控制方法和控制系统就不能很好地应对复杂的工况进行高质量和高可靠性的控制了。此时，必须借助于基于智能算法的智能控制方法来设计控制系统。

以控制系统中广泛使用PID调节控制技术为例，常规的PID调节控制器与智能的PID调节控制器二者之间的区别如图8-1所示。

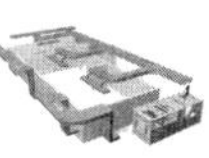

8.2.2　变风量空调系统控制中的智能控制方法

智能控制领域中多种学科、技术相互渗透和交叉，应用广泛，工控领域、楼控领域都有很深入的应用。智能控制的主要理论内容有：

（1）模糊控制：基于模糊逻辑的智能控制。

（2）神经网络控制：基于神经网络的智能控制。

（3）基于模式识别的智能控制。

（4）混沌控制：基于混沌分形理论的智能控制。

（5）基于规则的仿人智能控制。

（6）预测结合其他一些智能控制方法的负荷控制。

结合传统的控制方法，如结合PID控制、Smith控制、预测控制等，形成各种新的智能控制方法。

智能控制技术是在人工智能、认知科学、现代自适应控制、最优控制、神经网络、模糊逻辑、学习理论、混沌与分形等技术的基础上发展起来的。由于篇幅所限，下面对楼宇智能控制及在变风量空调控制技术中的部分智能控制方法做简要介绍，重点对模糊控制方法及在楼控系统中的应用做展开叙述。

8.3　楼宇智能控制中的神经网络控制方法

8.3.1　神经网络控制技术的发展

神经网络是模仿人类大脑神经的活动，建立脑神经活动的一种数学模型。20世纪40年代学者就提出了神经元的数学模型，随后又推出了神经系统中的自适应定律，提出了改变神经元连接强度的Hebb规则。感知器和构造感知器的结构理论也被提出。到了20世纪的60年代，一种主要应用于自适应系统、连续取值的线性网络—线性自适应元件理论出现并开始应用；进入80年代后，一些标志性的理论和技术陆续出现：

（1）“能量函数”概念，把特殊的非线性动态系统结构用于解决优化之类问题理论（1982年）。

（2）提出了具有新特征的几种非线性动态系统的结构（1982年）。

（3）提出了Boltzman机模型，在学习过程中，采用了模拟退火技术，保证了系统全局最优（1985年）。

（4）提出了BP反向误差传播模型，把学习的结果反馈到中间层次的隐单元，改变他们的权系数，从而达到预期的学习目的。BP模型实现了多层网络的学习算法，使得神经网络研究和应用进入了全盛期（1986年）。

（5）提出了双向联想存储器和自适应双向联想存储器，为在有噪声环境下的学习提供了有力的方法。

8.3.2　神经网络控制的适用范围

与传统的控制技术相比神经网络控制具有以下一些重要特征和性质：

（1）适于研究非线性系统。神经网络在理论上能够以任意精度逼近任意非线性映射，可以用来研究复杂的非线性系统。

（2）采用分布式结构存储监测和控制信息。所有监测和控制信息均分布式储存于网络中各神经元。神经元间具有极大的多径连接性，网络具有良好的可靠性、鲁棒性和容错性。

（3）并行处理方式。使神经网络具有实现复杂并行控制的能力。

（4）学习和自适应性。应用系统存储的历史数据记录可对网络进行训练，通过这种训练，当输入出现训练中未提供的数据时，网络具有智能辨识的能力。

（5）数据融合。网络能够较好地处理融合定量或定性数据，综合使用传统控制方法与人工智能方法解决较复杂的控制问题。

（6）适于研究多变量系统。与现代控制理论研究多变量控制系统的方法相比，使用神经元网络的多输入输出模型，可有效地应用于多变量控制系统的研究。

在控制理论中，由于非线性系统的多样性与复杂性，建立系统模型和非线性控制系统设计较为困难，而神经网络理论具有很好地处理非线性系统的能力，是研究非线性系统的有力工具。

8.3.3 神经网络控制研究和应用的热点

目前，神经网络控制研究和应用的热点主要有：模糊控制和神经网络控制相结合的神经网络模糊控制；神经网络滑模控制；神经网络专家系统控制；利用神经网络来构造一个模拟器，模拟系统动态特性，再对系统进行在线控制的 BTT 控制；神经网络自适应评判控制；使用经网络对系统装置进行故障诊断，检测出错误后通过差错控制系统进行调节，保证系统正常运行的容错控制；神经网络与常规控制方法结合；神经网络模型参考自适应控制；完全神经网络控制等。

神经网络控制技术在楼宇智能化控制中也有较多和深入的应用，如在变风量空调系统的控制方面，在制冷系统的控制方面等方面。

对于空调系统来讲，空气调节的效果和室内用户的舒适度直接体现在空调房间内的温度、湿度、气流速度、辐射热、人的活动量的控制等因素。应用神经网络控制舒适度指标来调节空调器运行状态。控制系统对传感器监测到的回风温度、回风湿度及随时间的变化率，室内外空气温度、风量、设定温度和风向等参数进行学习，得出舒适度值。另一方面，空调系统从得到的室温、气流速度、湿度、着衣量和人的活动量等参数，算出舒适度值。两个舒适度值在计算机的空调环境模拟程序中进行运算、对比，然后对空调系统发出最优调节的指令，使空调系统的空气调节有一个最佳或接近最佳的效果。上述的运算、调节是基于神经网络模型进行的，神经网络由输入层、两个中间层和输出层组成。

研究人员在将人工神经网络理论及控制方法应用于变风量空调自动控制过程做了许多工作。使用变风量空调神经网络预测优化控制方法，优化指标综合考虑系统的舒适性和耗能量，舒适性指标取 PMV 指标，耗能量考虑风机耗能和冷冻水泵耗能。系统的控制量取送风风速和冷冻水流量，被控参数为空调区域的温度和湿度，采用预测滚动优化控制算法训练多层前向神经网络，然后将其作为优化反馈控制器来求解变风量暖通空调系统的优化解，并在运行过程中实时预测空调区域的负荷。通过仿真表明，采用变风量空调神经网络预测优化控制方法，在模型环境、负荷参数不断变化的情况下既达到了节能的要求，又可以使空调区域内的温、湿度保持在舒适性范围内。

8.3.4 人工神经元模型、人工神经网络的分类与学习规则

1. 人工神经元模型

复杂的人类大脑由大量的基本单元经过复杂的互相连接形成一个具有高度智慧的思维载

体，这些基本组成单元就是生物神经元。生物神经元由细胞体、树突和轴突组成，树突是树状的神经纤维感知网络，由细胞体上向外伸出的许多树状凸起，负责接收外界传入的神经冲动；轴突则是一根由细胞体向外伸出的长纤维组织，用来将细胞体接收到神经冲动传导给其他神经元，传导的方向是从轴突的起点向轴突的末梢。一个神经元的轴突末梢和另一个神经元的细胞体或树突间的结合点叫突触。

在人工神经网络理论中，人们使用人工神经元模型来模拟生物神经元。一个人工神经元模型是一个多输入单输出的非线性信息处理单元。设定许多人工神经元，我们仅分析第 i 个人工神经元模型，如图 8-2 所示。

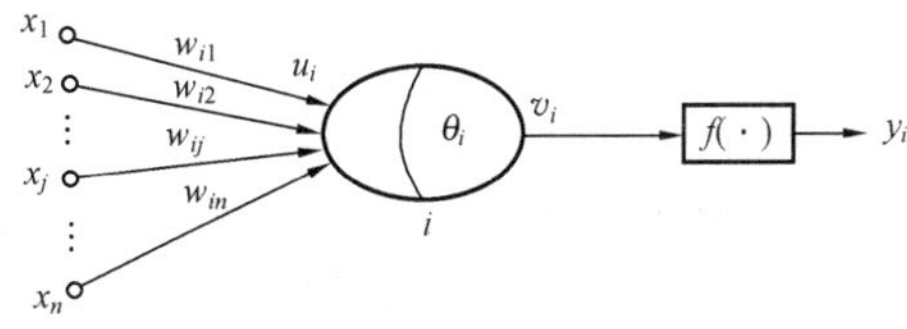

图 8-2 人工神经元模型

人工神经元模型中，其输入、输出及描述神经元之间连接的关系有：

x_i ——是第 i 个神经元的输入信号，$i=1$，2，…，n。

w_{ij} ——为突触强度或连接权值，w_{ij} 表示第 i 个神经元与第 j 个神经元之间的连接权值；

y_i ——第 i 个神经元的输出，可以与其他神经元通过权连接；

θ_i ——第 i 个神经元的阈值或称为偏差，用 b_i 表示；

v_i ——经偏差调整后的值，也叫作神经元的局部感应区；

f（•）——非线性激励函数；

u_i ——是由输入信号线性组合后的输出，是第 i 个神经元的净输入。

还有几个重要关系：

第 i 个神经元的净输入

$$u_i = \sum_j w_{ij} x_j \tag{8-3}$$

第 i 个神经元经偏差调整后的值 v_i

$$v_i = u_i + b_i \tag{8-4}$$

第 i 个神经元的输出 y_i

$$y_i = f\left(\sum_j w_{ij} x_j + b_i\right) \tag{8-5}$$

人工神经元的输出变换函数 f（•）是一个激励函数，可以根据具体的应用情况取不同类型的变换函数，如比例函数、阶跃函数（阈值函数）、对称性阶跃函数、饱和函数、双曲正切函数和 Sigmoid 函数（S 型函数）等，其中 Sigmoid 函数在人工神经网络中做常用的激励函数。

2. 人工神经网络的分类与学习规则

（1）人工神经网络的分类。从不同的角度对人工神经网络进行分类，如：

1）从网络性能角度分为连续型与离散型网络、确定性与随机性网络。

2）从网络结构角度分为前向网络与反馈网络。前向网络又分为单层前向网络和多层前向网络。反馈网络是指在网络中至少含有一个反馈回路的神经网络。

3）从学习方式角度分为有导师学习网络和无导师学习网络。

4）按连接突触性质分为一阶线性关联网络和高阶非线性关联网络等。

（2）神经网络的学习。学习方法是体现人工神经网络自适应、自学习能力的重要方面，通过向环境学习而获得并改进自身性能是人工神经网络的一个基本属性。一般情况下，神经网络的学习分为监督学习（有导师学习）、无监督学习（无导师学习）和再励学习（增强学习）等。神经网络的学习算法有 Hebb 学习规则、Delta（δ）学习规则、随机学习算法等。

8.3.5 人工神经网络的信息处理能力及应用

人工神经网络具有较强大的计算能力，表现在非线性特性、大量的并行分布结构和学习归纳能力。一个人工神经元可以是线性或非线性的，由非线性神经元相互连接组成的神经网络是非线性的，利用神经网络的非线性可用来处理非线性系统的问题。人工神经网络具有学习能力，通过学习，人工神经网络具有很好的输入-输出映射能力。神经网络具有调整突触权值以适应周围环境的变化能力，尤其在特定环境中训练过的神经网络能很容易地被再次训练以处理环境条件微小的变化，这反映了神经网络的适应性。创建的系统适应性越强，稳定性越好，在非静态环境中运行时的鲁棒性就越强。

人工神经网络还具有许多智能处理能力，如上下文信息的结构完善能力、容错能力、超大规模集成的可执行能力和生物神经模拟能力等。

总之，人工神经网络具有强大的信息处理能力，可解决许多复杂的问题。神经网络的方法能够将一个复杂问题分解为一系列简单的关联问题。在实际工程中，神经网络超脱地单独运用来求解问题，而必须与一个相容系统的工程学方法联系在一起。

人工神经网络所具有的非线性特性、大量的并行分布结构以及学习和归纳能力，因此在诸如建模、时间序列分析、模式识别、信号处理以及控制等方面得到广泛的应用。尤其面对缺少物理或统计理解、观察数据中存在着统计变化、数据由非线性机制产生等棘手问题，神经网络能够提供较为有效的解决方法。

人工神经网络的理论及方法对于工控系统、变风量空调控制系统具有重要的意义。

8.3.6 BP 神经网络、RBF 神经网络和反馈神经网络

1. 前向反馈（BP）神经网络

多层前馈神经网络是一种单向传播的神经网络，由于使用了一种叫 BP 学习算法（误差反向传播学习算法），就叫 BP 网络。BP 网络具有大规模并行处理的自学习、自组织和自适应能力，BP 网络在模式识别、图像处理、系统辨识、函数逼近、优化计算、最优预测和自适应控制等领域应用非常广泛。三层前馈神经网络的结构如图 8-3 所示。

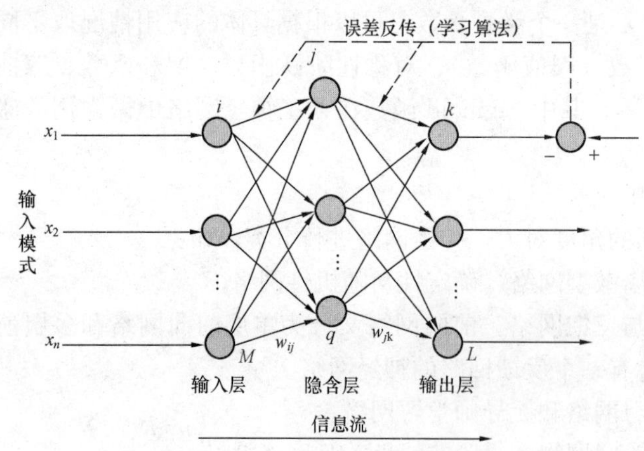

图 8-3　三层前馈神经网络的结构

三层前馈神经网络的第一层为输入层，有 n 个神经元输入节点，第二层为隐含层，有 q 个节点，第三层为输出层，有 m 个节点；w_{ij} 是输入层和隐含层之间的连接权值，w_{jk} 是隐含层和输出层之间的连接权值；隐含层和输出层节点的输入是前一层节点的输出的加权和，每个节点的激励程度由它的激励函数来决定。

BP 网络包含一个或多个隐含层，隐含层中的神经元一般采用 S

型函数作为激励函数，输出层中的神经元可以根据实际情况选用线性激励函数或 S 型激励函数。如果输出层中的神经元选用线性激励函数，则整个网络的输出可以取任意值；如果输出层中的神经元采用 S 型激励函数，则整个网络的输出就限定在一个较小的范围内。由于 BP 网络的基本处理单元选用 S 型激励函数，能够实现输入与输出的高度非线性映射关系。

如 Sigmoid 函数（S 型对数函数）就是一个常用的 S 型函数

$$f(x)=\frac{1}{1+\mathrm{e}^{-ax}},a>0$$

BP 网络的输入与输出是非线性映射关系，如果输入节点数为 n，输出节点数为 m，则神经网络是一个从 n 维欧氏空间到 m 维欧氏空间的映射，并可以采用多种不同的规则进行映射变换。

BP 算法基于最小二乘法，通过计算每个权值（阈值）变化时误差的导数来调整权值，以减小实际输出值与期望输出值之间的误差，使神经网络的实际输出值与期望输出值之间的误差均方值为最小。

一般情况下，只要 BP 网络中有足够多的隐含层和足够多的隐含层节点，BP 网络就可以逼近任意的非线性映射变换关系，所以使用 BP 神经网络解决理论和工程问题的实质是对任意非线性映射变换关系的一种可靠逼近。由于 BP 网络能够实现输入输出的非线性映射变换，输入和输出之间的关系分布存储于连接权中，而神经元连接权的数目很多，个别神经元的损坏对 BP 网络输入输出关系的影响很小，因此 BP 网络具有较好的容错性。

BP 网络中隐含层数目和隐含层神经元数目的增加会使网络复杂化，从而增加了网络权值的训练时间。BP 网络采用梯度下降法逐渐减小误差，可能会趋近局部极小点，导致算法不收敛，无法实现使全局误差趋近最小的目的。BP 网络的结构设计没有系统性方法，隐含层数目和隐含层神经元数目以及激励函数、训练算法等均根据经验试凑和选取，增加了工程应用中的编程及相关的工作量。

2. 径向基函数神经网络

径向基函数（Radial Basis Function）神经网络又称为 RBF 神经网络，该网络具有单隐含层的三层前馈神经网络，其结构如图 8-4 所示。RBF 神经网络是一种局部逼近神经网络，具有很强的非线性映射变换功能，只要隐含层神经元的数量足够多，RBF 神经网络可以以任意的精度逼近任何单值连续函数。

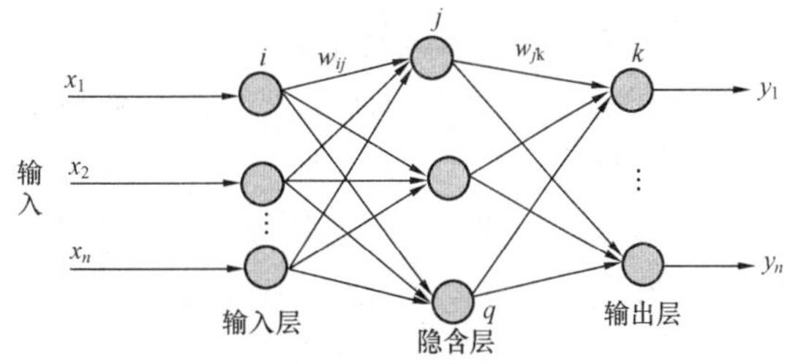

图 8-4　RBF 神经网络

RBF 神经网络有三层级结构，第一层为输入层，有 m 个输入神经元节点，各节点输入分别为量为 x_1，x_2，…，x_m，输入层节点的输出是第二层隐含层的输入，隐含层有 q 个节点，第三层为输出层，有 n 个节点；w_{ij} 是输入层和隐含层之间的连接权值，w_{jk} 是隐含层和输出层之间的连接权值；隐含层节点通过选取的激励函数实现输入、输出的非线性映射；输出层节点的输出是隐含层节点输出的线性加权和。

RBF 神经网络与其他前馈神经网络的重要区别是 RBF 神经网络采用径向基函数作为隐含层神经元的激励函数。

对于RBF神经网络来讲，只要隐含层神经元的数量足够多，RBF神经网络就可以以任意的精度逼近任何单值连续函数。RBF神经网络的隐含层神经元采用了径向基函数，作用函数具有局部接收域，属于局部映射网络，但无局部极小值问题。RBF神经网络具有训练收敛速度快、函数逼近能力强、模式分类能力强等优点，适合于系统的实时辨识和在线控制。

使用RBF神经网络时，由于径向基函数具有多种形式，如何选择合适的径向基函数是RBF神经网络设计的难点。

3. 反馈神经网络

前面介绍的BP、RBF神经网络输出层与输入层之间没有反馈回路，反馈神经网络的神经元输出至少有一条反馈回路，因此可以对应一个复杂的动力学系统。反馈神经网络有离散型Hopfield网络和连续型Hopfield网络。

8.3.7 神经网络控制

神经网络的输出能够对输入进行遵守各种特定规则的非线性映射、同时具有并行信息处理能力、自学习和自适应能力等优点，可以将神经网络用于非线性系统的建模、控制当然包括对变风量空调系统的建模和控制。

(1) 使用较佳的系统模型帮助实现优化控制。在输入和输出数据的基础上，从一组给定的模型中，确定一个与所测系统等价的模型，即使用非线性系统辨识的方法，从若干个待选的模型中确定较佳的系统模型，帮助实现对系统的优化控制。根据研究对象的静态特性与动态特性，利用神经网络来构成系统的模型，利用神经网络模型来逼近被研究对象。

基于神经网络的非线性系统辨识有以下几种：

1) 将神经网络作为变风量空调控制系统的辨识模型，估计模型的参数。

2) 利用神经网络建立变风量空调控制系统的静态、动态参数模型。

3) 在变风量空调控制系统中将神经网络与模糊运算、遗传算法和专家系统等方法相结合，建立非参数化的系统模型。

4) 在模型参数确定的情况下，利用神经网络建立时变模型，预测参数的变化趋势，实现自适应预测控制。

尤其是可以将神经网络应用于变风量空调控制系统的建模与辨识，以解决采用传统方法不适合解决的非线性系统建模和控制问题。

(2) 基于神经网络的非线性系统控制。由于变风量空调控制系统运行中的工况移动和具有一些较复杂的非线性特性导致控制的不确定性，利用神经网络所具有的并行处理、自学习能力使控制系统对变化的环境具有自适应性。神经网络控制不依赖于模型的控制，能够自适应内外干扰、被控对象的时变等。

8.3.8 变风量空调系统的神经网络控制

变风量空调系统控制调节过程及各执行器的运行特性具有高度非线性，使得系统建模困难，且由于室外不同时间段的气候条件始终处于变化中，空调区域内人员的活动频繁也导致室内负荷处于高度动态变化中，这些因素都对系统形成很大的干扰，使得难以实现系统稳定控制。使用人工神经网络智能控制方法相对于常规的控制技术和方法来讲有较好的控制效果。

人工神经网络由大量的处理单元组成非线性的大规模自适应系统。神经网络具有分布式

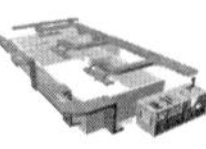

存储、并行处理、高容错能力以及良好的自学习、自适应、联想等特点，具有很强的适应能力和学习能力。在工业控制系统、楼控系统和变风量控制系统的控制技术中，神经网络模型多采用前馈（BP）神经网络及其变换形式。BP 神经网络是前向网络的核心部分，BP 网络就是采用 BP 算法进行训练的多层感知器模型，时间连续系统的连续函数或其他空间的映射都可以用一个三层网络实现。变风量空调系统的控制采用 BP 模型是较为适宜。使用 BP 模型分析和设计控制系统时采用“误差逆传播算法”。

BP 模型的学习过程第一阶段是正向传播过程，输入信息从输入层经隐含层逐层计算各组成单元的实际输出值，每一层神经元的状态只对下一层神经元的状态产生影响。第二阶段则是反向传播过程，如果在输出层没有获得期望输出值，就要逐层递归计算实际输出与期望输出之间的差值，并根据这个差值对前一层权值进行修正，使误差信号趋向最小。在误差函数变化率下降的的方向上连续计算网络权值并使误差变化趋近目标。输入层和隐含层之间有关系式

$$u_j = \Sigma w_{ji} \cdot O_i - \theta_j$$

式中：u_j 为第 j 个隐含层神经元的总输入信号；w_{ji} 为神经元 i 和神经元 j 的连接权值；O_i 为神经元 i 的输出，同时也是神经元 j 的当前输入；θ_j 为隐含层神经元的阈值。

变风量空调系统的常规控制方法基本上采用 PID 算法的 DDC 控制，但变风量空调系统是一个干扰大、具有高度非线性和不确定性的系统，这就使得有赖于精确模型基础上的传统 PID 控制算法控制效果不理想。神经网络可以克服变风量空调系统的复杂控制问题，可以对温度、湿度、送风量、新风量进行较精细的协调控制，同时还能避免系统进入不稳定状态。

对变风量空调系统实施神经网络控制关键内容之一是设计一个基于神经网络控制的控制器。控制器的目标函数应包括三个部分：室内空气状态参数、变风量空调系统参数、系统总能耗。具体参数的选取主要是根据用户要求、变风量空调系统的控制方法确定，使用的 BP 网络结构如图 8-5 所示。

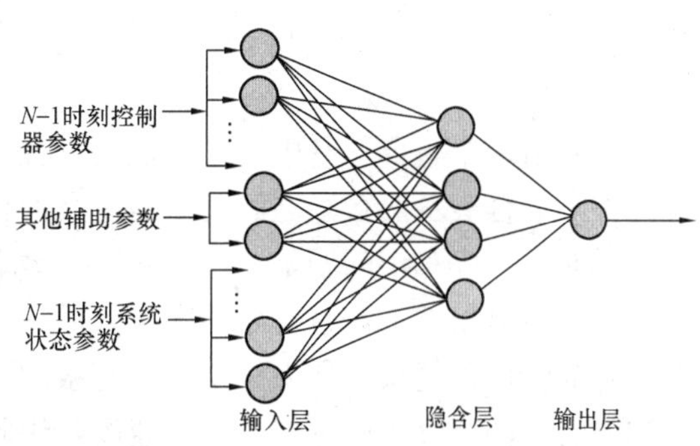

图 8-5　变风量空调系统的 BP 网络结构图

使用 BP 神经网络控制方法中也应注意一些问题：尽管 BP 神经网络控制变风量空调系统与传统控制方法相比有很多优点，但是同时也存在一些不足。比如 BP 算法本身容易陷入局部极小值，收敛速度慢等。人们已经对其进行了改进，如利用遗传算法改进 BP 算法的初始权值，加入带动量项的 BP 算法等，这些都使神经网络控制更可靠，采用神经网络方法设计的控制系统将具有更快的速度（实时性）、更强的适应能力和更强的鲁棒性。

8.4　模糊控制的基本概念和模糊控制系统的组成

8.4.1　模糊控制的基本概念

模糊控制是智能控制的一个分支。模糊控制不仅在工控领域中得到越来越广泛和深入的

应用，在楼宇智能控制领域也有较多的应用。

当环境、对象、任务呈现复杂态势时，传统的控制理论、方法无法解决问题了。但人类具有很强的学习和适应周围环境的能力，训练有素且经过高级技能训练的人作为控制器在复杂的环境中凭直觉和经验就能很好地操作系统并实现较理想的控制效果。基于模糊集合论、模糊语言变量及模糊推理，同时基于被控系统的物理特性、模拟人的思维方式和人的控制经验来实现的智能控制就是模糊控制。

一个典型问题：如图 8-6 所示的场景中，司机怎样把一辆汽车 A 停到一个拥挤停车场上两辆车 B 和 C 之间狭窄的空间中去？

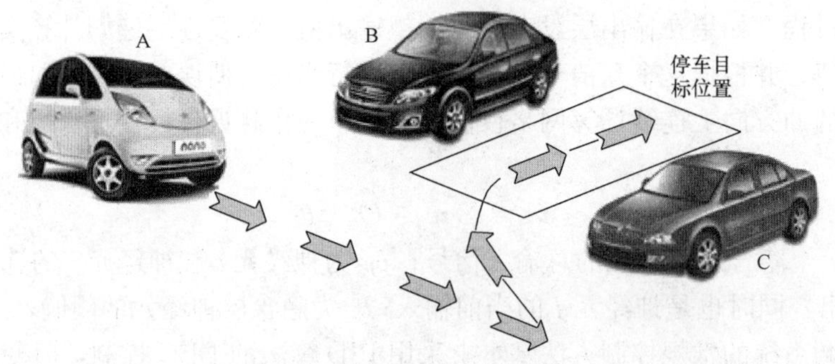

图 8-6　停车问题的模糊解法

用传统的控制理论求解。该问题的数学描述：设汽车运动状态 $X=(\omega,\theta)$，ω 是汽车位置，θ 是汽车行驶方向，对小汽车施加的控制为 $u=(u_1,u_2)$，其中的 u_1 表示汽车前轮转角；u_2 表示汽车的运动速度。小汽车停车入位的运动学方程

$$\dot{X}=f(x,u), \qquad u=g(u_1,u_2)$$

还要使用两个集合，其中一个是运动方程，表示由临近的两台车定义的运动方程附加约束；另一个集合表示两台车之间的空地定义的允许终端状态。

这样的一个停车个问题是一个复杂的运动控制问题：要找到到一个控制 $u(t)$，使其满足以上所有约束条件下，将初始状态代入后，最后得到满足要求的终点状态。许多约束变量存在使求解变得很复杂。如果一个训练有素的司机手工操作方向盘控制汽车前轮的角度；用脚控制油门，调节汽车前进或后退的速度，用眼睛监控自己的驾车最终将车停在给定的最佳位置处（沿着图中箭头指出的曲线方向前进和倒车，可准确地将车停入目标位置）。

如果将人的操作规则转换为机器可以执行的模糊控制语言，就可以使用计算机控制来实现上述目的。

在控制理论中，设计一个控制系统的前提是首先知道被控对象精确的数学模型。对控制规律的设计，是根据被控对象的数学模型和要求的性能指标来进行的。但在实际的工程领域，有很多被控对象的精确数学模型的获得十分困难，同时有很多实际工程领域的问题也非常不便于用数学模型描述，尤其是存在系统变量多，各种参数又存在不同程度的时变性，且过程具有非线性、强耦合性，对应的模型非常复杂，难于求解导致模型实用价值不大。这类系统借助于首先获得数序模型的方法来设计控制系统变得很困难，但如果借助于人类大脑的一种模糊属性和利用有经验的操作人员进行手动控制，反而可以得到较好的控制效果。因此，对于许多无法构造数学模型的对象，让计算机模拟人的思维方式进行控制与决策，用模

糊数学工具帮助求解这些工程系统的控制问题。通过感觉器官感知周围世界，在脑和神经系统中调整获得的信息，经过适当的存储、校正、归纳及选择等过程后进行决策，达到预期的控制目标。通过使用经验将一个较复杂的控制过程用语言来描述，总结成一系列的条件语句，即控制规则。应用计算机程序来实现这些规则，采用模糊集合来描述模糊条件语句，构成模糊控制器来实施控制，这就是模糊控制。

8.4.2　模糊控制系统组成

模糊控制系统组成如图 8-7 所示。

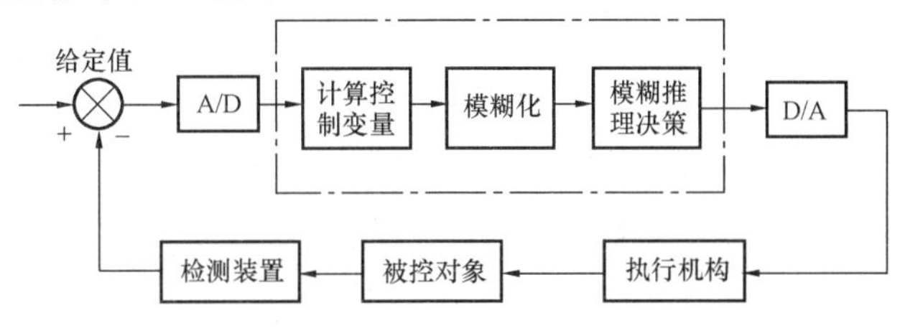

图 8-7　模糊控制系统组成

模糊控制系统中的被控系统组成：I/O 口、执行机构、检测装置、被控对象和模糊控制器。

（1）I/O 口。常采用 A/D、D/A 转换器作为 I/O 口。

（2）执行机构。是模糊控制器对被控对象实施控制的装置，在楼控系统中主要表现为：对水阀阀门开度、风阀阀门开度进行位置调节；控制二位值结构的机械发生动作，故多由伺服电机、步进电机、气动、电动和液压阀加上驱动器组成。

（3）检测装置（传感器和变送器）。将采集的信号经过变换放大转换为标准电量信号。

（4）被控对象。各类物理、化学过程；单、多变量系统；线、非性性系统或定常或时变系统；一阶或高阶系统；随机过程。

对于很多难以建立精确数学模型的复杂对象，非线性对象和时变对象，采用模糊控制是较为适宜的。

（5）模糊控制器。模糊控制最终是通过模糊控制器来实现特定的控制策略并实现对被控量的调节和控制。

8.4.3　模糊数学基础知识

1. 模糊控制的由来

人们常说：张三很年轻，李某学习成绩好，但是多大岁数算年轻，达到什么样的分数线才是成绩好，这些都是模糊的概念，大量和随处可见的模糊现象在自然界和社会领域中广为存在。

模糊和精确都是语言的属性，学者们提出了模糊集合和模糊控制的概念，引出了模糊数学。模糊集合理论的核心：对具有模糊属性的复杂系统或过程建立一种数学语言分析方式，将用模糊语言描述的过程或系统能直接转换为易于由计算机处理的算法语言。

2. 模糊集合

所研究的全部对象，叫论域，常用 U 表示。设 U 为某对象的集合（论域），集合中的元素可以是连续的也可以是离散的。u 表示论域 U 中的元素，表示为 $U=\{u\}$。

论域 U 在［0，1］区间内依据一种特定的映射或变换 μ_F，确定 U 的一个模糊子集 F，不同的映射决定一个对应的集合。这里的 μ_F 是论域在闭域［0，1］上的一个映射或一种变换方式，μ_F 叫 F 的隶属度函数或隶属度，即 μ_F 表示元素 u 属于模糊子集 F 的程度或等级。在论域 U 中，可以把模糊子集 F 表示为元素 u 与其隶属度函数 $\mu_F(u)$ 的序偶集合。

$$F = \{(u, \mu_F(u)) \mid u \in U\} \tag{8-6}$$

8.4.4 模糊集与模糊矩阵的运算

设 A、B 为论域 U 中的两个模糊集，其隶属函数分别为 μ_A、μ_B，则对于所有的 $u \in U$，有并运算、交运算和直积运算。

1. 模糊集的并

A 与 B 的并（逻辑或）计为 $A \cup B$，隶属函数为

$$\mu_{A \cup B}(u) = \mu_A(u) \vee \mu_B(u) = \max\{\mu_A(u), \mu_B(u)\} \tag{8-7}$$

这里的符号“∨”表示取最大值。

【例 1】 集合 $A=$｛1，4，5，6，8｝；$B=$｛4，6，7，9｝。则 A、B 并集为 $A \cup B=$｛1，4，5，6，7，8，9｝。

2. 模糊集的交

A 与 B 的交（逻辑与）记为 $A \cap B$，隶属函数为

$$\mu_{A \cap B}(u) = \min\{\mu_A(u), \mu_B(u)\}$$

【例 2】 集合 $A=$｛1，4，5，6，8｝；$B=$｛4，6，7，9｝。则 A、B 交集为，$P = A \cap B =$｛4，6｝。

3. 模糊集的直积

模糊集 A、B 的直积定义为 $A \times B = \{(a,b) \mid a \in A, b \in B\}$。具体含义是：在 A 中取一个元素 a，再在集合 B 中取一个元素 b，把他们搭配起来成为序偶（a，b），所有的序偶（a，b）构成的集合，就是 A、B 的直积 $A \times B$。

【例 3】 集合 $A=$｛a，b｝；$B=$｛4，5，6｝。则 $A \times B = \{(a,4),(a,5),(a,6),(b,4),(b,5),(b,6)\}$ 为直积 $A \times B$。

$$\mu_{A_1 \times B_n}(u_1, u_2) = \min\{\mu_{A_1}(u_1), \mu_{B_2}(u_2)\}$$

8.4.5 模糊关系

若 U、V 是两个非空的模糊集合，则其直积 $U \times V$ 中的一个模糊子集 R 叫作从 U 到 V 的模糊关系，记为

$$U \times V = \{c(u,v), \mu_R(u,v) \mid u \in U, v \in V\}$$

【例 1】 设集合 $A=$｛145，155，165，175｝（单位：cm），是一个身高论域；集合 $B=$｛45，55，65，75｝（单位：kg），是一个体重论域。身高与体重的模糊关系见表 8-1。

表 8-1　身高与体重的模糊关系

身高/cm	体重/kg			
	45	55	65	75
145	1	0.8	0.2	0
155	0.8	1	0.8	0.2
165	0.2	0.8	1	0.8
175	0	0.2	0.8	1

表 8-1 给出了身高与体重的相互关系，是一个从 A 到 B 的模糊关系，表中闭区域［0，1］中的数代表一定身高与体重的隶属度。

$\underset{\sim}{\boldsymbol{R}}$ 表示二元模糊关系，模糊关系表示为

$$\underset{\sim}{\boldsymbol{R}}=\frac{1}{(145,45)}+\frac{0.8}{(145,55)}+\frac{0.2}{(145,65)}+\frac{0}{(145,75)}+\frac{0.8}{(155,45)}+\frac{1}{(155,55)}+\frac{0.8}{(155,65)}+\frac{0.2}{(155,75)}+\frac{0.2}{(165,45)}+\frac{0.8}{(165,55)}+\frac{1}{(165,65)}+\frac{0.8}{(165,75)}+\frac{0}{(175,45)}+\frac{0.2}{(175,55)}+\frac{0.8}{(175,65)}+\frac{1}{(175,75)}$$

写成矩阵形式

$$\underset{\sim}{\boldsymbol{R}}=\begin{vmatrix}1 & 0.8 & 0.2 & 0\\ 0.8 & 1 & 0.8 & 0.2\\ 0.2 & 0.8 & 1 & 0.8\\ 0 & 0.2 & 0.8 & 1\end{vmatrix}$$

该矩阵叫模糊矩阵（模糊关系矩阵）。模糊关系表示二元素之间的关联程度，一般地

$$\underset{\sim}{\boldsymbol{R}}=(r_{rj})=\begin{vmatrix}r_{11} & r_{12} & \cdots & r_{1m}\\ r_{21} & r_{22} & \cdots & r_{2m}\\ r_{31} & r_{32} & \cdots & r_{3m}\\ r_{n1} & r_{n2} & \cdots & r_{nm}\end{vmatrix}$$

元素 r_{rj}（$i=1, 2, \cdots, n$；$j=1, 2, \cdots, m$）在闭区域［0，1］中取值。模糊矩阵描述了从 A 到 B 的模糊关系 $\underset{\sim}{\boldsymbol{R}}$。

8.4.6　模糊矩阵的直积和模糊矩阵的积

1. 模糊矩阵的直积

【例 1】 设有 $\boldsymbol{A}$、$\boldsymbol{B}$ 两个模糊矩阵，$\boldsymbol{A}=\begin{bmatrix}0.5 & 0.3\\ 0.4 & 0.8\end{bmatrix}$、$\boldsymbol{B}=\begin{bmatrix}0.8 & 0.5\\ 0.3 & 0.7\end{bmatrix}$，则 $\boldsymbol{A}$、$\boldsymbol{B}$ 的直积

$$\boldsymbol{A}\otimes\boldsymbol{B}=\begin{bmatrix}0.5 & 0.3\\ 0.4 & 0.8\end{bmatrix}\otimes\begin{bmatrix}0.8 & 0.5\\ 0.3 & 0.7\end{bmatrix}$$

$$=\begin{bmatrix}0.5\wedge 0.8 & 0.3\wedge 0.5\\ 0.4\wedge 0.3 & 0.8\wedge 0.7\end{bmatrix}=\begin{bmatrix}0.5 & 0.3\\ 0.3 & 0.7\end{bmatrix}$$

运算式中的“ $\vee$ ”是取大运算，“ $\wedge$ ”是取小运算。

2. 模糊矩阵的积

设有 $\boldsymbol{A}$、$\boldsymbol{B}$ 两个模糊矩阵，$\boldsymbol{A}=\begin{bmatrix}a_{11} & a_{12}\\ a_{21} & a_{22}\end{bmatrix}$，$\boldsymbol{B}=\begin{bmatrix}b_{11} & b_{12}\\ b_{21} & b_{22}\end{bmatrix}$，则 $\boldsymbol{A}$、$\boldsymbol{B}$ 两个模糊矩阵的积为

$$\boldsymbol{A}\circ\boldsymbol{B}=\begin{bmatrix}(a_{11}\wedge b_{11})\vee(a_{12}\wedge b_{21}) & (a_{11}\wedge b_{12})\vee(a_{12}\wedge b_{22})\\ (a_{21}\wedge b_{11})\vee(a_{22}\wedge b_{21}) & (a_{21}\wedge b_{12})\vee(a_{22}\wedge b_{22})\end{bmatrix}$$

【例 2】 设 $\boldsymbol{A}=\begin{bmatrix}0.8 & 0.7\\ 0.5 & 0.3\end{bmatrix}$，$\boldsymbol{B}=\begin{bmatrix}0.2 & 0.4\\ 0.6 & 0.9\end{bmatrix}$，两个模糊矩阵的积为

$$A \circ B = \begin{bmatrix} (0.8 \wedge 0.2) \vee (0.7 \wedge 0.6) & (0.8 \wedge 0.4) \vee (0.7 \wedge 0.9) \\ (0.5 \wedge 0.2) \vee (0.3 \wedge 0.6) & (0.5 \wedge 0.4) \vee (0.3 \wedge 0.9) \end{bmatrix}$$

$$= \begin{bmatrix} 0.6 & 0.7 \\ 0.3 & 0.4 \end{bmatrix}$$

8.4.7 正态模糊集、凸模糊集和模糊数

1. 正态模糊集

以实数 R 为论域的模糊集 F，若其隶属函数满足

$$\max_{x \in R} \mu_F(x) = 1$$

则 F 为正态模糊集。

2. 凸模糊集和模糊数

以实数 R 为论域的模糊集 F，若对于任意实数 x，$a<x>b$，有

$$\mu_F(x) \geqslant \min\{\mu_F(a), \mu_F(b)\}$$

则 F 为凸模糊集；若 F 既是正态的又是凸的，则 F 为一模糊数。

8.4.8 模糊数学中的语言算子

根据自然语言固有的模糊属性将自然语言形式化和定量化来区分和刻画模糊值的程度，如较大、稍微、相当、大约用来描述模糊值，为实现确切描述，引入“语言算子”。语言算子又包括语气算子、模糊化算子和规定化算子。

（1）语气算子。表达模糊值的肯定程度的算子叫语气算子。有一种是有强化作用的语气算子，也叫“集中化算子”，如图 8-8 所示。常用“很”“极”等修饰名词，可使模糊值的隶属度分布向中央集中，在图形上有使模糊值尖锐化的倾向。

还有一种起弱化作用的语气算子，也叫松散化算子。如“稍微”“较”等，作用是将模糊值的隶属度分布向两边弥散，在图形上看，可使模糊值趋向于平坦化，如图 8-9 所示。

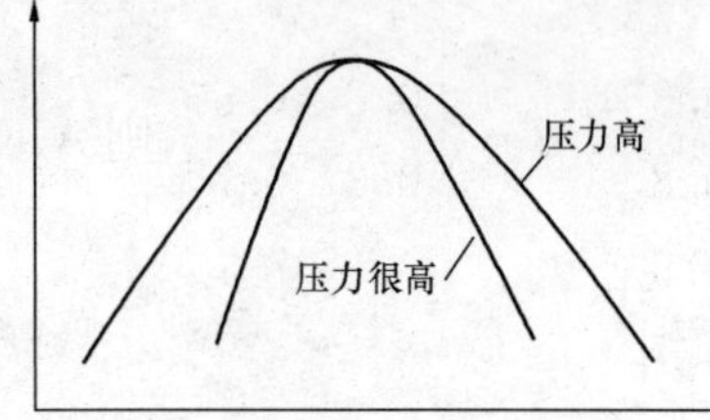

图 8-8 集中化算子的强化作用

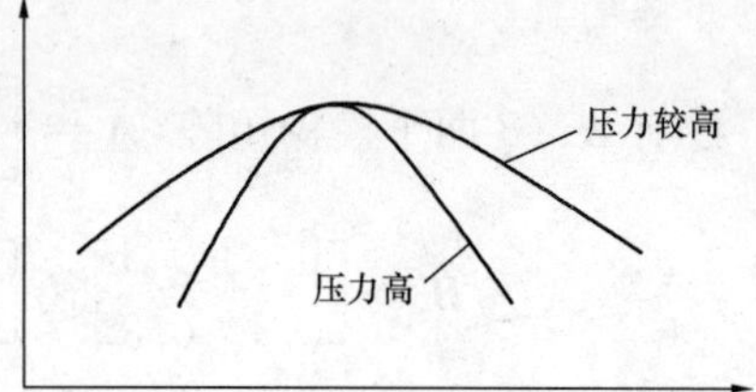

图 8-9 松散化算子的平均化倾向

（2）模糊化算子。模糊化算子作用是将肯定转化为模糊，如“大约”“近似”，作用一个数值，“大约 50”就是模糊数，若对模糊值再次作用，则使模糊值更模糊，如“成绩较好”是个模糊值，“近似成绩较好”是一个更模糊的值。

（3）规定化算子。“倾向于”类算子叫规定化算子，作用与模糊化算子相反，将模糊数值肯定化，对模糊数值进行倾向性判断。以隶属度为 0.5 做分界点，把模糊量清晰化。

8.4.9 模糊条件推理和模糊推理合成规则

1. 模糊条件推理

模糊条件语句可用模糊关系来表示，设 A 是论域 U 上的模糊子集，B、C 是 Y 上模糊子集，模糊条件推理语句为

$$\text{IF A THEN B ELSE C}$$

用模糊关系表示为

$$R=(A\times B)\cup(\bar{A}\times C)$$

2. 模糊推理合成规则

如上所述的条件推理语句可用于模糊控制，由输入推出输出，如果一个控制器的模糊关系 R 确定以后，输入 A，根据推理合成，求出控制器的输出 B。

8.4.10　模糊控制器

1. 模糊控制器的工作原理

模糊控制器是模糊控制系统的核心，并多由 PC 机、单片机等实现，用程序和硬件实现模糊控制算法。

在 PC 机上运行程序实现模糊控制器的控制规律过程：

PC 经中断采样获取被控量的精确值，再将此量与给定值比较得到误差信号 E，一般选 E 作为模糊控制器的一个输入量。将 E 的精确值化为模糊量，形成模糊集合中的一个子集 e，再由误差模糊子集 e 和模糊控制规律 R（模糊关系），根据推理合成规则进行模糊决策，得到模糊控制量 u。

$$u=e\circ R$$

为对被控对象实施精确控制，还要将模糊量转换为精确量，这一步骤叫做逆模糊化，得到精确的数字控制量后，经 D/A 变换为精确的模拟量送给执行器，对被控对象进行第一步控制。继续进行中断等待第二次采样，进行第二步控制，…，实现了模糊控制。

常通过编制计算机程序来实现模糊控制器的控制规律。模糊控制的四个步骤：

（1）采样。

（2）将输入量精确值转变为模糊量。

（3）由输入模糊变量、模糊控制规则，按模糊推理规则计算控制量。

（4）将控制量精确化实施控制。

模糊控制的原理如图 8-10 所示。

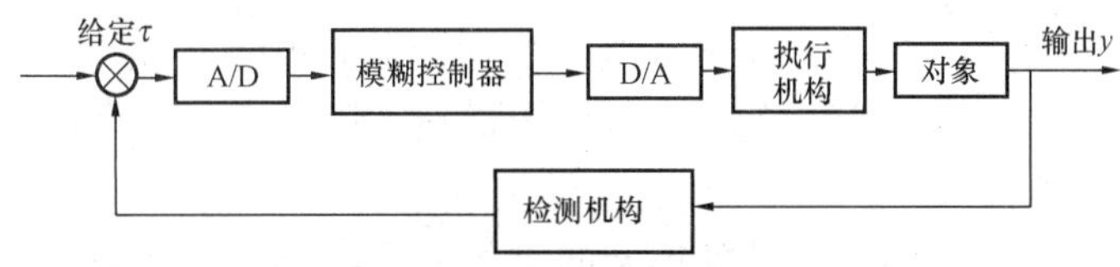

图 8-10　模糊控制原理图

如图 8-11 所示，给出了一种简单的模糊控制器功能图示，他是其他复杂结构模糊控制器的基础。

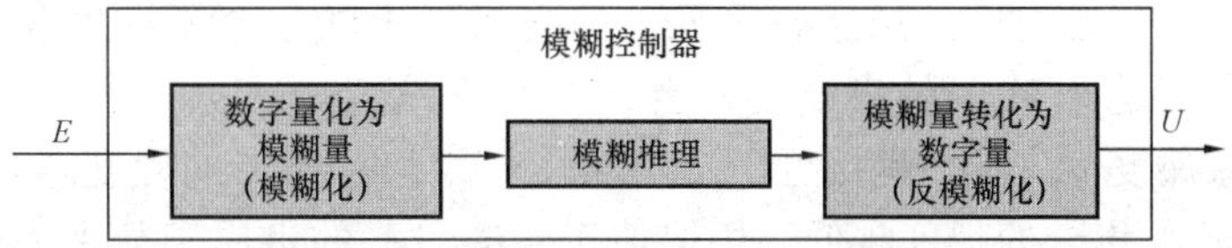

图 8-11　模糊控制器功能

模糊控制算法的实现过程：计算机经过中断采样获取被控制量的精确值，将此值与给定值比较取差，得到误差信号 E，把误差信号 E 的精确值进行模糊化。模糊控制器（Fuzzy Controlor）输入变量一般选误差和误差微分，模糊控制器输入个数叫模糊控制器的维数。误差 E 的模糊语言集合 e 是一个模糊向量。再由 E 和模糊控制规则 R（模糊关系）根据推理的合成规则进行模糊决策，得到模糊控制量 U。为了对被控对象施加精确控制，还需将模糊控制量转换成精确量，即去模糊化处理。得到的精确数字控制量，经数模转换变为精确的模拟量送给执行机构，对被控对象进一步控制。如此循环下去，就实现了被控对象的模糊控制。

模糊控制系统中，模糊控制器起着关键的作用。模糊控制器的输入变量一般选误差和误差的变化率，输入变量的个数叫模糊控制器的维数，维数越高控制精度越高，但同时也越复杂，表现在模糊控制规则越复杂，控制算法的实现难度也越大。实际工程当中，多采用两维模糊控制器。

将变量的实际变化范围划分成若干等级，这些等级的全体就是变量论域。将在一定范围内的实际变量输入值转换为论域中的等级值过程就是模糊化过程。

2. 模糊控制器的设计

模糊控制器的设计主要有三部分内容：

（1）确定语言控制规则。

（2）确定模糊量的隶属度函数。

（3）确定模糊控制器的输入、输出量化因子。

进行模糊控制时，要进行模糊化和反模糊化，这就必须使用到量化因子。量化因子的大小及其不同量化因子之间大小的相互关系，对模糊控制器的控制性能影响极大。

如果模糊控制器的输出有多条控制规则确定，换句话讲，控制规则彼此联系具有交叉性，设计难度增加。

8.4.11 隶属函数与控制规则

1. 模糊控制器与隶属函数

进行模糊控制系统设计以及应用模糊控制理论来解决实际工程问题时，必须要确定模糊子集的而隶属函数，因此加深对隶属度和隶属函数的理解是成功第进行模糊控制系统设计和深入研究的基础。

设集合 A 是论域 U 的一个模糊子集，为了描述论域 U 中任一元素 u 是否属于集合 A，通常可以用 0、1 或［0，1］区间中的一个数值去描述。用 0 表示元素 u 不属于集合 A，而用 1 表示元素 u 属于集合 A。

为了描述元素 u 对 U 上的一个模糊集合的隶属关系，由于这种关系的不分明性，它将用从区间［0，1］中所取的数值代替 0、1 这两值来描述，用隶属度 μ_A（u）表示论域 U 中的元素 u 隶属于模糊集 A 的程度。

换句话来对隶属度进行理解，对论域 U 中的任一元素 x，都有一个数 μ_A（x）｛μ_A（x）在［0，1］中取值｝与之对应，描述该元素 x 与论域 U 上的一个模糊集合 A 之间的关联程度，这个关联程度就是 x 对 A 的隶属度。当 x 在 U 中变动时，μ_A（x）是一个函数，称为 A 的隶属函数。隶属度 μ_A（x）越接近于 1，表示 x 属于集合 A 的程度越高，μ_A（x）越接近于 0 表示 x 属于 A 集合的程度越低。用取值于［0，1］的隶属函数来表征 x 属于模糊子集 A 的程度高低。

对于论域 E 来讲，该论域在［0，1］闭区域内的任何一个映射 μ_A：$E\rightarrow$［0，1］，$e\rightarrow\mu_A$（e），它确定了 E 的一个模糊子集，记作 $\underset{\sim}{A}$。μ_A 叫模糊集 A 的隶属度函数，μ_A（e）叫

元素 e 隶属于 A 的隶属度函数，简称为隶属度。

对于论域 U 中的一个具体元素，其隶属度是一个确切的数值，对于论域 U 中变动的元素，就形成一个隶属度函数。

理论研究和工程实践证明：模糊变量的隶属度函数的曲线形状较尖的模糊子集，其分辨率较高，控制灵敏度也较高；相反，隶属函数的曲线形状较缓，控制特性也较平缓，系统的稳定性较好。因此，一般在误差大的区域，选择低分辨率的模糊子集；在误差小的区域，选择较高分辨率的模糊子集。

2. 控制器的控制规则和生成方法

模糊控制器的控制规则是系统控制经验的总结，并用模糊条件语句来描述。生成模糊规则的四种基本方法是：

(1) 根据专家的经验或过程控制知识生成模糊控制规则。

(2) 根据过程的模糊模型生成模糊控制规则。

(3) 根据对手动控制操作的观察和测量来生成模糊控制规则。

(4) 根据学习算法生成模糊控制规则。

生成模糊规则的几种互不排斥，可以交叉使用，如果综合性的应用这几种方法可构成有效的方法生成控制规则。

一般用"If…THEN…"语句描述控制规则。当控制器是和多个输入和多个输出的系统时。用"IF…AND…AND…"语句描述。

3. 将模糊量非模糊化

将模糊量非模糊化的过程叫清晰化或非模糊化。主要采用以下几种方法：

(1) 重心法。以隶属度曲线与横坐标轴所围区域的中心为代表点取值。

(2) 最大隶属度法。在推理结论的模糊集合中，取隶属度最大值作为输出量，前提条件是隶属度一定是单峰曲线。

(3) 中位数法。在隶属度曲线与横坐标轴所围区域中，取1/2面积处的纵坐标值为清晰化值。

(4) 系数加权平均法。

8.4.12　模糊控制系统的设计与实现

模糊控制系统的设计主要步骤有：

(1) 可采用"常规控制""基于神经网络的控制"和模糊控制的策略，确定控制方法。

(2) 获取有关受控装置设计和运行特点的较全面的信息。

(3) 确定控制对象。

(4) 确定模糊控制器的输入和输出变量。

(5) 确定各模糊变量的论域。

(6) 确定模糊集和相应的每一个隶属度函数的形状，对于较灵敏的变量，模糊集数目要多一些。

(7) 确定模糊规则表。

(8) 确定模糊变量的比例系数。

(9) 已知数学模型的情况。在已知数学模型的情况下，用已经确定的模糊控制器对系统进行仿真，测试控制系统的性能，不断地调整规则表和隶属度函数，直到获得满意的效果。

（10）没有数学模型的情况。在没有数学模型的情况下，控制器要在运行装置上不断调试，直到获得一定的精度为止。

8.4.13 模糊控制中隶属函数的确定方法

模糊控制论是建立在模糊集合论、模糊语言变量及模糊逻辑推理基础上的一种计算机数字控制理论，由于在设计控制系统时不需要建立被控对象精确的数学模型而得到广泛应用。模糊语言变量的定量描述由它的隶属函数确定，正确地确定隶属函数，是运用模糊集合理论解决实际问题的基础。换言之，在模糊控制中确定适宜的隶属函数可以使控制系统提高控制精度和提高系统工作的稳定性，即提高控制系统的控制效果。

1. 确定隶属函数的方法

（1）隶属度函数建立。模糊控制的研究对象具有“模糊性”和经验性，所以不能获得一种统一的隶属度函数确定方法。隶属度函数实质上体现了客观事物的模糊属性和渐变性，在确定过程中要遵循如下基本原则：

1）表示隶属度函数的模糊集合必须是凸模糊集合。设 A 为以实数 R 为论域的模糊子集，其隶属函数为 $\mu_{\underset{\sim}{A}}(x)$，只要满足 $a<x<b$，就会有 $\mu_{\underset{\sim}{A}}(x)\geqslant \min(\mu_A(a), \mu_A(b))$。换言之，隶属函数一般是单峰曲线，如果满足不了这个条件的函数曲线是不能被选为隶属度函数的，如图 8-12 所示。

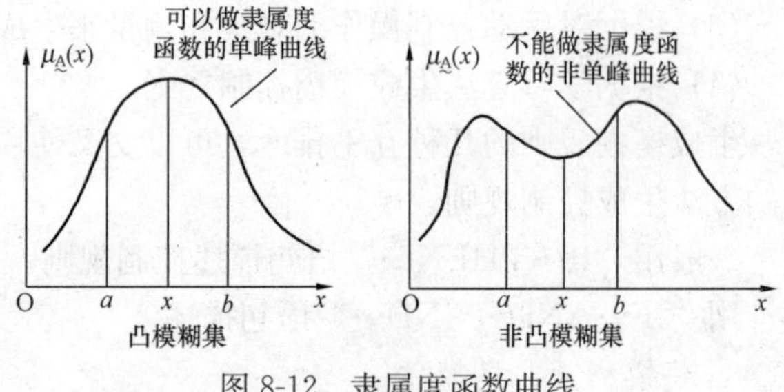

图 8-12 隶属度函数曲线

2）隶属度函数曲线通常是对称的。

3）避免论域中点隶属不同隶属度函数的重叠。论域中的每个点应该至少属于一个隶属度函数的定义域，也可以同时属于两个不同隶属度函数的定义域，但不能超过两个。

还有一些原则这里不再赘述。

（2）隶属函数的确定因人而异性。如前所述，正确构造隶属度函数是关系到模糊控制系统控制效果的关键因素之一。隶属度函数的确定须符合客观规律，但由于每个人对于同一个模糊概念的认识理解各有差异，每个人在专家知识、经验及判断能力彼此不同，隶属度函数的确定会因人而异并带有较强的主观性色彩。尽管不同的人建立的隶属度函数不同，但只要正确地按照模糊控制论的基本规则和规律去做，对相同问题的解决在本质上相同的。

隶属度函数的确立目前还没有一套成熟、统一和有效的方法，在大多数模糊控制系统的设计、实现过程中，多采用使用经验和在实验的基础上确定隶属度函数的具体形式。

常用的隶属度函数确立方法有若干种，如模糊统计法、二元对比排序法、专家经验演绎推理法、角模糊法、神经网络法、遗传算法等。下面仅讨论叙述模糊统计法、二元对比排序法和经验法。

2. 使用模糊统计法确定隶属度函数

（1）模糊统计。模糊统计的基本思想是对论域 U 上的一个元素 u 是否属于 U 上一个可变动的模糊集合 A，并做出确切判断。在一个模糊统计试验中，首先要选取一个论域 U，在 U 中选择一个固定的元素 $u\in U$，例如李四。然后再考虑 U 的一个运动和边界可变的普通集合 A^*，

例如“高个子”这样一个模糊集合。对“高个子”的理解因条件、场合、因人而异。而每次试验实质上是让不同受访对象评论李四是否属于“高个子”这个集合 A^*，情况不同，一部分受访对象给出“李四属于高个子”，即 $u\in A^*$；另外一部分受访对象给出“李四不属于高个子”，即 $u\notin A^*$，而 u 对高个子的隶属度 $\mu(u)$（也叫 u 对 A^* 的隶属频率）可表为

$$\mu(u)=\operatorname*{Lim}_{n\to\infty}\frac{u\in A^*\ \text{的次数}}{n}$$

其中 n 是总的试验次数，随着 n 的增大 $\mu(u)$ 也会趋向一个确切的数，该数在 [0，1] 闭区间内取值，这个数就是隶属度。

多次试验中，隶属度不等于 0 的那些元素 u，和对应的隶属度一起组成的序偶 $(\mu(u), u)$ 的集合，形成 U 的模糊子集 $\underset{\sim}{A}$。在该例中，就是“高个子”这个模糊集。

(2) 用模糊统计法求隶属函数。以集合 [0，100] 为论域 U，U 的物理意义是一个岁数集合，“年轻人”是论域 U 的模糊子集，用 A 表示，现取一年龄 $u_0=27$ 岁，$u_0\in U$，试用模糊统计方法来确定 u_0 对 A 的隶属度 $u_A(u_0)$。

选择 129 名大学生进行抽样试验，要求这些被试对象提出他们认为“青年人”最适宜的年龄。每次试验相当给定一个具体的 A^*，即 U 的一个运动着和边界可变的普通集合。试它是通过 $n=129$ 次抽样试验，得到验的数据见表 8-2，表中的“18～25”等表示 18～25 岁，余类推。

表 8-2　　　学生抽样（样本总数 $n=129$）全部数据

序号	年龄	序号	年龄	序号	年龄	序号	年龄	序号	年龄	序号	年龄
1	18～25	23	17～30	45	17～28	67	18～25	88	16～35	109	14～25
2	18～30	24	18～35	46	18～35	68	16～25	89	15～30	110	18～35
3	17～30	25	18～25	47	18～35	69	20～30	90	18～30	111	16～30
4	20～35	26	18～30	48	18～25	70	18～35	91	15～25	112	18～30
5	15～28	27	16～28	49	18～30	71	18～30	92	16～30	113	18～35
6	18～25	28	18～30	50	16～28	72	18～30	93	16～30	114	16～28
7	18～35	29	18～35	51	17～27	73	16～28	94	15～28	115	18～25
8	19～28	30	15～30	52	15～26	74	17～25	95	15～36	116	18～30
9	17～30	31	18～35	53	16～35	75	16～30	96	15～25	117	18～28
10	16～30	32	15～28	54	18～35	76	18～30	97	17～28	118	18～35
11	15～28	33	15～25	55	15～25	77	15～25	98	18～30	119	16～24
12	15～25	34	16～32	56	15～27	78	18～35	99	16～25	120	18～30
13	16～28	35	18～30	57	18～35	79	18～30	100	18～30	121	17～30
14	18～30	36	18～35	58	16～30	80	18～28	101	17～25	122	15～30
15	18～25	37	17～30	59	14～25	81	18～26	102	18～29	123	18～35
16	18～28	38	18～35	60	18～25	82	16～35	103	17～29	124	18～25
17	17～30	39	16～28	61	18～30	83	16～28	104	15～30	125	18～30
18	15～30	40	20～30	62	20～30	84	16～25	105	17～30	126	15～30
19	18～30	41	16～30	63	18～28	85	15～35	106	16～30	127	15～30
20	18～35	42	18～35	64	18～30	86	17～30	107	16～35	128	17～30
21	15～25	43	18～35	65	15～30	87	15～25	108	15～30	129	18～30
22	17～25	44	18～29	66	18～28						

将表 8-2 的数据进行如下处理：对表 8-2 所列数据按岁数分组，并计算出频率数，如给出“年轻人”岁数范围为“13.5～14.5”的试验次数 $m=2$，在 129 次试验中所占比重为 0.0155，即相对频率数 $m/129$；给出“年轻人”岁数范围为“14.5～15.5”的试验次数为 27，相对频率数为 0.2093。总共进行了 $n=129$ 次试验，所以最高频率为 129。相差一岁间隔计算一次，列出表 8-3。

表 8-3　　频 率 分 布

序号	分　组	频率数	相对频率数	序号	分　组	频率数	相对频率数
1	13.5～14.5	2	0.015 5	13	25.5～26.5	103	0.798 3
2	14.5～15.5	27	0.209 3	14	26.5～27.5	101	0.782 9
3	15.5～16.5	51	0.395 3	15	27.5～28.5	99	0.767 4
4	16.5～17.5	67	0.519 4	16	28.5～29.5	80	0.620 2
5	17.5～18.5	124	0.961 2	17	29.5～30.5	77	0.596 9
6	18.5～19.5	125	0.969 0	18	30.5～31.5	27	0.209 3
7	19.5～20.5	129	1.0	19	31.5～32.5	27	0.209 3
8	20.5～21.5	129	1.0	20	32.5～33.5	26	0.210 6
9	21.5～22.5	129	1.0	21	33.5～34.5	26	0.210 6
10	22.5～23.5	129	1.0	22	34.5～35.5	26	0.210 6
11	23.5～24.5	129	1.0	23	35.5～36.5	1	0.007 8
12	24.5～25.5	128	0.992 2	总计			13.658 9

对表 8-3 的数据进行中值计算。第 1 次试验的数据是“18～25”，中值是 21.5，…。将这些中值列入表 8-4。

表 8-4　　中　值

序号	中值	序号	中值	序号	中值	序号	中值	序号	中值	序号	中值
1	21.5	23	23.5	45	22.5	67	21.5	88	25.5	109	19.5
2	24	24	26.5	46	26.5	68	20.5	89	22.5	110	26.5
3	23.5	25	21.5	47	26.5	69	25	90	24	111	23
4	27.5	26	24	48	21.5	70	26.5	91	20	112	24
5	21.5	27	22	49	24	71	24	92	23	113	26.5
6	21.5	28	24	50	22	72	24	93	23	114	22
7	26.5	29	26.5	51	22	73	22	94	21.5	115	21.5
8	23.5	30	22.5	52	20.5	74	21	95	25.5	116	24
9	23.5	31	26.5	53	25.5	75	23	96	20	117	23
10	23	32	21.5	54	26.5	76	24	97	22.5	118	26.5
11	21.5	33	20	55	20	77	20	98	24	119	20
12	20	34	24	56	21	78	26.5	99	20.5	120	24
13	22	35	24	57	26.5	79	24	100	24	121	23.5
14	24	36	26.5	58	23	80	23	101	21	122	22.5
15	21.5	37	23.5	59	18.5	81	22	102	23.5	123	26.5
16	23	38	26.5	60	21.5	82	20.5	103	23	124	21.5
17	23.5	39	22	61	24	83	22	104	22.5	125	24
18	22.5	40	25	62	25	84	20.5	105	23.5	126	22.5
19	24	41	23	63	23	85	25	106	23	127	22.5
20	26.5	42	26.5	64	24	86	23.5	107	25.5	128	23.5
21	20	43	26.5	65	22.5	87	20	108	22.5	129	24
22	21	44	23.5	66	23						

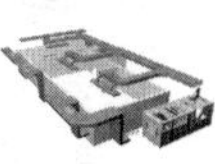

对表 3 所示的中值作出频率分布表，例如出现在 17.75～19.75 岁之中值仅两次，故频率为 2，再除以 $n=129$ 即得相对频率，见表 8-5。

表 8-5　　中值频率数分布

序号	分　组	频数	相对频数	累积频率（%）
1	17.75～19.75	2	0.015 5	1.55
2	19.75～21.75	30	0.232 6	24.81
3	21.75～23.75	46	0.356 6	66.47
4	23.75～25.75	31	0.240 3	84.5
5	25.75～27.75	20	0.155 0	100
总频数：29				

根据以上数据，以岁数作为横坐标，以相对频率数为纵坐标，可画出隶属度函数曲线如图 8-13 所示。

由图 8-13 的隶属度函数曲线可得在 $u_0=27$ 岁时，对应的隶属度 $\mu_{\underset{\sim}{A}}(u_0)=0.78$。

使用模糊统计法确定隶属度函数具有一定的实用性，但计算量较大这是一个不足。

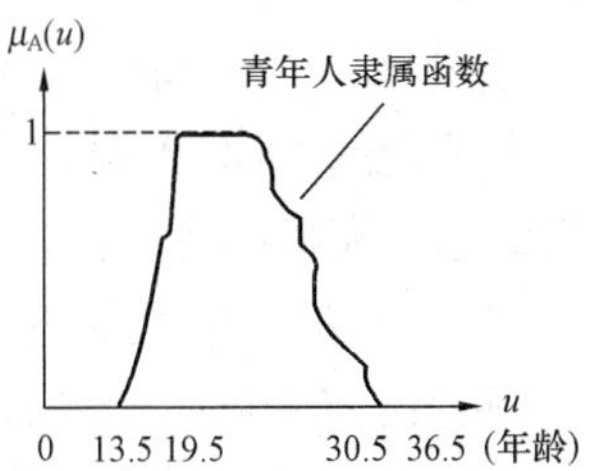

图 8-13　对应的隶属度函数曲线

3. 使用二元对比排序法确定隶属度函数

二元对比排序法是一种常用的确定隶属度函数的方法。通过对多个对象进行两两比较，来确定某种特征下的顺序，并由此来确定所研究的模糊子集对该特征隶属度函数的大致形状。

二元对比排序法实际上包含以下四种方法：相对比较法、对比平均法、优先关系定序法和相似优先比较法等。这里仅展开叙述相对比较法。

（1）使用二元对比排序法中的相对比较法确定隶属度函数。相对比较法确定隶属度函数的基本思想：设定论域 U，对 U 中的元素 u_1，u_2，u_3，…，u_n 按照某种特征进行排序，首先要在二元对比中建立比较等级，然后使用一定的方法进行总体排序，最后确定 u_1，u_2，u_3，…，u_n 对该特性的隶属度函数。

（2）相对比较法确定隶属度函数的方法及应用例。使用相对比较法确定隶属度函数的步骤如下：

1）设给定论域 U 中的一对元素 (u_1,u_2) 具有某方面特征的程度分别为 $g_{u_2}(u_1)$ 和 $g_{u_1}(u_2)$，意义是：在元素对 (u_1,u_2) 中，元素 u_1 具有某方面特征的程度表示为 $g_{u_2}(u_1)$，元素 u_2 具有该特征的程度为 $g_{u_1}(u_2)$。

2）上述的二元比较级数对 $(g_{u_2}(u_1),\ g_{u_1}(u_2))$ 必须满足

$$0\leqslant g_{u_2}(u_1)\leqslant 1,\ 0\leqslant g_{u_1}(u_2)\leqslant 1$$

3）构造出：

$$g(u_1/u_2)=\frac{g_{u_2}(u_1)}{\max(g_{u_2}(u_1),g_{u_1}(u_2))}$$

具体地有：

$$g(u_1/u_2)=\begin{cases}g_{u_2}(u_1)/g_{u_1}(u_2) & \text{当 } g_{u_1}(u_2)\geqslant g_{u_2}(u_1)\text{ 时}\\ 1 & \text{当 } g_{u_1}(u_2)<g_{u_2}(u_1)\text{ 时}\end{cases}$$

4）构造相及矩阵。以 $g(u_i/u_j)$ 做矩阵元，$i=1,2,\cdots,n$，$j=1,2,\cdots,n$，并设定，当 $i=j$ 时，$g(u_i/u_j)$ 取值为 1，所得矩阵 **G** 叫相及矩阵，并有

$$\boldsymbol{G}=\begin{bmatrix} 1 & g(u_1/u_2) & g(u_1/u_3) & \cdots & g(u_1/u_n) \\ g(u_2/u_1) & 1 & g(u_2/u_3) & \cdots & g(u_2/u_n) \\ g(u_3/u_1) & g(u_3/u_2) & 1 & \cdots & g(u_3/u_n) \\ \cdots & \cdots & \cdots & \cdots & \cdots \\ g(u_n/u_1) & g(u_n/u_2) & g(u_n/u_3) & \cdots & 1 \end{bmatrix}$$

5）将相及矩阵 **G** 的每一行矩阵元取最小值并按大小排序，得出隶属度函数

$$g_i=\min[g(u_i/u_1),g(u_i/u_2),\cdots,g(u_i/u_{i-1}),1,g(u_i/u_{i+1}),\cdots,g(u_i/u_n)]$$

将 $g_1,g_2,\cdots,g_n$ 进行大小比较并排序，就得到元素 $u_1,u_2,\cdots,u_n$ 对某特征的隶属度函数。

【例 1】 对 A、B、C、D 四个公司的楼控系统中使用的直接数字控制器 DDC 进行质量评定。其中 D 公司的 DDC 产品质量被公认为最优。比较 A、B、C 三个公司的 DDC 产品哪种质量最靠近 D 公司的 DDC 产品。设定论域（a，b，c，d），元素 a、b、c 分别代表 A、B、C 三个公司的 DDC 产品，d 代表 D 公司的 DDC 产品。考虑 a、b、c 在功能、外观等特性与 d 相似这一模糊概念，用二元对比排序法中的相对比较法确定隶属度函数的大致类型以及哪种 DDC 产品的性能最靠近 d 产品。

解：设定论域 $U=(a,b,c,d)$。

（1）对每两个元素建立比较等级。

取出 a、b 与 d 进行比较，对 d 的近似程度分别为 0.9、0.6；

取出 b、c 与 d 进行比较，对 d 的近似程度分别为 0.5、0.8；

取出 a、c 与 d 进行比较，对 d 的近似程度分别为 0.6、0.4。

a、b、c 对 d 的相似程度如下

$$g_a(a)=1,g_b(a)=0.9,g_c(a)=0.6$$
$$g_a(b)=0.6,g_b(b)=1,g_c(b)=0.5$$
$$g_a(c)=0.4,g_b(c)=0.8,g_c(c)=1$$

用相似程度表示见表 8-6。

表 8-6　　相　似　程　度

$g_j(i)$　j / i	a	b	c
a	1	0.9	0.6
b	0.6	1	0.5
c	0.4	0.8	1

（2）计算相及矩阵。以 $g(u_i/u_j)$ 做矩阵元，$i=1,2,3$，$j=1,2,3$，有

$$\boldsymbol{G}=\begin{bmatrix} 1 & g(a/b) & g(a/c) \\ g(b/a) & 1 & g(b/c) \\ g(c/a) & g(c/b) & 1 \end{bmatrix}$$

而

$$g(a/b)=\frac{g_{\rm b}(a)}{\max(g_{\rm b}(a),g_{\rm a}(b))}$$

$$=\begin{cases}g_{\rm b}(a)/g_{\rm a}(b) & \text{当 } g_{\rm b}(a)\leqslant g_{\rm a}(b)\\ 1 & \text{当 } g_{\rm b}(a)>g_{\rm a}(b)\end{cases}$$

类似地，按照该关系计算相及矩阵的诸矩阵元 $g(a/c)$、$g(b/a)$、$g(b/c)$、$g(c/a)$和 $g(c/b)$的值。

$$\text{相及矩阵 } \boldsymbol{G}=\begin{bmatrix}1 & 1 & 1\\ 0.67 & 1 & 0.63\\ 0.67 & 1 & 1\end{bmatrix}$$

（3）将相及矩阵 **G** 的每一行矩阵元取最小值并按大小排序，得出隶属度函数。

对相及矩阵的每行取最小值，构建一个行向量

$$g=(g_1,g_2,g_3)=[1,0.63,0.67]$$

按数值递减顺序进行排序

$$1>0.67>0.63$$

注意这里的对应关系：a 与 1 对应；c 与 0.67 对应；b 与 0.63 对应。

即：a 产品在功能、外观上最类同与 d 产品（隶属度为 1）；c 产品次之（隶属度为 0.67）；b 产品最差（隶属度为 0.63）。

由这些数据就可以确定隶属度函数的大致类型。

8.4.14　几种常见的模糊分布

若以实数域 R 为论域，则隶属函数也叫模糊分布，以下四种类型模糊分布是工程实际中经常使用的。

1. 正态型

$$\mu(x)=\mathrm{e}^{-\left(\frac{x-a}{b}\right)}\quad(b>0)$$

正态型模糊分布如图 8-14 所示，这是最常见的一种分布。

2. 戒上型

$$\mu(x)=\begin{cases}\dfrac{1}{1+[a(x-c)]^2} & (x>c)\\ 1 & (x\leqslant c)\end{cases}\qquad \text{其中 } a>0,b>0$$

戒上型模糊分布如图 8-15 所示，此处，$a=1/5$，$b=2$，$c=25$。

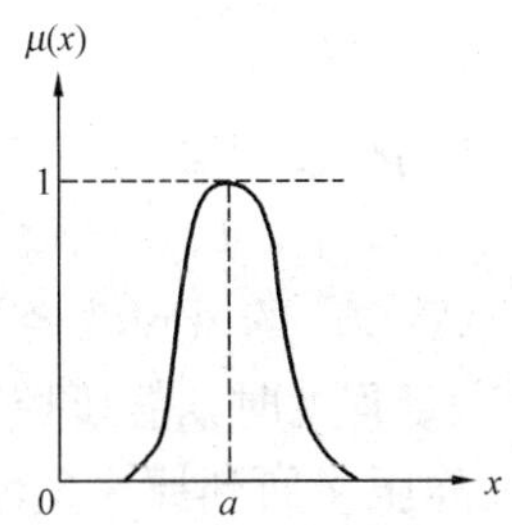

图 8-14　正态型模糊分布

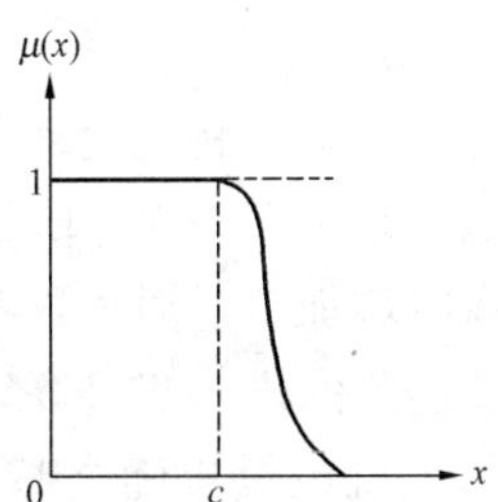

图 8-15　戒上型模糊分布

3. 戒下型

$$\mu(x)=\begin{cases}0 & (x\leqslant c)\\ \dfrac{1}{1+[a(x-c)]^{b}} & (x>c)\end{cases}\quad 其中\ a>0,b>0$$

特例：$a=1/5$，$b=-2$，$c=50$，曲线如图 8-16 所示。

4. 倒 Γ 型

$$\mu(x)=\begin{cases}0 & (x<0)\\ \left(\dfrac{x}{\lambda\nu}\right)^{2}\mathrm{e}^{\nu+\frac{x}{\lambda}} & (x\geqslant 0)\end{cases}\quad 其中\ \lambda>0,\nu>0$$

当 $\nu-\dfrac{x}{\lambda}=0$ 时，隶属度为 1，如图 8-17 所示。

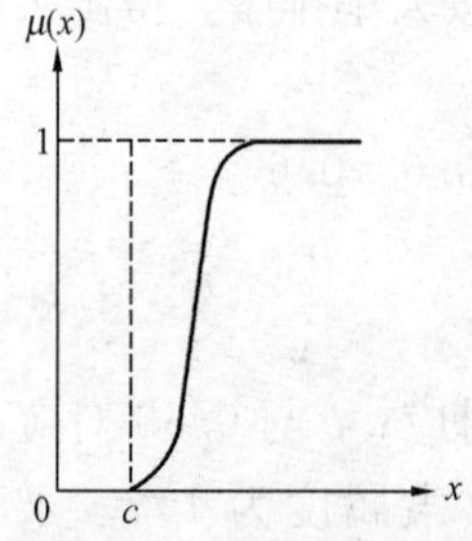

图 8-16　戒下型模糊分布

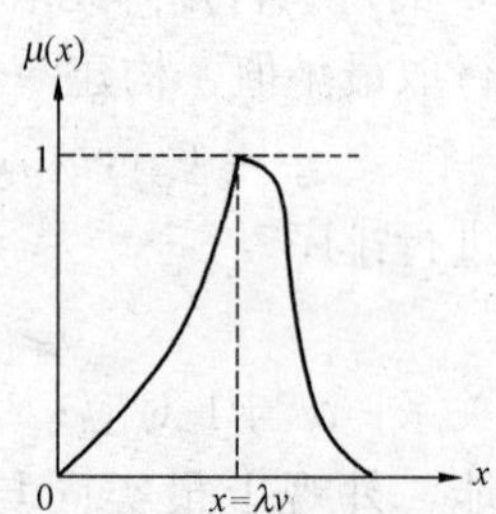

图 8-17　倒 Γ 型模糊分布

8.4.15　在变风量空调机组控制中的应用

对于常规 PID 控制器来讲，当 PID 参数设定后不能再发生变化，当对象存在结构非线性、参数时变性或模型不确定时，其参数也无法随之调整。下面以变风量空调房间为研究对象，采用模糊控制与 PID 控制相结合，构成模糊自适应 PID 控制器，利用模糊控制器在线调整 PID 控制器的参数。

1. 系统介绍与模糊控制系统的工作原理

(1) 系统介绍。变风量空调系统由冷热水机组、空气处理机组、风阀及风管、送/回风机以及空调房间构成。控制系统由以下几个部分组成：

1) 室内温度控制环节，即变风量末端装置控制。

2) 室内正压控制，即送、回风机匹配控制。

3) 送风静压控制。

4) 送风温度控制。

5) 新风量控制等环节。

以上几个部分相互独立，又相互关联，各回路之间存在着很强的耦合性。当某个房间的温度下降时，该房间的末端装置 VAV Box 的风阀就会关小，从而导致总风管内的送风静压升高，其他房间的送风量增加。这时，这些房间 VAV Box 的风阀就会关小以恒定各自的送风量。这又将导致系统静压的进一步升高。当达到一定程度时，静压控制器就将降低送风机的转速以减小风量，回风机风量也随之减少。系统静压又回到原来的水平，这样各房间的 VAV Box的风阀又开始开大。由于系统压力的变化必将影响到新风量的变化，从而导致送风温度的变化。送风量变化使得控制器调节新风、排风、回风 3 个风阀的开度，这 3 个风阀阀位的变化将引起整个系统的静压和流量发生变化。这样的过程使系统处在一种频繁的调节当中。风阀时而开大时而关小，送进室内的风量也是忽大忽小。

因此变风量系统对控制的要求比定风量系统要复杂，要建立一个适合工程控制的数学模型比较困难，无法运行和运行情况不佳的系统，问题常常发生在控制系统当中。VAV 空调系统是一个干扰大、高度非线性的复杂系统，因此，传统 PID 控制效果往往并不理想。使用模糊逻辑控制比传统 PID 控制的效果要更好。

(2) 模糊控制系统的工作原理。模糊控制系统的基本原理框图如图 8-18 所示。系统的核心是模糊控制器，模糊控制器的控制规律由计算机的程序来实现。微机经中断采样获得被控量的精确值，然后将此量与给定值比较得到误差信号。选误差信号 e 作为模糊控制器的一个输入量。把误差信号的精确量进行模糊化成为模糊子集 e，再由 e 和模糊控制规则 R 根据推理的合成规则进行模糊决策，得到模糊控制量 $u=eR$。

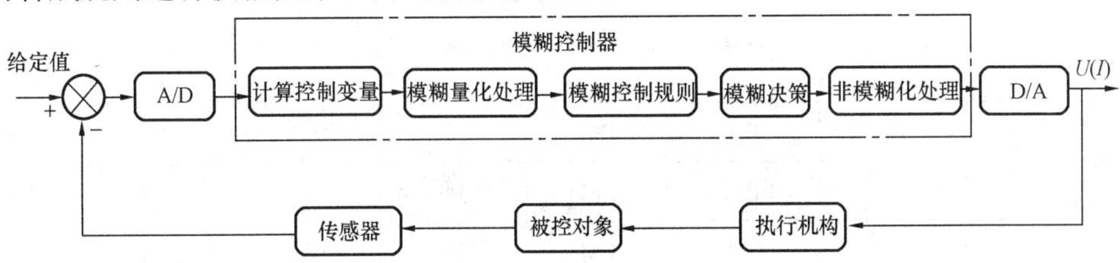

图 8-18　模糊控制系统的基本原理

2. 模糊控制的实现

(1) 模糊控制器的设计。利用人工智能的方法将操作人员的调整经验作为知识存储到计算机中，根据现场实际情况，自动调整 PID 参数。模糊自适应 PID 控制器以误差 e 和误差变化率 ec 作为输入，可以满足不同时刻的 e 和 ec 对 PID 参数自整定的要求。利用模糊规则在线对 PID 参数进行修改，便构成了自适应模糊控制器。

模糊自整定 PID 控制器由参数可调整 PID 控制器和模糊控制器两部分组成，其控制原理框图如图 8-19 所示。其设计思想是：先建立 PID 控制器的三个参数与偏差 e 和偏差变化率 ec 的模糊关系即模糊规则，然后以偏差 e 和偏差变化率 ec 作为输入量，通过模糊规则对 PID 参数进行在线修改以满足不同时刻偏差 e 和偏差变化率 ec 对 PID 参数自调整的要求。系统中，模糊控制器的设计将是设计的核心，因为模糊控制器的好坏直接影响到 PID 调节器的 k_p 参数、k_i 参数和 k_d 参数的选取，从而影响到控制系统的精度。

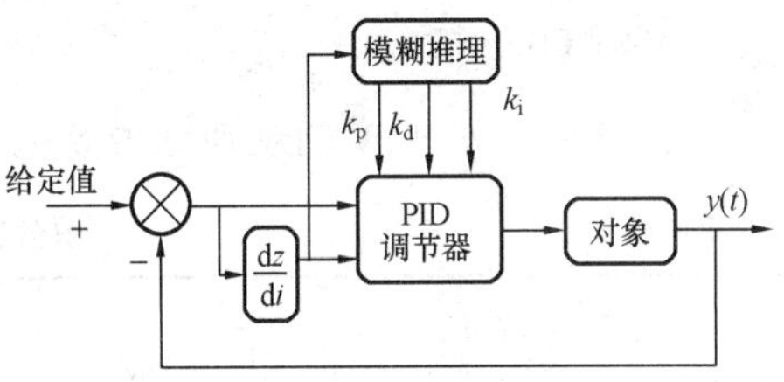

图 8-19　自适应模糊控制器结构

(2) 模糊控制器的主要设计内容：

1) 确定模糊控制器的输入变量和输出变量。

2) 选择模糊控制器的输入量及输出量的论域并确定模糊控制器的参数（如量化因子、比例因子）。

3) 设计模糊控制器的模糊规则。

4) 确定模糊和反模糊化的方法，即模糊推理及模糊运算的方法。

5) 编制模糊控制算法的应用程序。

（3）模糊控制表的生成。

1）确定模糊变量的赋值表。模糊变量误差 e、误差变化 ec 及控制量 u 的模糊集和论域确定后，须对模糊语言变量确定隶属函数，即所谓对模糊变量赋值，就是确定论域内元素对模糊语言变量的隶属度。

2）建立模糊控制表。模糊自整定 PID 是在 PID 算法的基础上，通过计算当前系统误差 e 和误差变化率 ec，利用模糊规则进行模糊推理，查询矩阵表进行参数调整。模糊控制设计的核心就是总结工程设计人员的知识和实际操作经验，建立合适的模糊控制规则表，得到针对 k_p、k_i 和 k_d，分别整定的模糊控制表。

①比例系统 k_p 的模糊规则见表 8-7。

表 8-7　比例系统 k_p 的模糊规则

Δk_p / e \ ec	NB	NM	NS	ZO	PS	PM	PB
NB	PB	PB	PM	PM	PS	ZO	ZO
NM	PB	PB	PM	PS	PS	ZO	ZO
NS	PM	PM	PM	PS	ZO	NS	NS
ZO	PM	PM	PS	ZO	NS	NM	NM
PS	PS	PS	ZO	NS	NS	NM	NM
PM	PS	ZO	NS	NM	NM	NM	NB
PB	ZO	ZO	NM	NM	NM	NB	NB

注：表中的 NB、NM、NS、ZO、PS、PM、PB 等是迷糊变量的取值标记，意义如下：NB—负方向大的偏差；NM—负方向中的偏差；NS—负方向小的偏差；ZO—近于零的偏差；PS—正方向小的偏差；PM—正方向中的偏差；PB—正方向大的偏差。

②积分常数 k_i 的模糊规则见表 8-8。

表 8-8　积分常数 k_i 的模糊规则

Δk_i / e \ ec	NB	NM	NS	ZO	PS	PM	PB
NB	NB	NB	NM	NM	NS	ZO	ZO
NM	NB	NB	NM	NS	NS	ZO	ZO
NS	NB	NM	PM	NS	ZO	PS	PS
ZO	NM	NM	NS	ZO	PS	PM	PM
PS	NM	NS	ZO	PS	PS	PM	PB
PM	ZO	ZO	PS	NM	PM	PB	PB
PB	ZO	ZO	PS	PM	PM	PB	PB

③微分常数 k_d 的模糊规则见表 8-9。

表 8-9　　微分常数 k_d 的模糊规则

Δk_d （e＼ec）	NB	NM	NS	ZO	PS	PM	PB
NB	PS	NS	NB	NB	NB	NM	ZO
NM	PS	NS	NB	NM	NM	NS	ZO
NS	ZO	NS	NM	NM	NS	NS	ZO
ZO	ZO	NS	NS	NS	NS	NS	ZO
PS	ZO	ZO	ZO	ZO	ZO	ZO	ZO
PM	PB	NS	PS	PS	PS	PS	PB
PB	PB	PM	PM	PM	PS	PS	PB

（4）去模糊化。k_p、k_i 和 k_d 的模糊控制规则表建立以后，可根据以下方法进行 k_p、k_i 和 k_d 的自适应校正。将系统误差 e、误差变化率 ec 的变化范围定义为模糊集上的论域 e，ec= {－6，－5，－4，－3，－2，－1，0，1，2，3，4，5，6}。其模糊子集 e，ec= {NB，NM，NS，ZO，PS，PM，PB}，子集中元素分别代表｛负大，负中，负小，零，正小，正中，正大｝。设 e、ec 和 k_p、k_i 和 k_d 均确定为正态分布的隶属度函数，因此可以得出各模糊子集的隶属度，根据各模糊子集的隶属度赋值表和各参数模糊控制模型，应用模糊合成推理设计 PID 参数的模糊矩阵表查出修正参数代入下式计算

$$k_p = k'_p + \{e,ec\}_p$$
$$k_i = k'_i + \{e,ec\}_i$$
$$k_d = k'_d + \{e,ec\}_d$$

在线运行过程中，控制系统通过对模糊逻辑规则的结果处理，查表和运算，完成对 PID 参数的在线自校正，其工作流程图如图 8-20 所示。

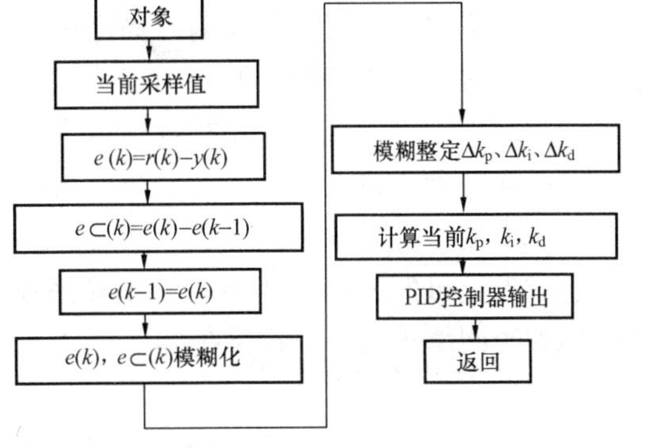

图 8-20　工作流程图

（5）仿真结果分析。实际的变风量空调实验系统有 5 个变风量末端，每个末端都直接通过一个专用 DDC 进行监测控制，使用 MS/TP 总线负责各末端的通信。DDC 中包含有 PID 控制算法，可直接控制阀门的开度。末端阀门采用的是 6 片对开式叶片组成节流式调节风门，调节范围为 10%～100%；模拟的空调房间面积 $25m^2$，室内设定温度 26℃，VAV Box 送风温度 18℃，室内负荷 5kW，使用 2 个 1kW 的电热炉和 30 个 100W 灯泡来模拟。

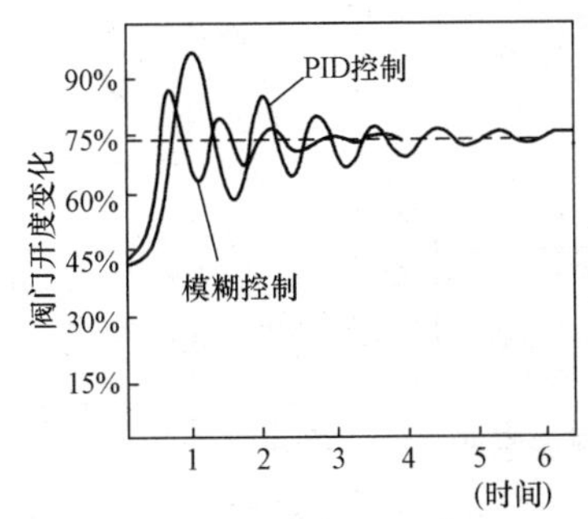

图 8-21　VAV 末端风阀控制输出

在某一时刻加开一部分灯，来模拟房间内负荷变化作为系统的扰动量，得到 VAV Box 风阀开度的变化过程如图 8-21 所示，由图可以看出，采用模糊控制后的风阀开度变化幅度较常规 PID 控制更小，能实时跟踪温度的变化，对模型的不确定性具有较好的适应能力。在实际运行时，控制表可根据运行结果进行修正。

（6）结论。上面提出的模糊参数自整定PID控制器结合了PID控制和模糊控制的优点，实现了对PID参数的实时在线整定。与常规PID温控系统相比，该控制器不仅控制精度更高，结构较为简单，计算量小，易于工程实现。

模糊PID控制器还有以下一些特点：①模糊PID控制使系统响应超调小，响应曲线平稳。②系统具有良好的响应速度、稳定性和精确性，且具有较强的鲁棒性。

8.4.16 模糊控制方法与其他方法的结合

由于模糊控制的学习能力较弱导致模糊控制规则的获取和调整是模糊控制应用的难点。工程与科研中很多是将模糊控制与其他优化理论、方法及控制技术相结合，形成复合结构的智能控制方法。

随着模糊控制技术在工控领域和楼宇智能控制领域应用研究的不断深入，在控制策略方面从基于查询表方法的简单模糊控制，发展到与其他人工智能领域相结合的智能模糊控制。例如：传统控制方法与模糊控制构成的复合控制；利用神经网络来实现模糊控制；采用非线性优化算法、遗传算法和进化算法，对模糊控制的规则进行优化等。

现在很多关于楼宇智能控制中应用神经网络控制理论的成果还在仿真与实验室阶段。因此该理论在控制领域和楼控领域中的应用还有很多工作要做。

模糊控制和神经网络控制都具有从典型数据中评估系统功能的属性，而无须传统的数学模型。在构造神经网络时，需要获得足够多的训练数据。这些训练数据将会通过反复学习，融入神经网络之中。这是神经网络的优越性，它使神经网络有学习及自适应功能；但神经网络系统不能直接将专家提供的规则直接地应用在神经网络系统中。对于模糊控制来讲，专家提出的控制规则可以直接填充在规则矩阵里。这就是模糊控制和神经网络控制的一个重要区别，基于该区别，建立一个模糊系统的结构，比训练一个神经网络要来的简单，但模糊控制缺点就是模糊系统无学习和自适应能力。

研究人员自然地把神经网络和模糊系统结合起来。例如用专家提供的规则初始化控制器，用神经网络去调节改进系统实时性。

8.5 冷水机组及风机盘管的模糊控制

8.5.1 冷水机组模糊控制

1. 冷水机组模糊控制器

在冷水机组的模糊控制系统中，最核心的部分也是模糊控制器的设计和应用调试，某一个冷水机组控制系统中的模糊控制器原理如图8-22所示。

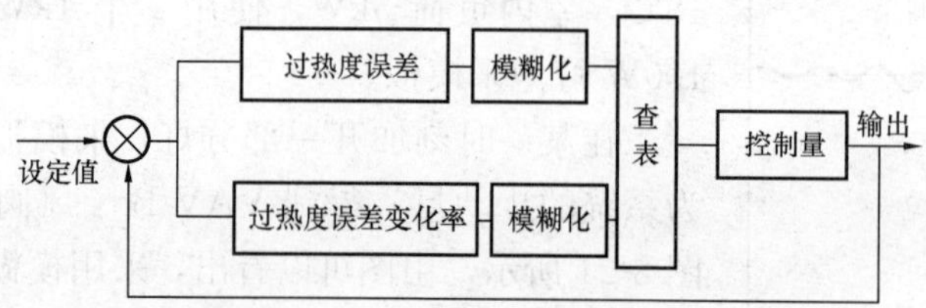

图8-22 某冷水机组控制系统中的模糊控制器原理

使用模糊控制方法对冷水机组的冷水流量进行调解，在调节过程中，由于还存在不同扰

动及其他变量的强耦合作用，还可以综合性地采取解耦措施，如使用前馈控制和状态反馈进行解耦。解耦效果及控制效果均可以使用计算机仿真来检验，Matlab 及 Simulink 里面的仿真模块可以用来实现上述的仿真过程。

智能控制方法随系统而已，同一个受控对象，也可以使用不同的智能控制方法实施控制，如：对于较复杂的空调控制，首先使用神经网络控制对冷水机组和空调末端设备进行变量间解耦，然后再对已解耦的冷水机组和空调末端设备进行模糊控制，以达到较好的控制效果。

2. 动态负荷跟踪节能控制

将冷水机组和所带的空调末端设备作为一个整体，根据空调区负荷不断变化的状况，实时改变冷水机、冷冻水及冷却水循环系统、空调末端设备的运行参量，同步跟踪负荷变化，通过在循环系统中配置变流量环节，空调区域对冷量需求是多少，冷水机组供给冷量多少，当然确定相关环节的真实效能也是这种精细冷量供给控制中的一项重要和不可缺少的工作。

通过动态负荷跟踪，实现中央空调全系统的整体协调运行和综合性能优化；以整个中央空调系统为控制对象，通过一个综合性的全局性智能控制器协调解决各子系统的协调优化运行，在运行过程中实现整个系统的能耗最小化，因此必须将与实际系统运行吻合的智能控制方法、智能算法嵌入到智能控制器中。多变量、时变和大惯性的属性使综合性的控制变得更为复杂，因此必须借助于智能控制的方法和实施控制。

8.5.2　风机盘管的智能控制

1. 风机盘管的常规控制方式

风机盘管是半集中式空调系统的末端装置，其常规的控制方式如下：

（1）采用单相三挡变速电机或调速自祸变压器，分高、中、低三挡，手动控制风机的风量。这里的自耦变压器是：供电系统是输出和输入共用一组线圈的特殊变压器供电系统，升压和降压用不同的抽头来实现，比共用线圈少的部分抽头电压就降低，比共用线圈多的部分抽头电压就升高。

（2）采用室温自动调节装置，控制电动三通阀，调节盘管冷冻水供给量（在冬季则供给热水供热）。

常规的控制方式存在以下问题：

（1）送风风量分级少，且需手动控制，使用不方便。

（2）供冷量或供热量采用位式调节，波动较大。

（3）调节温度由人工采用模拟方式设定，易造成供暖设置过高，而供冷时设置偏低，而且增加能耗。

（4）无联网接口，不便采用计算机集中控制，以适应于现代化中央空调系统的要求。

2. 采用模糊控制系统的风机盘管

控制的基本思想是模仿人们的一些实际操作经验通过“模糊决策”，如系统供冷时，若室温较高且有继续上升的趋势，则加大供冷量；反之室温偏低且继续下降则减小供冷量。这一控制系统硬件上以单片微机为核心，采用模糊控制理论自动调节供冷量或供热量，多级或无级调节风量；并具有自动设定温度、数字设定和显示室温、可与中央监控主机联网等功能。一个风机盘管空调器模糊控制器的设计如图 8-23 所示。

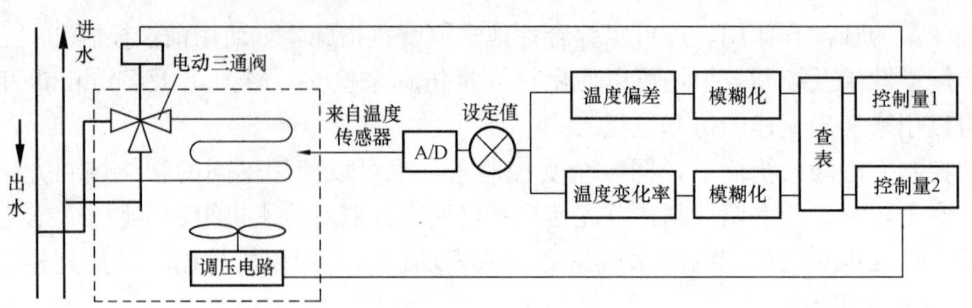

图 8-23　模糊控制系统图

从图中看出：空调房间内温度传感器监测到的温度值经过 A/D 转换，再与设定值取偏差作为模糊控制器的一路输入，将温度偏差的变化率作为模糊控制器的另一路输入。输出量为两个：一个是电动三通阀的开度控制量，另一个是送风机驱动电压的电压调节量，前者控制冷冻水流量，实现室内温度控制，后者控制风机转速来实现室内温度控制。这里的控制均通过模拟控制器进行，模拟控制器实际上就是一个模糊 PID 调节器。

3. 温度偏差隶属度及温度偏差变化率隶属度

温度偏差隶属度与温度偏差变化率隶属度见表 8-10 和表 8-11。

表 8-10　　温度偏差隶属度表

变量 \ μ \ e		−5	−4	−3	−2	−1	−0	+0	+1	+2	+3	+4	+5
e_1	PL									0.1	0.4	0.8	1.0
e_2	PM							0.1	0.4	0.8	1.0	0.8	0.4
e_3	PS							0.4	1.0	0.8	0.4	0.1	
e_4	PO						0.5	1.0	0.5				
e_5	NO					0.5	1.0	0.5					
e_6	NS		0.1	0.4	0.8	1.0	0.4						
e_7	NM	0.4	0.8	1.0	0.8	0.4	0.1						
e_8	NL	1.0	0.8	0.4	0.1								

表 8-11　　温度变化率隶属度表

变量 \ μ \ e		−5	−4	−3	−2	−1	0	+1	+2	+3	+4	+5
e_1	PL								0.1	0.4	0.8	1.0
e_2	PM							0.4	0.8	1.0	0.8	0.4
e_3	PS						0.6	1.0	0.8	0.4		
e_4	ZO					0.5	1.0	0.5				
e_5	NS			0.4	0.8	1.0	0.6					
e_6	NM	0.4	0.8	1.0	0.8	0.4						
e_7	NL	1.0	0.8	0.4	0.1							

4. 模糊PID调节器参量的修改规则

在模糊PID调节器的设计、调试过程中，较好地处理三个参数是很重要的，这三个参数是PID调节器的比例系数、积分常数和微分常数。因此要较深入地理解比例、积分和微分环节的功能。

对于积分环节，其功能是消除静差，提高系统的控制精度，积分环节也会伴生滞后现象，使系统响应速度变慢，超调增大，并可能导致振荡。当模糊PID调节器的偏差值较小时，积分环节功能增强。

对于微分环节来讲，只有动态过程才有效，在偏差变得太大之前加入一个修正信号，加快系统的响应速度，减少超调时间，增强系统的稳定性，但微分环节对干扰信号很敏感，微分环节的参量处理不当会使系统抗干扰能力下降。

第9章　系　统　集　成

建筑设备监控系统的系统集成（Systems Integration，SI）是将建筑设备监控系统中的不同智能化子系统进行智能互联，实现信息综合、资源共享，实现效率较高的协同运作。建筑设备监控系统中也包括了中央空调控制系统。

建筑设备监控系统涉及的不同子系统较多，使用的技术、系统设备和控制软件各不相同。合成一个大系统时，不同的软硬件结合、不同子系统之间的协同运行和综合管理就很困难。于是，具有统一软件平台的集成化管理系统应运而生。

9.1　楼宇自动化系统集成概述

9.1.1　进行系统集成原因及其成效

1. 进行系统集成原因

（1）因为在建筑设备监控系统中（包含中央空调控制系统），存在着许多不同的子系统，如果没有一个集中的高效能监控管理平台，各子系统均独立运行及独立监控管理，整个系统的运行效率会很低，浪费人力、物力、管理资源。

（2）在建筑设备监控系统（包含中央空调控制系统）中，存在许多异构系统，这些异构系统构成许多离散的控制域，不通过一定的技术手段，以及有一个集中的高效能监控管理平台，就无法将这些离散的控制域连通成为一个大的且连通的控制域。

（3）一般情况下，同一幢建筑物中的BA设备、空调设备是由许多不同厂家产品所构建的应用系统。没有一个集中的高效能监控管理平台进行统一运行监控管理，会产生很多问题。

（4）在建筑设备监控系统（包含中央空调控制系统）中，存在多种重要的全局性以及局部性通信协议及标准并存的情况，如果不进行集中的技术协调管理，就无法对不同的应用系统进行有效的控制及管理，即必须通过系统集成来解决多通信协议及标准并存的问题。当然协议及标准还不仅仅限于通信协议和标准还有其他的一些标准。

（5）只有通过系统集成，才能更好地实现：许多子系统的联动功能；测控管一体化的功能；集中管理提高效能；在软件层面上进行功能开发，增加新功能，优化系统方案，减少投资成本。

通过系统集成，建筑设备监控系统，也包括中央空调控制系统的运行效能大幅度提高，拥有了一个高效率的集中监控管理平台，如图9-1所示。

通过系统集成，整个离散的子系统有机地组成了一个高效能运行的“大系统”，如图9-2所示。

2. 集成系统的成效

系统集成使诸子系统组成高效能“大系统”的成效：

图 9-1 系统集成就是一个高效率的集中监控管理平台

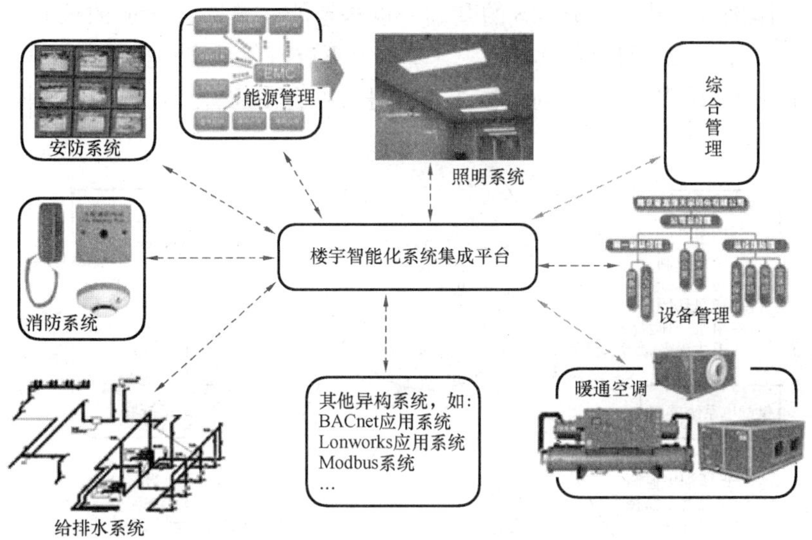

图 9-2 离散子系统组成了一个高效能运行“大系统”

（1）节约运行维护管理人员：20％ ～ 30％。

（2）节省运行维护管理费用：10％ ～ 30％。

（3）提高工作效率：20％ ～ 30％。

（4）节约运行维护、管理人员培训费用：20％ ～ 30％。

9.1.2 系统集成概念的扩充

系统集成的本质就是追求和实现最优化的综合统筹设计；系统集成的核心是诸子系统的协调联动集成、功能集成、异构网络集成和软件界面集成，其最重要、最基本的功能是实现信息资源的全局性统一集成管理。

集成系统关键在于实现部分关联度高的子系统之间的互联互通和互操作性，解决各类子系统之间的接口、协议、系统平台、应用软件和其他相关子系统、建筑环境、施工配合、组

织管理及人员配置等各类面向集成的问题。

系统集成总体分为设备集成、技术集成和功能集成三个层面。设备集成是产品集成，该层集成方法是各个子系统的选择和大系统的结构组建；技术集成是对系统内的各个子系统进行技术上的统筹、搭配运用；功能集成是从功能的角度考察产品与技术并合理地调配各项功能，使系统整体功能实现最优化。

系统集成还可以分为子系统纵向集成、横向集成和一体化集成三个层次。子系统纵向集成保证各子系统具体功能的实现；横向集成主要实现各子系统的联动和协调运行的优化；一体化集成基于横向集成，建立智能集成管理系统（IBMS）。

系统集成的作用主要有：

（1）使用统一的软件界面，对各机电子系统进行统一的监测、控制和管理。

（2）实现诸子系统的协同联动。

（3）系统参数、运行及管理数据实现共享。

（4）提高整个系统的工作效率及性能水平，降低运行成本，简化管理维护过程。

集成化系统的应用软件是沟通整个系统的关键环节。

BMS是一体化集成系统即IBMS的基础，也是智能建筑系统集成的核心所在。故以下的探讨从BMS人手，以BMS为中心，在其基础上再进行大系统的扩展。

建筑设备管理系统BMS负责对不同子系统进行综合集成管理，如图9-3所示。

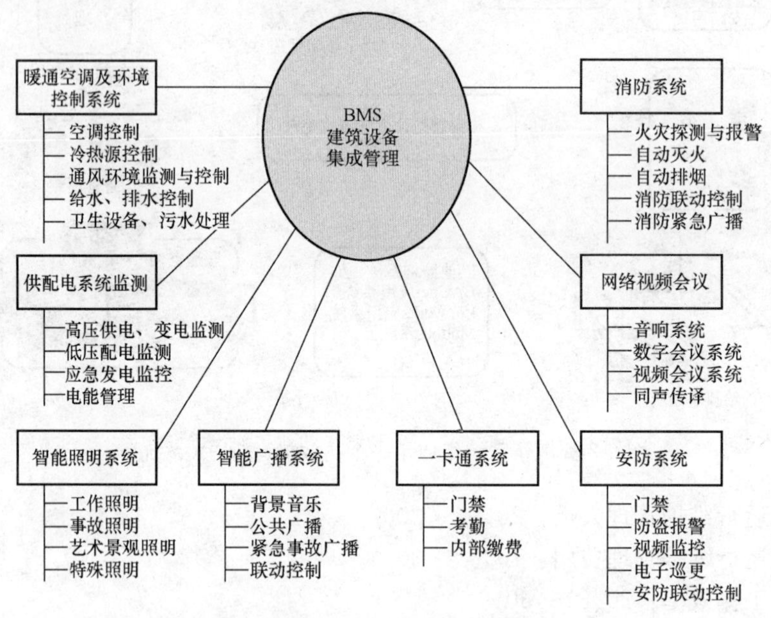

图9-3　BMS负责对不同子系统进行综合集成管理

9.1.3　系统集成的特点和系统集成的基本思想

1. 系统集成的特点

楼宇自动化系统集成也应具备先进性、开放性、实用性及经济性。楼宇自动化系统中有若干控制子系统、信息传输、处理子系统等，系统集成有以下一些特点：

（1）系统集成是多子系统集成。在结构化布线的基础上，计算机网络系统、通信系统、

楼宇自控系统、安防系统、消防系统以及办公自动化系统的硬件设备多种多样，涉及的技术不尽相同，各子系统涉及的协议接口也不相同，在进行系统集成设计时，就要基于这样的多设备、多协议、多借口、多技术多控制等通信软件系统进行技术集成。接口、协议的对接集成、控制、通信软件的对接集成、设备集成。系统集成是多子系统的软、硬件方面的对接集成。

（2）集成中的横向、纵向层次关系。系统集成设计要充分考虑诸子系统的制约关系，根据系统运行中的横向、纵向层次关系，系统中诸子系统性能及应用、熟悉系统运行中，不同子系统中的横向关系、较大系统运行中的纵向关系。

智能建筑基于现代建筑技术、计算机技术、通信技术和自动化技术基础，并且集纳了这些科学技术中的最新部分，这些不同的技术相互交叉和渗透，还涉及标准化技术。

（3）对整个系统进行统筹规划设计，建立通畅的诸子系统间的数据信息通道并建立协调控制的联动。

2. 系统集成的基本思想

要充分认识到：诸子系统集成为一个大系统后，会表现出大系统才具备的特性，这种特性叫整体实现性。大系统特性决定智能建筑的整体性能及智能化程度，因此将诸子系统进行优化集成，是提高楼宇智能化程度的重要途径。

系统中各子系统也开放的，集成后的大系统也是开放的。这种系统集成有一个网络环境的支持。为保证楼宇自动化系统的开放性，可采用 TCP/IP 做公共协议，也可以采用 BACnet 协议《楼宇自动化控制网络数据通信协议》或 LonWorks 通信协议进行集成。系统集成后，在与楼宇的主干网络连接和广域网的互联上都留有一定数量的预留标准接口。集成管理软件也以模块结构方式进行开发，使得服务过程有极大的灵活性。

进行集成的设计时，应充分考虑投资能力，如果一次性投资过高，则可以将系统集成的实施分几个阶段进行，但基本控制子系统和综合布线的建设是必需的，要一次到位，其他的自动化子系统可以逐步到位，但一定要有一个系统化的设计，防止由于分阶段实施带来损失。

楼宇自动化集成系统结构中，视频监控系统、供配电系统的监测、照明系统、空调系统、电梯系统的监测、给排水系统、消防报警系统和安防系统经集成后，形成一个管理层级，具有服务管理、资料管理、设备管理、监测管理、系统保护、库存管理、客户管理、数据存储和图形显示等功能。

在进行系统集成的过程中，并不是要将所有的子系统或分散的设备都纳入到集成系统中，要特别注意关联程度的概念，就是说：在进行系统集成中，首先要将与楼控系统整体关联程度最高的子系统或设备纳入集成体系中，其次是将那些与楼控系统有一定关联程度的子系统或设备纳入集成体系中，到最后如果有个别子系统或设备与整个楼控系统关联程度不高或者说关系不密切，那么这个子系统或设备就可以不考虑纳入集成体系中去。举例说，有一个无线消防报警系统，完全可以独立地应用在任何场所，与楼控系统整体的关联程度不大，因此该设备就不进入集成体系中。这个观念很有效，它可以指导制订优化的系统集成方案，可以使系统集成变的简约化，如图 9-4 所示。完全可以独立使用的某些子系统且与大系统关联程度不高，就没有必要进入系统集成，并且不会影响大系统的效能。

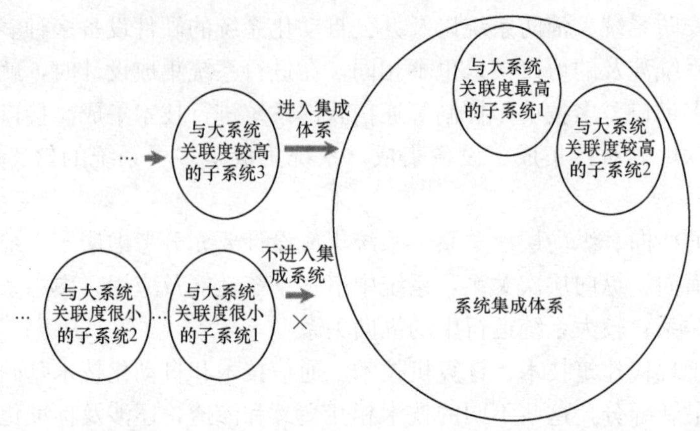

图 9-4　有些子系统可以不考虑进入集成体系

9.1.4　楼宇自动化系统集成的步骤

在进行楼宇自动化系统集成的过程中，始终注重以下几个原则：

1. 楼宇自动化系统集成的原则

这些原则有：

（1）保持技术先进性。

（2）系统具有开放性。

（3）系统运行中的各种操作具有安全性。

（4）有最好或接近最好的投资效益，即系统集成是经济合理的。

（5）集成后的系统便于管理。

（6）可扩充性好。

2. 楼宇自动化系统集成设计的步骤

（1）系统集成分析。内容包括用户需求分析及方案前调研，初步方案设计，方案可行性论证。

（2）楼宇自动化系统集成设计。内容有总体设计，详细设计，实施规划。

（3）楼宇自动化系统集成实施。内容含软件配套设置、购置设备，安装调试（含软、硬件和设备调试）。

（4）系统集成评价。内容有试运行管理，系统调整和系统验收。

（5）集成系统运行管理及维护。系统集成设计的步骤如图 9-5 所示。

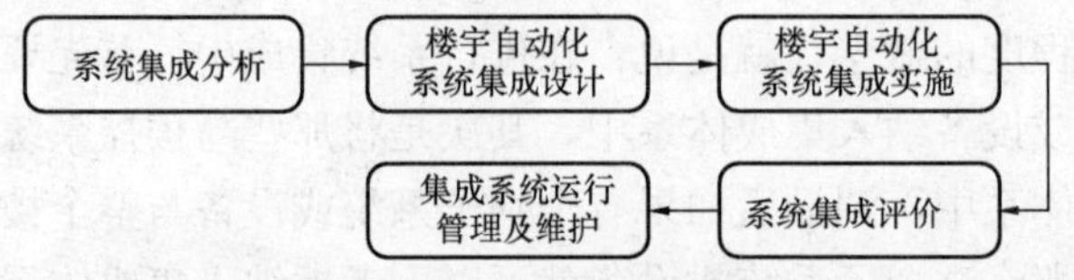

图 9-5　楼宇自动化系统集成设计步骤

9.1.5　系统网络结构设计和系统集成的水平层次

楼宇自动化系统一般有三级控制和两级网络结构。现场采样控制部件采用直接数字控制器（DDC），也可采用全数字化智能数字传感器，功能更强，具有一定的通信功能。监控级

网络控制器也叫设备子系统工作站，常选用工业现场控制总线如 LonWoks 等。这个层级居于管理层级和现场层级之间，它接收和执行管理层级发送的控制指令，使现场级的 DDC（直接现场控制器）执行检测、控制指令，同时对现场级的信息进行实时管理，如存储、转发、报警和打印等。

9.1.6 系统集成的水平层次

在实际工程中，由于投资和技术原因，智能楼域中的网络结构设计的水平受到限制，形成以下几种水平层次的楼宇自动化系统的集成。

（1）由于资金和技术要求水平不高，无系统集成，各子系统分立运行，各子系统通过局域网构成基本网络环境。

（2）以某一个子系统强化其功能，将其他子系统的集成信息汇入该子系统进行综合处置和管理。

（3）由系统集成商以专用的客户机/服务器系统开发集成系统。

9.2 系统集成中的网络结构设计

楼宇自控系统集成的网络结构设计分为主干网络设计和各局部网络设计。在现代建筑中，有多种网络并存，如局域网、电话网、有线电视网（有单向和双向的区别）和控制网络。主干网络是楼宇通信主干通道，覆盖整个楼宇，是各子系统信息、数据的流入流出通道。主干网一般要求具有大容量、高速率特点，并要求通用化和标准化。

9.2.1 局部网络设计

对于局部网络设计，应考虑：

（1）将局部网络作为相对独立的子网，要与主干网兼容。

（2）子网可包括若干局域网，用路由器、网桥实现互联。

（3）子网应有自己的网络管理和服务。

一般情况下，楼控系统中的自控网络要与管理网络互联，呈现层级结构形式，如图 9-6 所示。

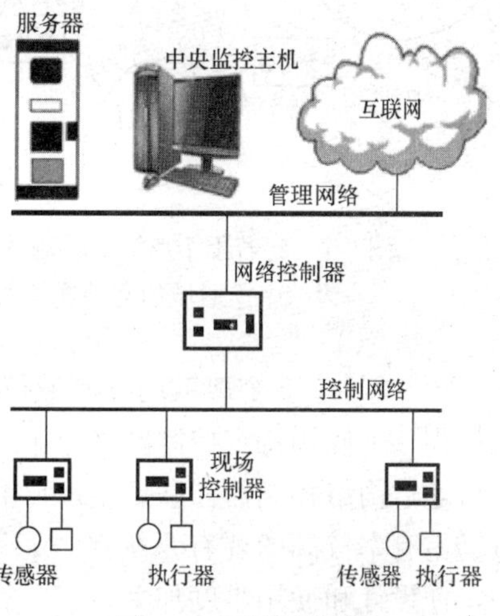

图 9-6 测控网络与管理网络的互联

9.2.2 系统集成中通信网络架构选择对系统性能影响很大

系统的自控网络林林总总，可以采用各种各样的控制网络，而这样层级结构的楼宇自控系统有以下缺欠：

（1）每一种控制网络和管理网络都必须要通过网络控制器或全局控制器来实现互联，而这种网络控制器或全局控制器一般均为系统生产厂商开发生产，是厂家专有的产品，不能由多厂家提供，形成楼控系统开放性的重大障碍之一。

（2）如果在某个特定的楼控系统的控制网络中加挂 1 种、2 种或多种其他种类的控制网络，如常用的 CAN 总线、ModBus 和 PROFIBUS 控制总线，那就形成一个控制域分别由若干个离散的控制组成的控制系统，不同的离散域通过挂接网关来连通形成一个连通域，而且使用这种方式形成的连通域在控制性能方面不好；由于异构程度高使异构系统的无缝互联情况变得较差；系统整体的复杂程度高导致在维护保养的难度和成本都很高。将若干个离散的控制域连通为一个连通域的网关连接法情况如图 9-7 所示。

从该图看出：各个不同的控制域彼此离散，当控制网络上进一步地挂接不同的异构系统较多时，系统变得非常复杂，整个控制系统的连通域性能很差。

如果将这样的多异构网络构成的复杂构架再通过网络控制器和管理网络（以太网）互联，整个楼控系统的性能就会变差，如图 9-8 所示。

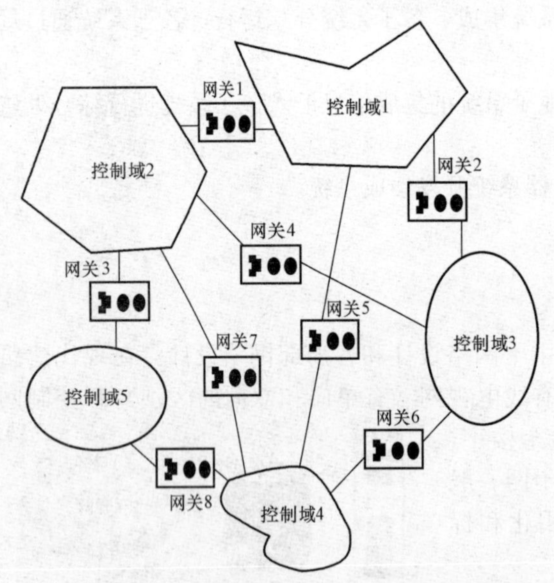

图 9-7　将若干个离散的控制域连通为一个连通域的网关连接法

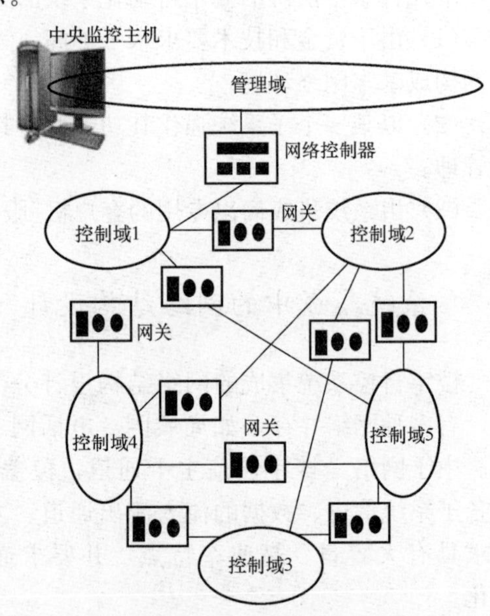

图 9-8　复杂构架控制网络通过网络控制器和管理网络互联

图 9-8 中，5 个离散的控制域彼此通过网关互联，构成一个连通域，每一个离散的控制域代表一个使用特定控制网络技术的异构系统，再由第一个控制域即第一个控制网络与管理网络通过网络控制器互联。生产厂商在很多情况下，为了使生产开发的楼控系统能够将一些市场占有率较高的现有系统接入，不得不去开发一些网关，使系统变得更为复杂和难于维护，使设计和使用难度加大。

9.2.3　优化的楼宇自控网络模式及组织

前面已经讨论了当控制网络通过网关挂接不同的异构系统之后，系统的复杂程度大幅度提高，使设计难度增加、工程实施难度加大、成本提高、系统调试难度加大、后期的维护保养工作、后期维修的难度都大幅度提高。

以太网采用了 TCP/IP 协议，采用 TCP/IP 协议的网络又称为 IP 网络，如果采用 IP 网络作为连接各个异构网络的公共平台，楼控系统的开放性会大幅度提高，生产厂商可以在非 IP 网络的异构网络之间的网关产品开发投入较小的精力，在异构网络和 IP 网络之间网关产品开发投入更多的精力，提高楼控系统关键设备的通用性和性价比。一个优化的楼宇自控网络模式如图 9-9 所示。

在优化的楼宇自控网络模式中，异构系统 1，异构系统 2，…指的是由不同的控制网络

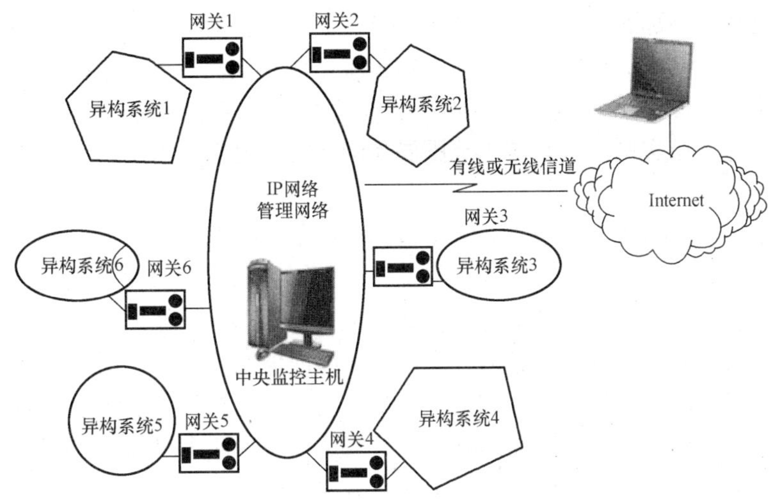

图 9-9　优化的楼宇自控网络模式

组成的控制系统，也可以理解为不同的控制网络，如 CAN 总线、ModBus 总线、EIB 总线、Profibus 总线和 C—BUS 总线、MS/TP 控制总线、LonWorks 网络等。每一种不同的控制网络组成的系统都形成一个控制域。中央监控系统挂接在 IP 管理网络上，在接入 Internet 后，可以实现远程监控。

也可以用图 9-10 表示这种以 IP 网络作为连接各个异构网络的公共平台的关系。

如果采用优化的楼宇自控网络模式，楼控系统甚至工控系统中的网关设备都可以标准化。

进一步讲，如果楼控系统中的自控网络采用普通以太网（用来组建小规模的楼控系统），以及工业以太网或实时以太网，如图 9-11 所示。图中的各个工业以太网与普通的 IP 网络的异构程度相对于其他的控制网络要低得多，将这些网络接入 IP 网络，使用一定的适配器或简易的网关就可以完成，而且这样结构组建的系统从一个整体的连通域来讲，系统的各个子系统互联的无缝隙程度、整体的控制性能都较高。

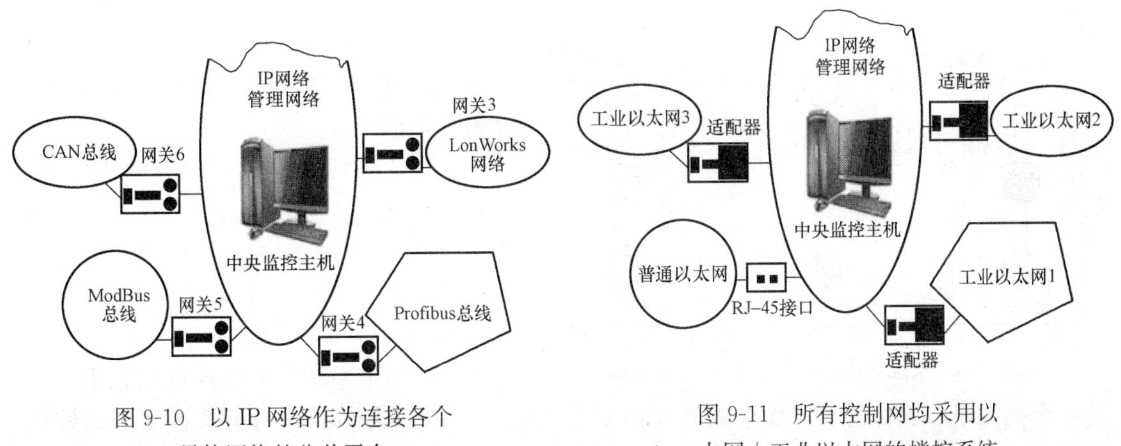

图 9-10　以 IP 网络作为连接各个异构网络的公共平台

图 9-11　所有控制网均采用以太网＋工业以太网的楼控系统

如果控制系统对控制的实时性要求并不是很高，就可以使用普通以太网，加上在控制网络设计之初就注意有效配置网络负荷，使得基于普通以太网通信技术的控制网络，也可以满

足一些对实时性要求不那么高的监控系统的需求，如楼宇自动化控制等。

基于普通以太网技术的控制网络，在控制领域可以充分发挥出普通以太网所具有的技术成熟、软硬件丰富、性价比高等优势。基于普通以太网的控制网络，所采用的技术相对成熟，已经有了一些应用实例，但其应用范围要受到实时性要求的限制。

9.3 系统集成的信息流及信息单元矩阵描述

有些学者对系统集成进行理论描述方面做了很有益的工作：他们这样描述集成系统中的信息流向和数据转换。集成系统信息流分为横向和纵向信息流，纵向信息流是指子系统内部及其与中央集成平台之间的信息流动和融合；横向信息流是指各子系统之间的跨系统联动和融合。信息分为检测和控制信息，监测类信息自底层设备指向中央监控主机方向侧流动；控制类信息自中央监控主机方向指向底层设备方向流动。

1. 系统集成中的信息数据流

信息在流经不同网络层级或者完成从一个异构网络流向另外一个异构网络时，常常会伴随着数据组织方式的转变。数据的逻辑表示方法、报文格式或数据类型都可能发生改变。

系统集成中的信息数据流及传输的情况如图 9-12 所示。

2. 纵向信息数据

可以将系统集成中的信息数据及处理方式用 n 维线性空间的矩阵元表示。系统中不同的监控点所携载的信息可以构成一个信息组，用一个子矩阵块表示。

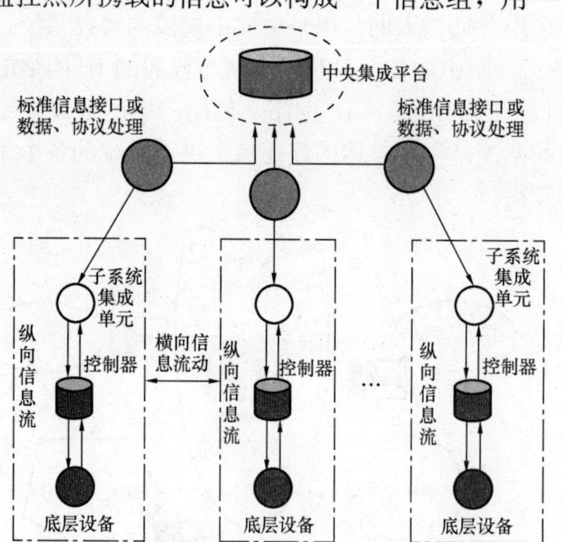

图 9-12 系统集成中的信息数据流及传输

设整个系统有 m 个子系统，即有一个 m 维的列向量，系统用 $Z\ (m_i)$ 表示

$$\mathbf{Z}=\begin{bmatrix} z_1 \\ z_2 \\ \vdots \\ z_m \end{bmatrix}$$

式中：z_1 为子系统 1；z_2 为子系统 2；…；z_m 为子系统 m。

也可以表示为

$$\mathbf{Z}=\begin{bmatrix} z_{11} \\ z_{22} \\ \vdots \\ z_{mm} \end{bmatrix}$$

式中：z_{11} 为子系统 1 的监控点信息组，也是一个列向量，具体含有多少个矩阵元由实际系统决定；类似地，z_{22} 为子系统 2 的监控点信息组，…，z_{mm} 为子系统 m 的监控点信息组。

每个子系统可以设置子系统集成单元，接收各个传感器采集的数据信息并进行适当处理，如重复数据较多可以进行数据融合。m 个子系统向中央集成平台单向传送待处理的信息数据。每个监测点的数据信息可以用一个属性矩阵来存储。

3. 横向信息

m 个子系统之间可以进行互通信和互操作的横向信息也可以用一个线性空间中的向量来表示

$$\boldsymbol{X}=\begin{bmatrix}\boldsymbol{X}_1\\ \boldsymbol{X}_2\\ \vdots\\ \boldsymbol{X}_m\end{bmatrix}$$

$$\boldsymbol{X}_1=\begin{bmatrix}\boldsymbol{x}_{12}\\ \boldsymbol{x}_{13}\\ \vdots\\ \boldsymbol{x}_{1m}\end{bmatrix},\ \boldsymbol{X}_2=\begin{bmatrix}\boldsymbol{x}_{21}\\ \boldsymbol{x}_{23}\\ \vdots\\ \boldsymbol{x}_{2m}\end{bmatrix},\ \cdots,\ \boldsymbol{X}_m=\begin{bmatrix}\boldsymbol{x}_{m1}\\ \boldsymbol{x}_{m2}\\ \vdots\\ \boldsymbol{x}_{m(m-1)}\end{bmatrix}$$

式中：$\boldsymbol{X}$ 为 m 个子系统彼此之间的信息数据横向传递矩阵；$\boldsymbol{X}_1$ 为第 1 个子系统与其余（$m-1$）个子系统信息数据交互的矩阵子块；$\boldsymbol{X}_2$ 为第 2 个子系统与其余（$m-1$）个子系统信息数据交互的矩阵子块；…；$\boldsymbol{x}_{12}$ 为第 1 个子系统与第 2 个子系统信息数据交互的矩阵子块；$\boldsymbol{x}_{13}$ 为第 1 个子系统与第 3 个子系统信息数据交互的矩阵子块；…余类推。

每一个带有控制环节的子系统都有自己的状态空间模型

$$\begin{cases}\boldsymbol{x}_i=\boldsymbol{A}_i\boldsymbol{x}_i+\boldsymbol{B}_i\boldsymbol{u}_i\\ \boldsymbol{y}_i=\boldsymbol{C}_i\boldsymbol{x}_i+\boldsymbol{D}_i\boldsymbol{u}_i\end{cases},\ i=1,\ 2,\ \cdots,\ k$$

式中：$\boldsymbol{x}_i$ 为第 i 个控制子系统的状态变量；$\boldsymbol{u}_i$ 为第 i 个控制子系统的外输入；$\boldsymbol{y}_i$ 为第 i 个控制子系统的输出向量；$\boldsymbol{A}_i$、$\boldsymbol{B}_i$、$\boldsymbol{C}_i$ 和 $\boldsymbol{D}_i$ 分别是第 i 个控制子系统的系统矩阵、控制矩阵、输出矩阵和传递矩阵。

各个子系统主要使用常规控制的方式，也可以使用智能控制方式。由于空调系统尤其是变风量空调机组及其控制系统是典型的非线性多变量的复杂系统，用常规控制方法实施控制时，当工况发生移动时，一些设定的控制参数就不太适宜新的工况状态了，使用智能控制方法可以很好地应对工况移动造成控制系统控制性能下降的问题，比如 PID 调节器就是一个典型的例子，PID 调节器用于常规控制场所中是很有效的，但对于非线性的多个输入和多个输出的复杂系统，设定好的 PID 参数随着工况移动而变得不合适了，智能 PID 调节器的诸参数可以随着工况移动而移动，从何能够有较优良的控制性能。

以上将系统集成的信息数据用数学模型及数据库进行描述及管理的方法有以下优点：

（1）有助于系统集成的标准化，没有标准化，不同的系统集成商在集成内容上具有随意性，将会导致系统尽管实现了集成但具有很强大的封闭性，开放性变差。

（2）使用数学模型和数据库，将提高系统集成资源的共享，各个不同的楼控系统有很多的信息数据是完全可以共享的。

（3）使用数学模型和数据库有助于降低系统集成设计、施工的难度，因为计算机系统处理数据模型和数据库的效能比人工方式高得多。

9.4　楼宇自控系统集成的技术模式

从楼宇自控系统集成的技术模式来讲，主要有以下几种技术模式：

9.4.1 以BMS为中心的集成模式

BAS集成系统 又称BMS集成系统。它是以开放的楼宇自动化系统为核心，广泛实现与消防报警控制系统、安保系统等子系统的综合集成，并具备与CAS系统和OA系统的基本集成功能和实现更为广泛集成基础的系统。

9.4.2 采用BAcent或LonWorks技术的模式

BACent是楼宇自控数据通信协议标准。制定该标准的基本目标为在技术上定义一个开放的楼宇自控系统结构，实现不同系统的互联和互操作；还有一个目标是使用户可自主地选择最佳的产品设备及服务，可自主地选择系统集成商；在系统升级维护上不限于特定厂商，充分保护用户已有投资。目前只是楼宇自控系统采用Bacent、LonWorks协议，其他系统，如FAS、SAS须开发特定功能的网关才能与楼宇自控系统互联。BAcent与LonWorks是关于测控网络通信的优秀技术，适于大区域、监控点分散的控制系统，但不适合FAS、SAS。

9.4.3 直接在以太网环境下进行系统集成

采用10Mbit/s的10Base-T作为楼宇级通信的主干网，标准统一、技术成熟，易于集成和扩展，通过网桥或路由器还可方便地与其他局域网或Intranet互联，方便地实现远程通信和远程监控。在这种模式中，SAS、FAS的信息数据如果不是数字化的和开放性的，也无法将他们的信息集成到楼宇自控系统中去。

9.4.4 采用数据库集成模式

在楼宇自控系统集成中，主控制器级采用同一的通信协议，对同一层级网络进行互联，使同层级网络上不同子系统实现互通信、互操作和信息资源共享。在这种集成模式中，楼宇自控一级采用网络服务器。

还可以采用数据库集成方式，即在SAS、FAS和BAS层级上建立管理系统，通过数据库集成技术对各子系统的数据库进行动态集成，来实现对楼宇内各子系统的数据集成管理和联动控制。这种集成模式的核心是楼宇内各子系统首先建立自己的控制网络并保留“上位管理主机”，这里的“上位管理主机”指系统集成中负责子系统的监控、管理的完全开放式的数据、信息管理主机。每一子系统层级网络作为下层现场控制网络；再建立集成系统上层管理网络，由于这个高层级网络的工作数据量大，可采用诸如100Mbit/s的快速以太网，各子系统的“上位管理主机”接入此高速以太网。各子系统的“上位管理主机”完成下层控制网和上层集成管理网之间的协议、数据格式的转换，同时保留自身的独立监控管理功能。国外许多优秀的系统集成商采用这种数据库集成模式。新加坡的通达国际公司推出了I3BMS集成新模式，这是一种基于Intranet的浏览器/服务器模式，在Intranet网络环境中进行了BAS、OAS和CNS（通信网络系统）的集成，并用Web服务器和浏览器这种开放的交互方式来实现集成运用。

从现实的情况看，智能楼宇的系统集成的已从BMS升级到IBMS（Intelligent Building Management System）。

9.4.5 采用OPC技术及ODBC技术实现智能建筑系统集成

随着智能建筑的功能需求不断增长，楼宇内各种各样机电设备的监控系统的种类和范围不断扩大，对应的监控子系统可能采用不同的网络平台、不同的通信协议。为实现BMS系统集成时，解决子系统互联和互操作的问题，主要采用以下一些方式：①采用统一通信协议实现系统集成。②采用协议转换实现系统集成。③采用OPC技术实现系统集成。④采用

ODBC 技术实现系统集成。

前两种方式前面已经论及，下面主要讨论后两种方式。

(1) 采用 OPC 技术实现系统集成的方式。OLE 对象链接和嵌入是用于应用程序之间的数据交换及通信的协议。允许应用程序链接到其他软件对象中。用于过程控制的 OLE 就是 OPC。OPC 主要解决应用软件与过程控制设备之间的数据的读取和写入的标准化及数据传输等功能。

OPC 是过程控制的工业标准。即使数据的种类不同，这套程序都能将这些资料整合。该程序采用的是微软的 DCOM（分布式组件对象模型）结构技术，并已迅速成为将数据由建筑物的自动化设备送至信息管理系统的工具，不需要重新开发数据集成接口。OPC 服务器容许网络上 OPC 客户直接连接中央集成系统的数据，使客户能更快更有效地取得实时数据。作为 OPC 客户端使用时，用户可用其他的 OPC 服务器连接中央集成管理软件。

OPC 提供信息管理域应用软件与实时控制域进行数据传输的方法，提供应用软件访问过程控制设备数据的方法，解决应用软件与过程控制设备之间通信的标准问题。当设备通过 OPC 互联时，图形化应用软件、趋势分析应用软件、报警应用软件等应用软件均基于 OPC 标准，现场设备的驱动程序也均基于 OPC 标准。在统一的 OPC 环境下，各应用程序可以直接读取现场设备的数据，不需要一个一个地编制专用的接口程序，各现场设备也可直接与不同应用之间互连。OPC 的重要作用是使设备的软件标准化，从而实现不同网络平台，不同通信协议、不同厂家的产品方便地实现互联和互操作。OPC 技术的完善和推广，为智能建筑系统在实时控制域与信息管理域的全面集成，提供了了良好的软件环境。采用 OPC 技术实现系统集成将会成为一种建筑智能化系统集成的主要方式之一。

(2) 采用 ODBC 技求实现系统集成的方式。ODBC 是一种应用程序访向数据库的标准接口，也是解决异种数据库之间互联的标准，目前已被大多数数据库厂商所接受。该标准适用于各种数据库。ODBC 兼容的应用软件通过 SQL 结构化查询语言，可查询、修改不同类型的数据库。这样，一个单独的应用程序，通过它可访问许多个不同类型的数据库及不同格式的文件。ODBC 提供了一个开放的、从个人计算机、小型机、大型机数据库中存取数据的方法。使用 ODBC，开发者可开发出对于多个异种数据库进行并行访问的应用程序。现在，ODBC 已成为客户端访问服务器数据库的 API 标准。只要被使用数据库支持 ODBC 技术规范，无论其数据库的类型如何，均能进行信息交换。采用 ODBC 及其他开放分布式数据库技术实现系统集成，也是智能建筑实现系统集成的重要方式。

如果将 OPC 技术与 ODBC 技术作以比较，可以发现 OPC 技术现在比 ODBC 技术更为成熟、产品更多，而且我国已有比较成熟的 OPC 技术和产品。所以目前采用 OPC 技术实现系统集成，可能会比采用 ODBC 技术实现系统集成更为广泛一些。两种技术的融合与补充，将会使系统集成技术加快发展。

智能建筑系统集成一般来说，应该具备以下几方面条件：计算机网络的条件、计算机应用软件的条件、机电设备单机及子系统智能化的条件、系统集成技术的条件。只有在这件条件基本具备的情况下，才有可能实现智能建筑的系统集成。

OPC 标准将 COM 技术引入过程控制和工业自动化等应用领域，通过 COM 组件在软硬件之间提供了一套标准接口，只要双方都支持此标准就能通过相关配置实现通信。OPC 接口标准分为：①OPC 数据访问接口；②OPC 报警和事件接口；③OPC 历史数据访问接口等。

基于 OPC 的集成模式的核心内容为：中央监控站作为 OPC 客户端，在这个 OPC 客户端和各个下层子系统之间开发设置一个 OPC 服务器，保证该 OPC 服务器与 OPC 客户端使用的是相同的 OPC 标准，实现各子系统之间以及各子系统和 OPC 服务器、OPC 客户端之间的通信。

有学者认为能够满足当前应用需要的智能建筑系统集成模式从结构上可以分为两大类：一类是基于并行处理思想的分布式并行集成模式；另一类是基于 OPC 技术的组件化集成模式。

基于 Web 及 IP 网络的系统集成也是极有发展潜力的模式。

9.5 BACnet 体系下的系统集成

9.5.1 BACnet 体系在系统集成中具有优势

基于 BACnet 体系的系统集成是由于 BACnet 体系具有以下的一些特点：

1. 具有很好的开放性

BACnet 标准的开放性性不仅体现在对外部系统的开放接入，而且具有良好的可扩充性，不断注入新技术，使楼宇自控系统在规模上和技术层级上不因发展而受限制。

2. 互联特性和扩充性好

BACnet 标准可向其他通信网络扩展，如 BACnet/IP 标准可实现与 Internet 的无缝互联。

3. 应用灵活

BACnet 集成系统可以由数个设备节点构成一个小区域的自控系统，也可以由很大数量的设备节点组成大的自控系统。

4. 应用领域不断扩大

在开放环境下，由于具有良好的互联性和互操作性，由最初的仅用于暖通空调设备系统成为适用于楼宇设备的各个领域的标准，如给排水、照明系统和安防系统等。

9.5.2 BACnet 系统集成方法

基于 BACnet 协议的智能楼宇系统集成，使用 BACnet 协议是实现楼宇各系统集成的基础。随着楼宇内各个以计算机/微处理器控制为基础的设备日益增多，要实现系统集成，各厂家按 BACnet 标准通信协议来生产开发楼宇自控系统的相关硬件产品和应用软件，可以方便地接入到一个协调的大系统中。BACnet 是一个标准通信及数据交换协议，不同厂家生产与 BACnet 兼容的控制器或接口，最终达到不同厂家控制器可在这一标准通信通道上互相交换通信数据的目的。

可使用多种网络结构组成基于 BACnet 协议的楼控系统。如将网络控制器及路由器直接挂在以太网上，与计算机工作站同层级。在网络控制器或路由器下通过 MS/TP 通信网连接各 DDC 控制器。上层是计算机和网络控制器及路由器而下层是 DDC 控制器。在网络控制器及路由器下的 MS/TP 通信网的数据传输速率可达到 76.8kbit/s，满足 DDC 与 DDC 间的通信及交换数据需求。

由于网络控制器及路由器是直接挂在以太网上，扩展容易，而数量不受限制。数据处理只取决于计算机硬件配置。

MS/TP 网可通过网络中继器扩展距离及覆盖范围。使 DDC 对各设备进行监控更为灵活。

通过将各子系统的信息资源汇集到一个系统集成平台上，通过对资源的收集、分析、传递和处理，从而对整个大厦进行最优化的控制和决策，达到高效、经济、节能、协调运行状态，创造一个舒适、温馨、安全的工作环境。

将楼内的机电设备及相关子系统集成起来，做到可以在同一人机界面下对所有机电设备及子系统，进行监视、控制和管理，提高管理效率，节约能耗，延长设备使用寿命，降低整个大厦的运行成本。

良好的系统集成可做到无缝隙集成。无缝隙的集成系统就是通过使用统一、标准的通信协议使系统具备开放性和互操作性，并且提供全面的、端到端的解决方案。开放性具有两层含义：一是指通信协议不为任何公司所独有；任何制造商都可以利用该的通信协议标准开发自己的产品；产品不仅可以单独销售也可以作为整体方案的一部分提供给用户。二是指系统满足楼宇的功能需求，易于扩展，并且可以兼容不同厂商的同类产品，允许用户选择质量更佳、价格更具竞争力的产品进行更换。互操作性是指设备在子系统内使用点对点的通信方式来共享信息，在子系统间不需网关和协议转换器等附加设备就可以实现信息的交换。

端到端的解决方案是指通信协议的应用还必须是全面的、系统的，它应该可以应用到所有的子系统。任何厂家都可以按照 BACnet 标准开发与 BACnet 兼容的控制器或接口，在这一标准协议下实现相互交换数据的目的。

BACnet 采用面向对象技术，在 BACnet 应用系统中，对象就是在网络设备之间传输的一组数据结构，网络设备通过读取、修改封装在应用层协议数据单元（APDU）中的对象数据结构进行信息交换，实现互操作。通过广播自身所包含的特定对象的名称，BACnet 设备可以建立与所含相关对象的设备建立联系。因此 BACnet 协议要求每个设备都要包含“设备对象”，通过其属性的读取就可以让网络获得设备的全部信息。

为了确定不同 BACnet 设备之间的互操作性，BACnet 还提供了 PICS 文件（Protocol Implementation Statement），它包括 7 项内容，即标识厂商和描述设备的基本信息；设备符合 BACnet 的级别；设备所支持的功能组；设备所支持的基于标准或专有的服务；设备起动或响应服务请求的能力；设备所支持的基于标准或专有的对象类型及其属性描述；设备支持的数据链路技术；设备支持的分段请求和响应。

9.6　IBMS 系统集成

9.6.1　IBMS 系统集成含义

IBMS 系统集成是应用最为广泛的一种集成方式。IBMS（Intelligent Building Management System）的含义是智能楼宇管理系统。

IBMS 是在 BA 系统基础上更进一步的与通信网络架构的结合来实现功能较为全面的楼宇集成管理系统。

IBMS 实际上是这样一个对楼宇自控系统（含中央空调系统）、智能化子系统进行综合监测控制和管理的平台软件，为了更好地理解 IBMS 系统集成，我们这样讲：楼宇自控系统中央监控主机上实现BA系统综合监测、控制和管理的软件是一个具有监、控、管功能的平台软件；而IBMS集成系统则是一个将建筑设备管理系统BMS和其他弱电子系统，如安防系统、火灾报警联动控制系统等实现综合监测、控制、管理并实现诸子系统高效协调、联动的平台软件。

IBMS系统集成的组成如图9-13所示。

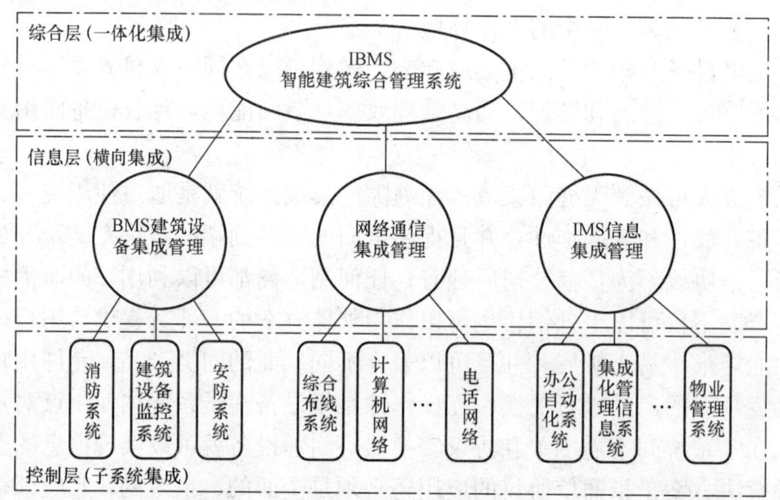

图9-13 IBMS系统集成的组成

从图中看出，IBMS系统集成是按照分层结构组织起来的。IBMS把各种子系统集成为一个“有机”的统一系统，其接口界面标准化、规范化，完成各子系统的信息交换和通信协议转换，实现五个方面的功能集成：所有子系统信息的集成和综合管理，对所有子系统的集中监视和控制，全局事件的管理，流程自动化管理。最终实现集中监才测控制与综合管理的功能。

9.6.2 IBMS主要功能

IBMS最主要的功能或管理任务如下：

（1）集中的管理：全面掌握建筑内的设备的实时状态、报警和故障。

（2）数据的共享：由于建筑内的各类系统是独立运行的，通过IBMS集成系统联通不同通信协议的智能化设备，实现不同系统之间的信息共享和协同工作。例如消防报警时，通过联动功能实现视频现场的自动显示、动力设备的断电检测、门禁的开启控制等。

（3）提供更多增值的服务：

1）能耗分析：通过采集设备的运行状态，累计各类设备的用电情况，超过计划用量时实时报警；统计分析各类设备的运行工况和用能情况。

2）设备维护：通过统计设备的累计运行工况，及时提醒对各类设备进行维护，避免设备的故障。

9.6.3 IBMS的功能设置和控制管理

IBMS系统集成实质上就是一个具有很强综合功能的平台软件，并包括特定的一组标准通信接口、数据库等。部分较大的楼控系统生产厂商自行编制IBMS系统集成软件，直接连同成套设备提供给用户，也可以单独提供IBMS系统集成软件。也可以由系统集成商开发，但这种情况很少。

某楼控系统的制造商开发的智能建筑管理系统就是一个这样的 IBMS 系统集成软件，该集成平台软件的运行界面如图 9-14 所示。

图 9-14 某集成平台软件的运行界面

IBMS 系统集成设计与它的实现功能要求有关，IBMS 集成系统主要实现智能建筑的两个共享和四项管理的功能。

（1）信息资源和数据的共享。

（2）设备资源共享。

（3）集中监视、联动和控制的管理。

（4）通过信息的采集、处理、查询和建库的管理，实现 IBMS 的信息共享。

（5）全局事件的决策管理。

（6）系统的运行、维护、管理和流程自动化管理。

IBMS 由于按照集中管理分散控制的基本思想来构造，IBMS 系统集成平台软件运行在中央管理控制室的中央监控主机或服务器上，通过 IBMS 系统进行管理控制。

9.7 智能楼宇系统集成工程应用实例

9.7.1 某标志型建筑的智能化系统集成工程

1. 工程概述

某标志型建筑是北京市的标志型建筑之一，属于国家一级风险文化博物馆型单位，其建筑设施中藏有较大量的体现中国古文化及文化发展的精美展品，对弱电系统进行集成时要充分考虑满足展品安全及满足展品现场艺术效果好的要求，同时是整个建筑设施高效运行。整个弱电系统包含了楼宇监控和大厦管理、门禁磁卡、停车场管理、消防报警、安防监控、闭路电视监控防盗报警、保安巡更、灯光控制、背景音乐与紧急广播、程控交换机和微蜂窝等系统，综合布线系统作为建筑内诸子系统运行的一个基础性通信网络。由北京玛斯特自控工程有限公司对中华世纪坛的整个弱电系统的配置及集成工程，从设计到工程实施一揽子完成。

在一级以太网上连接了多达 64 台中央工作站和 200 多台网络控制器，每台网络控制器可连接多达254台DDC现场控制器。网络系统采用客户机/服务器运行模式、分布式服务器结构。整个集成都是基于楼宇自控系统，系统本身包括：空调、热交换、冷冻机、给排水、送排风、变风量空调系统、变配电和照明系统的监控，还进行了系统功能扩充，将保安巡更系统、门禁磁卡系统、演播大厅监控系统纳入系统中；同时还将火灾自动报警、闭路电视监控、模拟显示和办公自动化系统纳入集成中。

2. 系统集成完成后的功能

(1) 运行情况通过灵活的文本、图形表格方式实时显示，对楼宇设备进行集中控制和管理。

(2) 集中监视功能。对于机电设备运行状态进行监视及故障报警。

(3) 集中控制管理功能。对于空调、热交换、冷冻、给排水、送排风、变配电和照明进行监控，实现优化控制、日程表管理、能源管理，可进行直接参数设定。

(4) 消防报警系统通过RS232/485串行通信口向楼宇自控系统传递信息。内容有系统全机运行状态、故障报警、火灾报警探测器工作状态、探测器地址信息、相关联动设备的状态等。发生火情时，在集成工作站自动显示响应的报警信息，包括火警位置及相关联动设备的状态。这里的相关联动还应包括联动打开报警区灯光，闭路电视监控系统切换报警画面到主监视器，所在分区的其他画面同时切换到辅监视器，并同时启动录像机录像。

(5) 集成中的安防系统。在集成自控系统上完成对安防系统的监控和管理。发生事件时发出定时报警信号，工作站上显示警报发生点信息，同时系统联动灯控系统，使报警区联动灯打开灯光。系统联动电视监控系统切换报警画面到主监视器，所在分区的其他画面切换到附监视器，同时启动录像机。

3. 说明

深入分析各子系统功能及相互关系，是各相子系统互动互用，在一定程度上还实现了系统间功能共享，使系统功能得到充分发挥。集成系统的功能共享不同于系统资源共享，是非常有意义的事情。

系统构成在统一的管理环境下，操作人员对整个建筑全面管理，系统整体性能全面提高。工程实施中，感受到系统集成的难处较大，各专业厂家的系统设备技术含量参差不齐，系统的开发程度不一，这些因素都给系统集成带来了很大困难。

进行系统集成时，要充分认识到系统内子系统异构的情况：

(1) 硬件平台的异构。

(2) 操作系统的异构，系统内不同的主机装有不同的操作系统。

(3) 数据库管理系统的异构。

(4) 开发工具的异构。不同应用系统的开发工具或软件语言不同，如应用程序可以使用汇编语言、C语言、C++、VC++、VB、Delphi、Java等不同的编程软件开发。

联动关系也是制订集成决策中的重要内容。联动关系举例如下：发生火灾报警时，空调机送风设备强行关闭；发生火灾报警时，工作电梯和生活电梯迅速迫降至一层平层；发生火灾报警时，将火警相近区域摄像画面切到安防监控系统的主监视屏；发生非法侵入时视频监控系统的监控主画面切换到发生警情的区域。这些都是常见的一些联动规则，也是常用的集成决策中的一部分。

4. 系统集成方案

利用先进的楼宇管理系统实现对消防、CCTV、安防、门禁、停车场、电梯控制和灯光

管制等子系统的实时数据集成，并完成各子系统之间的联动控制，使管理人员通过楼宇管理系统的工作站就可以得到全部弱电系统的实时数据。在管理层级，使用SQL Server数据库，使用了微软公司的OLE（对象链接嵌入）、ODBC（开放数据库互联）等技术，具有Web Server功能，可方便地与IE浏览器、Excell、OA系统、物业管理系统进行数据交换，实现管理数据的系统集成，使用了IBMS系统集成，将楼宇内许多子系统进行了集成监控和管理，如图9-15所示。

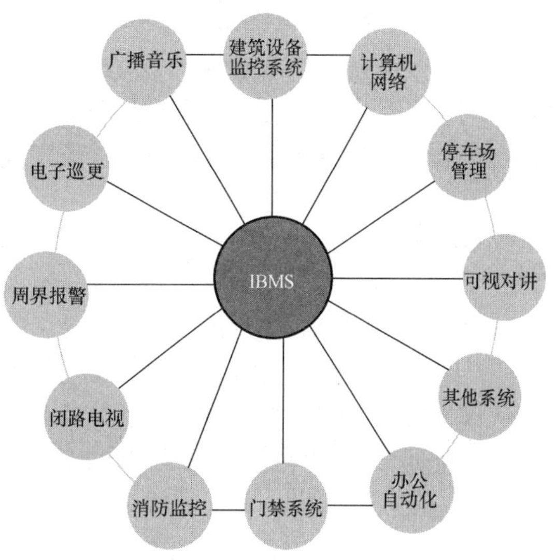

图9-15 IBMS系统集成中包含了许多子系统

集成系统支持许多诸如OPC、SNMP、BACnet、LonWorks、Modbus等标准接口；对外提供OPC、SNMP、BACnet数据接口，与其他系统对接。

这里还要注意的是：各个子系统之间一般不要求彼此实现互通信，部分子系统有自己的局部通信网络，局部通信网络通过管理网络实现了连通。

9.7.2 某大厦建筑智能化管理系统中的系统集成实例

1. 系统概述

某大厦是一幢装备了较完整的建筑智能化系统的智能大厦，智能大厦的核心技术是对信息的采集、传输、处理进行综合管理，即对信息进行集成管理。对信息进行集成管理是通过弱电系统集成来实现的。构造一个统一的信息平台，以实现各应用子系统的统一监控和管理。基于成熟、先进、实用的原则，把构成智能建筑的弱电各子系统集成一个相互关联、完整和协调的综合系统，使系统信息资源高度的共享和优化使用系统信息资源。

2. 系统集成工程设计的目标和原则

系统集成工程设计将遵循以下目标和原则：

（1）标准化设计。工程设计及其实施严格按照相关的国家和行业有关标准进行。选用的系统、设备，产品和软件将尽可能符合工业标准或主流模式。

（2）保持先进性。整体方案及各子系统方案保持一定程度的先进性。在技术上适度超前，所采用的设备，产品和软件不仅成熟而且在业界有较先进的技术水平。

（3）兼顾合理、实用和经济性。在保证先进性的同时，以提高工作效率，节省人力和各种资源为目标进行工程设计，充分考虑系统的实用和效益。

（4）开放性好。集成后的总体结构具有良好的开放性，结构呈模块化特点，具有很好的兼容性和可扩充性，既可使不同厂商的设备产品综合在一个系统中，又可使系统能在日后得以方便地扩充，并扩展其他系统厂商的设备产品。

3. 使用BMS模式进行系统集成

（1）以BAS为平台实现各子系统的集成。集成系统是将分散的、相互独立的弱电子系统，在相同的环境、软件界面中进行集中监控和管理。用户可以监视和观察设备的起动、停止，事故状态和模拟参数的量值等，这些设备将以对象的形式按需要的模式显示在屏幕上。在统一的管理界面下，能够对BA系统、安防系统、消防系统的被监控参量进行统一管理。

（2）BMS模式系统集成中对楼宇自控系统中的被监控参量。楼宇自控系统中的被监控参量主要有：

1）室内外温湿度、空气质量值。

2）给排水系统中的水箱水位状态、水泵的运行状态、故障状态的检测。

3）新风机组中的送风湿度、送风温度、过滤器压差开关状态、加湿阀开度、电动两通阀开度、风机故障状态、风机运行状态。

4）空调机组中的：防冻开关状态、回风湿度、风道温度、过滤器压差开关状态、加湿阀开度、电动两通阀开度、风机故障状态、风机运行状态、空气质量值、防冻开关状态、调节风口控制值。

5）电梯控制系统中：电梯故障状态、电梯运行状态、上下行状态、停层状态。

6）冷冻站系统中：水泵故障状态、各种设备、运行参量、执行器的运行状态。

7）供配电系统中的主要电量运行值。

（3）BMS模式系统集成中安防系统的被监控参量主要有：

1）各类探测器工作及执行器的工作状态。

2）门禁系统的状态监测。

3）巡更系统工作状态监测。

（4）BMS模式系统集成中消防报警联动控制系统中的各类传感器、设备的工作状态监测。

（5）实现不同子系统的联动，提高整个楼宇智能化系统性能。不同子系统的联动楼宇智能化控制的水平。上班时楼宇自控系统将办公室的灯光、空调自动打开，保安系统立刻对工作区撤防，门禁、考勤系统能够记录上下班人员和时间，同时闭路电视监控系统也可由摄像机记录人员出入的情况。当大楼发生火灾报警时，楼宇自控系统关闭相关区域的照明、电源及空调，门禁系统打开房门的电磁锁，同时停车场系统打开栅栏机，尽快疏散车辆。不同子系统的联动只有在集成系统中按实际需要设置后才能实现，这就极大地提高了楼宇的综合管理水平。BMS通过对各子系统的集成，可有效地对大楼内的各类事件进行全局联动管理，同时可以通过编制时间响应程序和事件响应程序的方式，来实现楼宇内机电设备流程的自动化控制，节省能源消耗和人员成本。采用集成智能建筑物管理系统，系统间的联动方式几乎是任意的，联动方式可以编程，能够根据用户的需求设定。如闭路电视监控系统与消防报警联动控制系统的联动控制。

联动控制内容丰富，如：防盗报警信号可以联动报警区域的摄像机，将图像切换到控制室的监视器上，并进行录像；多个报警信号出现时，报警信号可以顺序切换到不同的监视器上，报警解除后图像自动取消；在防盗系统设防期间安装监测器的区域发生非法入侵时，闭路电视监控系统自动切换到相应区域显示该场景的视频图像等。

4. 系统网络结构及通信

在系统中使用通信网关实现和各子系统的通信连接，然后转变为统一的数据格式向网络上发布。它可以适应不同类型的接口和数据格式，也不会在传送通道产生瓶颈。另一方面，系统集成主要目的是对各子系统综合管理，以及向信息服务系统提供资源，这种数据并不是各种无序信息的集合，而是将这些数据处理后以标准的格式提供给整个网络的应用系统，例如建立开放的网络公共数据库。

大厦的集成管理系统采用快速以太网作为基本的支持网络，支持100Mbit/s的传送速率。系统可以通过网桥或路由器和其他局域网，广域网连接。系统中以TCP/IP协议或者通信网关实现和各子系统的通信连接，采集各类机电设备的实时参数，然后通过实时对象服务程序把它们转变为同一的数据格式向网络上发布。设计弱电系统集成中的计算机网络系统时，可对网络与弱电各子系统的通信接口进行二次开发，实现系统对各子系统的通信，将大厦内的所有设备监控子系统集成为一个综合的系统，集中在中央监控室的计算机或者是网络上的个人计算机上进行全面的监控管理。在此基础上，建立大厦综合管理和信息服务系统。只有建立了弱电系统集成计算机网络系统，才有可能按照大厦物业管理的需要，进行深入的软件开发，形成大厦综合管理自动化系统。这个系统不仅是要对整个大厦内所有设备资源和运行状态进行监测，记录和管理，而且要对大厦内的各种公共服务设施，通信系统，办公自动化系统等进行综合集成管理。即构成一个集成智能大厦的自动化管理系统。

5. 集成系统的工作站屏幕显示

弱电系统集成系统BMS将集成的弱电系统数据显示于工作站屏幕上，并可分成几种类型显示：各子系统显示；集成显示，根据大楼的平面布局在一张平面图上显示多个系统的设备状况。显示软件支持BMP、WMF、GIF和EMF图形格式，可将AUTOCAD图形直接转换到集成系统中去，也可以通过其他绘图软件制作相应的图形，或直接利用子系统的图库。显示软件支持AVI动画，可从摄像机或VCD中剪辑动画插入监控平面。软件提供用户自行编辑的若干动作的动画，以使图形生动。显示软件也支持如风机转动、水泵转动、水位及温度高低等动态和模拟量显示。软件还支WAV声音文件，在操作过程中产生多媒体效果。软件提供监视对象的变化趋势图。

6. 系统的安全登录保障机制

系统集成中对所有物理、逻辑对象都可以安排在预设定的不同对象组中，每个对象组都可以进行特定的授权并使用相应的用户个人密码。只有被授权的用户才能对预设定的对象组进行操作和处理。

操作管理员级密码可作为二级密码，以此密码进入系统，只能作一般的操作、浏览和处理，进行有限的界面控制。程序员级密码，以此密码进入系统，可做全面的操作、浏览和处理，进行操作界面的修改和控制，并且能够进行对象组的设置、修改和用户个人密码的授权。

7. 系统集成中的监控联动

通过系统集成，还可以使诸子系统有良好的联动特性，比如对一幢楼宇或一个建筑群，任意一个测点的报警均可联动控制，并可以进行一对多、多对一的联动方式。在一个建筑群中分布在1号、2号和3号楼的不同监控报警点，在集成系统中能够实现很好的监控联动，如图9-16所示。

图9-16 不同位置的监控在系统集成中实现联动

9.8 智能楼宇系统集成的部分问题探讨

开放、兼容、灵活、获得广泛支持并且专门针对智能建筑的通信协议或现场总线已经成为智能建筑领域的一个发展方向。而BACnet协议正是这样一种具有开拓性的技术，并能使不同厂商的设备能够互联、互换和互操作，打造无缝连接的楼宇自动化系统。充分满足了业主、用户和集成商的需求并提供了多种网络互联和接入Internet的方案，为智能建筑内部各系统之间的集成提供了便利条件。

智能楼宇系统集成发展的趋向是智能集成程度越来越高，从而为智能楼宇创造更大的附加值，具体体现在以下几个方面：

9.8.1 系统集成的一些新特点

1. 系统工程方法的使用

使用系统工程方法进行系统集成设计、开发和进行智能楼宇的系统集成工程施工。

由于智能楼宇从本质上讲，就是一个集纳多种现代科学技术的载体，本身就是一个系统化工程，不仅要用系统工程方法设计、开发，而且要用系统工程方法进行系统集成。

2. 进行系统集成后有更好的开放性

随着技术进步，随着智能建筑系统技术集成内容的增加与发展，系统集成的开放性也继续在发展，使新出现的技术、新的子系统、新的协议及标准可方便地纳入到系统集成中；各种相关通信和管理软件的升级可平滑进行。

3. 互联网技术体系与理念更深入地融入智能建筑的系统集成中去

智能建筑的系统集成将更深入广泛地应用Internet的技术体系和理念，如使用具有优良交互性能和开放的浏览器/服务器体系结构；使用性能更为优良的开放性数据库系统等。基于Internet的技术体系和理念的信息网络与控制网络的集成技术成模块化结构的实现；基于Internet网络环境下的集成系统中各子系统之间的数据信息交互能力大大增强并因此使整个智能建筑系统具有更强的综合功能，但同时安全性更高。具体体现为采用基于Web方式统一管理平台和人机界面的浏览器/服务器模式，作为智能建筑集成系统的主导模式。

4. 系统集成中的视频数据流处理技术内容的大幅度增加

随着多媒体技术的发展，随着视频数据流的压缩、传输和处理技术的发展，智能建筑处理和使用多媒体文件和视频文件及信息的水平层次都会达到相当高的程度，在文件、作品的交流、数据信息的交互中，文本形式、静态和动态图片、语音和流媒体视频播放综合应用，尤其是视频数据在文件中的比重越来越大。如随着支持网络的数据传输速率越来越高，远程视频会议、远程可视电话和远程实时图景传输将会有更好的身临其境效果。建筑智能化系统的系统集成的视频数据流处理技术内容将大幅度增加，并成为智能建筑技术水平提高的主要内容之一。

5. 系统集成中融入知识管理系统

为使智能化建筑的综合管理系统具有高效能，就要将知识管理系统融入系统集成中。

9.8.2 使用以太网架构系统的集成技术正在迅速发展

采用TCP/IP协议的以太网对自动化领域各层面产生了很大影响。已经从建筑自动化系

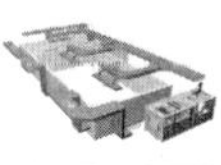

统的管理层延伸到了控制层，而且现在正在向现场层延伸。以太网直接代替现场总线可能出现的问题是：一个是采用CSMA/CD的信息发送方式，存在“不确定性”问题，无法确定发送测控信息的时间，这就会对实时监控构成影响；另一个是线路利用率低，因为以太网数据帧中，不代表实际数据的字节较大，而自动化领域实际数据很短，效率较低。可以通过提高以太网的传输能力来解决第一个问题，从而适应实时控制的需要。用数据报协议UDP/IP取代TCP/IP协议，由于采用了高速以太网，也就解决了第二个问题。随着以太网技术的发展，在楼宇自动化控制领域中有可能出现以太网一网到底、因特网与控制网融为一体的趋向，使楼宇自动化控制的支持网络环境实现简约化。

9.8.3　中间件技术在系统集成中的重大作用

客户机/服务器模式具有很大的优势，但这种模式的大范围应用在一定程度上要借助于中间件技术来实现。编写大量的跨平台、与多种不同协议关联、使用多种编程语言的应用软件是一件难度大且很费时的工作。建筑智能化系统中，操作系统的多样性，繁杂的网络程序设计、管理，复杂多变的网络环境，数据分散处理带来的不一致性，性能和效率、安全等问题，要进行系统集成就要在操作系统之上形成一个可复用的公共部分，供不同的应用软件共享使用。一个有效的办法是在客户机和服务器之间加上一层，即所谓的中间件。中间件提供简单的较高层次的应用软件编程接口API，把下层网络技术屏蔽起来，使程序员把精力集中在应用方面，而不是在通信问题上，通过中间件把应用与网络屏蔽开。

最基本的中间件技术有通用网关接口（CGI）和应用程序编程接口API两种。它能够直接访问或调用外部程序来访问数据库，可以提供与数据库相关的HTML页面，或执行用户查询，同时将查询结果格式化成HTML页面，并通过Web服务器返回给用户浏览器。CGI允许Web服务器运行外部应用程序，通过外部程序来访向数据库资源，以产生HTML文档并返回浏览器。

CGI提供了一种与数据库连接的简单方法。中间件是处于应用软件和系统软件之间的一类软件，是客户方与服务方之间的连接件，它以自己的复杂换取了用户应用的简单。中间件是基于分布式处理的软件，能解决网络分布计算环境中多种异构数据资源的互联共享问题，实现多种应用软件的协同工作。异构的硬件设备可通过适配器来连接，异构的软件系统可通过中间件来连接形成公共平台。在智能建筑系统集成朝着模块化、简约化方向发展的同时，中间件技术所起的作用越来越大这种趋势是非常清晰的。

9.8.4　某楼宇的IBMS系统集成案例

某楼宇的智能楼宇管理系统（IBMS）方案内容包括了总述、设计目标、系统结构、各子系统集成说明、安全性及实时性要求、系统特点、系统软件选型及工程实施方案等框架内容。

其中设计目标包括的内容如图9-17所示，系统结构和子系统的集成说明包括内容如图9-18所示，该楼宇的IBMS方案中包括的其他一些子模块如图9-19所示。

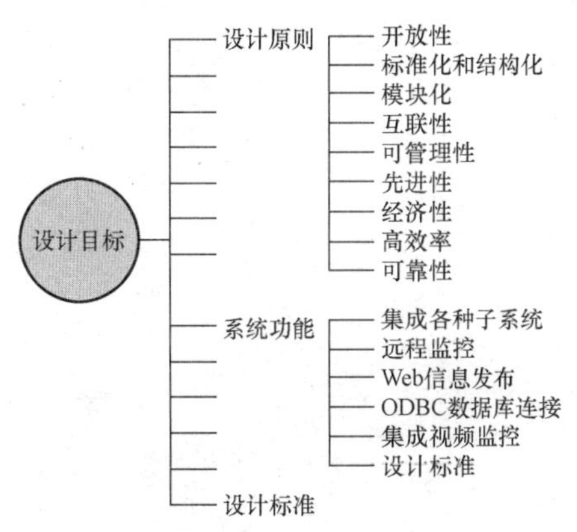

图9-17　设计目标包括的内容

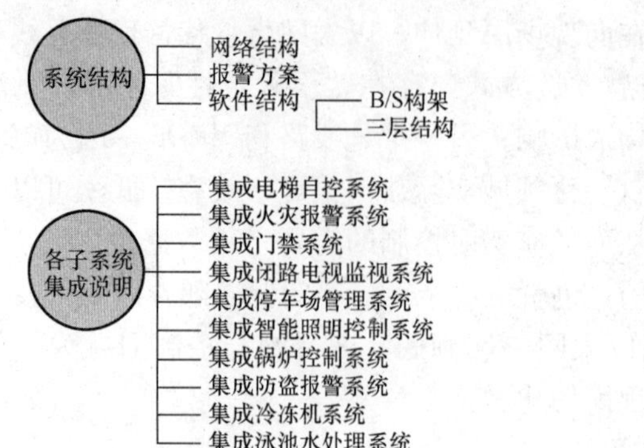

图 9-18　系统结构和子系统的集成说明包括内容

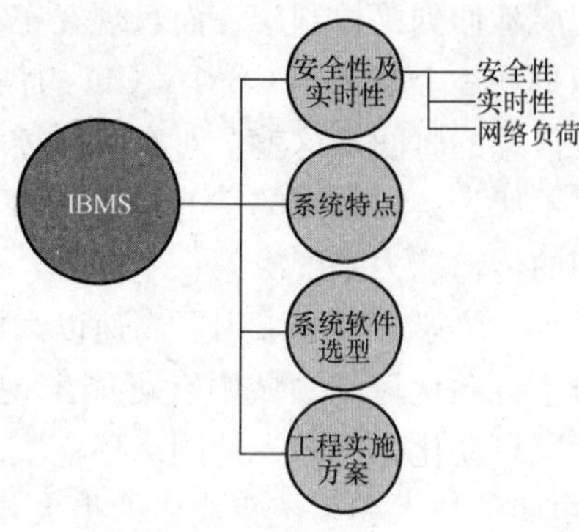

图 9-19　IBMS 方案包括的其他子模块

参 考 文 献

[1] 刘卫华．制冷空调新技术及进展[M]．北京：机械工业出版社，2005.
[2] 张少军．建筑智能化信息化技术[M]．北京：中国建筑工业出版社，2009.
[3] 张少军．BACnet标准与楼宇自控系统技术[M]．北京：机械工业出版社，2012.
[4] 霍小平．中央空调自控系统设计[M]．北京：中国电力出版社，2004.
[5] 张少军．智能建筑理论与工程实践[M]．北京：中国化学工业出版社，2011.
[6] 韩廷印．浅析沧州某酒店空调系统节能改造[J]．数字技术与应用．2011(8).
[7] 江志斌，等．风机盘管空调器模糊控制器的研究[J]．制冷学报，1995(1).
[8] 张少军．以太网技术在楼宇自控系统中的应用[J]．北京：机械工业出版社，2011.
[9] 张少军．建筑弱电系统与工程实践[J]．北京：中国电力出版社，2014.
[10] 张少军．变风量空调系统及控制技术[J]．北京：中国电力出版社，2014.